管理會計

陳美華 著

財經錢線

前　言

　　會計是經濟主體建立的、對自身經濟活動或相關經濟活動發出的以貨幣信息為主的經濟信息進行輸入、加工處理，並向信息使用者報告決策有用信息的一個經濟信息系統。會計系統按其運行目標不同可分為財務會計和管理會計兩個子系統。其中，財務會計子系統是基於特定經濟主體外部利害關係人的共同需要而建立的會計信息系統，而管理會計子系統則是基於企業管理當局的決策要求而建立的會計子系統。因此，管理會計是與企業管理活動聯繫最為密切的會計子系統。一般而言，企業管理活動大致可分為財務管理、行銷管理、技術管理和人力資源管理四大領域。管理會計與財務管理在現實經營管理活動中往往難以區分，但在理論上，兩者卻涇渭分明：一個為企業管理活動，尤其是財務管理活動提供信息支持，另一個則是利用管理會計提供的信息開展理財活動。事實上，管理會計不僅要為企業財務管理提供決策支持信息，還要為企業管理的其他領域，包括行銷管理、技術管理和人力資源管理提供決策支持信息。

　　基於以上理解，本教材依據以下原則確定管理會計的基本內容：第一，管理會計是為企業管理提供信息的。財務管理是企業管理的核心。財務管理活動可分為資金籌集、資金投放、資金耗費、資金收回和資金分配。因此，融資決策、投資決策、成本管理、營運管理構成了管理會計的基本內容。第二，從管理職能的角度講，管理的基本職能包括戰略管理、決策、預算、控制和考評。因此，戰略管理、投融資決策和生產經營決策、預算管理、成本控制和風險控制以及企業績效考核和企業內部責任單位考核構成了管理會計的基本組成部分。第三，管理會計信息主要是為企業管理提供決策支持信息，而決策主要是面向未來的。面向未來的決策分析，必須考慮貨幣時間價值和投資風險因素的影響，這些基本問題是管理決策必須面臨的基本問題，對這部分內容的學習和瞭解構成了管理會計的方法基礎。

　　根據以上原則，本書確立的管理會計的基本內容主要從基本理論、方法基礎和方法應用3個方面共分11章展開，即第一章，導論；第二章，管理會計方法基礎；第三章，融資管理會計；第四章，投資管理會計；第五章，預算管理會計；第六章，成本管理會計；第七章，營運管理會計；第八章，績效管理會計；第九章，風險管理會計；第十章，戰略管理會計；第十一章，管理會計信息化。

本教材在以下幾方面有所創新：第一，構建了一套全新的管理會計理論概念框架，在管理會計的邊界約定、管理會計的目標等方面提出了自己的見解。第二，對管理會計發展歷史進行了重新梳理，依據管理會計是為內部管理服務的基本特徵，總結了管理會計自發形成的原始階段的文獻資料和基本特徵。第三，依照最新發布的《管理會計基本指引》和《管理會計應用指引》，構建了相對完整的管理會計結構體系。

本教材由陳美華教授擔任主編，馬桂芬任副主編，各編寫人員的具體分工如下：第一章由陳美華撰寫；第二章、第三章、第五章由馬桂芬編寫；第四章由侯春娟編寫；第六章由楊萍萍編寫；第七章、第十章由周志江編寫；第八章由呂曉玥編寫；第九章由王映書編寫；第十一章由陳平編寫。全書最後由於增彪教授負責總體審核。

鑒於本書涉及面較廣，相關《管理會計應用指引》對某些具體問題的處理尚不明確，加之編者學識有限，書中難免出現不當之處，懇請各位讀者批評指正。

編　者

目　錄

第一章　導論 …………………………………………………………（1）

　　第一節　財務會計與管理會計 ……………………………………（1）
　　第二節　管理會計的歷史演進 ……………………………………（4）
　　第三節　管理會計的概念框架 ……………………………………（8）
　　第四節　管理會計的應用環境 ……………………………………（23）

第二章　管理會計方法基礎 …………………………………………（28）

　　第一節　貨幣時間價值 ……………………………………………（28）
　　第二節　投資風險價值 ……………………………………………（39）
　　第三節　成本性態分析 ……………………………………………（49）
　　第四節　本量利分析 ………………………………………………（64）

第三章　融資管理會計 ………………………………………………（86）

　　第一節　融資管理會計概述 ………………………………………（86）
　　第二節　融資需求決策 ……………………………………………（87）
　　第三節　融資方式選擇 ……………………………………………（92）
　　第四節　資本結構優化 ……………………………………………（99）

第四章　投資管理會計 ………………………………………………（105）

　　第一節　投資管理會計概述 ………………………………………（105）
　　第二節　現金流量分析 ……………………………………………（108）
　　第三節　非貼現的投資分析方法 …………………………………（110）
　　第四節　貼現的投資分析方法 ……………………………………（113）
　　第五節　項目投資決策 ……………………………………………（123）
　　第六節　證券投資決策 ……………………………………………（133）

第五章　預算管理會計 ………………………………………………（142）

　　第一節　預算管理會計概述 ………………………………………（142）
　　第二節　預算編製方法 ……………………………………………（145）
　　第三節　預算管理編製 ……………………………………………（154）
　　第四節　預算考評 …………………………………………………（162）

第六章　成本管理會計 （168）

第一節　成本管理會計概述 （168）
第二節　目標成本法 （173）
第三節　變動成本法 （180）
第四節　標準成本法 （187）
第五節　作業成本法 （196）

第七章　營運管理會計 （208）

第一節　營運管理會計概述 （208）
第二節　最佳現金持有量決策 （213）
第三節　最優訂貨批量決策 （217）
第四節　生產決策 （219）
第五節　行銷決策 （226）
第六節　現金折扣融資決策 （236）

第八章　績效管理會計 （238）

第一節　績效管理會計概述 （238）
第二節　企業績效考核與評價 （243）
第三節　單位內部績效管理 （271）
第四節　員工激勵與業績考評 （284）

第九章　風險管理會計 （298）

第一節　風險管理會計概述 （298）
第二節　企業風險管理框架 （305）
第三節　風險矩陣模型 （321）

第十章　戰略管理會計 （325）

第一節　戰略管理會計概述 （325）
第二節　戰略地圖 （327）
第三節　價值鏈管理 （332）

第十一章　管理會計信息化 （337）

第一節　管理會計信息化概述 （337）
第二節　管理會計信息化建設 （340）
第三節　管理會計信息化的主要模塊 （344）
第四節　企業管理會計報告 （348）

第一章
導論

第一節　財務會計與管理會計

一、會計的緣起與基本特徵

會計的產生最早可追溯至「結繩記事」「壘石計數」「刻竹為書」，但這些早期的計量行為同時也被認為是「統計」或「數學」的起源。據考古學家證實，處於新石器時期的河南賈湖人（迄今約 8,000 餘年），他們使用的契約符號已領先於埃及的紙草文書。大約 2,000 年以後，人們又可以清楚地看到西安半坡村人和山東大汶口人運用的數碼、楔形符號和彩繪符號。從字意看，「計」從「言」，從「十」，言表示思維或表達活動，而十則表示數量眾多，因而「計」最初的含義是計數或數量統計，之後逐步演化成用某種不同的計量單位對計量客體的某一特徵進行計量或度量。

可以推斷，人類的計量行為可能產生於對生存所依賴的物品的計數，這可能就是最初的「統計」。隨後，商品交換促進了貨幣的產生，進而產生了使用貨幣作為計量單位的計量行為，貨幣計量單位的廣泛使用，使具有不同計量單位的商品的使用價值可以相互比較，並加以匯總，進而產生了「會計」，可見，會計首先是一種計量行為。其次，貨幣計量單位的產生又使具有不同計量單位的經濟活動具有了可加計匯總的可能。這一點從「會」字的演化過程可以看出，「會」字的甲骨文寫法為「🜨」。在該字中，最下部分為陶制的蒸鍋，中間部分為蒸籠，之上一橫代表蒸汽，最上部分為鍋蓋，整體有熱氣匯聚之意，之後的金文、大篆、小篆、正書分別為「會」「會」「會」「會」，一直到現在的簡化字「会」，「會」的基本字意從來都沒有改變過。

作為兩字的組合體，「會計」一詞最早見於《周禮・天官》：「司會掌邦之六典、八法、八則之貳，以逆邦國都鄙官府之治……凡在書契、版圖者之貳，以逆群吏之治而聽其會計。以參互考日成，以月要考月成，以歲會考歲成。」《史記・夏本紀》中記載：「自虞夏時，貢賦備矣。或言禹會諸侯江南，計功而崩，因葬焉，命曰會稽，會稽者，會計也。」這一說法在《管子》《墨子》《呂氏春秋》《淮南子》《吳越春秋》等書中也有類似記載。清代思想家焦循在《孟子正義》中給會計下了一個至今看來仍相當準確的定義：「零星算之為之計，總合算之為之會。」這一定義標誌著

會計早已有了相對固定的內涵。

可見，「計量」和「匯總」是會計的兩個最為重要的特徵。計量是匯總的前提，而匯總則要求有一個能夠衡量所有商品價值，並能夠將其「加計」的統一計量單位，而這一計量單位不可避免地落在了具有這一特殊功能的「貨幣單位」身上。因此，會計的基本特徵可概括如下：

第一，會計本質：輸入、加工、輸出貨幣信息。系統總是在一定環境中存在和發展的，它具有環境適應性的基本特徵。系統與環境有物質、能量和信息的交換。會計系統與環境之間的交換主要是信息的交換，但能夠輸入、輸出會計系統的信息通常只是能夠用貨幣計量的信息，其他計量單位計量的信息或文字信息雖然有時也能進入會計系統，並由會計信息系統進行加工整理，但其充其量只是幫助人們來理解貨幣信息的輔助信息。因此，輸入、加工、輸出貨幣信息是會計的首要特徵。

第二，會計目標：提供有助於經濟決策的貨幣信息。不論是為政府的宏觀經濟管理服務，還是為社會各界的經濟決策（管理）服務，抑或是為企業的微觀經濟管理服務，會計系統最基本的服務方式仍然是提供以貨幣信息為主的經濟信息，任何誇大或縮小會計信息系統功能和目標的觀點，都難以把握會計的本質特徵。

二、財務會計的基本特徵

財務會計是會計信息系統的一個子系統，因此它除了具備會計的基本特徵外，還具備以下兩個基本特徵：

（一）基於經濟主體外部利害關係人的需要提供基礎財務信息

財務會計的目標是基於特定經濟主體外部利害關係人的共同需要提供基礎信息。所謂特定主體的利害關係人，具體包括與企業有特定經濟聯繫的所有利害關係人，如現有或潛在的投資者和債權人、政府經濟管理部門、企業管理當局、企業職工、供應商、客戶、註冊會計師以及社會公眾等。所謂共同需要，是指經濟主體外部利害關係人多種多樣，需要的會計信息也千差萬別，企業或單位沒有能力也沒有必要提供各種利害關係人需要的所有信息或特殊信息，而只能提供反應企業基本財務活動狀況的基礎信息。經濟主體提供的基礎財務信息當然也是企業內部管理所需的會計信息，但這並不影響財務會計信息系統的服務目標是以服務於外部為主的，因此財務會計又被稱為「外部會計」。

（二）輸入、加工以及輸出信息具有連續性、完整性、系統性

財務會計系統輸入、加工以及輸出的信息具有連續性、完整性、系統性的特徵。連續性是指財務會計系統連續地、無遺漏地分類記錄企業或單位發生的一切經濟業務，並通過定期報告的形式將接連不斷的經濟業務報告給會計信息使用者。完整性是指財務會計系統完整地記錄經濟主體發生的全部經濟業務，既不能遺漏某些經濟業務，也不能遺漏經濟主體內部經濟單位的經營活動，財務報告應完整地反應經濟主體財務活動的全貌。系統性是指財務會計系統的設置符合系統的一般特徵，其科目設置、記帳程序以及憑證、帳簿、報表體系等均具有整體性、層次性、聯繫性、有序性等基本特徵。連續性、完整性、系統性是財務會計區分於管理會計乃至其他信息系統的最重要的特徵。

三、管理會計的基本特徵

管理會計是在財務會計系統基礎上，伴隨著企業經濟關係的日益複雜化而逐漸發展起來的。著名會計學者萊昂得·R.艾米認為，向管理當局提供信息並指導其行為，至少同外部報告同樣重要，而且會隨著時間的推移而變得日益重要。他還指出，在當時，為決策提供信息是會計師最薄弱的環節，但從戰略上說，這是最重要的任務。管理會計著重闡述會計人員必須向管理當局提供有助於計劃、決策和控制的信息。①儘管管理會計的歷史算不上太久，但顯示出良好的發展前景。與財務會計系統相對應，管理會計系統的特徵可概括為以下兩方面：

（一）為經濟單位內部管理提供有用的會計信息

管理會計的目標是基於企業及其他經濟單位管理當局的要求提供對其決策有用的會計信息。企業管理當局包括公司董事會及其重要成員（如董事長、董事）、公司經營高層管理者、企業中下層各級管理者乃至具體管理實施人員。企業管理人員既包括財務管理者，也包括行銷、採購、技術、生產以及人力資源管理等領域的管理者。所謂對其決策有用的會計信息，是指對其經營管理活動，包括計劃、組織、指揮、協調、控制等有益的能夠用貨幣計量的經濟信息及其他相關信息。隨著股東權益保護要求的日益提高，一些原本只是用來滿足企業管理者需要的信息也成為對外報告的必報信息。例如，分部報告信息原來僅僅是一種用來滿足內部管理需要的管理會計信息，而現在已成為必須對外報告的財務會計信息。這表明管理會計信息與財務會計信息最根本的區別不在於加工的信息最終為誰所用，而在於提供的信息的目標指向是誰。

（二）輸入、加工以及輸出信息具有靈活性

與財務會計相對應，管理會計輸入、加工以及輸出信息不具有財務會計連續性、完整性、系統性的特徵，而具有靈活性的特徵。首先，管理會計加工的信息可以是企業經營活動的某一期間或某一環節，如重大決策事項的可行性研究報告或製造過程某一環節的成本分析等。其次，管理會計加工的信息往往是針對企業生產經營活動的某個分廠、車間或某一項具體活動，從而不具有完整性的特徵。最後，管理會計報告往往不像財務會計一樣有系統的格式化帳表體系，其編製格式及報告形式往往根據管理當局的需要靈活設置。

總體來說，會計是特定經濟主體建立的，通過對該主體經濟活動或相關經濟活動發出的貨幣信息為主的經濟信息進行輸入、加工處理，並向信息使用者報告決策有用信息的一個經濟信息系統。在這一定義中，針對特定經濟主體而建立，規定了會計發生作用邊界或空間範圍；輸入、加工變換，並輸出貨幣信息體現了會計系統與環境的交換關係；輸出對決策有用的信息則是會計系統運行的基本目標。會計系統按其運行目標不同又分為財務會計和管理會計兩個子系統。其中，財務會計子系統是基於特定經濟主體外部利害關係人的共同需要而建立的會計信息系統，而管理會計子系統則是基於企業管理當局的決策要求而建立的會計子系統。

---

① 費文星. 西方管理世界的產生與發展［M］.遼寧：遼寧人民出版社，1990：56.

第二節　管理會計的歷史演進

一、管理會計自發形成的初始階段

最初的會計通常是家族、部落、個體或其他經濟單位基於自身記錄經濟活動或計量經濟成果需要而產生的。按照當今約定成俗的劃分標準，管理會計是基於經濟單位的內部管理需要而產生的，而財務會計則是基於經濟單位之外的監管需要而產生的。如果從這樣的角度來看，會計的最初形態必定是管理會計。

在自然經濟條件下，生產的目的主要是自給自足，因此體現的經濟關係較為簡單。農場主、商人或小手工業者通常只需要借助簡單的計量手段或簿記就可以記錄自己的經濟活動及其結果。在這種環境下，會計不過是記錄經濟活動的一種特有方法或工具。19世紀上半葉，英國學者克朗赫爾姆（F. W. Cronhelm）在其所著的《簿記新論》一書中認為：「簿記，乃是通過記錄財產，隨時反應所有者資本全部價值及其組成部分的技法。」[①]美國學者福斯特（B. F. Foster）在其所著的《復式簿記解說》一書中也有類似結論：「簿記，乃是反應全體價值及其組成部分價值的方法，是記錄財產的技術。」《新大英百科全書》一書給會計所下的定義是：「一種記錄、分類和匯總一個企業交易並解釋其結果的技術。」因此，在會計產生的早期，會計不過是一種記錄、計算和核對的基本手段，也是一種管理經濟活動的工具。

1494年，義大利文藝復興時期的著名數學家盧卡·帕喬利（Luca Pacioli）在其所著的《算術、幾何、比及比例概要》一書中把簿記看成管理的工具。帕喬利在此書中認為，簿記是商人們成功經營的一個重要條件，它在經營管理中具有重要作用，因此商人們欲求經營之順利便離不開復式簿記。帕喬利指出，一個成功的商人必須具備三個條件：首先，堅持記帳規則，正確真實地處理好帳目。其次，商人必須是精明的簿記員，要善於應用數學、遵守規則，並精於計算。最後，要善於應用借貸記帳法，帳簿記錄要有條不紊，以使掌控自己的經營活動。帕喬利從對成功商人忠告的角度，介紹了「財產目錄」的編製方法，認為即使佔有一萬項財產，也要仔細地逐項進行記錄，要明確財產的狀況和性質。日本會計學家黑澤清認為，會計本質上是在企業中用貨幣計算來控制（捕捉）資本循環的手段。馬克思在《資本論》中做出一個著名的論斷：「過程越是按社會的規模進行，越是失去純粹個人的性質，作為對過程控制和觀念總結的簿記就越是必要。」可見，自古以來，把簿記或會計看成管理活動的一部分是一種十分自然的看法。到了資本主義經濟大發展的近代，一些經濟學家和管理學家對此仍有類似看法，著名管理學家法約爾（Henri Fayol）指出，在公司的經營管理工作中，財務和會計與其他活動結合為一體，成為不可分割的部分，是公司的管理行為之一。「如此等等，經濟管理學家筆下的會計，在經濟世界裡顯示出一種管理能動力，無論它在理論上的位置，還是在實踐中的位置都始

[①] 郭道揚. 郭道揚文集 [M]. 北京：中國財政經濟出版社，2009：152.

終與經濟管理聯繫在一起。」①

對外報告會計，也就是財務會計的產生大致有以下三種情況：一是產生於諸侯國向國王報告自己的貢獻或功績，如《史記》記載的：「自虞夏時，貢賦備矣。或言禹會諸侯江南，計功而崩。」二是政府下級組織向上級組織報告業績，以接受上級政府組織的監督，如漢唐時期的上計制度。三是在所有權和經營權相互分離的情況下，經營者有必要向所有者報告自己的履責情況，如12世紀，地中海沿岸國家出現的復式記帳法，大多都是在這樣的背景下產生的。實際上，在中國近代小農經濟生產條件下，由於生產經營規模較小，地主或小業主往往親自掌管經營活動。這種情況下，所有者雖然也會聘請「帳房先生」來代其管帳，但這時候的會計嚴格來說不是對外報告會計，而是管理會計。可見，會計的最初形態實際上是管理會計，而不是對外報告會計。

二、以控制為核心的管理會計產生階段

管理會計的正式產生可以追溯到20世紀初泰羅的科學管理思想，其基本思想在於如何提高企業生產效率。當時，美國是資本主義世界經濟發展最快的國家之一，隨著企業規模和數量迅速擴大，生產管理日趨複雜，工人「磨洋工」現象大量存在，導致企業生產效率低下，生產成本提高。泰羅認為，企業效率低的主要原因是管理部門缺乏合理的工作定額，工人缺乏科學指導。因此，企業必須把科學知識和科學研究系統運用於生產管理實踐，科學地挑選和培訓工人，科學地研究工人的生產過程和工作環境，並據此制定出嚴格的規章制度和合理的日工作量，採用差別計件工資調動工人的積極性，並實行例外管理原則。依據泰羅的科學管理思想形成的一些企業管理制度通常被稱為泰羅制。1898—1901年，泰羅在伯利恒鋼鐵公司將他的理論進行試驗，獲得極大成功。泰羅制的主要內容包括：第一，管理的根本目的在於提高效率；第二，制定工作定額；第三，選擇最好的工人；第四，實施標準化管理；第五，實施刺激性的薪酬制度；第六，強調雇主與工人合作的「精神革命」；第七，主張計劃職能與執行職能分開；第八，實行職能工長制。泰羅制的實施，極大地提高了企業的生產效率與工作效率。

為了配合泰羅科學管理制度的實施，「標準成本」「差異分析」和「預算控制」等方法開始引入會計中來，成為成本會計的一個組成部分。所謂標準成本，是指在產品投產之前，按照科學的方法制定材料、人工和費用消耗標準，並以此為基礎，形成產品標準成本中的標準人工成本、標準材料成本、標準製造費用等。預算控制是指以產品的標準成本為依據，據以對產品生產的材料成本、人工成本和其他費用進行控制，使之符合預算的要求。差異分析是將產品生產的實際成本與其標準成本進行對比，以尋找差距，並從數量和質量方面尋找差距產生的原因。1922年，美國學者麥金西（J. O. Mckinsey）編著出版了一部名為《預算控制》的著作，就基於標準成本對產品成本進行預算控制的方法進行了系統介紹。在此基礎上，麥金西又於1924年撰寫了世界上第一本以管理會計命名的著作《管理會計入門》。在該書

---

① 法約爾. 工業管理與一般管理 [M]. 周安華，等，譯. 北京：中國社會科學出版社，1982：31.

中，麥金西主張將會計服務的中心由對外提供會計信息轉移到為企業內部管理服務上來，但這一觀點在當時並沒有受到會計界的普遍重視。

20世紀20年代，法約爾發展了一系列管理原則，強調勞動分工、個人權責的明確劃分、命令與紀律、集權以及個人的首創精神與集體團結精神等概念和原則。到20世紀60年代，該學派又進一步發展了包括金字塔組織結構學說、管理控制跨度的限制、平行協調與工人參與以及權力的上下分派以保證下屬人員願意接受管理權威等管理思想。在這些管理思想的指導下，作為管理會計基礎內容的責任會計隨之產生。責任會計通過合理地劃分企業內部各責任單位或個人責任、權力，科學地制定個人或內部單位的責任預算，並有效地記錄和分析各責任單位業績，調動企業內部各責任單位或個人控制成本和創造收益的主觀能動性。責任會計能夠將行為科學理論與管理控制理論結合起來，並且強調責任者的責、權、利有效結合，從而加強了對企業經營的全面控制，極大地提高了經營者的積極性和主動性。

三、以決策為核心的管理會計發展階段

20世紀50年代以來，隨著科學技術的日新月異，經濟全球化步伐不斷加快，市場競爭日趨激烈，企業管理出現了一系列重大變化：第一，管理重心的變化。隨著技術的不斷進步，生產能力得到了迅速提高，從而在整體上解決了產品供不應求的局面，隨之而來的是企業管理重心發生了重大變化，即從過去的生產主導，或者供應方主導，轉向市場需求引導，迫使企業不得不重視市場研究，最終需要根據市場需求情況來決定產品生產。第二，業績觀念的變化。過去的業績是用利潤來表現的，即利潤是收入扣除全部成本後的剩餘部分，全部成本包括生產資料轉移價值、人工成本等變動成本，也包括某些製造費用和管理費用等固定成本。基於內部管理的業績則更強調貢獻毛益，即業績是收入扣除變動成本後的剩餘部分。按照這種觀點，為企業創造利潤是貢獻，承擔固定成本也是一種貢獻。第三，管理目標的變化。企業的目標是創造收益，而不僅僅是控制成本，節約可以增加利潤，同樣開源也可以創造利潤，甚至可以創造更多的利潤。這些方面的變化促成了成本性態分析和本量利分析方法的產生。建立在成本性態分析基礎上的本量利分析法，是成本-數量-利潤分析方法的簡稱。這一分析方法以貢獻毛益（邊際貢獻）為核心，分析業務量、成本與利潤之間的關係，綜合判斷它們之間互相影響的程度，為企業短期經營決策提供了重要的分析工具。

美國管理學家赫伯特·西蒙（Herbert A. Simon）認為，決策是管理的中心，管理的核心是決策，決策貫穿管理的全過程。西蒙提出，任何作業開始之前都要先做決策，制訂計劃就是決策，組織、領導和控制也都離不開決策。決策必然面向未來，不同時間發生的管理活動必須具有可比性，才能夠做出選擇。隨著現金流量概念的引入以及貨幣時間價值和風險收益觀念在決策中的運用，投資決策成為管理會計的重要內容。投資決策分析方法的引入，使管理會計擺脫了管理會計局限於成本控制會計的原有框架，逐步形成以決策和控制為核心的較為完整的管理會計體系。

四、現代管理會計體系基本形成的階段

20世紀20年代，隨著泰羅制的產生，標準成本法、預算控制和差異分析法成

為管理會計的最初內容。1950 年以後，隨著企業規模的日趨擴大、行為科學的日趨成熟及其在企業管理中的廣泛應用，以內部績效考核為主要功能的責任會計成為管理會計的基本內容。1952 年，會計學術界在倫敦召開的國際會計師代表大會上正式使用「管理會計」（Management Accounting）術語。同年，美國會計學會設立管理會計委員會。1958 年，美國會計學會在一份研究報告中明確提出管理會計的基本方法包括標準成本計算、預算管理、保本點分析、差量分析法、變動預算、邊際分析等。到 20 世紀 60 年代，伴隨著企業經營管理的日趨複雜化、系統化和科學化，以本量利分析、經濟訂貨批量分析為代表的經營決策分析方法成為管理會計的基本內容。之後，以貨幣時間價值和投資風險收益為基本觀念，並以現金流量分析為基礎的投資決策方法，逐步引入管理會計，形成了以預測、決策為主要特徵的現代管理會計。自此，管理會計成為圍繞企業管理職能，包括預測、決策、預算、控制、記錄、分析和考核等形成了系統完整的學科體系。

五、戰略管理會計思想逐步融入的階段

隨著戰略管理理論的發展和完善，著名管理學家西蒙於 1981 年首次提出了「戰略管理會計」一詞，之後很多學者不斷地將戰略管理研究的最新研究成果引入管理會計中來，進一步豐富和完善了戰略管理會計的內容體系。戰略管理會計的工具方法主要包括戰略環境分析法、價值鏈分析法、戰略成本分析法和戰略績效評價法等。戰略管理是管理者確立企業長期發展目標，在綜合分析內外部相關因素的基礎上制定達到目標的手段措施，並控制戰略實施的過程。價值鏈分析法是戰略管理會計的一種重要的分析方法，該方法是由美國哈佛商學院教授邁克爾‧波特提出來的，是一種尋求確定企業競爭優勢的工具，即運用系統性方法來考察企業各項活動及其相互關係，從而尋找具有競爭優勢的資源，進而採取差異化戰略，獲得競爭優勢。戰略成本管理（Strategic Cost Management，SCM）是從戰略角度來研究成本形成與控制的一種思想和方法。20 世紀 90 年代以來，對這一思想與相關方法的討論日趨深入，日本和歐美的企業管理實踐也證明了該方法是一種行之有效的方法。戰略成本管理內容通常包括戰略成本目標制定、戰略成本動因分析、價值工程分析、目標成本管理以及生命週期管理等內容。戰略性績效管理不同於傳統的財務評價分析方法，傳統的財務評價大多使用比率分析法、因素分析法或趨勢分析法來對企業的盈利能力、償債能力、週轉能力和成長能力進行分析。戰略管理會計中的業績評價被稱為整體業績評價，是通過獲取成本和其他信息，並在戰略管理方法應用過程中，強調業績評價必須滿足管理者的信息需求，以利於企業尋找戰略優勢。常見的戰略評價分析方法包括關鍵指標分析法、平衡積分卡分析法以及以沃爾分析法為代表的綜合分析方法。

第三節　管理會計的概念框架

　　管理會計作為一個以提供貨幣信息為主的經濟信息系統，其基本功能有信息輸入、信息加工和信息輸出三個方面。因此，管理會計概念框架的構建應從信息輸入、信息加工和信息輸出三個方面來考察。圍繞管理會計信息輸入、信息加工和信息輸出形成了一系列要素和相應的概念，這些要素和概念構成了管理會計理論的基本組成要件。由於這些要素和概念之間具有特定的邏輯聯繫，因此又將其稱為管理會計概念框架。

　　管理會計是基於人的特殊要求而構建的一個人造系統。一般而言，人造系統的構成要素通常包括目標、假設、方法和規則等。目標是系統運行的方向，假設是對系統發揮作用的條件所做的基本約定，方法是為實現系統目標應採取的手段或措施，規則是系統運行應遵循的基本原則。對管理會計信息系統而言，其構成要素具有以下特點：第一，管理會計的目標是管理會計信息系統存在的依據，因此不論是信息輸入篩選、加工處理，還是輸出手段，都應該服從於管理會計目標的要求。第二，管理會計假設實際上就是對管理會計的邊界所做的基本約定。管理會計的邊界約定實際上是由兩部分組成，一是管理會計的目標與財務會計或其他經濟信息系統的目標有何區別；二是什麼樣的經濟信息能夠進入管理會計信息系統，並由其進行加工處理。第三，管理會計的方法就是管理會計系統如何加工或轉換會計信息，與以借貸記帳方法為核心的財務會計方法有所不同，管理會計的工具和方法是靈活多樣的。也就是說，任何一種有助於管理會計目標實現的方法都是可以採用的，系統地對這些方法和工具進行整理和總結，對增強其有用性和可理解性是有所裨益的。第四，管理會計的運行規則是指管理會計信息系統運行應遵循的基本規則，如在選擇管理會計信息加工方法時必須遵循成本效益原則，在選擇投資方案時必須考慮貨幣時間價值和投資的風險收益因素。

　　整體性、目標性、關聯性、有序性和動態平衡性是系統構建的基本要素。作為一個信息系統，管理會計各要素之間應具有內在的邏輯聯繫。例如，管理會計的目標是提供經濟主體管理決策需要的經濟信息，而經濟信息的邊界是非常寬泛的，這就需要基本約定對其邊界做出限定。在符合基本約定的框架下，按照既定目標加工信息必須遵循一定的規則，如在考察投資項目的未來收益時必須考慮其貨幣時間價值及風險收益因素，在此基礎上再進一步設計管理會計信息加工與輸出的具體方法。

一、管理會計目標

（一）管理會計目標的性質和地位

　　1960年，美國會計學會正式將會計定義為一個信息系統，之後，這一觀點逐步被人們認可。作為一個信息系統，會計目標決定了系統的運行方向以及其他要素的功能配置與相互關係，即會計信息系統信息輸入、信息變換以及信息輸出的內容，運行規則、信息加工程序和方法都必須服從會計目標的要求。具體來說，就是什麼

樣的會計信息可以進入會計系統、會計程序及方法應建立在何種前提之上都應該符合會計目標的要求，會計基本分類標準的選擇、會計信息加工規則的確立、會計加工程序和方法的設置都應以會計目標為基本依據。

管理會計作為會計的一個子系統，目標是管理會計子系統區別於另一子系統——財務會計的本質特徵。管理會計目標性質主要體現在以下三個方面：

（1）管理會計目標是管理會計信息系統建立的依據。蒂文（Devine）於1960年指出：為服務職能建立一個理論體系的第一步，就是確立該職能的目的或目標，目的或目標總是變化的，但在某一具體期間，它們必須被確認，或者能夠被確認。[①]

（2）管理會計目標是管理會計信息子系統區別於其他子系統的根本標誌。從管理會計產生與發展的歷史來看，管理會計與財務會計同源，且難以區分，只是到了近代，主要服務於外部信息使用者的財務會計，才從會計信息系統分離出來成為一個獨立的分支。因此，管理會計目標是管理會計的最重要的標誌。

（3）管理會計目標是管理會計理論體系構建的起點。對於一個自然系統來說，系統自然天成，因此在研究利用這一系統時就必須首先弄清它的本質及其基本功能，然後才能對其加以利用。例如，要想利用煤炭資源，就要先弄清它有哪些可資利用的基本功能。對於一個人造系統來說，人們之所以建造它，必定有其特殊需要或目的，因此目標顯然應該是人造系統研究的邏輯起點。管理會計作為一個標準的人造系統，目標理應是管理會計理論體系構建的當仁不讓的研究起點。

（二）管理會計目標的研究方法

1971年4月，美國註冊會計師協會（AICPA）成立了兩個研究小組，即「Wheat委員會」和「Trueblood委員會」，其中，「Trueblood委員會」負責財務會計目標的開發，最終促成了《企業財務報告的目標》（1973）的正式發布。「Trueblood委員會」的正式名稱為「財務報表目標研究小組」，負責人為羅伯特·特魯布羅德（Robert Trueblood），其成員共有9名，分別代表會計職業界、學術界、行業和財務分析師協會，並有一個由學術界、註冊會計師和諮詢人員組成的專家顧問小組。為了指導「Trueblood委員會」開展研究工作，AICPA提出了四個可供參考的課題：一是誰需要會計信息？二是他們需要什麼信息？三是所需信息中，有多少是由會計提供的？四是提供所需信息需要什麼樣的框架？

由此可見，管理會計的目標可以從以下幾個問題的回答分級確定：

（1）誰需要管理會計信息？
（2）管理會計信息用來幹什麼？
（3）管理會計信息應具備怎樣的質量特徵？
（4）怎樣來提供管理會計信息？

實際上，對上述前兩個問題的回答，構成了管理會計的基本目標；對第三個問題的回答構成了管理會計的具體目標，對第四個問題的回答描述了管理會計目標的實現方法。

[①] DEVINE C T. Research Methodology and Accounting Theory Formulation [J]. The Accounting Review, 1960 (7): 399.

（三）管理會計的基本目標

如上所述，管理會計的基本目標主要回答兩個問題：誰需要管理會計信息？管理會計信息用來幹什麼？

在英美等國家，公司治理結構由三個權力機構形成，即股東大會、董事會以及首席執行官領導的執行委員會的公司治理結構。其中，股東大會是公司的最高權力機構；董事會是股東大會的常設機構，代表股東大會行使公司重大決策權；首席執行官由董事會任命，主要負責公司的日常經營管理。需要說明的是，英美公司中沒有監事會，公司治理結構的完善主要是借助於外部審計力量來實現。在英美制衡模式中，董事會的構成主要有以下特徵：第一，在董事會內部設立不同的委員會，以便協助董事會更好地進行決策，具體包括執行委員會、任免委員會、報酬委員會、審計委員會等。第二，公司的董事分成內部董事和外部董事。內部董事是指公司現在的職員以及曾經在公司工作過的職員，現在仍與公司保持著重要的商業聯繫的人員；外部董事大多是通過在股票市場上購買公司股票而形成的股東或與本公司有著緊密的業務和私人聯繫的外部人員以及其他法人持股公司的代表。自20世紀70年代以來，英美公司中的外部董事比例呈上升趨勢。第三，董事會經營權利的代理人為首席執行官（CEO）。由於公司的經營管理日益複雜化，經理職能也日益專業化，大多數公司又在首席執行官之下為其設一助手，負責公司的日常業務，這就是首席營業官（Chief Operation Officer，COO）。在大多數公司，這一職務一般由公司總裁（President）兼任，而總裁是僅次於首席執行官的公司第二號行政負責人。在首席執行官下設財務、行銷、技術和人事等事業部全面領導企業的生產經營管理。其制衡關係如圖1-1所示。

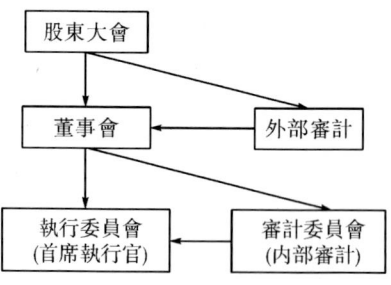

圖1-1　英美模式下的法人治理結構

中國的法人治理結構是由股東大會、董事會和監事會構成的，在董事會下設總裁或總經理領導企業的經營管理活動。股東大會是公司的最高權力機構，董事會和監事會由股東大會選舉產生，董事會行使公司的重大決策權，監事會代表股東大會對公司董事會及下屬經營班子進行監督。總經理領導的經營班子由董事會選聘，在總經理領導的經營班子下設財務、行銷、生產和人事等事業部，並按管理需要設置下屬經營管理機構。公司的具體治理結構以廣東省某摩托車製造公司為例，見圖1-2。

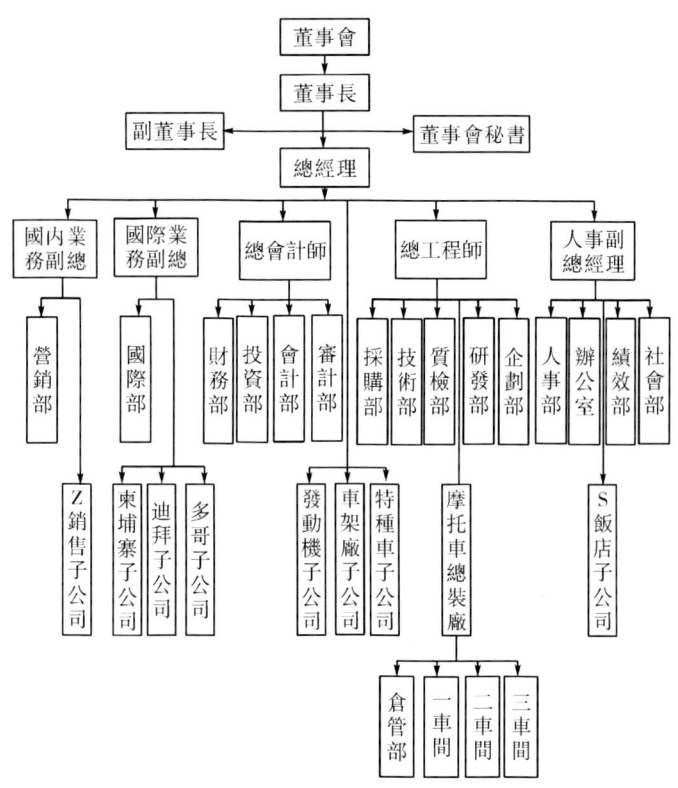

圖1-2　中國常見的法人治理結構

圖1-2表明，股東及股東大會需要的會計信息屬於企業外部利害關係人需要的信息，因此是受企業會計準則規範的信息，不屬於管理會計信息。企業監事會的主要職責是代表股東對董事會及董事會領導的經營機構進行監督，所需的信息雖然會比外部監督機構更多地依賴於企業內部來提供，但從性質上講，並不屬於企業經營管理所需的信息，因此也不屬於管理會計信息。由此可見，管理會計信息的使用者主要包括企業董事會（包括董事長或執行董事及其他董事會成員）、企業經營班子、各事業部及下屬企業、各職能部門、車間、班組乃至具體負有管理職責的職工個人，這些人通過獲取管理會計信息履行相應的管理職責。

從管理會計信息用來幹什麼的角度講，根據人們對管理的職能的認識不同，有多種觀點。丁世連和陳美華認為，管理會計信息主要用於規劃和控制，其中規劃包括預算、決策和計劃，而控制則以預算為依據，具體包括反饋、控制、分析、評價和考核等職能。於增彪認為，管理會計的目標可以概括為兩個方面，即為管理和決策提供信息、參與企業的經營管理。美國管理會計事務委員會在其發布的《管理會計公告》中指出，管理會計的目標包括協助履行規劃職能、協助履行控制職能、協助履行組織職能和協助下屬業務部門履行經營管理職能。也有人認為，企業管理的職能包括預算、決策、預算、反饋、控制、分析和考核各職能，管理會計信息是為

企業管理服務的，因此其會計信息應服務於企業管理的這七個職能。

中國財政部於 2016 年發佈的《管理會計基本指引》確立的目標是：通過運用管理會計工具方法，參與單位戰略規劃、決策、控制、評價活動並為之提供有用信息，推動單位實現戰略規劃。這表明管理會計信息將用於以下四個方面：

1. 戰略規劃

戰略規劃是指通過充分調查研究，對經濟單位在較長的時間內全局性的發展目標及其實施方案做全面規劃。經濟單位應用管理會計，應做好相關信息支持，參與戰略規劃擬定，從支持其定位、目標設定、實施方案選擇等方面，為單位合理制定戰略規劃提供支撐。制定戰略規劃分為三個階段：第一個階段就是確定戰略發展目標，即企業在未來的發展過程中，要應對各種變化所要達到的具有全局性的發展目標。第二個階段就是要制定實施計劃規劃，即當目標確定了以後，考慮使用什麼手段、什麼措施、什麼方法來達到這個目標。第三個階段就是將戰略規劃形成文本，以備評估、審批。如果審批未能通過的話，那可能還需要多個迭代的過程，需要考慮怎麼修正。一般而言，戰略規劃三個階段所需的各類信息均由管理會計系統來提供。

2. 決策

決策分析一般指從若干可能的方案中通過決策分析技術，選擇其一的決策過程的定量分析方法。經濟單位應用管理會計，應融合財務和業務等活動，及時充分提供和利用相關信息，支持單位各層級根據戰略規劃做出決策。企業的管理決策一般分為短期經營決策和長期投資決策。短期經營決策主要包括建立在成本習性基礎上的本量利分析、定價決策以及存貨訂貨批量等方法，而長期投資決策則是建立在現金流量分析的基礎上，考慮貨幣時間價值和投資的風險收益因素，實用淨現值法、現值指數法、內含報酬率法以及年現金流量法的方法做出決策。管理會計信息系統是一個典型的決策支持系統，既可以為企業的短期經營決策提供支持，也可以為企業長期性的單項決策提供信息支持，還可以為企業綜合性的複雜決策提供信息支持。

3. 控制

在戰略規劃和具體實施計劃確定後，企業各管理層級應設定定量或定性標準，強化分析、溝通、協調、反饋等控制機制，以支持和引導單位持續高質高效地實施單位戰略規劃。根據在控制過程中所處的位置不同，控制過程可以分為事前控制、過程控制和反饋控制。事前控制是在行動之前對可能發生的情況進行預測並提前做好準備的控制形式；過程控制是在執行計劃的活動過程中對偏差實施的控制，是即時性行為；反饋控制是指在計劃完成之後，經與目標對照，查找偏差再實施矯正的控制行為。管理會計中的目標成本管理可以認為是事前控制，最優經濟訂貨批量決策屬於及時控制，而標準成本法則是典型反饋控制，即先通過預算制定標準成本，再記錄實際發生的成本，然後對比兩者之間的差異，最後分析找出成本差異的原因，以在下期採取有效措施達成控制成本的目的。

4. 評價

經濟單位應合理設計評價體系，管理過程實施完畢後，基於管理會計信息等，評價單位戰略規劃實施情況，並以此為基礎進行考核，完善激勵機制；同時，對管

理會計活動進行評估和完善，以持續改進管理會計應用。評價通常包括兩個方面：一是對某一活動或項目進行評價，二是對內部責任單位或其領導人的經營業績進行評價。對某一項活動進行評價，通常指事後評價，主要採用比率分析法將實際執行結果與事前制定的標準進行對比，來評價該項活動的效果。業績評價是針對某一內部單位，選擇某些指標，事先制定統一的標準，然後將實際執行情況與預先制定的標準加以對比，來對經營者業績做出判斷。廣義的評價實際上還包括分析、考核和獎懲，如責任會計實際上就是將分析、考核和獎懲結合起來的一種考核評價方法。

(四) 管理會計的信息質量要求

在管理會計概念框架中，管理信息質量要求是聯繫管理會計目標與實現目標的手段的橋樑，是管理會計目標的具體體現，因此對管理會計信息提出明確的質量要求具有重要的理論及現實意義。

1988年4月，國際會計師聯合會發布的《管理會計概念公告》在其第三部分「管理會計的基本概念」提出了6個基本概念：第一，會計責任（Accountability）。管理會計系統需要確認和計量完成了什麼、應該完成什麼、由誰來完成，借以明確各信息生成環節有關人員的責任。第二，可控性（Controllability）。管理會計應能保證管理當局制定的戰略目標及各責任層次應完成的目標是其能夠影響和控制的活動。第三，可靠性（Reliability）。管理會計提供的信息應值得管理人員的信賴。第四，增值性（Increment）。管理會計信息應能增加企業價值，也就是說能創造新的價值。第五，依賴性（Interdependent）。管理會計信息各種來源之間應能相互驗證。第六，相關性（Relevance）。管理會計信息應與決策相關。可見，在上述這些基本概念中，可靠性、相關性、依賴性和增值性都是用來描述管理會計信息質量要求的。

1972年，美國會計學會下屬的管理會計委員會在其提出的一份研究報告中指出，管理會計的基本原則包括相關性、精確性和可靠性、一致性和可比性、客觀性和中立性、靈活性和適應性、及時性、易懂性和可理解性、綜合性。

管理會計的目標是向決策者提供對其決策有用的信息，而有用的信息必須與決策相關的、及時的、可靠的。同時，過於瑣碎的信息可能會遮擋決策者的視線，干擾決策者做出正確的選擇，而且信息的取得是有成本的。因此，管理會計只能向管理者提供重要的信息，以節約信息獲取成本，並避免形成干擾信息。管理決策千變萬化，管理會計必須適應環境的變化，並具有創造新價值的能力。

1. 相關性

相關性是指管理會計信息應當與企業管理決策相關。決策總是對未來的情況做出判斷，具體表現為三種情況：一是對未來的行動方案做出抉擇；二是根據經濟活動實際運行情況及其變化或出現的偏差對經濟活動過程及時做出調整；三是根據過去發生的情況總結經驗，以指導未來的行動。管理會計信息的相關性具體表現為預測性、及時性和反饋性三個方面，不論是反饋價值、調控價值，還是預測價值，都要求管理會計信息必須以信息的可靠性為基本前提。相關性發揮作用離不開管理會計信息的可靠性。

2. 可靠性

可靠性是衡量管理會計信息有用性的一個重要指標。美國會計原則委員會

（APB）認為，可靠的信息必須滿足以下次級標準：第一，該信息已經如實或預計如實地反應了有關內容；第二，該信息已排除了故意或系統的偏見；第三，該信息已排除了重大錯誤；第四，在重要性的範圍內，它是完整的；第五，在不確定性條件下提供該信息時，已謹慎地實施了判斷並進行了必要的估計。[1]因此，可靠性實際上是由真實性、公允性、無誤性、完整性和謹慎性這五個次級特徵構成的。之所以不用「正確性」「精確性」或「真實性」等概念反應決策者對管理會計信息的質量要求，是因為信息是有成本的，而且過於繁雜細緻的信息有可能會干擾決策者做出正確的選擇。因此，考慮到信息成本和干擾信息的影響，決策者通常並不追求管理會計信息絕對真實、準確、細緻和充分，也就是說管理會計信息只要不至於誤導決策就行，而不必過於追求精確、準確或充分。

3. 重要性

重要性是指管理會計信息獲取或報告要以信息是否重要作為取捨標準。也就是說，對於重要的信息應盡可能充分、準確地獲取，而對於不重要的信息，則在不影響決策或不至於誤導判斷的前提下，適當簡化，或者允許的誤差較大，甚至忽略不計。重要性的提出可以認為是成本效益原則的體現，也就是說，如果管理會計信息帶來的收益大於其獲得的成本，這樣的信息就是重要的或值得去獲取的；相反，如果信息的獲取成本大於其帶來的收益，這樣的信息是不重要的，也是沒有必要去獲取的。對於不重要的管理會計信息，即使是相關的或可靠的，為減少信息成本，可簡化獲取方法。重要性的判斷可以採用定性的方法來描述，也可以採用定量的方法來衡量，前者以不至於導致決策者的決策出現重大失誤為判斷標準，而後者則通過比較信息收益與信息成本來做出選擇。

4. 適應性

適應性是指系統應具有的環境適應性。人造系統與外部環境的關係主要是通過系統目標連接起來的。管理會計目標一方面體現了環境對系統提出的要求，另一方面又是系統要素構建的依據。因此，管理會計目標的確定及實現應充分體現環境變化對其產生的影響。管理會計方法的選擇、管理會計工具的使用必須根據決策內容的不同及環境的變化而做出不同的選擇。例如，在進行長期投資決策時，如果投資項目的使用年限和投資金額大致相同，可使用淨現值法進行決策判斷；當投資金額差別較大，而使用年限大致相同時，則採用現值指數法進行選擇；當投資金額差別不大，而使用年限差別較大時，則採用年現金流量法進行選擇；當投資項目的投資金額和使用年限都不同時，內含報酬率法就會成為最佳的投資決策方法。

6. 增值性

增值性是指管理會計信息應具有幫助經濟主體創造價值的能力。信息是不確定性的減少或消除。經濟主體通過獲得更多的信息，既會帶來信息收益，也要付出相應的信息成本。信息收益是指因信息的增加帶來的決策不確定性的減少所增加的益處。一般而言，未來收益的現值取決於未來現金流量表現的收益金額與其風險相適應的折現率，當收益不確定性減少時，其折現率會因收益的不確定性下降而降低，

---

[1] AHMED RIAHI-BELKAOOUI. 會計理論 [M]. 4版. 上海：上海財經大學出版社，2000：138.

進而導致其現值提高。信息成本則是為了獲取會計信息而付出的代價，按照成本效益原則，當所獲信息帶來的益處大於其成本時，該信息能夠為經濟主體創造價值。反之，不能幫助企業創造價值，這樣的信息即使是相關的或可靠的，也是沒有利用價值的。

7. 可比性

可比性是指不同時間的管理會計信息應具有可比性。相對而言，財務會計信息的可比性是指會計信息的縱向可比性與橫向可比性。縱向可比性是指同一企業不同時期發生的相同或相似的交易、事項，應當採用一致的會計政策，不得隨意變更。確需變更的，應當在附註中說明。橫向可比性是指不同企業發生的相同或相似的交易、事項，應當採用規定的會計政策，確保會計信息口徑一致、相互可比。與財務會計不同，管理會計更多是為企業管理者提供面向未來的會計信息。面向未來的信息必然有著不同的發生時間點，為使具有不同時間點的流量信息具有可比性，必須考慮貨幣的時間價值和投資的風險因素，也就是說，將投資的時間價值和風險因素內置於折現率中，從而使不同時間的現金流量具有可比性。

二、管理會計的邊界約定

(一) 假設、假定與邊界約定

關於假設一般有三種理解，即假設（Postulates）、假定（Assumptions）、假說（Hypothesis）或命題（Proposition）。按照《韋氏國際大辭典》的解釋，假設（Postulates）通常被人們認為是理所當然的或不言自明的一種先決條件，或者是在數學邏輯中被解釋為其有效性無需得到證明的公理或公設。假定（Assumption）是指人們提出的主張、設定的條件或概念，通常可以作為邏輯推理的小前提或次要前提。假說（Hypothesis）是指通過猜測、估計或判斷得出的初步結論。在科學研究中，假說通常又被稱為命題（Proposition），是指有待驗證的主觀判斷，如實證研究中的待驗命題。可見，在平常用來描述會計假設的幾個名詞中，假設（Postulates）接近事實的可能性最高，基本上屬於「可確定」的範圍；假定（Assumption）接近事實的可能性次之，基本上屬於「很可能」的範圍；而假說（Hypothesis）或命題（Proposition）接近事實的可能性最差，其可能性僅屬於「可能」的範圍。將以上兩方面的分歧加以概括，可以將廣義的會計假設與相關概念之間的關係概括如圖1-3所示。

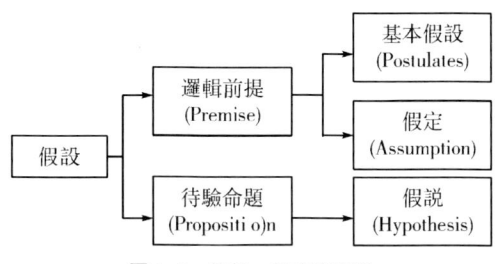

圖1-3 假設、假定與假說

關於什麼是基本假設，1964年，美國伊利諾伊大學的一個研究小組發表的一篇題為《基本會計假設與會計原則說明》（*A Statement of Basic Accounting Postulates and*

Principles）的研究報告認為，會計基本假設具有五個特徵①：第一，假設在本質上是具有普遍性的，而且是指導其他命題的基礎；第二，假設是不言自明的命題，它們直接與會計職業相關或是構成其基石；第三，假設雖是普遍認可有效的，但卻是無法證明的；第四，假設應具有內在一致性，它們不會互相衝突；第五，每個假設都是獨立的基本命題，並不會與其他假設重複或交叉。由此可以推斷，基本假設是對系統的運行環境和運行條件所做的一種合理判斷。環境是系統的外部制約因素，由於系統的外部制約因素極為複雜且缺乏穩定性，因此必須採取抽象分析的方法，對其進行總結概括，並剔除其不穩定因素，以創立一個能夠保證系統正常運行的外部環境。就其作用而言，基本假設是對系統邊界所做的基本約定，如會計之貨幣計量假設，使會計信息系統與其他信息系統有了明確的界限；財務會計之會計主體假設使財務會計信息系統與管理會計信息系統有了明確的界限。

（二）管理會計的邊界約定

1966 年，美國管理會計學會給管理會計下的定義是：「所謂管理會計，就是運用適當的技術和概念，對經濟主體的實際經濟數據和預計的經濟數據進行處理，以幫助管理人員制定合理的經濟目標，並為實現該目標而進行合理決策。」1981 年，美國全國會計師聯合會給管理會計下的定義是：管理會計是為向管理當局提供用於企業內部計劃、評價、控制，確保企業資源合理利用和管理層履行經營管理責任，而進行確認、計量、歸集、分析、編報、解釋和傳遞信息的過程。1982 年，英國成本和管理會計師協會給管理會計下的定義是：管理會計是為管理當局提供所需信息的那一部分會計工作，使管理當局得以確定方針政策、對企業的各項活動進行計劃和控制、保護財產安全、向外部人員反應財務狀況、向職工反應財務狀況、對各個行動的備選方案做出決策。1988 年，國際會計師聯合會將管理會計定義為：管理會計是管理部門用於計劃、評價、控制信息的確認、計量、歸集、分析、編報、解釋和傳遞，以確保其資源合理利用並履行相應的經營責任的過程。

在中國，1984 年，李天民教授編寫的《管理會計學》認為，管理會計主要是通過一系列的專門方法，利用財務會計及其他有關資料，進行整理、計算、對比和分析，使企業各級管理人員能據以對日常發生的一切經濟活動進行規劃與控制，並幫助企業領導做出各種決策的一整套信息處理系統。1987 年，王家佑認為，管理會計是西方企業為了加強內部經濟管理，實現利潤最大化這一企業目標，靈活運用多種多樣的方式、方法，收集、加工和闡明管理當局控制經濟過程所需要的信息，圍繞成本、利潤、資本三個中心，分析過去、控制現在、規劃未來的一個會計分支。1999 年，餘緒纓教授給管理會計下的定義是：管理會計是將現代化管理與會計融為一體，為領導者和管理人員提供管理信息的會計，是企業管理信息系統的一個子系統，是決策支持系統的重要組成部分。2012 年，孫茂竹等主編的《管理會計學》（第6版）認為，管理會計是以提高經濟效益為最終目的的會計信息處理系統。它運用一系列專門的方式方法，通過確認、計量、歸集、分析、編製與解釋、傳遞等一系列工作，為管理和決策提供信息，並參與企業經營管理。綜上所述，我們可以

① 葛家澍，杜興強. 會計理論［M］. 上海：復旦大學出版社，2005：124-126，161.

把管理會計的邊界做如下約定：

1. 信息系統約定

管理會計作為會計的一個子系統，首先是一個信息系統，其基本功能是輸入、加工變換信息，最終的目標是輸出信息。管理會計與財務會計均為會計信息系統的子系統，兩個子系統在信息來源、信息加工方法、信息使用者及用途等方面均有顯著的差別。信息系統是管理會計區別於其他相關信息系統的一個重要特徵。管理會計與財務管理在實務中密切關聯，很難區分，在會計職稱考試或註冊會計師資格考試內容設計上，由於兩者在內容和方法上很難區分，只能將兩者的內容合編在一起，而信息系統基本約定的提出，則使兩者有了明確的邊界約定，即管理會計是一個信息系統，而財務管理則是一個資金管理系統。以資金籌集管理為例，管理會計主要側重於為決策者提供哪種資金籌集方案更好的信息，而財務管理則側重於介紹利用某種籌資方式應執行哪些具體規定及應如何操作等。

2. 貨幣計量約定

會計的本質特徵是貨幣計量，也就是說會計信息系統輸入、加工變換和輸出的信息主要是貨幣表現的信息。這是因為只有貨幣計量的信息，才是可以匯總計量的信息，才能稱為會計。當然，全面反應一個企業經營活動，不可避免地要使用其他單位計量的信息，但這些非貨幣信息，只是幫助人們理解貨幣信息表達的企業經營活動，是輔助信息。因此，管理會計信息系統提供的信息，是以貨幣信息為主的經濟信息。管理會計信息系統是會計信息系統的一個子系統，因此應具有會計信息系統的本質特徵。以貨幣信息為主的經濟信息約定是管理會計信息系統區別於其他信息系統的一個重要特徵。例如，企業人事部門提供的關於職工個人思想品德方面的信息，儘管對企業管理是有用的，但這樣的信息並不屬於管理會計信息。如果沒有這樣的約定，人們將無法劃清管理會計信息系統與其他信息系統的界限。

3. 經濟主體約定

從服務對象看，管理會計是為特定經濟主體經營管理服務的。2014年，中國財政部出抬的《管理會計基本指引》第一條指出：「為促進單位（包括企業和行政事業單位，下同）加強管理會計工作，提升內部管理水準，促進經濟轉型升級，根據《中華人民共和國會計法》、《財政部關於全面推進管理會計體系建設的指導意見》等，制定本指引。」這表明，管理會計的服務對象既包括企業，也包括行政事業單位。也就是說，管理會計的服務對象包括了所有具有自身獨立經活動的經濟主體。管理會計的目標是為特定主體創造價值，對於非經濟主體則不屬於管理會計服務的對象。此外，經濟主體的外部利害關係人，如股東、債權人、規章制度制定機構及稅務當局甚至國家行政機構等非管理集團服務，雖然也會使用管理會計信息，但管理會計信息系統並非針對這些信息使用者而建立的，如果說它們也會使用或關注管理會計信息，只不過是根據自己的管理要求「搭便車」而已。經濟主體約定使管理會計與財務會計服務於國家宏觀管理決策或其他企業外部利害關係人管理決策的信息系統有了一個明確的界限。

4. 價值創造約定

價值創造是指通過一系列經營管理活動，提高企業的生存能力和市場價值。價

值創造的定性描述是指企業為股東及其他利害關係人創造財富，其定量描述則表現為企業的市場價值的增加。企業的市場價值對上市公司來說直接表現為企業的市價總和，對一般企業來說則概括為企業能夠為其股東及其他利害關係人帶來未來現金流量的現值。管理會計作為一個信息系統，可以通過以下方式為企業創造價值提供支持：第一，減少「信息不對稱」，為企業進行戰略規劃提供信息支持；第二，為企業長期投資決策和經營管理決策提供信息支持；第三，通過預算管理、成本控制、差異分析等方式，為企業日常經營管理提供信息支持；第四，為企業績效評價、內部業績考核提供信息支持。價值創造之所以被認為是管理會計的重要特徵，是因為管理會計信息的輸入、加工變換、輸出的信息是與貨幣信息為主的價值信息分不開的，其為企業管理服務效果的好壞也直接表現為企業新增價值的數額。

根據以上對管理會計基本特徵的描述，我們可以把管理會計定義為：管理會計是特定經濟主體建立的，以價值創造為主要目的，通過提供有用的以貨幣信息為主的經濟信息，參與經濟單位戰略規劃、決策、控制和評價等管理活動的一個經濟信息系統。

三、管理會計的原則

管理會計的原則是管理會計信息系統輸入、加工、處理和輸出管理會計信息應遵循的基本規則。為了實現管理會計目標，企業管理會計信息系統的運行應當遵循以下原則：

（一）戰略導向原則

戰略是指企業從全局考慮做出的長遠性的謀劃。戰略管理是指對企業全局的、長遠的發展方向、目標、任務和政策以及資源配置做出決策和管理的過程。管理會計是為內部管理服務的，而企業內部管理，包括決策、預算、控制和評價，必須依據企業的發展戰略而展開。因此，管理會計的應用應以企業的戰略規劃為導向，以持續創造價值為核心，促進企業可持續發展。

（二）融合性原則

融合性原則是指企業應將管理會計工具和方法與企業管理當局及企業內部各個責任單位的管理活動以及業務管理的各個環節緊密地結合在一起。在企業的生產經營過程中，每一項業務管理活動，包括子公司、分公司、職能部門、車間、班組乃至個人，每一項管理活動都需要管理會計信息的支持。因此，管理會計應該嵌入企業的相關領域、層次、環節，以業務流程為基礎，利用管理會計工具方法，將會計與業務有機地融合起來。唯有如此，我們才能感悟管理會計信息背後的「靈性」，更好地發揮管理會計的作用。

（三）適應性原則

適應性原則是指管理會計信息系統應能適應環境的變化及要求。具體地說，管理會計方法的選擇、管理會計工具的使用必須根據決策內容的不同而做出不同的選擇。企業內部管理會計部門在劃分責任中心、確定責任中心的考核指標時要與外部環境相適應。若外部環境發生變化，管理會計當局應隨時、準確地調整各管理中心的管理範圍和考核指標。管理會計的適應性原則還表現在管理會計必須與國民經濟

的宏觀決策（如政府的方針、政策等）相適應，即管理會計決策既要符合國家的政策法令，又要適應人們的道德規範等，只有這樣，管理會計才能正常、順暢地發揮作用，才能保證企業的發展方向與國家目標相一致。

（四）成本效益原則

成本效益原則是指管理會計活動的開展、管理會計工具和方法的選擇，必須堅持收益大於成本的原則。管理會計信息系統的運行成本是指管理會計信息的獲取、加工處理和輸出信息所付出的代價。管理會計信息產生的收益是指應用管理會計信息因決策得當、管理有效而帶來的企業經濟利益的增加或經濟損失的避免，或者生產經營費用的節約等。在選擇管理會計工具和方法以及在應用管理會計信息評判一項經濟活動是否開展時，都必須堅持收益大於其成本的原則。因此，管理會計的應用應權衡實施成本和預期效益，合理、有效地推進管理會計應用。

四、管理會計的工具和方法

管理會計工具和方法是實現管理會計目標的具體手段，管理會計工具和方法的含義相當寬泛，一般而言，只要有助於經濟單位的管理決策，最終實現價值創造的任何經濟信息的獲取、加工處理和輸出的方法都屬於管理會計的工具和方法。管理會計工具方法主要應用於以下領域：戰略管理、預算管理、成本管理、營運管理、投融資管理、績效管理、風險管理等。單位應用管理會計，應結合自身實際情況，根據管理特點和實踐需要選擇適用的管理會計工具方法，並加強管理會計工具方法的系統化、集成化應用。管理會計工具方法具有開放性，隨著實踐發展不斷豐富完善。

（一）戰略管理方法

戰略管理領域應用的管理會計工具和方法包括但不限於戰略分析、戰略地圖、價值鏈管理等。

1. 戰略分析方法

常用的戰略分析方法包括 PEST 分析法、SWOT 分析法和波特五力分析模型。

（1）PEST 分析法。PEST 分析法是指對企業宏觀環境進行分析的方法。PEST 是四個英文單詞的首寫字母，P 是政治（Politics），E 是經濟（Economy），S 是社會（Society），T 是技術（Technology）。在分析一個企業所處的環境時，分析者通常是通過這四個因素來分析企業集團面臨的狀況的。

（2）SWOT 分析法。SWOT 也是四個英文單詞的首寫字母，即 Strength（強勢）、Weakness（弱勢）、Opportunity（機會）、Threat（威脅）。SWOT 分析法先確認企業各項業務經營面臨的強勢與弱勢、機會與威脅，再據此選擇企業戰略。

（3）波特五力分析模型。波特五力分析模型又稱波特競爭力模型。波特五力分析模型將大量不同的因素匯集在一個簡便的模型中，以此分析一個行業的基本競爭態勢。波特五力分析模型確定了競爭力的五種主要來源，即供應商和購買者的討價還價能力（Suppliers Bargaining Power）、購買者議價能力（Buyer Bargaining Power）、新進入者威脅（Potential New Entrants）、替代品威脅（Threat of Substitute Product）、行業競爭者的競爭（The Rivalry Among Competing Sellers）。

2. 戰略地圖

戰略地圖（Strategy Map）是由羅伯特·卡普蘭（Robert S. Kaplan）和戴維·諾頓（David P. Norton）提出的，它是在平衡計分卡的基礎上發展而來的。與平衡計分卡相比，戰略地圖增加了兩個層次的東西，一是顆粒層，每一個層面下都可以分解為很多要素；二是動態層，也就是說戰略地圖是動態的，可以結合戰略規劃過程來繪製。戰略地圖是以平衡計分卡的四個層面目標（財務層面、客戶層面、內部層面、學習與增長層面）為核心，通過分析這四個層面目標的相互關係而繪製的企業戰略因果關係圖。戰略地圖的核心內容包括：企業通過運用人力資本、信息資本和組織資本等無形資產（學習與成長），才能創新和建立戰略優勢與效率（內部流程），進而使公司把特定價值帶給市場（客戶），從而實現股東價值（財務）。

3. 價值鏈分析

價值分析源於邁克爾·波特的「價值鏈」思想。邁克爾·波特根據價值鏈之間的有機聯繫，將價值鏈分為縱向價值鏈、橫向價值鏈和企業內部價值鏈，三大價值鏈相互聯繫、相互作用，構成有機的整體。

縱向價值鏈是指單個企業一般佔有縱向價值鏈上一個或若干個價值環節。但並非所有的價值環節都能提供同等的盈利機會，企業應選擇盈利能力最大的環節創造自身價值。橫向價值鏈是指某一最終產品的生產可以通過多種途徑和組合方式來完成，在整個社會空間上必然存在一系列互相平行的縱向價值鏈，所有在一組互相平行的縱向價值鏈上的企業之間就形成了一種相互影響、相互作用的內在聯繫。橫向價值鏈分析就是對一個產業內部的各個企業之間的相互作用的分析，通過橫向價值鏈分析可以確定企業與競爭對手之間的差異，從而確定能夠為企業取得相對競爭優勢的差異化戰略。內部價值鏈是指企業內部活動的各個環節。企業內部價值活動是企業在經濟和技術上有明確界限的各項活動，是創造對顧客有價值產品的基礎。

這些相互聯繫的價值活動往往被看成服務於顧客需要而設計的一系列「作業」的集合體，並形成一個有機關聯的「作業鏈」。縱向價值鏈分析的結果在於確定企業應該生產什麼；橫向價值鏈分析則指出企業生產該種產品的競爭優勢所在和相關的限制條件。上述分析的結果要通過企業內部價值鏈的優化去落實，沒有生產經營的合理組織和有效安排，縱向價值鏈分析和橫向價值鏈分析就失去了意義。

戰略管理工具方法可以單獨應用，也可以綜合應用，以加強戰略管理的協同性。

（二）預算管理方法

預算管理是指企業以戰略目標為導向，通過對未來一定期間內的經營活動和相應的財務結果進行全面預測和籌劃，科學、合理地配置企業各項財務和非財務資源，並對執行過程進行監督和分析，對執行結果進行評價和反饋，指導經營活動的改善和調整，進而推動實現企業戰略目標的管理活動。

預算管理領域應用的管理會計工具方法，一般包括滾動預算、零基預算、彈性預算、作業預算等。企業可以根據其戰略目標、業務特點和管理需要，結合不同工具方法的特徵及適用範圍，選擇恰當的工具方法綜合運用。企業應用預算管理工具方法，一般按照預算編製、預算控制、預算調整、預算考核等程序進行。企業可以整合預算與戰略管理領域的管理會計工具方法，強化預算對戰略目標的承接分解；

整合預算與成本管理、風險管理領域的管理會計工具方法,強化預算對戰略執行的過程控制;整合預算與營運管理領域的管理會計工具方法,強化預算對生產經營的過程監控;整合預算與績效管理領域的管理會計工具方法,強化預算對戰略目標的標杆引導。

(三) 成本管理方法

成本管理是指企業在營運過程中實施成本預測、成本決策、成本計劃、成本控制、成本核算、成本分析和成本考核等一系列管理活動的總稱。成本管理領域應用的管理會計工具方法,一般包括目標成本法、標準成本法、變動成本法、作業成本法和生命週期成本管理等。企業應結合自身的成本管理目標和實際情況,在保證產品的功能和質量的前提下,選擇應用適合企業的成本管理工具方法或綜合應用不同成本管理工具方法,以更好地實現成本管理的目標。企業綜合應用不同成本管理工具方法時,應以各成本管理工具方法具體目標的兼容性、資源的共享性、適用對象的差異性、方法的協調性和互補性為前提,通過綜合運用成本管理的工具方法實現最大效益。

(四) 營運管理方法

營運管理是指為了實現企業戰略和營運目標,各級管理者通過計劃、組織、指揮、協調、控制、激勵等活動,實現對企業生產經營過程中的物料供應、產品生產和銷售等環節的價值增值管理。企業進行營運管理,應區分計劃(Plan)、實施(Do)、檢查(Check)、處理(Act)等四個階段(簡稱 PDCA 管理原則),形成閉環管理,使營運管理工作更加條理化、系統化、科學化。營運管理領域應用的管理會計工具方法一般包括本量利分析、敏感性分析、邊際分析和標杆管理等。企業應根據自身業務特點和管理需要等,選擇單獨或綜合運用營運管理工具方法,以更好地實現營運管理目標。企業應用營運管理工具方法,一般按照營運計劃的制訂、營運計劃的執行、營運計劃的調整、營運監控分析與報告、營運績效管理等程序進行。

(五) 投融資管理方法

投融資管理包括投資管理和融資管理。投資管理是指企業根據自身戰略發展規劃,以企業價值最大化為目標,對將資金投入營運進行的管理活動。融資管理是指企業為實現既定的戰略目標,在風險匹配的原則下,對通過一定的融資方式和渠道籌集資金進行的管理活動。企業融資的規模、期限、結構等應與經營活動、投資活動等的需要相匹配。

投融資管理領域應用的管理會計工具方法一般包括貼現現金流量法、項目管理、情景分析、約束資源優化等。企業應用投資管理工具方法,一般按照制訂投資計劃、進行可行性分析、實施過程控制和投資後評價等程序進行。企業應用融資管理工具方法一般按照融資計劃制訂、融資決策分析、融資方案的實施與調整、融資管理分析等程序進行。

(六) 績效管理方法

績效管理是指企業與所屬單位(部門)、員工之間就績效目標及如何實現績效目標達成共識,並幫助和激勵員工取得優異績效,從而實現企業目標的管理過程。績效管理的核心是績效評價和激勵管理。績效評價是指企業運用系統的工具方法,

對一定時期內企業營運效率與效果進行綜合評判的管理活動。激勵管理是指企業運用系統的工具方法，調動企業員工的積極性、主動性和創造性，激發企業員工工作動力的管理活動。激勵管理是促進企業績效提升的重要手段。績效管理領域應用的管理會計工具方法一般包括關鍵績效指標法、經濟增加值法、平衡計分卡、股權激勵等。企業可根據自身戰略目標、業務特點和管理需要，結合不同工具方法的特徵及適用範圍，選擇一種適合的績效管理工具方法單獨使用，也可以選擇兩種或兩種以上的工具方法綜合運用。

（七）風險管理方法

風險管理是指通過對風險的認識、衡量和分析，選擇最有效的方式，主動地、有目的地、有計劃地處理風險的管理方法。良好的風險管理有助於降低決策錯誤的概率、避免損失的可能性、相對提高企業本身的附加價值。美國反詐欺交易委員會（COSO）委託普華永道開發的《COSO風險管理整合框架》指出，企業風險管理基本框架包括8個方面的內容：第一，內部環境。內部環境包含組織的基調，它為主體內的人員如何認識和對待風險設定了基礎。內部環境包括風險管理理念和風險容量、誠信和道德價值觀以及所處的經營環境。第二，目標設定。企業風險管理應確保管理當局採取適當的程序去設定目標，確保選定的目標支持和契合該主體的使命，並且與其風險容量相符。第三，事項識別。企業必須識別影響主體目標實現的內部和外部事項，區分風險和機會。第四，風險評估。企業應通過考慮風險的可能性和影響來對其加以分析，並以此作為決定如何進行管理的依據。第五，風險應對。風險應對包括迴避風險、承受風險、降低或分擔風險等應對措施。第六，控制活動。企業制定和執行政策與程序以幫助確保風險應對得以有效實施。第七，信息與溝通。相關的信息要確保員工履行其職責的方式和時機予以識別、獲取和溝通。第八，監控。企業要對企業風險管理進行全面監控，必要時加以修正。監控可以通過持續的管理活動、個別評價，或者兩者結合來完成。

企業風險管理並不是一個嚴格的順次過程，一個構成要素並不是僅僅影響接下來的那個構成要素。它是一個多方向的、反覆的過程，在這個過程中幾乎每一個構成要素都能夠、也的確會影響其他構成要素。風險管理領域應用的管理會計工具方法包括但不限於單位風險管理框架、風險矩陣模型等。

（八）信息生成與報告方法

管理會計信息包括管理會計應用過程中使用和生成的財務信息與非財務信息。經濟單位應充分利用內外部各種渠道，通過採集、轉換等多種方式，獲得相關、可靠的管理會計基礎信息。單位應有效利用現代信息技術，對管理會計基礎信息進行加工、整理、分析和傳遞，以滿足管理會計應用的需要。管理會計報告是管理會計活動成果的重要表現形式，旨在為報告使用者提供滿足管理需要的信息。管理會計報告按期間可以分為定期報告和不定期報告，按內容可以分為綜合性報告和專項報告等類別。單位可以根據管理需要和管理會計活動性質設定報告期間。一般應以公曆期間作為報告期間，也可以根據特定需要設定報告期間。

第四節　管理會計的應用環境

管理會計的應用環境是指管理會計應用的外部影響因素，也是經濟單位應用管理會計的基礎。經濟單位應用管理會計，首先應充分瞭解和分析其應用環境，包括內部環境和外部環境。內部環境主要指與管理會計建設和實施相關的價值創造模式、組織架構、管理模式、資源、信息系統等方面；外部環境主要包括國內外經濟、法律和市場等方面。經濟單位應用管理會計，應充分瞭解和分析其應用環境。

一、管理會計的外部環境

(一) 經濟環境

經濟環境通常包括經濟體制、經濟政策、經濟週期以及通貨膨脹水準等。

1. 經濟體制

經濟體制是指政府參與國家經濟運作，調節經濟關係的組織和形式。在市場經濟體制下，企業是自主經營、自負盈虧的經濟實體，有獨立的經營權，同時也有獨立的理財權。企業可以從其自身需要出發，合理確定資本需要量，然後到市場上籌集資本，再把籌集到的資本投放到高效益的項目上獲取更大的收益，最後將收益根據需要和可能進行分配，保證企業財務活動自始至終根據自身條件和外部環境做出各種管理決策並組織實施。因此，管理會計必須幫助經濟單位瞭解國家的經濟運行機制，幫助企業領導者捕捉各種影響企業生存和發展的政策信息。

2. 經濟政策

不同的經濟政策，對企業管理影響不同。國際經濟政策包括金融政策、財稅政策、價格政策和會計與審計制度等內容。金融政策中的貨幣發行量、信貸規模會影響企業投資的資金來源、資金結構和投資的預期收益；財稅政策會影響企業的投資方向和投資項目的選擇等；價格政策會影響企業資產的來源、資金的投向和產品市場分佈；會計與審計制度的改革會影響會計要素的確認和計量，進而對企業財務活動的預測、決策以及評價產生影響。管理會計應能及時獲取國家宏觀經濟政策的變化，幫助企業做出正確的決策。

3. 經濟週期

市場經濟條件下，經濟發展與運行帶有一定的波動性。大體上經歷復甦、繁榮、衰退和蕭條幾個階段。在經濟週期的不同階段，企業應採用不同的發展戰略。

(1) 復甦時期。常見的發展戰略有增加廠房設備、實行長期租賃、建立存貨儲備、開發新產品、增加勞動力等。

(2) 繁榮時期。常見的發展戰略有擴充廠房設備、繼續建立存貨、提高產品價格、開展行銷規劃、增加勞動力等。

(3) 衰退時期。常見的發展戰略有停止擴張、出售多餘設備、停產不利產品、停止長期採購、削減存貨、停止擴招雇員等。

(4) 蕭條時期。常見的發展戰略有建立投資標準、保持市場份額、壓縮管理費

用、放棄次要利益、削減存貨、裁減雇員等。

4. 通貨膨脹水準

通貨膨脹對企業管理活動的影響是多方面的。其影響主要表現在：引起資金占用的大量增加，從而增加企業的資金需求；引起企業利潤虛增，造成企業資金由於利潤分配而流失；引起利率上升，加大企業籌資成本；引起有價證券價格下降，增加企業的籌資難度；引起資金供應緊張，增加企業的籌資困難。為了減輕通貨膨脹對企業造成的不利影響，企業應當採取有效措施予以防範。在通貨膨脹初期，貨幣面臨著貶值的風險，這時企業可以通過增加實物資產或對外投資以避免風險，實現資本保值；與客戶應簽訂長期購貨合同以減少物價上漲造成的損失；取得長期負債以保持資本成本的穩定。在通貨膨脹持續期，企業可以採用比較嚴格的信用條件，減少企業債權；調整財務政策，防止和減少企業資本流失；等等。

(二) 法律環境

法律環境是指企業與外部發生經濟關係時應遵守的有關法律、規章和制度，主要包括稅法、公司法、證券法、金融法、證券交易法、經濟合同法、會計法、審計法、內部控制基本規範等。市場經濟本質上是法治經濟，企業的經濟活動總是在一定法律規範內進行的。法律既約束企業的經濟行為，也為企業從事各種合法經濟活動提供保護。

國家相關法律法規按照對管理活動內容的影響情況可以分為如下幾類：

(1) 影響企業籌資的法規，如公司法、證券法、金融法、證券交易法、合同法等。這些法規可以從不同方面規範或制約企業的籌資活動。

(2) 影響企業投資的法規，如證券交易法、公司法、企業財務通則等。這些法規從不同角度規範企業的投資活動。

(3) 影響企業收益分配的各種法規，如稅法、公司法等。這些法規從不同方面對企業收益分配進行了規範。

(4) 影響企業經濟信息提供的法規，如會計法、審計法、管理會計基本指引等，這些法規規範了企業輸入、加工和輸出會計信息乃至經濟信息的行為。

上述不同種類的法律法規、規章制度，分別從不同方面約束企業的經濟行為，進而對管理會計提出了不同的要求。

(三) 市場環境

市場環境又稱競爭環境，主要包括商品市場、資金市場、勞動力市場、技術市場、信息市場、產權交易市場以及行業環境、金融環境等，各種市場環境都會對企業的生產經營及其結果產生不同程度的影響，並對管理會計信息同提出不同的要求。以下主要介紹技術環境、行業環境、金融環境。

1. 技術環境

技術環境是指管理會計得以實現的技術手段和技術條件，它決定著管理會計的效率和效果。據估計，以管理會計信息為代表的經濟信息約占企業經濟信息總量的70%以上。在企業內部，管理會計信息主要是提供給管理層決策使用。目前，中國正全面推進會計信息化工作，全力打造會計信息化人才隊伍，基本實現大型企事業單位會計信息化與經營管理信息化的融合，進一步提升了企事業單位的管理水準和

風險防範能力，做到「數出一門」、資源共享，便於不同信息使用者獲取、分析和利用，據以進行投資和相關決策；基本實現大型會計師事務所採用信息化手段對客戶的財務報告和內部控制進行審計，進一步提升社會審計質量和效率；基本實現政府會計管理和會計監督的信息化，進一步提升會計管理水準和監管效能。通過全面推進會計信息化工作，中國的會計信息化達到或接近世界先進水準。經濟單位信息化水準的全面提高，必將促使管理會計的技術環境進一步完善和優化。

2. 行業環境

行業是指產品相似、在市場競爭中相互影響的一類企業構成的組合，如農業、採掘業、製造業、金融業、餐飲業、酒店業等。行業環境對身處於其中的企業的影響遠大於總體環境的影響。行業環境對管理會計的影響主要表現在，管理會計借助行業環境分析為企業管理者提供相關的決策信息。行業環境分析是指對企業經營業務所處行業的行業結構、行業內企業的行為方式、行業平均績效水準等行業競爭程度等進行分析。其具體內容如下：

（1）行業性質確定分析。行業性質確定分析主要分析確定企業經營業務、行業歸屬等。行業性質確定分析是行業環境分析的首要內容，也是戰略諮詢和戰略診斷的前提。

（2）行業歷史和發展趨勢分析。確定了客戶所處行業後，企業要通過對這些（或這個）行業的歷史和現狀相關資料的分析，瞭解行業演變過程中存在的機遇、威脅，對行業未來發展趨勢進行判斷和預測。

（3）行業結構分析。行業結構分析主要是對行業內企業在歷史上和當前的策略、行為和應對行業結構變化的反應等行為模式進行深入的剖析。

（4）行業內企業行為分析。行業內企業行為分析主要分析處於同一戰略群體中的企業和主要競爭對手的行為，重點瞭解這些企業的戰略博弈過程，體現了行業特點及行為模式。

（5）行業關鍵成功因素分析。行業關鍵成功因素分析主要對行業內企業成功的關鍵因素進行分析，瞭解這些企業實現成功競爭必須具備的條件。

3. 金融環境

金融環境包括金融機構、金融工具、金融市場及其發達程度。金融機構主要是指銀行和非銀行金融機構。金融工具是指融通資金雙方在金融市場上進行資金交易、轉讓的工具，借助金融工具，資金從供給方轉移到需求方。金融工具分為基本金融工具和衍生金融工具兩大類。常見的基本金融工具有貨幣、票據、債券、股票等。衍生金融工具是在基本金融工具的基礎上通過特定技術設計形成的新的融資工具，如各種遠期合約、互換、掉期、資產支持證券等，種類非常複雜、繁多，具有高風險、高槓桿效應的特點。金融市場是指資金供應者和資金需求者雙方通過一定的金融工具進行交易進而融通資金的場所。金融市場的構成要素包括資金供應者（或稱資金剩餘者）和資金需求者（或稱資金不足者）、金融工具、交易價格、組織方式等。金融市場的主要功能就是把社會各個單位和個人的剩餘資金有條件地轉讓給社會各個缺乏資金的單位和個人，使財盡其用，促進社會發展。資金供應者為了取得利息或利潤，期望在最高利率條件下貸出；資金需求者期望在最低利率條件下借入。

因利率、時間、安全性條件不會使借貸雙方都十分滿意，於是就出現了金融機構和金融市場從中協調，使之各得其所。面對不同的金融政策和金融市場，管理會計信息系統的主要意義在於通過提供管理會計信息幫助企業選擇管理融資方式、優化資本結構，並評估企業的融資風險。

二、管理會計的內部環境

管理會計的內部環境是指影響管理會計信息系統構建和營運的企業內部影響因素。主要包括與管理會計信息系統建設和營運相關的價值創造模式、組織架構、管理模式、資源保障、信息系統等因素。

（一）組織架構

組織架構是指經濟單位建立管理會計系統的人力資源管理架構。一般而言，管理會計信息系統的組織架構可分為以下三種情況：

（1）建立專門的管理會計組織架構，如成立專職科室或建立績效考評小組等，專職負責收集、加工處理，並提供經濟單位經營管理或行政管理所需要的各種經濟信息。這種模式通常僅適用於組織規模或經營規模較大的經濟單位。

（2）不建立專門機構，而指定專人負責管理會計信息的收集、加工、處理和報告，這種組織方式既可以節約人力物力，又可以滿足經濟單位對管理會計信息的特殊需要。這種模式一般適用於組織規模或經營規模不是很大的中型企業或單位。

（3）不設置專門的管理會計組織架構，也不指定專職人員，而是由單位的總會計師或財務負責人或會計人員根據單位的臨時需要收集、整理需要的管理會計信息。這種模式通常只適用於小微企業。

一般而言，經濟單位應根據組織架構特點，建立健全能夠滿足管理會計活動所需的由財務、業務等相關人員組成的管理會計組織體系，有條件的單位可以設置管理會計機構，組織開展管理會計工作。

（二）管理模式

管理模式是指經濟單位為實現其經營目標而組織資源和經營活動的框架或方式。管理模式通常表現為經濟單位組織架構，企業的組織架構本質上是一種決策權的劃分體系以及各部門的分工協作體系。組織架構是進行企業運轉流程、部門設置以及職能規劃的最基本的結構依據。常見組織架構形式包括集權、分權、直線以及矩陣式等形式。組織架構需要根據企業總目標，把企業管理要素配置在一定的方位上，確定其活動條件，規定其活動範圍，形成相對穩定的、科學的管理體系。很多企業正承受著組織架構不合理帶來的損失與困惑，如組織內部信息傳導效率降低、失真嚴重；組織部門設置臃腫；部門間責任劃分不清，導致工作中互相推諉、互相掣肘；企業內耗嚴重；等等。要清除這些企業病，只有通過組織架構變革來實現。管理會計信息系統的建立有助於通過內部單位權力和責任的劃分與協調、內部管理信息的傳遞，調動企業內部各部門管理積極性，全面提高企業的管理效率。

（三）資源保障

資源是指一切可以被人類開發和利用的物質、能量和信息的總稱，它不僅包括自然資源，而且包括人類勞動的社會、經濟、技術等因素，還包括人力、人才、智

力（信息、知識）等資源。資源一般可以分為經濟資源與非經濟資源兩大類。經濟資源通常可以用貨幣計量，是指能夠帶來未來經濟利益的客觀存在，如土地資源、礦產資源、森林資源、海洋資源、石油資源、人力資源、信息資源等。非經濟資源則指經濟資源之外的其他資源，如精神資源、文化資源等。按照常見的劃分方法，經濟資源科被劃分為人力資源、財力資源和物力資源。經濟單位應通過使用管理會計工具和方法，充分挖掘可資利用的經濟資源，通過加強資源整合，提高資源利用效率效果，並通過樹立正確的管理會計理念，注重會計人員知識培訓，加強管理會計人才培養，提高經濟資源的利用效果和效率。

（四）信息系統

信息系統通常是指由計算機硬件和軟件、網路和通信設備、信息資源、信息用戶和規章制度組成的，以處理信息流為目的信息採集、加工處理以及輸出的數據處理系統。信息系統主要有五個基本功能，即對信息的輸入、存儲、處理、輸出和控制。其主要任務是最大限度地利用現代計算機及網路通信技術加強企業的信息管理，通過對企業擁有的人力、物力、財力等資源的調查瞭解，建立正確的數據，加工處理並編製成各種信息資料，及時提供給管理人員，以便進行正確的決策。管理會計信息系統包括常規管理信息系統和非常規管理信息系統。常規管理信息系統為企業提供日常管理信息，具有基礎性、日常性等特徵；非常規管理信息系統為企業的特殊管理事項提供管理信息，具有靈活性、例外性等特徵。經濟單位應將管理會計信息化需求納入信息系統規劃，通過信息系統整合、改造或新建等途徑，及時、高效地提供和管理相關信息，推進管理會計新系統建設和實施。

（五）價值創造模式

價值創造是指經濟單位通過為目標客戶提供產品或服務等一系列業務活動實現自身價值增值的過程。價值創造模式是經濟單位通過企業戰略規劃、決策、控制和評價活動將本單位的人力資源、財力資源和物力資源有效結合，從而實現企業價值增加的資源整合方式。價值創造模式的選擇是一項複雜的工程，一旦中間環節出現錯誤就可能導致選擇的失敗，嚴重毀損企業的價值創造活動。經濟單位應通過管理會計工具和方法的運用，準確分析和把握本單位價值創造模式，推動財務與業務等的有機融合，進而在資源有限的前提下，實現自身價值的最大化。

第二章
管理會計方法基礎

第一節　貨幣時間價值

一、貨幣時間價值概述

（一）貨幣時間價值的含義

貨幣時間價值是指一定量的資金在不同時點上價值量的差額。貨幣時間價值來源於資金在運動過程中，經過一定時間的投資與再投資後產生的增值。

貨幣時間價值在商品經濟中是十分普遍的。例如，在不存在風險和通貨膨脹的情況下，某人將 1 元存進銀行，假設年利率為 10%，則在一年後此人從銀行能夠取得本息 1.1 元。這就說明 1 年前的 1 元經過投資（存入銀行）產生了增值（增值了 0.1 元），這部分的增值額便是貨幣時間價值。

貨幣時間價值有兩種表達形式：相對數和絕對數。相對數，即時間價值率，是指沒有風險和通貨膨脹條件下的社會平均資金利潤率，通常可以用國庫券利率來代替。例如，上述例子中的存款利率 10%。絕對數，即時間價值額，是資金在生產過程中帶來的絕對增值額。例如，上述例子中的年利息 0.1 元。

（二）貨幣時間價值的相關概念

1. 現值和終值

現值又稱為本金，是指未來某一時點上的一定量的資金折合為現在資金的價值。
終值又稱為本息和，是指現在一定量的資金折合為未來某一時點上的價值。

2. 複利和單利

複利是指不僅本金計算利息，還對利息計算利息的一種計算利息的方式，即俗稱的「利滾利」。單利是指按照固定的本金計算利息的一種計息方式。按照單利的計算方法，只有本金在貸款期間中獲得的利息，不管時間長短，產生利息均不得加入本金重複計算利息。

3. 年金

年金是指在一定時期內每間隔相同時期等額收付的系列款項。根據發生時點的不同，年金分為普通年金、預付年金、遞延年金、永續年金四種。在提及年金概念的時候，我們需要注意兩個問題：一是每期的金額和間隔時間是相等的；二是期數必須兩期（包括兩期）以上。

在現代管理會計中，財務估價一般都按照複利計息方式計算資金的時間價值。在本書中，如果題目沒有特別強調，則需要採用複利方式進行計算。為了計算方便，在本書中相關符號的含義如下：F 表示終值，P 表示現值，I 表示利息，i 表示利息率（折現率），n 表示計算利息的期數，A 表示年金。

二、單利終值和現值

（一）單利終值

在單利計息方式下，終值與現值的關係如下：

第 1 年年末的終值 $= P + P \times i = P(1 + i)$

第 2 年年末的終值 $= P + P \times i + P \times i = P(1 + 2i)$

第 3 年年末的終值 $= P + P \times i + P \times i + P \times i = P(1 + 3i)$

……

因此，單利終值的一般計算公式如下：

$$F = P(1 + i \times n) \qquad (式 2-1)$$

【例 2-1】小張於今年 1 月 1 日將 1 元存入銀行，年利率為 10%，從第 1 年到第 3 年，各年年末的終值計算如下：

第 1 年年末的終值 = 1×（1+1×10%）= 1.1（元）

第 2 年年末的終值 = 1×（1+2×10%）= 1.2（元）

第 3 年年末的終值 = 1×（1+3×10%）= 1.3（元）

（二）單利現值

由於單利現值和單利終值互為逆運算，因此單利現值的計算公式如下：

$$P = \frac{F}{1 + i \cdot n} \qquad (式 2-2)$$

【例 2-2】小張打算於第 3 年年末從銀行取得 1,000 元的收入，年利率為 10%，則第 1 年年初應存入多少元？

$$P = \frac{F}{1 + i \cdot n} = \frac{1,000}{1 + 10\% \times 3} = 769.23(元)$$

三、複利終值和現值

（一）複利終值

複利終值是指若干時期後包括本金和利息在內的未來價值，即本利和。

複利終值的計算公式推導如下：

1 年後的終值 $= F = P + P \times i = P(1 + i)$

2 年後的終值 $= F = [P(1 + i)] \times (1 + i) = P \times (1 + i)^2$

3 年後的終值 $= F = [P(1 + i)^2] \times (1 + i) = P \times (1 + i)^3$

同理可推，第 n 年後的終值：

$$F = P \times (1 + i)^n \qquad (式 2-3)$$

式 2-3 是複利終值的一般計算公式，其中 $(1 + i)^n$ 稱為複利終值係數或 1 元的複利終值，用符號 $(F/P, i, n)$ 表示。例如，$(F/P, 10\%, 3)$ 表示利率為 10%、期數為

3的複利終值系數。為了方便計算，複利終值系數可查複利終值系數表獲得。

【例2-3】張先生把閒置的100,000元存入銀行，若銀行利率為10%，5年後張先生可以一次性從銀行取得多少錢？

$$F = P \times (1+i)^n = P \times (F/P, i, n)$$
$$= 100,000 \times (F/P, 10\%, 5) = 100,000 \times 1.610, 5 = 161,050(元)$$

(二) 複利現值

複利現值是指未來某一時點的特定資金按照複利計算方法，折算到現在的價值，或者說是為了取得將來一定本利和，現在所需要的本金。

複利現值的計算公式可以由複利終值的計算公式推導得出：

因為 $F = P \times (1+i)^n$

所以 $P = F \times (1+i)^{-n}$ （式2-4）

式2-4中，$(1+i)^{-n}$稱為複利現值系數或1元複利現值，用符號$(P/F, i, n)$表示。例如，$(P/F, 10\%, 3)$表示利率為10%、期數為3的複利現值系數。為了方便計算，複利現值系數可查複利現值系數表獲得。

【例2-4】張先生想在5年後存夠100,000元購買汽車，若銀行年利率為10%，問張先生現在應一次性存入多少錢？

$$P = F \times (1+i)^{-n} = F \times (P/F, i, n)$$
$$= 100,000 \times (P/F, 10\%, 5) = 100,000 \times 0.620, 9 = 62,090(元)$$

四、年金終值和現值

(一) 普通年金終值和現值

1. 普通年金終值

普通年金也稱為後付年金，每期的金額均發生在每期期末。普通年金終值簡稱年金終值，是指年金系列中每一筆金額在第n年年末的複利終值之和。

假設每年年末支付的相等金額A，利率為i，期數為n。其計算原理如圖2-1所示。

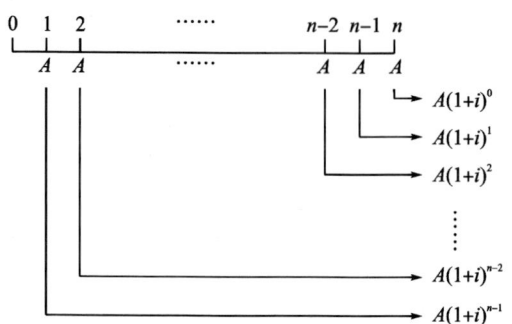

圖2-1 普通年金終值

根據複利終值的計算原理，年金終值的計算公式推導如下：

$$F = A + A(1+i) + A(1+i)^2 + \cdots + A(1+i)^{n-1} \quad ①$$

① 等式兩邊同時乘於$(1+i)$，可得：

$$F \times (1+i) = A \times (1+i) + A(1+i)^2 + A(1+i)^3 + \cdots + A(1+i)^n \quad ②$$

① - ②，可得：$i \times F = A(1+i)^n - A$

經過整理可得：

$$F = A \frac{(1+i)^n - 1}{i} \quad \text{(式2-5)}$$

式2-5中，$\frac{(1+i)^n - 1}{i}$ 稱為年金終值系數，記為$(F/A, i, n)$，其含義是在已知A，i和n的條件下求F所用的系數。因此，年金終值公式又可以表示為：

$$F = \text{年金} \times \text{年金終值系數} = A \times (F/A, i, n) \quad \text{(式2-6)}$$

【例2-5】小張是位熱心公益事業的人，他自2010年年末起，每年都向一位家庭困難的大學生捐款，每次捐款的金額均為4,000元，以幫助受捐助大學生完成4年的大學教育。假定每年定期存款利率為10%，則小王4年所捐助的款項相當於2013年年底的本息和為多少？

$$F = A \frac{(1+i)^n - 1}{i} = A(F/A, i, n)$$

$= 4,000 \times (F/A, 10\%, 4) = 4,000 \times 4.641, 0 = 18,564(元)$

2. 償債基金

償債基金是指為了在約定的未來某一時點清償某筆到期債務或積聚一定數額的資金而必須分次等額形成的存款準備金。同時需要注意的是存款的準備金均在每期期末存入。由於每次存入的金額相同，而且在每期期末存入，可以將其看成年金A；每次準備的存款是在未來償還的，可以將其看成年金終值F。由此可見，年償債基金與年金終值互為逆運算。償債基金的公式為：

$$A = F \frac{i}{(1+i)^n - 1} \quad \text{(式2-7)}$$

式2-7中，$\frac{i}{(1+i)^n - 1}$ 稱為償債基金系數，記作$(A/F, i, n)$，其表示的含義是，在已知F，i和n的條件下計算A的系數。由於年償債基金系數和年金終值系數互為倒數。因此，償債基金的計算公式又可以表示為：

$$A = \text{年金終值} \times \text{償債基金系數} = F \times (A/F, i, n) = \frac{F}{(F/A, i, n)} \quad \text{(式2-8)}$$

【例2-6】小張準備在5年後購買一輛20萬元的汽車，她計劃從現在起每年年末存入一筆款項。假設年利率為10%，那麼她每次應存入多少錢才可以實現她的購車計劃？

$$A = \frac{F}{(F/A, i, n)} = \frac{200,000}{(F/A, 10\%, 5)} = \frac{200,000}{6.105, 1} = 32,759.50(元)$$

3. 普通年金現值

普通年金現值是指將在一定時期內按照相同時間間隔在每期期末收入或支付的相等金額折算到第一期期初的現值之和。其計算原理如圖2-2所示。

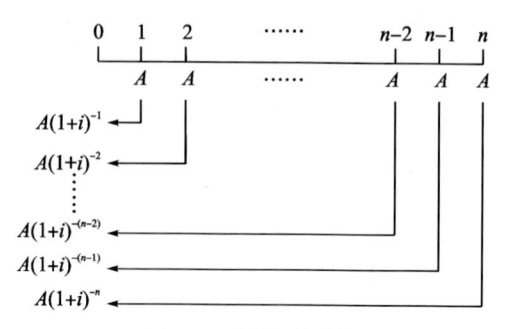

```
    0    1    2   ……  n-2  n-1   n
    ├────┼────┼────┼───┼────┼────┤
         A    A        A    A    A
    A(1+i)⁻¹ ←┘
    A(1+i)⁻² ←─────┘
         ⋮
    A(1+i)⁻⁽ⁿ⁻²⁾ ←────────────┘
    A(1+i)⁻⁽ⁿ⁻¹⁾ ←─────────────────┘
    A(1+i)⁻ⁿ ←──────────────────────┘
```

圖 2-2　普通年金現值

根據複利現值的方法計算普通年金現值的公式如下：

$$P = A(1+i)^{-1} + A(1+i)^{-2} + A(1+i)^{-3} + \cdots + A(1+i)^{-n} \qquad ①$$

①式兩邊同時乘以$(1+i)$，可得：

$$P(1+i) = A + A(1+i)^{-1} + A(1+i)^{-2} + \cdots + A(1+i)^{-(n-1)} \qquad ②$$

② − ①，可得：$P \cdot i = A[1 - (1+i)^{-n}]$

整理可得：

$$P = A \frac{1 - (1+i)^{-n}}{i} \qquad （式 2\text{-}9）$$

式 2-9 中，$\frac{1 - (1+i)^{-n}}{i}$ 稱為普通年金現值系數，記為$(P/A, i, n)$，其含義是在已知A，i 和 n 的條件下求P所用的系數。因此，年金現值公式又可以表示為：

$$P = 年金 \times 年金現值系數 = A \times (P/A, i, n) \qquad （式 2\text{-}10）$$

【例 2 − 7】華太公司擬進行一項投資，項目於 2018 年年初動工，假設項目當年投產，從投產之日起每年年末可得收益 50,000 元。假設年利率為 8%，計算 10 年收益的現值。

$$P = \frac{1 - (1+i)^{-n}}{i} = A \times (P/A, i, n)$$

$$= 50,000 \times (P/A, 8\%, 10) = 50,000 \times 6.710\,1 = 335,505（元）$$

4. 年資本回收額

年資本回收額是指在約定年限內等額回收初始投資額或清償所欠債務的金額。由於每次回收或償還的金額相同，而且是在每期期末發生的，可以將其視同年金A；回收的是初始投資額或債務，可以將其視同年金終值P。由此可見，年資本回收額與年金現值互為逆運算。年資本回收額的公式為：

$$A = P \frac{i}{1 - (1+i)^{-n}} \qquad （式 2\text{-}11）$$

式 2-11 中，$\frac{i}{1 - (1+i)^{-n}}$ 稱為年資本回收額系數，記為$(A/P, i, n)$，其表示的含義是在已知P，i 和 n 的條件下計算A。由於年資本回收額系數和年金現值系數互為倒數，因此年資本回收額的計算公式又可以表示為：

$$A = 年金現值 \times 資本回收額系數 = P \times (A/P, i, n) = \frac{P}{(P/A, i, n)} \quad (式\ 2\text{-}12)$$

【例2-8】華太公司擬投資 2,000 萬元的項目，假設投資報酬率為 10%，華太公司要求在 10 年內回本，則該企業在 10 年內每年年末收回多少萬元才能收回全部的投資額？

$$A = P \times (A/P, i, n) = \frac{P}{(P/A, i, n)} = \frac{2,000}{(P/A, 10\%, 10)} = \frac{2,000}{6.144,6} = 325.49(萬元)$$

（二）預付年金終值和現值

預付年金又稱為先付年金，是指在一定的時期內，每期期初等額的系列收付款項。

1. 預付年金終值

預付年金終值是指一定時期內每期期初等額收付的系列款項的終值。其計算原理如圖 2-3 所示。

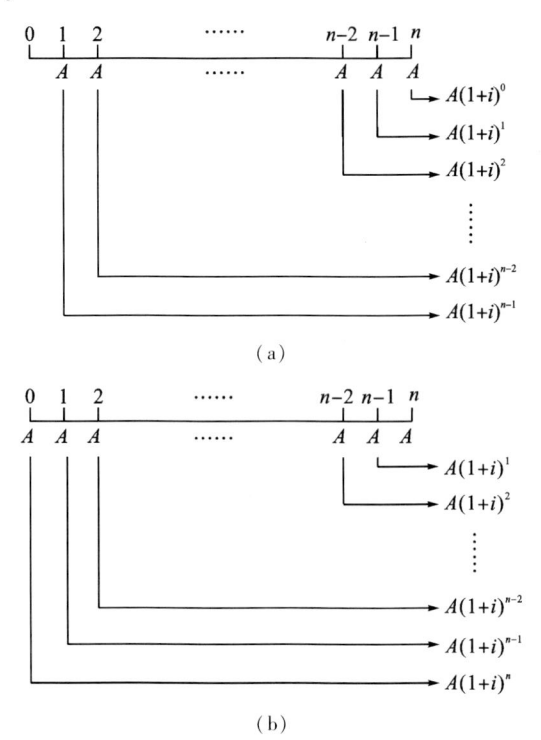

圖 2-3　n 期普通年金終值（a）和 n 期預付年金終值（b）關係圖

從圖 2-3 中可以看到，預付年金終值和普通年金終值相比，計算的期數增加了 1 期，即原來普通年金每期的 A 均需要再計算多一期的利息。因此，預付年金終值的計算公式可以在普通年金終值的計算公式的基礎上乘以（$1+i$）。其公式如下：

$$F = A\frac{(1+i)^n - 1}{i}(1+i)$$
$$= A\left[\frac{(1+i)^{n+1} - 1}{i} - 1\right]$$
$$= A(F/A, i, n)(1+i)$$
$$= A[(F/A, i, n+i) - 1] \qquad\qquad (式2\text{-}13)$$

【例2-9】 陳先生為了供女兒上大學而準備資金，連續10年於每年年初存入銀行5,000元。若銀行的存款利率為5%，則陳先生在第10年年末一次性能夠取出多少本利和？

$F = A(F/A, i, n)(1+i) = 5,000 \times (F/A, 5\%, 10) \times (1+5\%)$
$= 5,000 \times 12.577,9 \times 1.05 = 66,033.98(元)$

或者：

$F = A[(F/A, i, n+1) - 1] = 5,000 \times [(F/A, 5\%, 10+1) - 1]$
$= 5,000 \times (14.206,8 - 1) = 66,034(元)$

2. 預付年金現值

預付年金現值是指一定時期內每期期初等額收付的系列款項的現值。其計算原理如圖2-4所示。

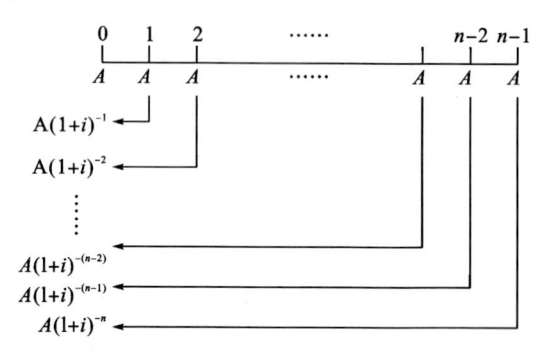

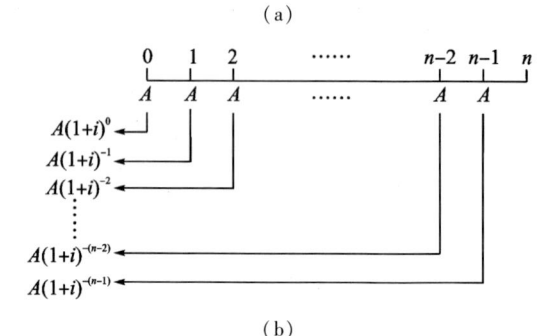

圖2-4　n期普通年金現值（a）和n期預付年金現值（b）關係圖

從圖2-4中可以看到，預付年金現值和普通年金現值相比，計算的期數減少了1期，即原來普通年金每期的A均需要少算一期的利息。因此，預付年金現值的計

算公式可以在普通年金現值的計算公式的基礎上乘以 $(1+i)$。其公式如下：

$$P = A \times \frac{1-(1+i)^{-n}}{i}(1+i)$$

$$= A \times \left[\frac{1-(1+i)^{-(n-1)}}{i} - 1\right]$$

$$= A \times (P/A, i, n) \times (1+i)$$

$$= A \times [(P/A, i, n-1) + 1] \qquad （式2-14）$$

【例2-10】陳先生選擇分期付款方式購車，付款期限為5年，每年年初付款50,000元。假設銀行利率為4%，該項分期付款相當於現在一次性付款的買價是多少？

$P = A(P/A, i, n) \times (1+i) = 50,000 \times (P/A, 4\%, 5) \times (1+4\%)$
$\quad = 50,000 \times 4.451, 8 \times 1.04 = 231,493.6(元)$

或者 $P = A[(P/A, i, n-1) + 1] = 50,000 \times [(P/A, 4\%, 5-1) + 1]$
$\quad = 50,000 \times (3.629, 9 + 1) = 231,495(元)$

（三）遞延年金終值和現值

遞延年金又稱為延期年金，是指在最初的若干期沒有收付款項的情況下，後面若干期每期期末有等額的系列收付款項。遞延年金是後付年金的特殊形式，凡不是從第一期開始的後付年金都是遞延年金。其中，沒有收付款項的期間稱為遞延期。

假設最初的 m 期沒有收付款項，後面的 n 期有等額收付款項，則遞延年金如圖2-5所示。

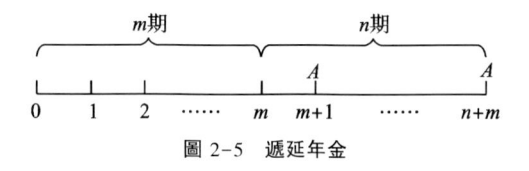

圖 2-5 遞延年金

1. 遞延年金終值

由圖2-5可知，遞延年金的終值與普通年金的終值計算方法是一樣的。其公式如下：

$$F = A(F/A, i, n) \qquad （式2-15）$$

注意：式中的 n 表示 A 的個數，與遞延期無關。

【例2-11】華太服裝公司計劃入駐B商場，租賃期為5年，前兩年免租金，從第3年開始每年年末付租金10萬元，年利率為10%。請問第5年年末總租金的終值是多少？

$F = A(F/A, i, n) = 100,000 \times (F/A, 10\%, 3) = 100,000 \times 3.310, 0 = 331,000(元)$

2. 遞延年金現值

遞延年金現值是指間隔一定時期後每期期末或期初收入或付出的系列等額款項，按照複利計息方式折算的現時價值，即間隔一定時期後每期期末或期初等額收付資金的複利現值之和。遞延年金現值的計算方法有以下三種：

第一種方法：假設遞延期也有年金收付，先求出 $(m+n)$ 期的年金現值，再減去

遞延期 m 的年金現值。其公式如下：

$$P = A(P/A, i, m+n) - A(P/A, i, m) \qquad (式 2\text{-}16)$$

第二種方法：先把 n 期期初（即 m 期期末）視為第 0 期（即最開始）計算出現值，實際上這裡的現值就是第 m 期的終值，再把終值進行貼現。其公式如下：

$$P = (P/A, i, n) \times (P/F, i, m) \qquad (式 2\text{-}17)$$

第三種方法：先把 n 期期初（即 m 期期末）視為第 0 期（即最開始）算出終值（即第 n 期），實際上這裡的終值就是第 $(m+n)$ 期的終值，再把終值進行貼現。其公式如下：

$$P = A(F/A, i, n) \times (P/F, i, m+n) \qquad (式 2\text{-}18)$$

【例 2-12】華太公司準備購置一處房產，付款條件是：從第 7 年開始，每年年初支付 15 萬元，連續支付 10 次，共計 150 萬元。假設該公司的資金成本率為 10%，則相當於該公司在第 1 年年初一次付款的金額為多少萬元？（要求：用上述的三種方法進行解題）

第一種方法：$P = A(P/A, i, m+n) - A(P/A, i, m)$
$= 15 \times [(P/A, 10\%, 15) - (P/A, 10\%, 5)]$
$= 15 \times (7.606, 1 - 3.790, 8) = 57.23(萬元)$

第二種方法：$P = (P/A, i, n) \times (P/F, i, m)$
$= 15 \times (P/A, 10\%, 10) \times (P/F, 10\%, 5)$
$= 15 \times 6.144, 6 \times 0.620, 9 = 57.23(萬元)$

第三種方法：$P = A(F/A, i, n) \times (P/F, i, m+n)$
$= 15 \times (F/A, 10\%, 10) \times (P/F, 10\%, 15)$
$= 15 \times 15.937, 4 \times 0.239, 4 = 57.23(萬元)$

（四）永續年金現值

永續年金是指一種無期限發生的等額收付特種年金，只有起始點而沒有終結點。永續年金是普通年金在期限趨於無窮條件下的特殊形式。

由於永續年金沒有終結點，因此沒有終值的計算，只有現值的計算。由於永續年金是普通年金的特殊形式，因此其現值的公式可以根據普通年金現值的公式推導出來。其公式如下：

$$P(n \to \infty) = A \frac{1-(1+i)^{-n}}{i} = \frac{A}{i} \qquad (式 2\text{-}19)$$

【例 2-13】陳先生是一位海外華僑，他欲在某高校建立一項永久性的獎勵基金，每年年末頒發 20,000 元獎金給品學兼優的學生。假設目前銀行的存款利率為 10%，則陳先生現在應存入多少款項才可以使該基金正常運轉？

$$P = \frac{A}{i} = \frac{20,000}{10\%} = 200,000(元)$$

五、名義利率與實際利率

（一）現值或終值已知的利率計算

利率的確定一般分為下面幾步：

第一步：根據普通年金終值、普通年金現值的公式推出年金終值系數或年金現值系數。

第二步：根據「年金終值系數表」或「年金現值系數表」查找相應的利率i。

第三步：若在表中能夠找到n對應的i，便是要求的利率i。

第四步：若在表中不能夠找到n對應的利率i，則在n這一行找到最接近題目系數的兩個系數，再根據內插法計算要求的利率i。

【例2-14】華太公司第一年年初投資77.217萬元購買一臺設備，不需要安裝調試，使用期10年。該設備在使用期內每年為企業創造收益10萬元，則該設備的投資收益率為多少？

根據年金現值計算公式，可得：

$77.217 = 10 \times (P/A, i, 10) \rightarrow (P/A, i, 10) = 7.721,7$

在年金現值系數表中，在$n=10$這一行剛好找到系數7.721,7，其對應的$i=5\%$便是所要求的投資收益率。

【例2-15】華太公司第一年年初投資100萬元購買一臺設備，不需要安裝調試，使用期5年。該設備在使用期內每年為企業創造收益30萬元，則該設備的投資收益率為多少？

根據年金現值計算公式，可得：

$100 = 30(P/A, i, 5) \rightarrow (P/A, i, 5) = 3.333,3$

在年金現值系數表中，在$n=5$這一行找不到相應的系數，在這一行找到3.333,3的兩個最接近的系數3.352,2和3.274,3，得：

$(P/A, 15\%, 5) = 3.352,2$

$(P/A, i, 5) = 3.333,3$

$(P/A, 16\%, 5) = 3.274,3$

根據以上可以判斷，所求的i介於15%～16%之間。根據內插法可得：

利率	年金現值系數
15%	3.352,2
i	3.333,3
16%	3.274,3

$$\frac{i - 15\%}{16\% - 15\%} = \frac{3.333,3 - 3.352,2}{3.274,3 - 3.352,2}$$

求得：$i = 15.24\%$

（二）現值或終值系數未知的利率計算

有時候會出現一個表達式中含有兩種系數的情況，在這種情況下，現值或終值系數是未知的，無法通過查表直接確定相鄰的利率，需要借助系數表，經過多次測試才能確定相鄰的利率。測試時注意：現值系數與利率反向變動，終值系數與利率同向變動。

【例2-16】已知$5 \times (P/A, i, 10) + 100 \times (P/F, i, 10) = 104$，求$i$的數值。

經過測試可知：

$i = 5\%, 5 \times (P/A, i, 10) + 100 \times (P/F, i, 10) = 5 \times 7.721,7 + 100 \times 0.613,9 = 100$

$i=4\%$, $5\times(P/A,i,10)+100\times(P/F,i,10)=5\times8.110,9+100\times0.675,6=108.11$

可以判斷，所求的 i 介於 $4\%\sim5\%$ 之間。根據內插法可得：

利率	利率對應的值
5%	100
i	104
4%	108.11

$$\frac{5\%-i}{5\%-4\%}=\frac{100-104}{100-108.11}$$

解得：$i=4.51\%$

（三）實際利率與名義利率的計算

1. 複利週期小於一年的實際利率的計算

在之前的學習過程中，題目給出的利率都是年利率，但是在實際生活中一年計息的次數超過一次是常見到的情況。例如，銀行之間的拆借為每天計息一次。由此，產生了實際利率和名義利率。實際利率是指一年複利一次時，給出的利率是實際利率。名義利率是指一年複利的次數超過一次時，給出的年利率是名義利率。把名義利率轉換為實際利率公式如下：

$$i=(1+\frac{r}{m})^m-1 \qquad (式2-20)$$

式 2-20 中，i 表示實際利率，r 表示名義利率，m 表示複利的次數。

短於一年的計息期實際上是名義利率和實際利率的換算問題。此時，計算貨幣時間價值的方法有兩種：第一，將名義利率先調整為實際利率，再按照實際利率計算貨幣時間價值；第二，不計算實際利率，將名義利率調整為期利率 r/m，期數調整為 $n\times m$ 期，再按照期利率和調整後的期數計算貨幣時間價值。

【例2-17】華太公司存在銀行的一筆資金 10 萬元，年利率為 5%，每季度複利一次，到第 5 年年末的本利和是多少？

第一種方法：$i=(1+5\%/4)^4-1\approx5.09\%$

$F=10\times(1+5.09\%)^5\approx12.82$（萬元）

第二種方法：$F=10\times(1+5\%/4)^{4\times5}\approx12.82$（萬元）

2. 實際籌資額小於名義籌資額的實際利率的計算

在企業的籌資行為中，由於籌資費、補償性餘額等原因將會導致實際籌資額小於名義籌資額的情況出現。但是，利息的計算並不會因為籌資額減少了而不同。因此，對於企業來說，實際籌資額小於名義籌資額將會提高企業的實際利率。

【例2-18】華太公司按照年利率 8% 向銀行借款 10 萬元，銀行要求維持貸款限額 15% 的補償性餘額，該筆借款的實際利率是多少？

$$實際利率=\frac{10\times8\%}{10\times(1-15\%)}=9.41\%$$

3. 考慮通貨膨脹的實際利率的計算

名義利率和實際利率可以按照是否包含通貨膨脹率進行分類，名義利率是包含通貨膨脹因素的利率，實際利率是指排除了通貨膨脹因素的利率。將名義利率轉化

為實際利率的公式如下：

$$i = \frac{1+r}{1+ir} - 1 \qquad \text{（式2-21）}$$

式 2-21 中，i 表示實際利率，r 表示名義利率，ir 表示通貨膨脹率。

【例2-19】 華太公司進行對外投資，投資的名義利率為10%，當期的通貨膨脹率為3%，該投資的實際利率是多少？

$$\text{實際利率} = \frac{1+10\%}{1+3\%} - 1 = 6.80\%$$

第二節　投資風險價值

一、投資收益與收益率

（一）投資收益的含義

投資收益是指資產的價值在一定時期的增值。一般情況下，有兩種表達投資收益的方式：

第一種方式是以金額表示的，稱為投資的收益額，通常以投資價值在一定期限內的增值量來表示。該增值量來源於兩部分：一是期限內投資收益的現金淨收入；二是期末投資價值（或市場價格）相對於期初價值（價格）的升值。前者多為利息、紅利或股息收益，後者稱為資本利得。

第二種方式是以百分比表示的，稱為投資的收益率或報酬率，是投資增值量與期初投資價值（價格）的比值。該收益率也包括兩部分：一是利息（股息）的收益率，二是資本利得的收益率。顯然，以金額表示的收益與期初資產的價值（價格）相關，不利於不同規模資產之間收益的比較，而以百分數表示的收益則是一個相對指標，便於不同規模下資產收益的比較和分析。因此，通常情況下，我們都是用收益率的方式來表示投資收益。

另外，由於收益率是相對於特定期限的，它的大小要受計算期限的影響，但是計算期限常常不一定是一年，為了便於比較和分析，對於計算期限短於或長於一年的投資收益在計算收益率時一般要將不同期限的收益率轉化成年收益率。

因此，如果不做特殊說明的話，投資收益指的就是資產的年收益率，又稱資產的報酬率。

（二）投資收益率的類型

在實際的財務工作中，由於工作角度和出發點不同，投資收益率可以有以下一些類型：

1. 實際收益率

實際收益率表示已經實現或確定可以實現的投資收益率，表述為已實現或確定可以實現的利息（股息）率與資本利得收益率之和。當然，當存在通貨膨脹時，還應當扣除通貨膨脹率的影響，剩餘的才是真實的收益率。

2. 預期收益率

預期收益率也稱為期望收益率，是指在不確定的條件下，預測的某資產未來可能實現的收益率。一般按照加權平均法計算預期收益率。其計算公式為：

$$\overline{E} = \sum_{i}^{n} P_i \times R_i \qquad (式2\text{-}22)$$

式 2-22 中，$\overline{E}$ 表示預期收益率，P_i 表示情況 i 可能出現的概率，R_i 表示情況 i 出現時的收益率。

【例2-20】華太公司有 A、B 兩個投資項目，兩個投資項目的收益率及其概率分佈情況如表 2-1 所示，試計算兩個項目的期望收益率。

表 2-1　　　　　　　A 項目和 B 項目投資收益率的概率分佈

項目實施情況	該種情況出現的概率		投資收益率	
	項目 A	項目 B	項目 A	項目 B
好	0.2	0.3	15%	20%
一般	0.6	0.4	9%	15%
差	0.2	0.3	0	-8%

根據公式計算項目 A 和項目 B 的期望投資收益率。

$\overline{E_A} = 0.2 \times 15\% + 0.6 \times 9\% + 0.2 \times 0 = 8.4\%$

$\overline{E_B} = 0.3 \times 20\% + 0.4 \times 15\% + 0.3 \times (-8\%) = 9.6\%$

3. 必要收益率

必要收益率也稱最低報酬率或最低要求的收益率，表示投資者對某資產合理要求的最低收益率。必要收益率由以下兩部分構成：

（1）無風險收益率。無風險收益率也稱無風險利率，是指無風險資產的收益率，它的大小由純粹利率（資金的時間價值）和通貨膨脹補貼兩部分組成。由於國債的風險很小，尤其是短期國債的風險更小，因此一般情況下，為了方便起見，通常用短期國債的利率近似地代替無風險收益率。

（2）風險收益率。風險收益率是指某資產持有者因承擔該投資的風險而要求的超過無風險收益率的額外收益。風險收益率衡量了投資者將資金從無風險資產轉移到風險資產而要求得到的「額外補償」。它的大小取決於以下兩個因素：一是風險的大小，二是投資者對風險的偏好。

綜上所述，有：
$$R = R_f + R_R \qquad (式2\text{-}23)$$

式 2-23 中，R 表示必要報酬率或期望收益率，R_f 表示無風險收益率，R_R 表示風險收益率。現實中，估計某股票的必要收益率時，通常使用資本資產定價模型。

二、投資風險及其衡量

（一）風險與風險價值

風險是指收益的不確定性。雖然風險的存在可能意味著收益的增加，但人們考慮更多的則是損失發生的可能性。從管理會計的角度看，風險是企業在各項管理活

動過程中由於各種難以預料或無法控制的因素作用，使企業的實際收益與預計收益發生背離，從而蒙受經濟損失或獲取收益的可能性。

風險一般有以下特徵：

（1）風險具有客觀存在性。在一定時期內，每項財務活動中的風險大小都是既定的，是每位決策者均無法改變的事實。但是，決策者可以決定的是是否冒風險以及冒多大的風險，這些是決策者可以進行主觀決定和控制的。

（2）風險具有相對性。風險的大小是相對一定時間而言的，當經歷一段時間之後原來不確定的因素逐漸變得確定，則原來的風險就變成了事實。例如，在決策一個項目的可行性時，由於各種因素本身的不確定性以及不可控性，因此預測時很難做到準確。但是，隨著時間的推移，原來不確定的因素逐漸成為事實，決策的不可預測性在逐漸降低，同時風險也在減少。當項目結束之後，所有的因素均已變成了事實，此時項目的風險也就不存在了。

風險價值又稱為風險報酬，是指企業冒風險投資獲取的額外收益。企業在經營過程中，面對的投資項目繁多，這些項目有些風險比較低，有些風險比較高。如果企業願意多冒風險，則要求獲得額外的收益，否則便沒有企業願意冒風險。一般而言，風險收益與風險大小是正相關的，冒的風險越大獲得的收益就越大，反之則反，否則沒有人願意冒風險進行投資。因此，投資者冒風險投資能夠獲得超過無風險投資獲得的收益的額外收益，這種額外收益便為投資的風險價值。

（二）風險的衡量

風險是客觀存在的，廣泛影響著企業的財務活動，因此企業應當正視風險並進行較為準確的量化，為企業的決策提供有用的幫助。風險的量化過程是不易進行的，但是由於風險與概率相關，因此對風險的衡量和計算需要使用概率和統計的方法進行。衡量風險的指標主要有方差、標準離差、標準離差率等。

1. 概率分佈

在經濟活動中，有些事件在相同條件下可能發生也可能不發生，這類事件被稱為隨機事件。在概率論中，用來描述該隨機事件發生可能性大小的數值叫作概率。通常，人們把必然發生的事件的概率定為1，把不可能發生的事件的概率定為0，而一般性的隨機事件的概率則為介於0~1之間的一個數值。概率越大表示該事件發生的可能性越大；反之，概率越小表示該事件發生的可能性越小。概率論中用 P_i 表示第 i 種情況的概率。因此，概率必須符合下列兩個要求：第一，$0 \leq P_i \leq 1$；第二，$\sum_{i=1}^{n} P_i = 1$。

【例2-21】華太公司面臨兩個投資機會的選擇。A 項目是一個成熟的產品，市場發展穩定，但是利潤較低甚至虧損；B 項目是一個高科技項目，市場競爭激烈，但是如果研製成功，可以獲得較大的市場份額和較高的利潤。經過預測，A、B 項目將會面臨的市場行情可能有三種：繁榮、一般、衰退。每種情況發生的概率以及預期報酬率如表2-2所示。

表 2-2　　　　　　　　　市場行情的概率及預期報酬率

市場行情	發生的概率（P_i）	A 項目的預期報酬率（X_i）	B 項目的預期報酬率（X_i）
繁榮	0.3	16%	90%
一般	0.4	12%	15%
衰退	0.3	8%	−70%
合計	1	—	—

2. 期望值

期望值也稱為期望報酬率，是一個概率分佈中的所有可能結果的平均化，是以各自相應的概率為權數計算的平均值，通常用 $\bar{E}$ 表示。期望值表示在一定風險的條件下，投資者的合理預期。其計算公式如下：

$$\bar{E} = \sum_{i=1}^{n} X_i P_i \qquad (式 2\text{-}24)$$

式 2-24 中，$\bar{E}$ 表示期望值，X_i 表示第 i 種結果的報酬(率)，P_i 表示第 i 種結果出現的概率，n 表示所有可能的個數。

【例 2-22】根據【例 2-21】的數據可得：

$\bar{E}_A = 0.3 \times 16\% + 0.4 \times 12\% + 0.3 \times 8\% = 12\%$

$\bar{E}_B = 0.3 \times 90\% + 0.4 \times 15\% + 0.3 \times (-70\%) = 12\%$

從上述計算結果可見，A、B 兩個項目的期望報酬率相同（12%），但是否說明兩個項目是等同的呢？答案是否定的。例如，即使項目的期望值相同，但是其風險也可能不一樣。因此，我們還需要利用方差、標準離差以及標準離差率等指標來分析項目的離散程度。通常，離差程度越大，風險越大；相反，離差程度越低，風險越小。

3. 離散程度

（1）方差。方差是用來表示隨機變量與期望值之間的離散程度的一個數值，計算公式如下：

$$\sigma^2 = \sum_{i=1}^{n} (X_i - \bar{E})^2 \times p_i \qquad (式 2\text{-}25)$$

式 2-25 中，σ^2 表示方差，$\bar{E}$ 表示期望值，X_i 表示第 i 種結果的報酬(率)，p_i 表示第 i 種結果出現的概率，n 表示所有可能的個數。

【例 2-23】根據【例 2-21】與【例 2-22】的數據可得：

$\sigma_A^2 = 0.3 \times (16\%-12\%)^2 + 0.4 \times (12\%-12\%)^2 + 0.3 \times (8\%-12\%)^2 = 0.096\%$

$\sigma_B^2 = 0.3 \times (90\%-12\%)^2 + 0.4 \times (15\%-12\%)^2 + 0.3 \times (-70\%-12\%)^2 = 38.46\%$

（2）標準離差。標準離差也稱為均方差，是方差的平方根。其計算公式如下：

$$\sigma = \sqrt{\sum_{i=1}^{n} (X_i - \bar{E})^2 \times p_i} \qquad (式 2\text{-}26)$$

式 2-26 中，σ 表示標準離差，$\bar{E}$ 表示期望值，X_i 表示第 i 種結果的報酬(率)，p_i 表示第 i 種結果出現的概率，n 表示所有可能的個數。

標準離差以絕對數衡量風險的高低。在期望值相同的情況下，標準離差越大，風險越大；標準離差越小，風險越小。

【例2-24】根據【例2-23】的計算結果可得：
$\sigma_A = \sqrt{0.096\%} = 3.1\%$　　$\sigma_B = \sqrt{38.46\%} = 62.02\%$

從上述結果可知，A項目的風險要低於B項目的風險。

（3）標準離差率。標準離差率是標準離差與期望值的比值，通常用符合V表示。其計算公式如下：

$$V = \frac{\sigma}{E} \qquad (式2\text{-}27)$$

式2-27中，V表示標準離差率，σ表示標準離差，E表示期望值。

標準離差率是一個相對數指標。通常，標準離差率越大，風險越大；標準離差率越小，風險越小。

【例2-25】根據【例2-22】與【例2-24】的計算結果可得：
$V_A = \dfrac{3.1\%}{12\%} = 25.83\%$　　$V_B = \dfrac{62.02\%}{12\%} = 516.83\%$

從上述結果可知，A項目的風險低於B項目的風險。此判斷結果與標準離差率的判斷結果是一樣的，但並不是任何情況下這兩個指標的判斷結果都相同。只有在項目的期望值相同的情況下，兩者的判斷結果才總是相同的。因此，當計算得出項目的期望值相同時，我們可以直接根據標準離差判斷風險的大小，而不需要再計算標準離差率。但是，如果項目的期望值不相同時，則必須使用標準離差率判斷風險的高低。

【例2-26】華太公司投資兩個項目，A項目的期望值為13%，標準離差為3.1%；B項目的期望值為12%，標準離差為62.02%。請問：哪個項目的風險更高些？

由於A、B項目的期望值不同，因此不可以直接根據標準離差的大小判斷風險。我們需要分別計算A、B項目的標準離差率。

$V_A = \dfrac{3.1\%}{13\%} = 23.85\%$　　$V_B = \dfrac{62.02\%}{12\%} = 516.83\%$

從計算結果可知，B項目的風險比A項目的風險高。

三、投資組合風險與衡量

兩個或兩個以上資產構成的集合稱為投資組合。如果投資組合中的資產均為有價證券，則該投資組合也稱為證券投資組合或證券組合。投資組合的風險與收益具有與單個資產不同的特徵。儘管方差、標準差、標準差率是衡量風險的有效工具，但當某項資產或證券成為投資組合的一部分時，這些指標就可能不再是衡量風險的有效工具。以下首先討論投資組合的期望收益率的計算，再進一步討論投資組合的風險及其衡量。

（一）投資組合的期望收益率

投資組合的期望收益率是組成投資組合的各種資產的預期收益率的加權平均數，即：

$$E(R_p) = \sum W_i \times E(R_i) \qquad \text{(式 2-28)}$$

式 2-28 中，$E(R_p)$ 表示投資組合的期望收益率，W_i 表示第 i 項資產在整個資產中所占的比重，$E(R_i)$ 表示第 i 項資產的預期收益率。

【例 2-27】華太公司的一項投資組合中包含 A、B 和 C 三只股票，權重分別為 30%、40% 和 30%，三只股票的預期收益率分別為 15%、10%、10%。請計算該投資組合的預期收益率。

$E(R_p) = 30\% \times 15\% + 40\% \times 10\% + 30\% \times 10\% = 11.5\%$

(二) 投資組合風險及其衡量

(1) 兩項投資組合的方差的計算公式如下：

$$\sigma_p^2 = w_1^2 \sigma_1^2 + w_2^2 \sigma_2^2 + 2 w_1 w_2 \sigma_1 \sigma_2 \rho_{12} \qquad \text{(式 2-29)}$$

(2) 兩項投資組合的標準差的計算公式如下：

$$\sigma_p = \sqrt{w_1^2 \sigma_1^2 + w_2^2 \sigma_2^2 + 2 w_1 w_2 \sigma_1 \sigma_2 \rho_{12}} \qquad \text{(式 2-30)}$$

式 2-29 和式 2-30 中，σ_p^2 表示兩項投資組合的方差；σ_p 表示證券投資組合的標準差，它衡量的是證券投資組合的風險；σ_1 和 σ_2 分別表示組合中兩項資產收益率的標準差；w_1 和 w_2 分別表示組合中兩項資產所占的價值比例；ρ_{12} 反應兩項資產收益率的相關程度，即兩項資產收益率之間的相對運動狀態，稱為相關係數。理論上，相關係數處於區間 $[-1, 1]$。

當 ρ_{12} 等於 1 時，表明兩項資產的收益率具有完全正相關的關係，即它們的收益率變化方向和變化幅度完全相同。這時，$\sigma_p^2 = (w_1 \sigma_1 + w_2 \sigma_2)^2$，即 σ_p^2 達到最大。由此表明，組合的風險等於組合中各項投資風險的加權平均值。換句話說，當兩項資產的收益率完全正相關時，兩項投資的風險完全不能相互抵消，因此這樣的組合不能降低任何風險。

當 ρ_{12} 等於 -1 時，表明兩項資產的收益率具有完全負相關的關係，即它們的收益率變化方向和變化幅度完全相反。這時，$\sigma_p^2 = (w_1 \sigma_1 + w_2 \sigma_2)^2$，即 σ_p^2 達到最小，甚至可能是零。因此，當兩項資產的收益率完全負相關時，兩項投資的風險可以充分地相互抵消，甚至完全消除。這樣的組合能夠最大限度地降低風險。

【例 2-28】華太公司投資甲乙兩種證券，有關資料如表 2-3 所示。

表 2-3　　　　　　　　甲乙兩種證券的基本資料

項目	甲證券	乙證券
預期收益率	10%	18%
標準差	12%	20%
投資比重	0.8	0.2

要求：(1) 計算當甲乙投資組合的相關係數為 0.2 時的預期收益率及投資組合的標準差。

(2) 計算當甲乙投資組合的相關係數為 1 時的預期收益率及投資組合的標準差。

(3) 計算當甲乙投資組合的相關係數為 -1 時的預期收益率及投資組合的標準差。

（1）甲乙投資組合的預期收益率＝10%×0.8＋18%×0.2＝11.6%
當甲乙投資組合的相關係數為0.2時，

$\sigma_p = \sqrt{0.8^2 \times 12\%^2 + 0.2^2 \times 20\%^2 + 2 \times (0.8 \times 12\%) \times (0.2 \times 20\%) \times 0.2} = 11.11\%$

（2）甲乙投資組合的預期收益率＝10%×0.8＋18%×0.2＝11.6%
當甲乙投資組合的相關係數為1時，

$\sigma_p = \sqrt{0.8^2 \times 12\%^2 + 0.2^2 \times 20\%^2 + 2 \times (0.8 \times 12\%) \times (0.2 \times 20\%) \times 1} = 13.6\%$

（3）甲乙投資組合的預期收益率＝10%×0.8＋18%×0.2＝11.6%
當甲乙投資組合的相關係數為-1時，

$\sigma_p = \sqrt{0.8^2 \times 12\%^2 + 0.2^2 \times 20\%^2 + 2 \times (0.8 \times 12\%) \times (0.2 \times 20\%) \times (-1)} = 5.6\%$

結論如下：（1）無論投資組合中兩項資產之間的相關係數如何，只要投資比例不變，各項資產的預期收益率不變，則該投資組合的預期收益率就不變。

（2）投資組合的風險與各單項資產之間報酬率的相關係數有關，相關係數越大，投資組合的風險越大。

在實務中，兩項資產的收益率具有完全正相關和完全負相關的情況幾乎是不可能的。絕大多數資產兩兩之間都具有不完全的相關關係，即相關係數小於1且大於-1（多數情況下大於零）。因此，有 $0 < \rho_p < (w_1\sigma_1 + w_2\sigma_2)$，即證券投資組合的風險小於組合中各項投資風險和加權平均值。大多數情況下，投資組合能夠分散風險，但是不能完全消除風險。

在投資組合中，能夠隨著資產種類增加而降低直至消除的風險被稱為非系統性風險；不能隨著資產種類增加而分散的風險被稱為系統風險。下面對這兩類風險進行詳細論述。

（三）系統風險與非系統風險

1. 非系統風險極其衡量

非系統風險是指發生於個別公司的特有事件造成的風險。例如，一家公司的工人罷工、新產品研發失敗、失去重要的銷售合同、訴訟失敗等。這類事件是非預期的、隨機發生的，它只影響一個公司或少數公司，不會對整個市場產生太大影響。這種風險可以通過投資組合來分散，即發生於一家公司的不利事件可以被其他公司的有利事件所抵銷。

由於非系統風險是個別公司或個別資產所特有的，因此也稱特殊風險或特有風險。由於非系統風險可以通過投資組合分散掉，因此也稱可分散風險。

值得注意的是，在風險分散的過程中，不應當過分誇大資產多樣性和資產個數的作用。實際上，在投資組合中資產數目較低時，增加資產的個數，分散風險的效應會比較明顯，但資產數目增加到一定程度時，風險分散的效應就會逐漸減弱。經驗數據表明，組合中不同行業的資產個數達到20個時，絕大多數非系統風險均已被消除掉。此時，如果繼續增加資產數目，對分散風險已經沒有多大的實際意義，只會增加管理成本。另外，不要指望通過資產多樣化達到完全消除風險的目的，因為系統風險是不能夠通過風險的分散來消除的。

2. 系統風險及其衡量

系統風險又被稱為市場風險或不可分散風險，是影響所有資產的、不能通過投

資組合而消除的風險。這部分風險是由那些影響整個市場的風險因素引起的。這些因素包括宏觀經濟形勢的變動、國家經濟政策的變化、稅制改革、企業會計準則改革、世界能源狀況、政治因素等。

不同資產的系統風險不同,為了對系統風險進行量化,用 β 系數衡量系統風險的大小。通俗地說,某資產的 β 系數表達的含義是該資產的系統風險相當於市場組合系統風險的倍數。換句話說,用 β 系數對系統風險進行量化時,以市場組合的系統風險為基準,認為市場組合的 β 系數等於 1。

市場組合是指由市場上所有資產組成的組合。市場組合的收益率指的是市場平均益率,實務中通常用股票價格指數收益率的平均值來代替。由於包含了所有的資產,因此市場組合中的非系統風險已經被消除,市場組合的風險就是市場風險或系統風險。

絕大多數資產的 β 系數是大於零的,也就是說,絕大多數資產的變化方向與市場平均收益率的變化方向是一致的,只是變化幅度不同。當某資產的 β 系數大於 1 時,說明該資產收益率的變動幅度大於市場組合收益率的變動幅度。

由於無風險資產沒有風險,因此無風險資產的 β 系數等於零。極個別的資產的 β 系數是負數,表明這類資產的收益率與市場平均收益率的變化方向相反,當市場平均收益率增加時,這類資產的收益率卻在減少。例如,西方個別收帳公司和個別再保險公司的 β 系數是接近零的負數。

在實務中,並不需要企業財務人員或投資者自己去計算證券的 β 系數,一些證券諮詢機構會定期公布大量交易過的證券的 β 系數。

表 2-4 列示了 2002 年 5 月和 2006 年 10 月的有關資料上顯示的美國幾家大公司的 β 系數。可以看出,不同公司之間的 β 系數有所不同,即便是同一家公司在不同時期,其 β 系數也會或多或少地有所差異。

表 2-4　　　　　　　　　　各公司 β 系數

公司名稱	2002 年	2006 年
時代華納	1.65	1.94
國際商業機器公司	1.05	1
通用電氣	1.3	0.81
微軟	1.2	0.94
可口可樂	0.85	0.7
寶潔	0.65	0.27

中國也有一些證券諮詢機構定期計算和編製各上市公司的 β 系數,人們可以通過中國證券市場數據庫等查詢。

對於證券投資組合來說,其所含的系統風險的大小可以用組合 β 系數來衡量。證券投資組合的 β 系數是所有單項資產 β 系數的加權平均數,權數為各種資產在證券投資組合中所占的價值比例。其計算公式為:

$$\beta_p = \sum_{i}^{n} W_i \times \beta_i \qquad (式 2\text{-}31)$$

式 2-31 中，β_p 表示投資組合的 β 系數，W_i 表示第 i 種資產所占的權重，β_i 表示第 i 種資產的 β 系數。

由於單項資產的 β 系數不盡相同，因此通過替換投資組合中的資產或改變不同資產在組合中的價值比例，可以改變投資組合的系統風險。

【例 2-29】陳先生打算用 20,000 元購買 A、B、C 三只股票，股價分別為 40 元、10 元、50 元，β 系數分別為 0.7、1.1 和 1.7。現有兩個組合方案可供選擇：
（1）甲方案：購買 A、B、C 三只股票的數量分別是 200 股、200 股、200 股。
（2）乙方案：購買 A、B、C 三只股票的數量分別是 300 股、300 股、100 股。
如果陳先生最多能承受 1.2 倍的市場組合系統風險，他會選擇哪個方案？
（1）甲方案。
A 股票比例 = 40×200÷20,000×100% = 40%
B 股票比例 = 10×200÷20,000×100% = 10%
C 股票比例 = 50×200÷20,000×100% = 50%
甲方案的 β 系數 = 40%×0.7+10%×1.1+50%×1.7 = 1.24
（2）乙方案。
A 股票比例 = 40×300÷20,000×100% = 60%
B 股票比例 = 10×300÷20,000×100% = 15%
C 股票比例 = 50×100÷20,000×100% = 25%
乙方案的 β 系數 = 60%×0.7+15%×1.1+25%×1.7 = 1.01
由於陳先生最多能承受 1.2 倍的市場組合系統風險，這意味著陳先生能承受的 β 系數最大值為 1.2，因此陳先生會選擇乙方案。

四、資本資產定價模型

（一）資本資產定價模型的構造

資本資產定價模型中，資本資產主要指的是股票資產，而定價則試圖解釋資本市場如何決定股票收益率，進而決定股票價格。

資本資產定價模型是「必要收益率＝無風險收益率+風險收益率」的具體化。資本資產定價模型的一個主要貢獻是解釋了風險收益率的決定因素和度量方法。在資本資產定價模型中，風險收益率 $= \beta \times (R_m - R_f)$。資本資產定價模型的完整表達式為：

$$R = R_f + R_R = R_f + \beta_p(R_m - R_f) \qquad (式 2\text{-}32)$$

式 2-32 中，R 表示資產組合的必要收益率；β_p 表示該資產的系統風險系數；R_f 表示無風險收益率，一般以國庫券利率衡量；R_R 表示風險收益率；R_m 表示市場組合收益率，由於 $\beta_p = 1$ 時，$R = R_m$，而 $\beta_p = 1$ 代表的是市場組合的平均風險，因此 R_m 還可以稱為平均風險的必要收益率、市場組合的必要收益率等。

式 2-32 中的 $(R_m - R_f)$ 稱為市場風險溢酬，由於市場組合的 $\beta_p = 1$，因此 $(R_m - R_f)$ 也可以稱為市場組合的風險收益率或股票市場的風險收益率。由於 $\beta_p = 1$ 代表的是市場平均風險，因此 $(R_m - R_f)$ 還可以表述為平均風險的風險收益率。它是附加在無風險收益率之上的，由於承擔了市場平均風險要求獲得的補償，反應的是市場作

為整體對風險的平均「容忍」程度，也就是市場整體對風險的厭惡程度。市場整體對風險越是厭惡和迴避，要求的補償就越高，因此市場風險溢酬的數值就越大。反之，如果市場的風險能力強，則對風險的厭惡和迴避就不是很強烈，因此要求的補償就低，市場風險溢酬的數值就越小。

資本資產定價模型把投資的收益分成兩部分：一部分是無風險收益，另一部分是風險收益（見圖2-6）。

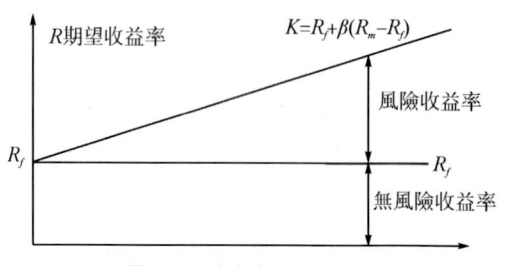

圖2-6 資本資產定價模型

在資本資產定價模型中，計算風險收益率時只考慮了系統風險，沒有考慮非系統風險，這是因為非系統風險可以通過資產組合消除，一個充分的投資組合幾乎沒有非系統風險。我們在投資研究中假設投資人都是理智的，都會選擇充分投資組合，非系統風險與資本市場無關。資本市場不會對非系統風險給予任何價格補償。

資本資產定價模型對任何公司、任何資產（包括資產組合）都是適合的。只要將該公司或資產的 β 系數代入到 $R = R_f + \beta_p(R_m - R_f)$ 中，就能得到該公司或資產的必要收益率。

【例2-30】華太公司持有甲、乙和丙三只股票的資產組合，它們的 β 系數分別為 2.0、1.0 和 0.4，它們在該資產組合中的投資比重分別為 50%、30%和20%，股票的平均市場收益率為16%，無風險報酬率為11%。試確定組合資產的 β 系數、組合投資的風險報酬率、組合資產的報酬率。

(1) $\beta_p = 2 \times 50\% + 1 \times 30\% + 0.4 \times 20\% = 1.38$

(2) $R_R = 1.38 \times (16\% - 11\%) = 6.9\%$

(3) $R = 11\% + 6.9\% = 17.9\%$

(二) 資本資產定價模型的有效性和局限性

資本資產定價模型最大的貢獻在於提供了對風險和收益之間的一種實質性的表述，資本資產定價模型首次將「高收益伴隨著高風險」這樣一種直觀認識用簡單的關係式表達出來。到目前為止，資本資產定價模型是對現實中風險與收益關係最為貼切的表述。因此，長期以來，資本資產定價模型被財務人員、金融從業者以及經濟學家作為處理風險問題的主要工具。

然而，將複雜的現實簡化了的這一模式，必定會遺漏許多有關因素，也必定會限制在許多假設條件之下，因此也受到了一些質疑。直到現在，關於資本資產定價模型有效性的爭論還在繼續，擁護和批駁的辯論相當激烈和生動。人們也一直在尋找更好的理論或方法，但尚未取得突破性進展。

儘管資本資產定價模型已經得到了廣泛的認可，但在實際運用中，仍存在著一

些明顯的局限,主要表現在:第一,某些資產或企業的 β 值難以估計,特別是對一些缺乏歷史數據的新興行業。第二,經濟環境的不確定性和不斷變化,使得依據歷史數據估算出來的 β 值對未來的指導作用必然要打折扣。第三,資本資產定價模型是建立在一系列假設之上的,其中一些假設與實際情況有較大偏差,使得資本資產定價模型的有效性受到質疑。這些假設包括市場是均衡的、市場不存在摩擦、市場參與者都是理性的、不存在交易費用、稅收不影響資產的選擇和交易等。

由於以上局限,資本資產定價模型只能大體描繪出證券市場運動的基本情況,而不能完全確切地揭示證券市場的一切。因此,在運用這一模型時,應該更注重其揭示的規律。

第三節　成本性態分析

成本性態又稱為成本習性,是指成本總額與特定業務量之間在數量方面的依存關係。成本總額對業務量的依存關係是客觀存在的,而且是有規律的。對成本按照性態這一標準進行劃分是管理會計的重要基石,其許多決策方法尤其是短期決策方法都需要借助成本性態這一概念。成本按照性態可以劃分為固定成本、變動成本和混合成本三類。

一、固定成本

(一) 固定成本的概念

固定成本是指總額在一定期間和一定業務量範圍內,不受業務量變動的影響而保持固定不變的成本。例如,行政管理人員的工資、辦公費、財產保險費、固定資產折舊費、職工教育費、差旅費、租賃費等。

(二) 固定成本的特徵

(1) 固定成本總額的不變性,即固定成本總額不隨業務量的變動而變動。

(2) 單位固定成本的反比例變動,即單位固定成本隨業務量的變動而變動,且成反比例變動。

【例2-31】華太公司生產一種產品,其專用生產設備的月折舊額為12,000元,該設備最大加工能力為40,000件/月。當該設備分別生產10,000件、20,000件、30,000件和40,000件時,總成本、單位產品負擔的固定成本如表2-5所示。

表2-5　　　　　　　　不同產量下總成本、單位固定成本

產量(件)	總成本(元)	單位固定成本(元)
10,000	12,000	1.2
20,000	12,000	0.6
30,000	12,000	0.4
40,000	12,000	0.3

從【例2-31】可以看出，固定成本的總額不隨產量的變動而變動，而單位固定成本與產量呈反比例關係，即產量的增加可以使產品負擔的單位固定成本下降。

【例2-31】的有關數據在坐標圖中的表示如圖2-7所示。

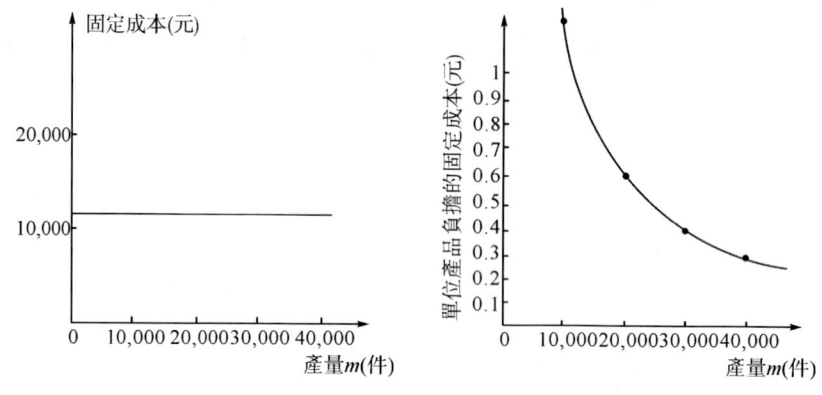

圖2-7　固定成本性態模型

（三）固定成本的分類

符合固定成本概念的支出在「固定性」的強弱上是有差別的，因此固定成本又細分為酌量性固定成本和約束性固定成本。

酌量性固定成本又稱為選擇性固定成本或任意性固定成本，是指管理者的決策可以改變其支出數額的固定成本，如廣告費、職工教育培訓費、技術開發費、研發費用等。這些成本的基本特徵是數額的大小直接取決於企業管理者根據企業的生產經營狀況做出的決策。但是需要說明的是，這並不意味著酌量性固定成本可有可無。因為從性質上講，酌量性固定成本仍是企業的一種「存在成本」，其支出的大小直接關係到企業未來競爭能力的大小，企業管理者應權衡預期未來競爭能力的大小和為取得這種未來競爭能力所付出的現時成本，對酌量性固定成本做出合理決策。

企業管理者通常在每一會計年度開始前，制定酌量性固定成本年度開支預算，決定每一項開支的多寡以及新增或取消某項開支。因此，管理者的判斷力非常重要。

約束性固定成本與酌量性固定成本相反，是指管理者的決策無法改變其支出數額的固定成本，因此又稱為承諾性固定成本。例如，廠房及機器設備按直線法計提的折舊費、房屋及設備租金、不動產稅、財產保險費、照明費、行政管理人員的薪金等都屬於約束性固定成本。約束性固定成本是企業維持正常生產經營能力必須負擔的最低固定成本，其支出數額的大小取決於生產經營規模與質量，因此具有很大的約束性，企業管理者的決策不能改變其數額。正是由於約束性固定成本與企業的經營能力相關，因此又稱為經營能力成本。又由於企業的經營能力一旦形成，短期內難以改變，即使經營暫時中斷，該項固定成本仍將維持不變，因此又稱為能量成本。

約束性固定成本的性質決定了該項成本的預算期通常比較長，如果說酌量性固定成本預算著眼於從總量上進行控制，那麼約束性固定成本預算則只能著眼於經濟合理地利用企業的生產經營能力。量性固定成本及約束性固定成本與企業的業務量水準均無直接關係，從短期決策的角度看，這一點更為突出。

除非要改變企業的經營方向，否則在實務中一般不會採取降低約束性固定成本總額的措施。企業只能從合理充分地利用其創造的生產經營能力的角度著手，提高產品質量，相對降低產品的單位成本。

（四）固定成本的相關範圍

前面在給固定成本下定義時，曾冠以「在一定時期和一定業務量範圍內」這樣一個定語，也就是說固定成本的「固定性」不是絕對的，而是有限定條件的，或者說是有範圍的。一個月的固定成本與一年的固定成本水準肯定是不同的，而且某些成本項目只是對某一特定業務量來說是固定成本，對其他業務量來說則不屬於固定成本。這種限定條件或範圍在管理會計中稱為「相關範圍」，表現為一定的時間範圍和一定的空間範圍。

就時間範圍而言，固定成本表現為在某一特定期間內具有固定性。因為從較長時期看，所有成本都具有變動性，即使「約束性」很強的約束性固定成本，也會隨著時間的拉長而越來越具有變動性。隨著時間的推移，一個正常成長的企業，其經營能力無論是從規模上還是從質量上均會發生變化：廠房勢必擴大，設備勢必更新，行政管理人員也勢必增加，這些均會導致折舊費用、財產保險費、不動產稅以及行政管理人員薪金的增加，經營能力的逆向變化當然也會導致上述費用發生變化。

就空間範圍而言，固定成本表現為在某一特定業務量水準內具有固定性。因為業務量一旦超出這一水準，同樣勢必擴大廠房、更新設備和增加行政管理人員，相應的費用也勢必增加。業務量的變化，無論是漸變還是突變，當然是表現在特定期間內的，但就固定成本的時間範圍限定和空間範圍限定而言，空間範圍的限定也就是業務量水準的限定更具有實際操作意義，成本按性態劃分也正是體現了這一意義。正確理解固定成本的相關範圍還必須解決這樣一個問題：當原有的相關範圍被打破，固定成本是否還表現為某種固定性？答案是肯定的。原有的相關範圍被打破，自然又有了新的固定成本，只不過其固定性體現在新的相關範圍內罷了。我們沿用【例2-31】的條件，假定該企業生產設備增加了1倍，最大加工能力達到80,000件，月折舊費用由12,000元增加到24,000元，那麼折舊費用（固定成本）的變化如圖2-8所示。

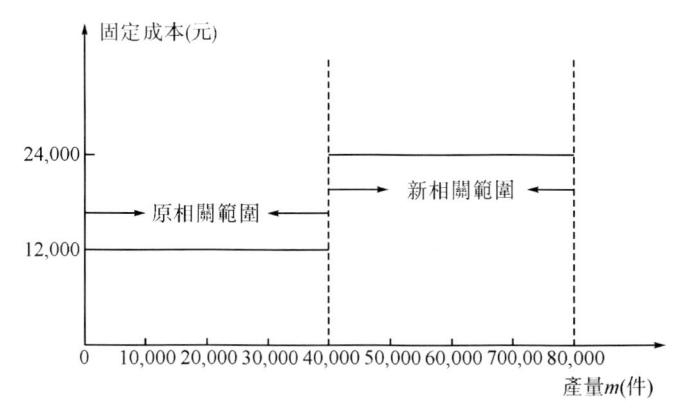

圖2-8　固定成本的相關範圍

二、變動成本

(一) 變動成本的概念

變動成本是指在一定期間和一定業務量範圍內，其總額隨著業務量的變動而呈正比例變動的成本。例如，直接材料費、產品包裝費、按件計酬的工人薪金、推銷佣金以及按加工量計算的固定資產折舊費等，均屬於變動成本。

(二) 變動成本的特徵

與固定成本形成鮮明對照的是，變動成本具有以下兩個基本特徵：

(1) 變動成本總額的變動性。這一特徵在其定義中也得以反應，是指變動成本總額隨著業務量的變化呈正比例變動關係。

(2) 單位變動成本的不變性。變動成本總額變動性的特徵決定了單位變動成本不受業務量增減變動的影響而保持不變，單位業務量中的變動成本是一個定量。

【例2-32】假定【例2-31】中單位產品的直接材料成本為20元，當產量分別為10,000件、20,000件、30,000件和40,000件時，材料的總成本和單位產品的材料成本如表2-6所示。

表2-6　　　　　　　　材料的總成本和單位產品的材料成本

產量（件）	材料總成本（元）	單位產品材料成本（元）
10,000	200,000	20
20,000	400,000	20
30,000	600,000	20
40,000	800,000	20

可以看出，單位變動成本不隨產量的變動而變動，而總變動成本與產量呈正比例關係，即產量的增加可以使產品的總變動成本上升。

若以 y 表示變動成本總額，x 表示業務量，b 表示單位變動成本，則變動成本的性態可以通過計算公式 $y = bx$ 這樣一個數學模型來表達。

將【例2-32】中的有關數據在坐標圖中表示，則變動成本的性態模型如圖2-9所示。

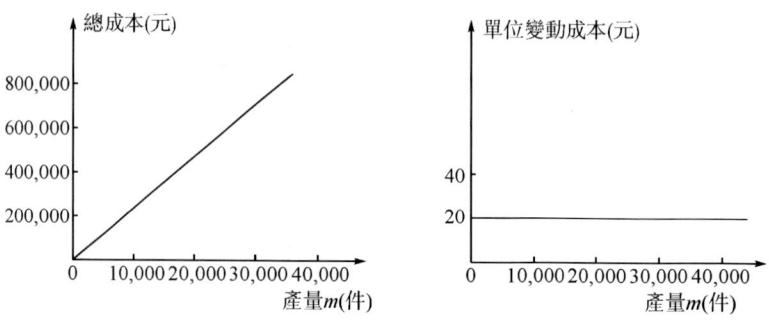

圖2-9　變動成本的性態模型

(三) 變動成本的分類

借用固定成本分類的思想，變動成本也可以分為酌量性變動成本和約束性變動成本。

酌量性變動成本是指企業管理者的當前決策可以改變其支出數額的變動成本，如按產量計酬的工人薪金、按銷售收入的一定比例計算的銷售佣金等。這些支出的比例或標準取決於企業管理者的決策。當然，企業管理者在做上述決策時不能脫離當時的各種市場環境。例如，在確定計件工資時就必須考慮當時的勞動力市場情況，在確定銷售佣金時必須考慮所銷產品的市場情況等。

企業要想降低酌量性變動成本，應當通過合理決策、降低材料採購成本、優化勞動組合、嚴格控制製造費用開支、改善成本-效益的關係來實現。總之，企業要降低該類成本就應該從降低單位產品變動成本的消耗量著手。

約束性變動成本指企業管理者的當前決策無法改變其支出數額的變動成本。這類成本通常表現為企業生產產品的直接物耗成本，以直接材料成本最為典型。當企業生產的產品定型（包括外形、大小、色彩、重量、性能等方面）後，上述成本的大小對企業管理者而言就有了很大程度的約束性，這類成本的改變往往也意味著企業的產品改型了。

企業要降低約束性變動成本，應當通過改進設計、實現技術革新和技術革命，提高材料綜合利用率、勞動生產率和產出率以及避免浪費、降低單位耗用量來實現。

對特定產品而言，酌量性變動成本和約束性變動成本的單位量是確定的，其總量均隨著產品產量（或銷量）的變動而呈正比例變動。

(四) 變動成本的相關範圍

與固定成本一樣，變動成本的變動性，即「隨著業務量的變動而呈正比例變動」，也有其相關範圍。也就是說，變動成本總額與業務量之間的這種正比例變動關係（即完全線性關係）只是在一定業務量範圍內才能實現，超出這一業務量範圍，兩者之間就不再是這樣一種正比例變動關係了。

例如，當企業的產品產量較小時，單位產品的材料成本和人工成本可能比較高。但當產量逐漸上升到一定範圍內時，由於材料的利用可能更加充分、工人的作業安排可能更加合理等原因，單位產品的材料成本和人工成本會逐漸下降。而當產量突破上述範圍繼續上升時，可能使某些變動成本項目超量上升（如加倍支付工人的加班工資），從而導致單位產品中的變動成本由降轉升。上述情況變化可以用圖2-10來表示。

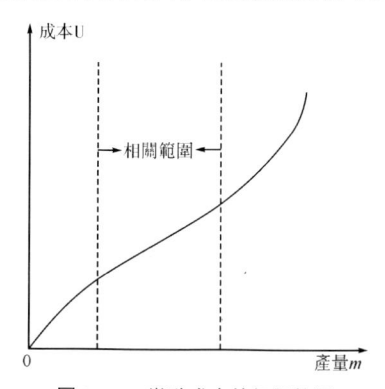

圖2-10 變動成本的相關範圍

圖 2-10 表明，當產量開始上升時，變動成本總額不一定總是與產量的變動呈正比例變化，而通常是前者的增長幅度小於後者的增長幅度，表現在圖中就是變動成本總額線呈現向下彎曲的趨勢（即其斜率隨著產量的上升而變小）。當產量繼續上升時，變動成本總額的增長幅度又會大於產量的增長幅度，表現在圖中就是變動成本總額線呈現一種下凸的趨勢（即其斜率隨著產量的上升而變大）。在產量上升的中間階段，變動成本總額線彎曲程度平緩，基本呈直線狀態（即線性關係）。變動成本的相關範圍指的就是這個中間階段。

需要說明的是，現實經濟生活中幾乎不存在可以將變動成本總額與業務量的關係描述為絕對線性關係的例子，但這並不妨礙我們在一定的業務量範圍內假設它們之間存在這種線性關係，並依此進行成本性態分析。如果我們能夠合理地確定上述相關範圍，即使將變動成本總額與業務量之間的非線性關係描述為線性關係，也不妨礙為相關的預測和決策行為提供數據支持，這樣成本性態分析方法的適用範圍也就更廣了。

此外，正如在固定成本相關範圍問題中所講的，原有的相關範圍被打破，也就有了新的相關範圍。不過由於固定成本呈現跳躍性變化，相關範圍之間的界限相對來說容易劃分，而變動成本由於呈現漸進性變化，劃分起來要更加困難一些。

三、混合成本

（一）混合成本的概念

混合成本顧名思義是指「混合」了固定成本和變動成本兩種不同性態的成本。如前所述，為了進行決策特別是短期決策，需要將成本按性態劃分為固定成本和變動成本。但在現實經濟生活中，許多成本項目並不直接表現為固定成本性態或變動成本性態，這類成本的基本特徵是其發生額的高低雖然直接受業務量大小的影響，但不存在嚴格的比例關係，人們需要對混合成本按性態進行近似描述（稱為混合成本分解），只有這樣才能為決策所用。其實，企業的總成本就是一項混合成本，是一項最大的混合成本。

（二）混合成本的分類

混合成本根據其發生的具體情況，通常可以分為以下三類：

1. 半變動成本

半變動成本的特徵是當業務量為零時，成本為一個非零基數，當業務發生時，成本以該基數為起點，隨業務量的變化而呈比例變化，呈現出變動成本性態。企業的公用事業費，如電費、水費、電話費等，都屬於半變動成本。企業支付的上述費用通常都有一個基數部分，超出部分則隨業務量的增加而增大。

【例2-33】假設華太企業每月電費支出的基數為 2,000 元，超基數費用為 0.3 元/千瓦，每生產 1 件產品需耗電 5 千瓦。那麼，當企業本月共生產 2,000 件產品時，其支付的電費總額為 5,000 元。如果以 y 代表企業支付的電費總額，a 代表每月電費基數（2,000 元），b 代表單位產品所需電費（0.3×5），x 代表產品產量（2,000 件），則各數據之間的關係可以通過 $y = a + bx = 2{,}000 + 1.5x$ 這一數學模型來表示。在坐標圖中演示半變動成本的特徵如圖 2-11 所示。

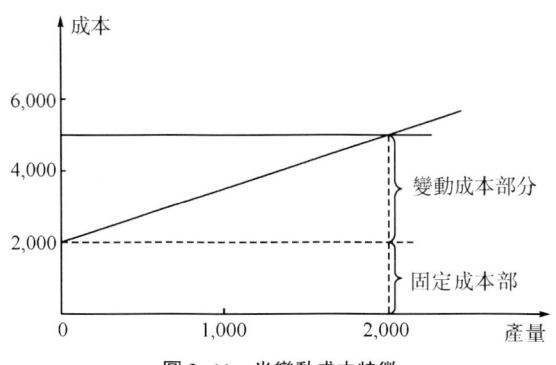

圖 2-11　半變動成本特徵

2. 半固定成本

半固定成本的特徵是在一定業務量範圍內，其發生額的數量是不變的，體現固定成本性態，但當業務量的增長達到一定限額時，其發生額會突然躍升到一個新的水準，然後在業務量增長的一定限度內（即一個新的相關範圍內），其發生額的數量又保持不變，直到另一個新的躍升為止。

從上面的描述中不難看出，在每一個相關範圍內，半固定成本均體現固定成本性態。那麼，半固定成本與前述的固定成本有何差異呢？就特定企業而言，兩者的差異表現在針對固定成本的業務量相關範圍較大，直接取決於企業的經營能力，而針對半固定成本的業務量相關範圍相對較小。從另一角度講，固定成本的相關範圍可以分割為若干個半固定成本的相關範圍，半固定成本在這若干個相關範圍內呈階梯式躍升，因此又稱為「階梯式變動成本」。例如，企業工資費用中化驗員、質檢員的工資，受開工班次影響的設備動力費，按訂單進行批量生產並按開機次數計算的聯動設備的折舊費等都屬於這種成本。

【例 2-34】假設華太公司的產品生產下線之後，需經專門的質檢員檢查方能入成品庫，每個質檢員最多檢驗 5,000 件產品。也就是說，產量每增加 5,000 件就必須增加一名質檢員，而且是在產量一旦突破 5,000 件的倍數時就必須增加。那麼，該企業質檢員的工資成本就屬於半固定成本。隨著產品產量的增加，該項成本呈現階梯式躍升。假設質檢員的工資標準為 2,000 元，則質檢員的工資支出如圖 2-12 所示。

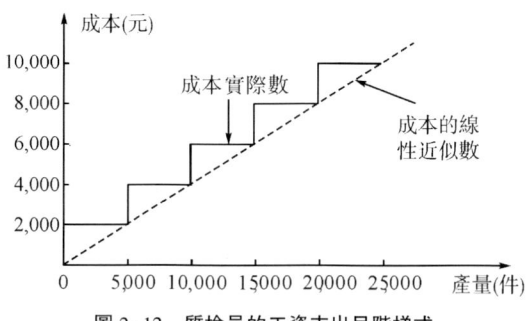

圖 2-12　質檢員的工資支出呈階梯式

與半變動成本不同的是，半固定成本較難用數學模型來表達。當產量的變動範圍較小（如【例2-34】中產量在 5,000~10,000 件之間變動）時，半固定成本可以視為固定成本，用 $y=a$ 這樣的數學模型來表示，而且這一數學模型還適用於任何一個以 5,000 為差數、以 5,000 的倍數為界限的區域範圍。如圖 2-12 中成本實際數所示，當產量的變動範圍較大（如【例2-34】中產量在 5,000~25,000 件之間變動甚至超過 25,000 件）時，半固定成本應該視為變動成本。因為在這種情況下，質檢員工資成本固定不變的相關產量範圍只占整個產量可變範圍的很小一部分。此時，需要用平滑的方式將半固定成本描述為一種近似的變動成本性態，即圖 2-12 中虛線成本的線性近似數，其數學模型與變動成本總額的數學模型一樣，即 $y=bx$，其變動率 b（即圖 2-12 中虛線的斜率）為 0.4 元/件（即企業為單位產品支付的質檢員工資）。

3. 延伸性變動成本

延伸性變動成本的特徵是在業務量的某一臨界點以下表現為固定成本，超過這一臨界點則表現為變動成本。例如，當企業實行計時工資時，其支付給職工的正常工作時間內的工資總額是固定不變的，但當職工的工作時間超過了正常水準，企業需按規定支付加班工資，並且加班工資的大小與加班時間的長短存在正比例關係。

【例2-35】假設華太公司職工正常工作時間為 30,000 小時，正常工資總額為 300,000 元，即小時工資率為 10 元，職工加班時按規定需支付「雙薪」。該企業工資總額的成本性態如圖 2-13 所示。

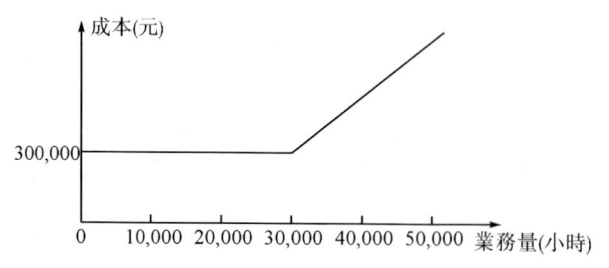

圖 2-13　華太公司工資總額的成本性態

我們將圖 2-13 與圖 2-11 進行比較，不難看出，延伸變動成本就是將縱軸「延伸」至業務量「臨界點」（【例2-35】中的 30,000 小時）時的半變動成本。所謂延伸變動成本，顧名思義就是指隨著業務量的「延伸」，原本固定不變的成本成為變動成本。

需要說明的是，現實經濟生活中，成本的種類繁雜、性態各異，前面所講的變動成本、固定成本和各種混合成本當然不能囊括成本的全部內容，但我們總是可以將其近似地描述為某種性態。

綜上所述，無論哪類混合模型，都可以直接或間接地用一個直線方程 $y=a+bx$ 模擬，這就為成本性態分析中的混合成本分解提供了數學依據。

（三）混合成本的分解

如前所述，成本按性態分類是管理會計這一學科的重要貢獻之一，對各項成本

進行性態分析也是採用變動成本計算法的前提條件。但是，固定成本與變動成本只是經濟生活中諸多成本性態的兩種極端類型，多數成本是以混合成本的形式存在的，需要將其進一步分解為固定成本和變動成本。如果我們可以對費用支出逐筆、逐次地進行分析、分解，那麼結果無疑是最為準確的，但這種分解工作的成本（屬固定成本或混合成本，也需分析或分解）無疑是相當大的，即使有可能使混合成本準確分解，恐怕也沒有必要。在實踐中，往往在一類成本中選擇具有代表性的成本項目進行性態分析，並以此為基礎推斷該類成本的性態。這樣做，只要分類合理、選樣得當，就能夠以較低的分解成本獲得一個相對較為準確的結果。

混合成本的分解方法很多，通常有高低點法、散布圖法、迴歸直線法、帳戶分析法和工程分析法。

1. 高低點法

高低點法是歷史成本法中最簡便的一種分解方法。基本做法是以某一期間內最高業務量（即高點）的混合成本與最低業務量（即低點）的混合成本的差數，除以最高業務量與最低業務量的差數，得出的商數即為業務量的成本變量（即單位業務量的變動成本額），進而可以確定混合成本中的變動成本部分和固定成本部分。

如前所述，混合成本是混合了固定成本與變動成本的成本，在一定的相關範圍內，總可以用 $y = a + bx$ 這樣一個數學模型來近似地描述，這也是高低點法的基本原理。在這個相關範圍內，固定成本 a 既然不變，那麼總成本隨業務量的變動而產生的變化量就全部為變動成本。高點和低點的選擇完全是出於盡可能覆蓋相關範圍的考慮。

高低點法分解混合成本的具體步驟如下：

第一步，確定高低點坐標，從由各期業務量與相關成本構成的所有坐標點中，找出由最高業務量（x_1）及同期成本（y_1）組成的高點坐標（x_1, y_1）和由最低點業務量（x_2）及同期成本（y_2）組成的低點坐標（x_2, y_2）。

第二步，根據高低點坐標值，計算單位變動成本（或混合成本的變動部分）b。b 的計算公式如下：

$$b = \frac{y_1 - y_2}{x_1 - x_2} = \frac{高低點成本之差}{高低點業務量之差} \qquad (式 2\text{-}33)$$

第三步，計算固定成本（或者混合成本中的部分）a。將低點和高低的坐標值和 b 值代入下式：

$$\begin{aligned} a &= y_2 - bx_2 = 低點成本 - b \times 低點業務量 \\ &= y_1 - bx_1 = 高點成本 - b \times 高點業務量 \end{aligned} \qquad (式 2\text{-}34)$$

第四步，建立成本性態模型，將 a 和 b 的值代入 $y = a + bx$，得到該項成本性態模型。

經過上述步驟，就可以分解混合成本。

【例 2-36】假定華太公司 2018 年 12 個月的產量和電費支出的有關數據如表 2-7 所示。

表 2-7　　　　　　　　　產量和電費支出的有關數據

月份	產量（件）	電費（元）
1	8,000	20,000
2	6,000	17,000
3	9,000	22,500
4	10,000	25,500
5	8,000	21,500
6	11,000	27,500
7	10,000	24,600
8	10,000	25,200
9	9,000	23,200
20	7,000	19,500
11	11,000	26,500
12	12,000	29,000

該年產量最高的月份是 12 月，為 12,000 件，相應電費為 29,000 元；產量最低的月份是 2 月，為 6,000 件，相應電費為 17,000 元。按前面的運算過程進行計算如下：

$$b = \frac{29,000-17,000}{12,000-6,000} = 2 \text{（元/件）}$$

a = 29,000 − 2×12,000 = 5,000（元）

［或者 a = 17,000 − 2×6,000 = 5,000（元）］

以上計算表明，該企業電費這項混合成本屬固定成本的為 5,000 元，單位變動成本為每件 2 元。這項混合成本用數學模型來描述為：

$$y = 5,000 + 2x$$

運用高低點法分解混合成本應注意以下幾個問題：

第一，高點和低點的業務量（即【例2-36】中的 12,000 件和 6,000 件）為該項混合成本相關範圍的兩個極點，超出這個範圍則不一定適用所得出的數學模型（即【例2-36】中的 $y = 5,000 + 2x$）。之所以說「不一定」，是因為假設在【例2-36】中只需延長設備的運轉時間（電費當然也隨之增加），並且設備可以延長運轉時間時，產量即可以超過 12,000 件，則上述數學模型的適用範圍也就擴大了。

第二，高低點法根據高點和低點的數據來描述成本性態，其結果會帶有一定的偶然性（事實上高低兩點的偶然性一般比其他各點要大），根據這種帶有一定偶然性的成本性態模型進行決策，勢必會造成一些偏差，因此在使用高低點法描述成本性態的時候，往往會對其模型進行一些修正。

第三，當高點或低點業務量不止一個（即有多個期間的業務量相同且同屬高點或低點）而成本又不同時，高點應取成本最大者，低點應取成本最小者。

2. 散布圖法

散布圖法的基本原理與高低點法一樣，也認為混合成本的性態可以近似地描述

為 $y=a+bx$，區別在於 a 和 b 是通過坐標圖而非方程式計算得到的。

散布圖法的具體步驟如下：

第一步，標出散布點，以橫軸代表業務量 x，以縱軸代表混合成本 y，將各種業務量水準下的混合成本逐一標在坐標圖上。

第二步，劃線，通過目測，在各成本點之間畫出一條反應成本變動平均趨勢的直線，盡可能通過或接近所有坐標點（理論上這條直線距各成本點之間的離差平方和最小）。

第三步，讀出 a，在縱軸上讀出該直線的截距值，即混合成本中的固定成本。

第四步，任選一點，如在直線上任取一點 P，假設其坐標為 (x_p, y_p)。

第五步，求 b，將 x_p 和 y_p 的值代入（式2-35），計算單位變動成本。

$$b = \frac{y_p - a}{x_p} \qquad (式2\text{-}35)$$

第六步，建立成本習性模型，即 $y=a+bx$。

仍以【例2-36】的有關數據為依據，採用散布圖法對該企業的電費進行分解如下：

第一步，在平面直角坐標系中標出電費成本的散布點。具體來說，就是以橫軸代表產量，以縱軸代表電費成本，標出該企業 12 個月不同產量下的電費成本點。

第二步，通過目測，在坐標圖中畫出一條反應電費成本平均變動趨勢的直線。這樣電費這項混合成本的性態就可以通過坐標圖的方式來表達，如圖2-14 所示。

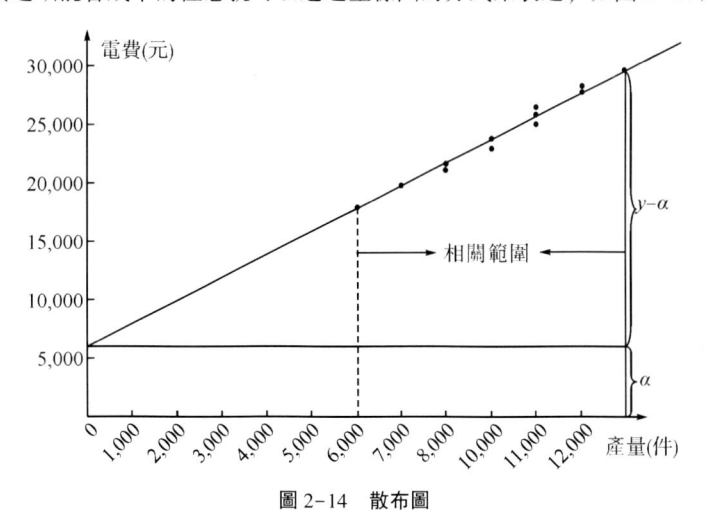

圖2-14 散布圖

第三步，確定固定成本 a，即所畫直線與縱軸的交點，圖 2-14 所示為 6,000 元。

第四步，計算單位變動成本，即所畫直線的斜率。根據所畫直線，選擇相關範圍內任一產量，即可得出相應的電費成本。若選產量為 8,000 件，電費成本按坐標圖查得為 21,800 元，則單位變動成本為：

$$b = \frac{y-a}{x} = \frac{21,800-6,000}{8,000} = 1.975 \text{（元）}$$

根據散布圖法得到 a 和 b 的值後，電費這項混合成本可用數學模型表示為：
$y = 6,000 + 1.975x$

散布圖法與高低點法原理相同，但兩者除基本做法的差異之外，還有兩點區別：一是高低點法先有 b 值而後有 a 值，散布圖法則正好相反；二是雖然散布圖法下通過目測得到的結果不免帶有一定程度的主觀性，但由於該方法是將全部成本數據作為描述混合成本性態的依據，因此相比高低點法還是要準確一些。

3. 迴歸直線法

如前所述，散布圖法是通過目測的結果來勾畫混合成本性態的，恐怕可以勾畫出多條反應成本性態的直線，而且很難判斷哪一條直線描述得更為準確。迴歸直線法則是運用數理統計中常用的最小平方法的原理，對觀測到的全部數據加以計算，從而勾畫出最能代表平均成本水準的直線。這條通過迴歸分析方法而得到的直線就稱為迴歸直線，它的截距就是固定成本 a，斜率就是單位變動成本 b，這種分解方法也就稱為迴歸直線法。又因為迴歸直線法可以使各觀測點的數據與直線相應各點誤差的平方和最小，所以這種分解方法又稱為最小平方法。

迴歸直線法的具體步驟如下：

第一步，列表求值，根據歷史資料列表，求出 n、$\sum x$、$\sum y$、$\sum xy$、$\sum x^2$ 和 $\sum y^2$ 的值。

第二步，計算相關係數 r，並判斷 x 和 y 之間是否存在必然的內在聯繫。相關係數 (r) 是用於揭示兩組數據 (x 與 y) 之間關聯程度的數學指標，其取值範圍一般在 $-1 \sim 1$ 之間。當 $r = -1$ 時，說明 x 與 y 之間完全負相關；當 $r = 0$ 時，說明 x 與 y 之間不存在任何關係；當 $r = 1$ 時，說明 x 與 y 之間完全正相關。

迴歸直線法要求業務量 x 與成本 y 之間基本上保持線性關係，否則研究就沒有意義。

相關係數計算公式如下：

$$r = \frac{n\sum xy - \sum x \sum y}{\sqrt{n\sum x^2 - (\sum x)^2} \times \sqrt{n\sum y^2 - (\sum y)^2}} \quad \text{（式 2-36）}$$

第三步，計算迴歸系數 a 和 b。具體計算公式如下：

$$b = \frac{n\sum xy - \sum x \sum y}{n\sum x^2 - (\sum x)^2} \quad \text{（式 2-37）}$$

$$a = \frac{\sum y - b\sum x}{n} = \frac{\sum x^2 \sum y - \sum x \sum xy}{n\sum x^2 - (\sum x)^2} \quad \text{（式 2-38）}$$

第四步，建立成本性態模型：

$$y = a + bx$$

【例 2-37】 根據【例 2-36】計算出 xy、x^2 和 y^2 的值如表 2-8 所示。

表 2-8 $\qquad\qquad\qquad xy$、x^2 和 y^2 計算表

月份	產量 x(件)	電費 y(元)	xy	x^2	y^2
1	8,000	20,000	160,000,000	64,000,000	400,000,000
2	6,000	17,000	102,000,000	36,000,000	289,000,000
3	9,000	22,500	202,500,000	81,000,000	506,250,000
4	10,000	25,500	255,000,000	100,000,000	650,250,000
5	8,000	21,500	172,000,000	64,000,000	462,250,000
6	11,000	27,500	302,500,000	121,000,000	756,250,000
7	10,000	24,600	246,000,000	100,000,000	605,160,000
8	10,000	25,200	252,000,000	100,000,000	635,040,000
9	9,000	23,200	208,800,000	81,000,000	538,240,000
10	7,000	19,500	136,500,000	49,000,000	380,250,000
11	11,000	26,500	291,500,000	121,000,000	702,250,000
12	12,000	29,000	348,000,000	144,000,000	841,000,000
合計	111,000	282,000	2,676,800,000	1,061,000,000	6,765,940,000

檢測 x 與 y 的線性關係：

$$r = \frac{n\sum xy - \sum x \sum y}{\sqrt{n\sum x^2 - (\sum x)^2} \times \sqrt{n\sum y^2 - (\sum y)^2}}$$

$$= \frac{12 \times 2,676,800,000 - 111,000 \times 282,000}{\sqrt{12 \times 10,610,000,000 - 111,000^2} \times \sqrt{12 \times 6,765,940,000 \times 282,000^2}}$$

$= 0.9321 \to 1$

因此，x 與 y 基本呈現正相關關係。

$$b = \frac{n\sum xy - \sum x \sum y}{n\sum x^2 - (\sum x)^2} = \frac{12 \times 2,676,800,000 - 111,000 \times 282,000}{12 \times 1,061,000,000 - 111,000^2} = 1.99(元／件)$$

$$a = \frac{\sum y - b\sum x}{n} = \frac{\sum x^2 \sum y - \sum x \sum xy}{n\sum x^2 - (\sum x)^2} = \frac{282,000 - 1.99 \times 111,000}{12}$$

$= 5,092.5(元)$

建立的迴歸直線模型為：

$y = 5,092.5 + 1.99x$

迴歸直線法相對而言比較麻煩，但與高低點法相比，由於選擇了包括高低兩點在內的全部觀測數據，因此避免了高低點法中高低兩點的選取帶來的偶然性；與散布圖法相比，則是以計算代替了目測方式，因此是一種比較好的混合成本分解方法。不過，無論計算如何準確，與高低點法和散布圖法一樣，其分解的結果仍具有一定的假定和估計成分，決策者在據以決策時需加以考慮。同時，與高低點法和散布圖法一樣，迴歸直線法也應剔除非正常值的影響。

4. 帳戶分析法

帳戶分析法是根據各個成本、費用帳戶（包括明細帳戶）的內容，直接判斷其與業務量之間的相互變動關係，從而確定其成本性態的一種成本分解方法。

帳戶分析法的基本做法是根據各成本、費用帳戶的具體內容，判斷其特徵是更接近於固定成本還是更接近於變動成本，進而直接將其確定為固定成本或變動成本。例如，「管理費用」帳戶內各項目發生額的大小在正常產量範圍內與產量變動沒有關係或沒有明顯關係，那麼就將管理費用全部視為固定成本；「製造費用」帳戶中的車間管理部門的辦公費、按折舊年限計算的設備折舊費等，雖然與產量的關係比管理費用密切一些，但基本特徵仍屬「固定」，因此也應視為固定成本；「製造費用」帳戶內的燃料動力費、維修費等，雖然不像直接材料費那樣與產量呈正比例變動，但其發生額的大小與產量變動的關係很明顯，因此可以將其視為變動成本。

【例2-38】假設以華太公司的某一生產車間作為分析對象，其某月的成本數據如表2-9所示。

表2-9　　　　　　　　　成本數據資料　　　　　　　　　單位：元

帳戶	總成本
生產成本——材料	240,000
——工資	30,000
製造費用——燃料動力	16,000
——工資	8,000
——折舊費	20,000
——辦公費	6,000

如果該車間只生產單一產品，那麼本月發生的320,000元費用將全部構成該產品的成本，如生產多種產品，假定上述屬於共同費用的數據是在進行合理分配的基礎上得到的，有關成本的分解過程如表2-10所示。

表2-10　　　　　　　　成本的分解過程　　　　　　　　單位：元

帳戶	總成本	固定成本	變動成本
生產成本——材料	240,000		240,000
——工資	30,000		30,000
製造費用——燃料動力	16,000		16,000
——工資	8,000		8,000
——折舊費	20,000	20,000	
——辦公費	6,000	6,000	
合計	320,000	26,000	294,000

表2-10的分解理由是：直接材料和直接人工（即「生產成本」帳戶項目）通常為變動成本；燃料動力費、修理費、間接人工費雖然不與產量的變動成正比例變動關係，但有明顯的變動關係，因此也確定為變動成本；折舊費和辦公費與產量變動沒有明顯關係，因此確定為固定成本。不難看出，上述分解過程是在一定的假設

條件下進行的：假設生產工人的工資實行計件工資制，那麼直接人工就是變動成本；假設生產設備的折舊額不是按加工量或加工時間計算的，那麼折舊費就屬於固定成本。如果假設條件不是這樣的，分解的結果當然就不一樣了。不過，相對於特定的分解對象而言，相應的假設條件由於經常使用而約定俗成為既定前提了，因此對於一些常見的成本費用，如直接材料、直接人工等，可以依據前述的既定前提，直接將其確定為固定成本或變動成本。

根據表 2-10，該車間的總成本被分解為固定成本和變動成本兩部分，其中：

$a = 26,000(元)$

如設該車間當月產量為 2,000 件，那麼：

$b = \dfrac{294,000}{2,000} = 147(元／件)$

以數學模型來描述該車間的總成本，即：

$y = 26,000 + 147x$

帳戶分析法是混合成本分解的諸多方法中最為簡便的一種，同時也是相關決策分析中應用比較廣泛的一種。由於有關分析人員的判斷能力限制，因此不可避免地帶有一定的片面性和局限性。

就帳戶分析法的對象而言，這一方法通常用於特定期間總成本的分解，而且對成本性態的確認通常也僅限於成本性態相對比較典型的成本項目，而對於成本性態不那麼典型的成本項目，則應該選擇其他的成本分解方法。

5. 工程分析法

工程分析法是運用工業工程的研究方法來研究影響有關成本項目數額的每個因素，並在此基礎上直接估算出固定成本和單位變動成本的一種成本分解方法。

工程分析法分解成本的基本步驟如下：

第一步，確定研究的成本項目。

第二步，對形成成本的生產過程進行觀察和分析。

第三步，確定生產過程的最佳操作方法。

第四步，以最佳操作方法為標準方法，測定標準方法下成本項目的每一項構成內容，並按成本性態分別確定為固定成本或變動成本。

【例 2-39】假設某粉末冶金車間對精密金屬零件採取一次模壓成型、電磁爐燒結的方式進行加工，如果以電費作為成本研究對象，經觀察，電費成本與電磁爐的預熱和燒結兩個過程的操作有關。按照最佳的操作方法，電磁爐從開始預熱至達到可燒結的溫度需耗電 1,500 千瓦時，燒結每千克耗電 500 千瓦時。每一工作日加工一班，每班電磁爐預熱一次，全月共 22 個工作日，電費價格為 0.8 元／千瓦時。

設每月電費總成本為 y，每月固定電費成本為 a，單位電費成本為 b，x 為燒結零件重量，則有：

$a = 22 \times 1,500 \times 0.8 = 26,400(元)$

$b = 500 \times 0.8 = 400(元／千克)$

該車間電費總成本分解的數學模型為：

$y = 26,400 + 400x$

工程分析法適用於任何可以從客觀立場上進行觀察、分析和測定的投入產出過程，如對直接材料、直接人工等製造成本的測定；也可以用於倉儲、運輸等非製造成本的測定。與歷史成本法和帳戶分析法相比，工程分析法的優點十分突出。

　　第一，歷史成本法和帳戶分析法都只適用於有歷史成本數據可供分析的情況，而工程分析法是一種獨立的分析方法，即使在缺乏歷史成本數據的情況下也可以採用。同時，當需要對歷史成本分析的結論進行驗證時，工程分析法也是最有效的方法。

　　第二，與歷史成本法或帳戶分析法相比，工程分析法可以排除那些發生在分析期間的無效或不正常的支出，還可以排除那些具有隱蔽性的無效或不正常的支出。由於工程分析法是從投入與產出之間的關係入手，通過觀察和分析，直接測定在一定的生產流程、工藝水準和管理水準條件下應該達到的各種消耗標準，也就是一種較為理想的投入與產出關係，這種關係是企業的各種經濟資源利用最優化的結果。因此，工程分析法在排除無效或不正常支出方面，具有歷史成本法或帳戶分析法無法比擬的優勢。

　　第三，企業在制定標準成本和編製預算時，採用工程分析法的分析結果更具有客觀性、科學性和先進性，分析過程也大為簡化。

　　當然，工程分析法的分析成本較高，因為對投入產出過程進行觀察、分析和測定，往往要耗費較多的人力、物力、財力和時間。對於那些不能直接將其歸屬於特定投入與產出過程的成本，或者屬於不能單獨進行觀察的聯合生產過程中的成本，如各種間接成本，就不能使用工程分析法。

　　從混合成本分解的各種方法中不難看出，成本分解的過程實際上是一個對成本性態進行研究的過程。就成本分解的各種方法而言，應該說是長短互見。因此，企業應該根據不同的分解對象所需的精確程度和所能承擔的成本支出來選擇適當的分解方法。得到分解結果後，企業應當盡可能採用其他方法進行印證，以獲得比較準確的數據。

第四節　本量利分析

一、本量利分析概述

(一) 本量利分析的含義

　　本量利分析是指以成本性態分析和變動成本法為基礎，運用數學模型和圖式，對成本、利潤、業務量與單價等因素之間的依存關係進行分析，發現變動的規律性，為企業進行預測、決策、計劃和控制等活動提供支持的一種定量分析方法。

　　本量利分析是現代管理會計的基本方法之一，無論在西方還是在中國，本量利分析的應用都是十分廣泛的。本量利分析與經營風險分析相聯繫，可以促使企業努力降低風險；與預測技術相結合，可以幫助企業進行盈虧臨界預測、目標利潤分析等；與決策融為一體，可以幫助企業進行生產決策、定價決策和投資不確定性分析。企業還可以將本量利分析應用於全面預算、成本控制和業績考評等。

(二) 本量利分析的基本假設

本量利分析建立和使用的有關數學模型和圖形以下列基本假設為前提條件：

1. 變動成本假設

這是指假設產品成本是按照變動成本法計算的，即產品成本只是包括變動成本（即直接材料、直接人工、變動性的製造費用），而所有的固定成本（即管理費用、銷售費用、財務費用和固定性的製造費用）全部作為期間成本處理。

2. 相關範圍假設

成本按照性態進行劃分的基本假設前提是「在一定期間和一定業務量範圍內」，這也是固定成本和變動成本劃分的前提條件。

(1) 期間假設。無論固定成本還是變動成本，其表現出來的固定性和變動性都表現為在特定的期間內，其金額和大小也是在特定的期間內加以計算得到的。一旦固定成本的綜合及內容發生了變化，單位變動成本和固定成本總額就會發生變化。

(2) 業務量假設。按照成本性態把成本劃分為固定成本和變動成本，是在一定業務量範圍以內的，一旦業務量的範圍被打破，則需要重新計算固定成本總額和單位變動成本。

3. 模型線性假設

在相關範圍假設下，固定成本總額和單位變動成本具有不變性，因此成本和業務量之間才能用 $y = a + bx$ 表示，同時銷售收入才能用 $y = px$ 表示。這一假設排除了在時間和業務量變動的情況下，各生產要素的價格（原料、工資率等）、技術條件、工作效率和生產率以及市場變化的可能性。

4. 產銷平衡假設

本量利分析法中的「量」指的是銷售量而非產量，在銷售價格不變的條件下，「量」指的是收入。也就是說，本量利分析法的研究核心是收入和成本之間的對比關係。在變動成本法中，產量這一業務量的變動對固定成本和銷售成本都可能產生影響，也就是影響了收入與成本的對比關係。因此，本量利分析法運用的前提必須是產銷平衡。

5. 品種結構不變假設

當企業生產一種產品時並不存在品種結構假設的影響，但是在現實生產中，大部分企業是多品種的生產模式。而由於每種產品的獲利能力不盡相同，因此品種結構的比例發生變動勢必影響銷售收入。基於此，本量利分析法必須建立在品種結構假設的基礎上。

(三) 本量利分析的基本指標

1. 本量利分析的基本等式

在變動成本法下，利潤的計算可用以下公式表示：

$$P = xp - xb - F = x(p - b) - F = CM - F \qquad (式2-39)$$

式 2-39 中，P 表示利潤，x 表示銷售量，p 表示銷售單價，b 表示單位變動成本，F 表示固定成本。

由於本量利分析的數學模型是在上述公式基礎上建立起來的，因此可以將（式2-39）作為本量利的基本等式。顯然，該等式一共涉及五個變量，即利潤總額

（P）、銷售量（x）、銷售單價（p）、單位變動成本（b）和固定成本（F），只要掌握了任何的四個變量就可以求出第五個變量。

2. 貢獻毛益

貢獻毛益又稱為邊際利潤或邊際貢獻，是管理會計中非常重要的概念，可以通過貢獻毛益總額、單位貢獻毛益、貢獻毛益率表示。

（1）貢獻毛益總額是指銷售收入扣除自身的變動成本後的差額，當然這種差額只有扣除了固定成本後才能真正成為企業的利潤，即：

$$CM = x(p-b) \qquad (式2\text{-}40)$$

式 2-40 中，CM 表示貢獻毛益總額，p 表示銷售單價，b 表示單位變動成本，x 表示銷售量。

可見，雖然貢獻毛益不能反應企業的利潤，但是它與企業利潤之間有著密切的關係。因為貢獻毛益首先用於補償企業的固定成本，只有當貢獻毛益大於固定成本時企業才可能有利可圖，否則企業將會出現虧損。

（2）單位貢獻毛益是指單位產品單價與單位變動成本的差額，也就是每一件產品帶來的利潤水準的增加，即：

$$PCM = p - b \qquad (式2\text{-}41)$$

式 2-41 中，PCM 表示單位貢獻毛益，p 表示銷售單價，b 表示單位變動成本。

（3）貢獻毛益率是指貢獻毛益在銷售收入中所占的百分比，反應產品給企業做出的貢獻能力，即：

$$CMR = \frac{CM}{S} = \frac{x(p-b)}{xp} = \frac{p-b}{p} \qquad (式2\text{-}42)$$

式 2-42 中，CMR 表示貢獻毛益率，CM 表示貢獻毛益總額，S 表示銷售收入，p 表示銷售單價，b 表示單位變動成本，x 表示銷售量。

3. 變動成本率

變動成本率是一個與貢獻毛益率密切相關的指標，它用於衡量變動成本與銷售收入之間的關係，即：

$$BR = \frac{xb}{S} = \frac{xb}{xp} = \frac{b}{p} \qquad (式2\text{-}43)$$

式 2-43 中，BR 表示變動成本率，S 表示銷售收入，p 表示銷售單價，b 表示單位變動成本，x 表示銷售量。

從貢獻毛益率及變動成本率的定義中不難看出，貢獻毛益率與變動成本率有如下關係：

$$CMR + BR = 1 \qquad (式2\text{-}44)$$

可見，變動成本率是一個負向指標，即越小越好。同時，貢獻毛益率與變動成本率存在互補的關係，即變動成本率高的企業貢獻毛益率低，反之變動成本率低的企業貢獻毛益率高。

【例2-40】華太公司只生產和銷售甲產品，當年銷售了 12,500 件，單價 20 元/件，單位變動成本 12 元/件，固定成本 80,000 元。

要求：（1）計算單位貢獻毛益、貢獻毛益總額、貢獻毛益率、變動成本率。

（2）計算利潤。

（1）單位貢獻毛益＝20-12＝8（元/件）
貢獻毛益總額＝8×12,500＝100,000（元）
貢獻毛益率＝8/20×100%＝40%
變動成本率＝12/20×100%＝60%
（2）利潤＝100,000-80,000＝20,000（元）
該例題驗證了 $CMR+BR=1$ 的關係成立。

二、單一產品的本量利分析

（一）盈虧臨界點分析

1. 盈虧臨界點分析

盈虧臨界點分析也稱保本分析、損益轉折點分析，是指分析、測定盈虧平衡點以及有關因素變動對盈虧平衡點的影響等，是本量利分析的核心內容。盈虧平衡分析的原理是通過計算企業在利潤為零時處於盈虧平衡的業務量，分析項目對市場需求變化的適應能力等。

盈虧臨界點分析是本量利分析的基礎，其基本內容是分析確定產品的盈虧臨界點，從而確定企業經營的安全程度。盈虧臨界點分析是根據成本、銷售收入、利潤等因素之間的函數關係，預測企業在怎樣的情況下達到不盈不虧的狀態。盈虧臨界點分析提供的信息對於企業合理計劃和有效控制經營非常有用，如預測成本、收入、利潤和銷售單價、銷售量等。

單一品種的盈虧臨界點有兩種表達形式：一是盈虧臨界點銷售量，二是盈虧臨界點銷售額。

根據本量利分析的基本公式：
$$P = xp - xb - F = x(p-b)F = CM - F$$

當計算盈虧臨界點時，即 $P=0$ 時，計算公式為：
$$0 = xp - xb - F = x(p-b)F = CM - F$$

可得：
$$x_0 = \frac{F}{p-b} = \frac{F}{PCM} \qquad \text{（式2-45）}$$

式2-45中，x_0表示盈虧臨界點銷售量，F表示固定成本，p表示銷售單價，b表示單位變動成本，PCM表示單位貢獻毛益。

盈虧臨界點除了可以用銷售量指標衡量外，還可以用銷售金額指標衡量，即：
$$S_0 = x_0 \times p = \frac{F}{p-b} \times p = \frac{F}{CMR} \qquad \text{（式2-46）}$$

式2-46中，S_0表示盈虧臨界點銷售額，x_0表示盈虧臨界點銷售量，F表示固定成本，p表示銷售單價，b表示單位變動成本，CMR表示貢獻毛益率。

【例2-41】華太公司生產和銷售一種產品，該產品的銷售單價為50元，單位變動成本為30元，固定成本為5,000元。

要求：（1）計算盈虧臨界點銷售量。

（2）計算盈虧臨界點銷售額。

（1）盈虧臨界點的銷售量＝5,000/(50-30)＝250（件）

（2）貢獻毛益率＝（50－30）/50＝40%
盈虧臨界點的銷售金額＝250×50＝5,000/40%＝12,500（元）

2. 盈虧臨界圖

在平面直角坐標系中使用解析幾何模型反應本量利關係的圖像，統稱為本量利盈虧臨界圖。它不僅能夠清楚反應本量利各有關因素變動對盈虧臨界點和利潤的影響，而且能夠反應固定成本、變動成本、銷售量、銷售收入、貢獻毛益、盈虧臨界點、安全邊際、虧損區、利潤區等情況。

本量利盈虧臨界圖有很多種類型，這裡主要介紹傳統式、貢獻毛益式、利量式、單位式四種臨界圖。

（1）傳統式。傳統式是盈虧臨界分析圖中最基本的形式，其他形式則是出於不同考慮由傳統式演變而來的。傳統式在實際使用中最為廣泛，其主要特點就是將固定成本置於變動成本之下，從而清楚地表明固定成本不隨業務量變動而變動的特徵。同時，傳統式揭示了安全邊際、盈虧臨界點、利潤三角區、虧損三角區的關係。

傳統式盈虧臨界圖的繪製方法如下：

第一，在直角坐標系中，以橫軸表示銷售數量，以縱軸表示成本和收入。

第二，繪製固定成本線。在縱軸上確定固定成本的數值，並以此作為起點，繪製一條與橫軸平行的直線，即固定成本線。

第三，繪製總成本線。在橫軸上任取一點的銷售數量，計算其總成本並標於坐標系中，然後將此點與縱軸上的固定成本點相連並適當向上延伸。

第四，繪製銷售收入線。在橫軸上任取一點的銷售數量，計算出相應的銷售收入並在縱軸上找到與此收入數相對應的點，上述兩點在坐標系中的交叉點就是該銷售數量下的收入額；將該交叉點與坐標原點相連並同樣適當向上延伸。

上述總成本線與銷售收入線的交點就是盈虧臨界點。

【例2-42】假設華太公司生產和銷售單一產品，銷售單價為60元，正常銷售為3,000件，固定成本為50,000元，單位變動成本為35元。該企業的傳統式盈虧臨界圖如圖2-15所示。

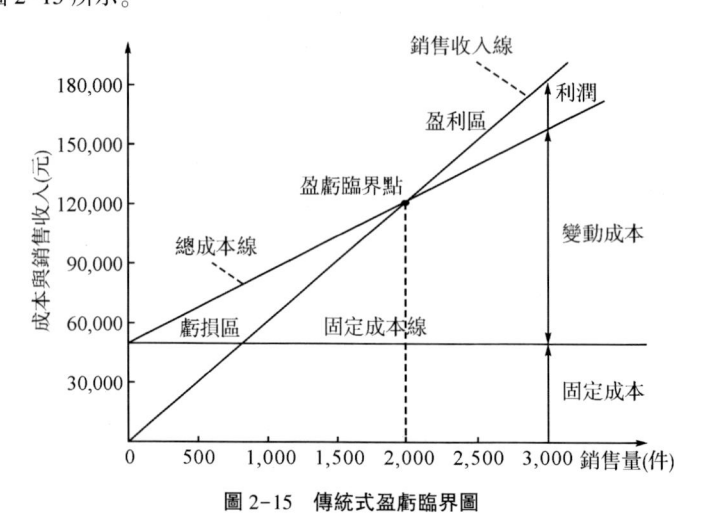

圖2-15 傳統式盈虧臨界圖

如前所述，企業利潤的高低取決於銷售收入與總成本之間的對比，銷售收入的大小取決於銷售數量和銷售單價兩個因素，而總成本的大小則取決於變動成本和固定成本兩個要素。在進行盈虧臨界點分析時，貢獻毛益可以給我們一個啟示：只要銷售單價高於單位變動成本，固定成本就可以得到補償，因此至少理論上是存在盈虧臨界點的。

圖 2-15 從動態上集中又形象地反應了銷售數量、成本和利潤之間的相互關係，從而可以得到如下規律：

第一，在固定成本、單位變動成本、銷售單價不變的情況下，也就是說盈虧臨界點是既定的，銷售量越大，實現的利潤也就越多（當銷售量超過盈虧臨界點時），或者是虧損越少（當銷售量不足盈虧臨界點時）；反之則利潤越少或虧損越大。這是盈虧臨界圖中的基本關係。

第二，銷售單價和固定成本總額既定的情況下，盈虧臨界點的位置隨單位變動成本的變動而同向變動。單位變動成本越高（表現在坐標圖中就是總成本線的斜率越大），盈虧臨界點就越高；反之，盈虧臨界點就越低。

第三，在銷售總成本既定的條件下，盈虧臨界點受單價變動的影響而變動。產品單價越高，表現為銷售總收入線的斜率越大，盈虧臨界點就越低；反之，盈虧臨界點就越高。

第四，在銷售收入既定的條件下，盈虧臨界點的高低取決於固定成本和單位變動成本的多少。固定成本越多或單位產品的變動成本越多，盈虧臨界點就越高；反之，盈虧臨界點就越低。其中，單位產品變動成本的變動對盈虧臨界點的影響是通過變動成本線的斜率的變動而表現出來的。

明確了以上規律，對於企業根據主客觀條件有預見地採取相應的措施實現扭虧為盈有較大的幫助。

（2）貢獻毛益式。貢獻毛益式的特點是將固定成本置於變動成本之上，以此表明固定成本在相關範圍內不變的特徵。總成本線是一條平行於變動成本線的直線，能夠直觀地反應貢獻毛益、固定成本和利潤之間的關係。其繪製方法如下：

第一，銷售收入線和變動成本線（均以原點作為起點）。

第二，以縱軸上與固定成本數相應的數值作為起點，畫一條與變動成本線平行的直線，該線就是總成本線。這條線與銷售收入線的交點即盈虧臨界點。

仍以【例 2-42】為例，繪製圖 2-16。從圖 2-16 不難看出，盈虧臨界點的貢獻毛益剛好等於固定成本；超過盈虧臨界點的貢獻毛益大於固定成本，也就是實現了利潤；而不足盈虧臨界點的貢獻毛益小於固定成本，則表明發生了虧損。可以說，貢獻毛益式盈虧臨界圖更加符合變動成本法的思路，也更加符合盈虧臨界點分析的思路。

（3）利量式。利量式盈虧臨界圖也稱為利潤圖，因為縱坐標的銷售收入與成本因素均被省略，僅僅反應銷售數量與利潤之間的依存關係。

繪製單一產品下的利量式盈虧臨界圖的步驟如下：

第一步，在直角坐標系中，以橫軸表示銷售數量（也可以是金額），以縱軸表示利潤。

第二步，在縱軸上找到與固定成本數相應的數值（零點下方，取負值），並以此為起點畫一條與橫軸相互平行的直線。

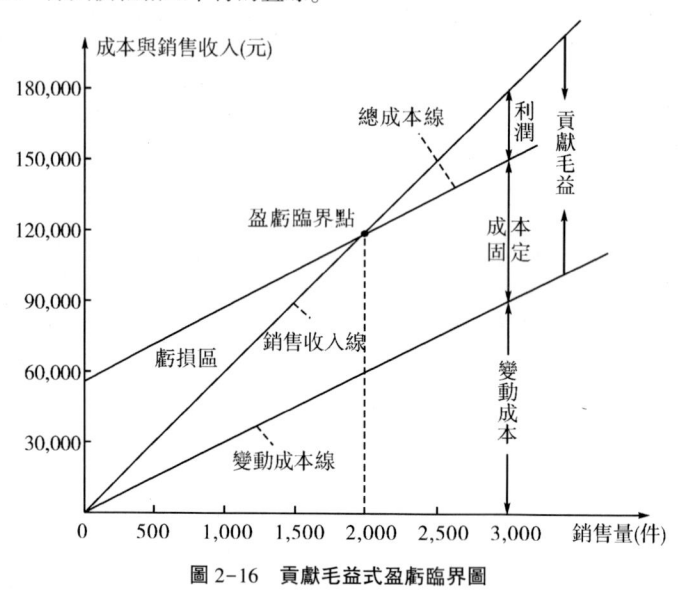

圖 2-16　貢獻毛益式盈虧臨界圖

第三步，在橫軸上任取一點的銷售量並計算該銷售量的貢獻毛益，將由此兩點決定的交叉點標於坐標圖中。該交叉點與縱軸上相當於固定成本的那一點相連，就是利潤線。

仍以【例 2-42】為例，繪製圖 2-17。在圖 2-17 中，利潤線表示的是銷售收入與變動成本之間的差量關係，即貢獻毛益，利潤線的斜率就是單位貢獻毛益；在固定成本既定的情況下，貢獻毛益率越高，利潤線的斜率就越大，盈虧臨界點的臨界值就越小。

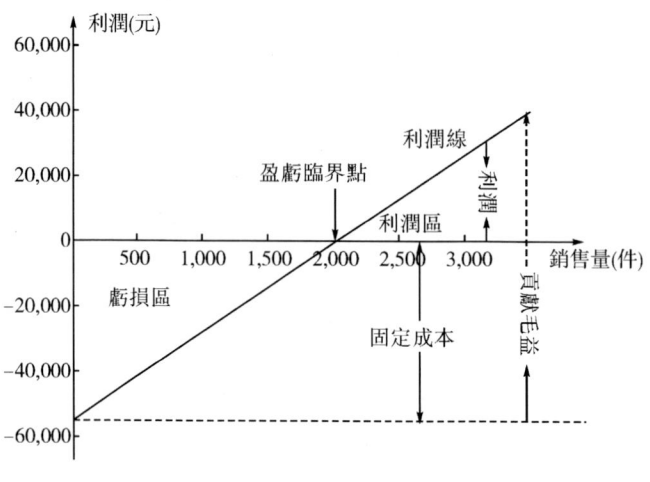

圖 2-17　利量式盈虧臨界圖

利量式盈虧臨界圖是最簡單的一種盈利臨界圖，更加容易被企業管理人員理解和接受。從圖 2-17 可以直接觀察發現以下規律：當銷售量為零時，企業的虧損就等於固定成本；而隨著銷售量的增長，虧損逐漸減少直至盈利。此外，利量式盈利臨界圖將固定成本置於橫軸之下，能更加清晰地表示固定成本在盈虧中的特殊作用。

（4）單位式。一般的盈虧臨界圖都是描述銷售總量、總成本和總利潤三者之間的關係，但是單位式盈虧臨界圖卻是將單價、單位變動成本和單位產品利潤三者之間的相互關係以及三者與銷售總量之間的關係借助直角坐標系方式來加以描述。

依然用【例 2-42】的數據，繪製的單位式盈虧臨界點如圖 2-18 所示。

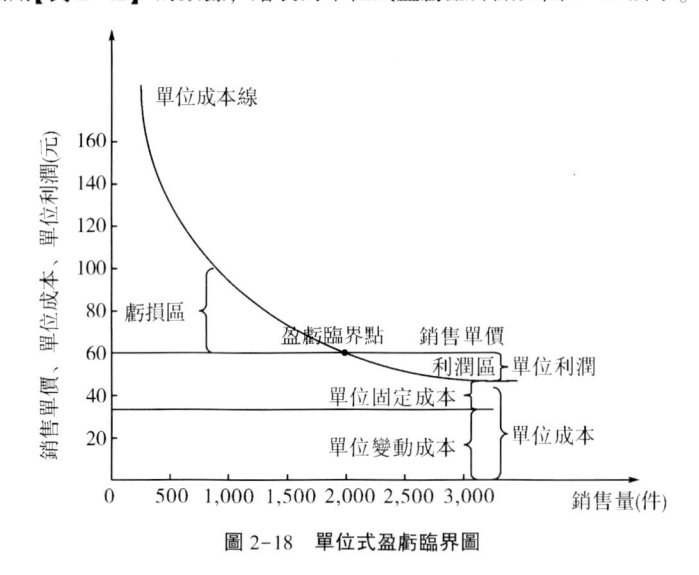

圖 2-18　單位式盈虧臨界圖

從圖 2-18 可以看出，單位式盈虧臨界圖和一般的盈虧臨界圖相比，具有以下特點：

第一，單位變動成本「固定」化，單位變動成本線是一條直線；單位固定成本線「變動」化，單位固定成本線成了一條曲線。當然，單位產品成本線（包括單位變動成本線和單位固定成本線）就成了一條曲線。

第二，當銷售量越來越小時，企業的虧損就越來越趨向固定成本線，而當銷售量越來越大時，由於單位產品承擔的單位固定成本越來越小，因此單位成本也就越來越接近單位變動成本，單位產品利潤則越來越接近單位貢獻毛益。

第三，單價與單位成本線的交點即盈虧臨界點，是這一點對應的銷售量下，全部的銷售收入剛好抵銷了全部的成本。

單位式盈虧臨界圖的作用是比較特殊的。盈虧臨界點分析是假設產銷均衡，即只是考慮銷售量的情況下討論問題。如此一來，固定成本和變動成本在分析中的作用和地位就產生了變化，單位變動成本就成了「固定量」，而單位固定成本就成了「變動量」。其實，從某種意義來講，變動成本法雖然冠以「變動」二字，但是研究的卻是固定成本。單位式盈虧臨界圖揭示的就是固定成本的這一特徵。

3. 有關因素對盈虧臨界點的影響

從盈虧臨界點的計算模型可以看到，產品的銷售價格、固定成本、變動成本以及品種結構等因素的變動都對盈虧臨界點產生影響。因此，企業如果能事先瞭解有關因素對盈虧臨界點的影響，就能及時採取措施降低盈虧臨界點，以此避免虧損或減少虧損。

（1）固定成本變動對盈虧臨界點的影響。雖然固定成本不隨業務量的變動而變動，但是企業的生產經營能力的變動和管理層的決策都將會導致固定成本的升降，尤其是酌量性固定成本。

如在前面傳統式盈虧臨界點中，盈虧臨界點為收入線和總成本線的交點，而固定成本則是總成本線的起點，在單位變動成本（即總成本線的斜率）不變的情況下，固定成本線的高低就直接決定了總成本線，因此固定成本的變化自然就對盈虧臨界點有所影響。

【例2-43】華太公司生產和銷售單一產品，產品的售價為60元，單位變動成本為40元，全年固定成本為60,000元，則盈虧臨界點的銷售量計算如下：

盈虧臨界點銷售量＝60,000／（60-40）＝3,000（件）

假設其他條件不變，只是固定成本由原來的60,000元下降到50,000元，則：

盈虧臨界點銷售量＝50,000／（60-40）＝2,500（件）

可見，固定成本的下降導致盈虧臨界點的臨界值下降。上述的變化如圖2-19所示。

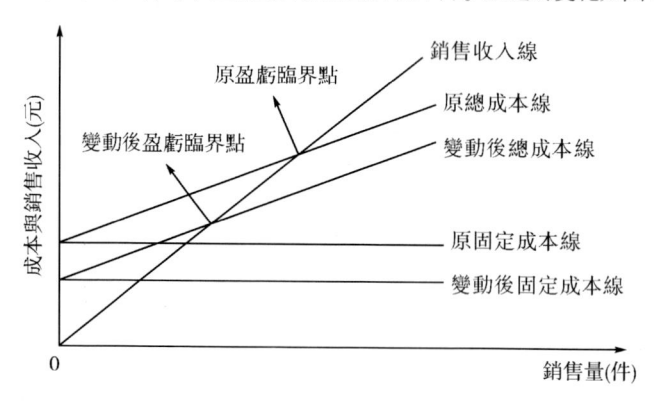

圖2-19　固定成本變動的盈虧臨界圖

如圖2-19所示，固定成本的下降導致總成本線的下移和盈虧臨界點的左移，虧損區域變小而盈利區域擴大。

（2）單位變動成本變動對盈虧臨界點的影響。單位變動成本的變動將影響變動成本總額，進而影響總成本。

【例2-44】如果【例2-43】的其他條件不變，只是單位變動成本由原來的40元下降到了35元，則盈虧臨界點的銷售量由原來的3,000件變為：

盈虧臨界點銷售量＝60,000／（60-35）＝2,400（件）

可見，單位變動成本的下降導致盈虧臨界點的臨界值下降。上述變化如圖2-20所示。

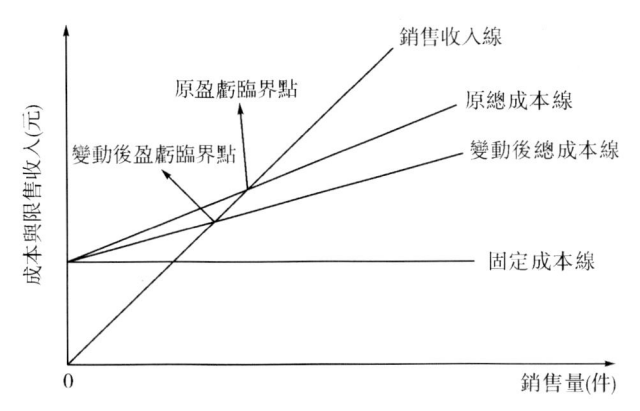

图 2-20　变动成本变动的盈亏临界图

如图 2-20 所示，单位变动成本的下降导致总成本线的斜率下降，引起盈亏临界点下降，亏损区域变小而盈利区域扩大。

（3）销售单价变动对盈亏临界点的影响。在盈亏临界图上，销售单价的变动对盈亏临界点的影响是最为明显和直接的。基于一定的成本水准，单价越高，表现为销售总收入线的斜率越大，盈亏临界点就越低。这样，同样的销售量实现的利润就越多或亏损就越少。

【例 2-45】 如果【例 2-43】的其他条件不变，而销售单价由原来的 60 元提高到 70 元。

盈亏临界点销售量 = 60,000/（70-40）= 2,000（件）

可见，销售单价提高了导致盈亏临界点的临界值下降。上述变化如图 2-21 所示。

图 2-21　销售单价变动的盈亏临界图

如图 2-21 所示，销售单价提高了导致总收入线的斜率变大，从而导致盈亏临界点左移，亏损区域变小而盈利区域扩大。

对于相关因素变动对盈亏临界点的影响，有以下两点需要指出：

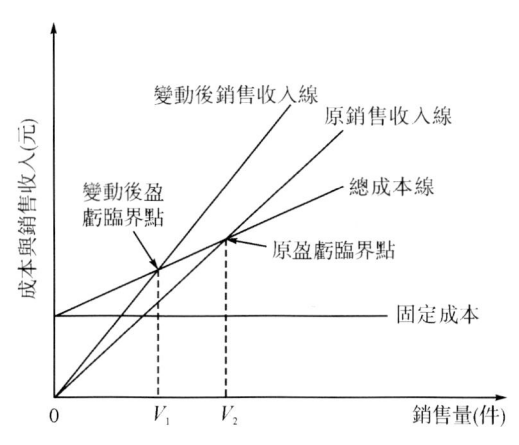

第一，在該問題的論述中，為了簡化說明和突出一致性，所舉例子中的因素變化均為積極性變動，即導致盈虧臨界點降低。如果是消極的影響，道理一樣，只是盈虧臨界點上升或在圖示法中向右移動。

第二，在進行盈虧臨界點分析時，都是假定了產銷平衡，而事實上產銷經常不平衡。盈虧臨界點分析是作為變動成本法思想自然發展而來的分析方法，當然也會受到產銷不平衡的影響，這種影響集中體現在對固定性製造費用的處理上。

(二) 目標利潤分析

1. 目標利潤分析的概念

盈虧臨界點分析以企業不盈不虧為前提條件，但是企業應以盈利為目標，而且要盡可能地超越盈虧臨界點實現盈利，否則企業就無法發展，甚至影響未來的生存。因此，只有在考慮了盈利存在的條件下才能充分揭示成本、業務量和利潤之間的正常關係。所謂目標利潤分析，就是在確保企業目標利潤實現的正常條件下，充分揭示成本、業務量和利潤之間的關係。目標利潤分析可以確定為了實現目標利潤而應達到的目標銷售量和目標銷售額，從而以銷定產，確定目標生產量、目標生產成本以及目標資金需要量等，為企業實施目標控制奠定了基礎，從而為企業短期經營明確方向。

2. 目標利潤點的概念

目標利潤點是指在單價和成本水準不變的情況下，為了確保預先確定的目標利潤或稅後利潤能夠實現，而應達到的銷售量和銷售額的統稱。因此，目標利潤點也稱為實現目標利潤的業務量和銷售額，具體包括目標利潤量和目標利潤額兩項指標。

為了方便分析和預測，需要建立實現目標利潤的有關模型，可以從稅前目標利潤和稅後目標利潤兩個角度進行分析。

(1) 實現稅前目標利潤的模型。在變動成本法下，實現目標利潤的計算可用以下公式表示：

$$P_t = x_t p - x_t b - F = (p-b)x_t - F = CM_t - F \qquad (式2\text{-}47)$$

式 2-47 中，P_t 表示稅前目標利潤，x_t 表示實現稅前目標利潤的銷售量，p 表示銷售單價，b 表示單位變動成本，CM_t 表示實現目標利潤的貢獻毛益總額，F 表示固定成本。

$$x_t = \frac{P_t + F}{p-b} = \frac{P_t + F}{PCM} \qquad (式2\text{-}48)$$

$$S_t = x_t \times p = \frac{P_t + F}{PCM} \times p = \frac{P_t + F}{CMR} \qquad (式2\text{-}49)$$

式 2-49 中，P_t 表示稅前目標利潤，x_t 表示實現稅前目標利潤的銷售量，p 表示銷售單價，b 表示單位變動成本，PCM 表示單位貢獻毛益，CMR 表示貢獻毛益率，F 表示固定成本；S_t 表示實現稅前目標利潤的銷售收入。

【例2-46】假設華太公司生產和銷售單一產品，產品單價為 500 元，單位變動成本為 250 元，固定成本為 500,000 元，目標利潤設定為 400,000 元。

要求：(1) 計算實現目標利潤的銷售量。
(2) 計算實現目標利潤的銷售額。

（1）目標利潤銷售量 =（400,000+500,000）/（500-250）= 3,600（件）
（2）貢獻毛益率 =（500-250）/500 = 50%
目標利潤銷售額 = 3,600×500 =（400,000+500,000）/50% = 1,800,000（元）

（2）實現稅後目標利潤的模型。因為稅前利潤和稅後利潤只是相差了所得稅費用，兩者之間關係可以表示為 $P'_t = P_t \times (1-T)$，則有：

$$P_t = \frac{P'_t}{1-T} \qquad (式 2\text{-}50)$$

式 2-50 中，P_t 表示稅前利潤，P'_t 表示稅後利潤，T 表示所得稅稅率。
因此，實現稅後目標利潤的銷售量的計算可以表示為：

$$x'_t = \frac{P'_t/(1-T) + F}{PCM} \qquad (式 2\text{-}51)$$

式 2-51 中，x'_t 表示為了實現稅後利潤的銷售量，P'_t 表示稅後利潤，T 表示所得稅稅率，F 表示固定成本，PCM 表示單位貢獻毛益。

$$S'_t = x'_t \times p = \frac{P'_t/(1-T) + F}{PCM} \times p = \frac{P'_t/(1-T) + F}{CMR} \qquad (式 2\text{-}52)$$

式 2-52 中，S'_t 表示為了實現稅後利潤的銷售收入，x'_t 表示為了實現稅後利潤的銷售量，P'_t 表示稅後利潤，T 表示所得稅稅率，F 表示固定成本，p 表示銷售單價，PCM 表示單位貢獻毛益，CMR 表示貢獻毛益率。

【例2-47】假設【例2-46】中其他條件不變，稅後利潤為 37,500 元，所得稅稅率為 25%。

$$實現目標利潤銷售量 = \frac{37,500/(1-25\%) + 500,000}{250} = 2,200(件)$$

$$實現目標利潤銷售額 = \frac{37,500/(1-25\%) + 500,000}{50\%} = 1,100,000(元)$$

3. 相關因素的變動對實現目標利潤的影響

實現目標利潤的模型就是盈虧臨界點模型的拓展和延伸，導致盈虧臨界點變化的各個因素都可能對實現目標利潤產生影響。

（1）固定成本變動對實現目標利潤的影響。從（式 2-47）可知，在其他條件不變的情況下，固定成本和目標利潤之間是彼消此長的關係。固定成本降低，則目標利潤增大或使實現目標利潤的銷售量下降。

【例2-48】華太公司生產和銷售單一產品，計劃年度內預計銷售產品 360 件，全年固定成本預計 5,000 元。該產品單價為 50 元，單位變動成本為 25 元。計劃年度內的目標利潤為：

目標利潤 = 360×(50-25)-5,000 = 4,000（元）

或者說，為了實現 4,000 元的目標利潤的銷售量為：

實現目標利潤的銷售量 =（4,000+5,000）/（50-25）= 360（件）

假設固定成本降為 4,000 元，則計劃年度內實現的利潤為：

實現的利潤 = 360×(50-25)-4,000 = 5,000（元）

或者說，為了實現 4,000 元目標利潤的銷售量為：

實現目標利潤的銷售量=(4,000+4,000)/(50-25)=320（件）

可見，固定成本下降了1,000元，則目標利潤（4,000元）不僅可以實現，還能超過目標利潤1,000元。或者說，為了實現目標利潤（4,000元），銷售量下降了40件。

（2）單位變動成本變動對實現目標利潤的影響。從（式2-47）可知，在其他條件不變的情況下，單位變動成本變動將會影響單位貢獻毛益或貢獻毛益率，從而影響目標利潤或影響實現目標利潤的銷售量。

【例2-49】假設【例2-48】的其他條件不變，只是單位變動成本由原來的25元降為了20元，則計劃年度內實現的利潤為：

實現的利潤=360×(50-20)-5,000=5,800（元）

或者說，為了實現目標利潤（4,000元）的銷售量為：

實現目標利潤的銷售量=(4,000+5,000)/(50-20)=300（件）

可見，單位變動成本下降了5元，則目標利潤（4,000元）不僅可以實現，還能超過目標利潤1,800元。或者說，為了實現目標利潤（4,000元），銷售量下降了60件。

（3）單位售價變動對實現目標利潤的影響。從（式2-47）可知，在其他條件不變的情況下，單位售價變動將會影響單位貢獻毛益或貢獻毛益率，並且單位售價的變動對盈虧臨界點的影響最為直接。

【例2-50】假設【例2-48】的其他條件不變，只是單位售價由原來的50元下降到45元，則計劃年度內實現的利潤為：

實現的利潤=360×(45-25)-5,000=2,200（元）

或者說，為了實現目標利潤（4,000元）的銷售量為：

實現目標利潤的銷售量=(4,000+5,000)/(45-25)=450（件）

可見，單位售價下降了5元，則利潤下降了1,800元。或者說，如果銷售量可以超過原來的360件而達到450件，則目標利潤（4,000元）可以實現，否則將無法實現。

（4）多因素變動對實現目標利潤的影響。在實際經濟生活中，除了所得稅稅率這一因素外，以上因素之間是有一定關聯性的，只是有些關聯性較強，有些關聯性較弱。例如，為了增加產量，企業往往需要增加設備，這將使固定成本增加；為了產品能夠順利銷售，企業可能會增加廣告費這一固定成本。同時，企業為了達到某一目標利潤，往往採取綜合措施而不是單純變動某單一因素，這就需要企業反覆進行衡量和預測。

【例2-51】華太公司生產和銷售單一產品，2018年的有關數據如下：銷售產品300件，產品單價50元，單位變動成本25元，固定成本5,000元，則當年實現的利潤為2,500元。企業下一年的目標利潤定為4,000元。

如其他條件不變的情況下，實現目標利潤的銷售量為：

實現目標利潤的銷售量=(4,000+5,000)/(50-25)=360（件）

如果計劃年度內各要素的變化較為複雜，則假設計劃年度企業採取了以下措施實現目標利潤。

第一步，經過生產部門研究，確認雖然企業有增產的潛力，但是生產能力最高也只能達到 350 件。同時，銷售部門也提出，為了能夠順利地把 350 件產品銷售出去，需要把價格至少降低 4%。在上述條件下，計劃年度內可實現的利潤為：

計劃年度的利潤 = 350×[50×(1-4%)-25]-5,000 = 3,050（元）

可見，目前離目標利潤仍有 950 元的差距，但是當年利潤還是可以增加 550 元，方案可取。

第二步，在分析完產銷量和銷售單價變動的影響後，可實現目標利潤與目標利潤仍有 950 元的差距，此時企業應該考慮成本方面是否有挖掘的潛力。這裡首先考慮單位變動成本。在上述產銷量和單價已經確定的條件下，能實現目標利潤的單位變動成本計算如下：

由 $P = xp - xb - F = x(p-b)F = CM - F$，可得：

$b = [50×(1-4\%)×350-5,000-4,000]/350 = 22.29$（元/件）

也就是說，如果單位變動成本可以由 25 元降低到 22.29 元，則目標利潤（4,000 元）可以實現。如果經生產部門研究，企業可以從直接材料、直接人工和其他成本等途徑達到單位變動成本降低的目標，則實現目標利潤的分析到此為止。否則，還需要在降低固定成本方面進行繼續研究。

第三步，假定生產部門經過分析，認為單位變動成本最低只能降到 23 元。那麼企業只能想辦法降低固定成本。在上述產銷量、單價和單位變動成本已經確定的條件下，能實現目標利潤的固定成本計算如下：

由 $P = xp - xb - F = x(p-b)F = CM - F$，可得：

$F = 50×(1-4\%)×350-23×350-4,000 = 4,750$（元）

可見，如企業能夠把固定成本壓縮 250 元，則目標利潤依然可以實現。

需要特別說明的是，以上分析的順序並不是唯一的，也不是唯一視角。企業應結合自身的實際情況，從對實現目標利潤影響較大的因素開始，以從大到小的順序分析，而且這一分析往往需要反覆進行。例如，【例 2-51】中如果企業的固定成本無法壓縮到 4,750 元，就需要再回頭尋找增收節支的辦法並且再次推算。

(三) 安全邊際分析

1. 盈虧臨界點作業率指標

這一指標是盈虧臨界點的另一種表達形式，也稱為保本作業率，它是盈虧臨界點的銷售量占正常銷售量的比率。正常銷售量是指在正常市場環境和企業正常開工情況下產品的銷售數量，可以是現有銷售量或預計銷售量。其公式如下：

$$BEPR = \frac{x_0}{x} \times 100\% \qquad (式 2-53)$$

式 2-53 中，$BEPR$ 表示盈虧臨界點作業率，x_0 表示盈虧臨界點銷售量，x 表示正常銷售量或預計銷售量。

盈虧臨界點作業率反應企業要獲得利潤，其作業率必須達到百分之幾以上，該指標對於企業安排生產具有重要意義。該指標是一個反向指標，指標越小越好，越小說明經營安全程度越高。

由於企業通常按照正常的銷售量來安排產品的生產，在合理庫存的條件下，產

品產量與正常的銷售量應該是大體相同的。因此，盈虧臨界點作業率還可以表明企業在盈虧臨界狀態下生產能力的利用程度。

【例 2-52】 華太公司盈虧臨界點為 3,000 件，預計正常銷售量為 4,000 件，銷售單價為 50 元。

盈虧臨界點作業率 = 3,000/4,000×100% = 75%

或者盈虧臨界點作業率 = (3,000×10)/(4,000×10)×100% = 75%

這說明企業的作業率達到 75% 以上才能盈利。

2. 安全邊際指標

安全邊際是指正常銷售量或現有銷售量超過盈虧臨界點銷售量的差額。這一差額表明企業銷售量在超過了盈虧臨界點的銷售量之後，到底有多大的盈利空間。或者說，現有的銷售量降到多少，就會出現虧損。安全邊際可以通過實際或預計銷售量與盈虧臨界點銷售量的差量表示，或者通過實際或預計銷售額與盈虧臨界點銷售額的差額表示。公式表示如下：

$$MS = x - x_0 \quad\quad (式 2\text{-}54)$$

$$MS = S - S_0 \quad\quad (式 2\text{-}55)$$

式 2-55 中，MS 表示安全邊際，x_0 表示盈虧臨界點銷售量，x 表示正常銷售量或預計銷售量，S 表示正常銷售額，S_0 表示盈虧臨界點銷售額。

盈虧臨界點狀態只是意味著該點的銷售量下的貢獻毛益剛好全部被固定成本所抵銷，只有銷售量超過盈虧臨界點銷售量，超出的部分（即安全邊際）提供的貢獻毛益才能真正形成企業的利潤。

安全邊際除了可以用現有銷售與盈虧臨界點的差額度量外，還可以用相對數度量，即安全邊際率度量。

$$MSR = \frac{x - x_0}{x} \times 100\% \quad\quad (式 2\text{-}56)$$

$$MSR = \frac{S - S_0}{S} \times 100\% \quad\quad (式 2\text{-}57)$$

由基本概念可知：

$$BEPR + MSR = 1 \quad\quad (式 2\text{-}58)$$

式 2-58 中，$BEPR$ 表示盈虧臨界點作業率，MSR 表示安全邊際率。

【例 2-53】 根據【例 2-52】，則：

安全邊際量 = 4,000 - 3,000 = 1,000（件）

安全邊際率 = 1,000/4,000×100% = 25%

或者安全邊際率 = (1,000×50)/(4,000×50)×100% = 25%

計算結果表明，銷售量減少超過 25%，企業將面臨虧損。

結合【例 2-52】和【例 2-53】可以驗證「$BEPR + MSR = 1$」的關係成立。

安全邊際和安全邊際率都是正指標，即越大越好。按照國際慣例，安全邊際率與經營安全性的關係如表 2-11 所示。

表 2-11　　　　　　　　安全邊際率與經營安全性的關係表

邊際率	10%<	10%~20%	20%~30%	30%~40%	>40%
安全度	非常危險	危險	值得注意	安全	非常安全

【例2-53】的計算結果為25%，因此從經營角度講是值得注意的。

（四）敏感性分析

敏感性分析是一種應用廣泛的分析方法，這一方法研究的是當一個系統的周圍條件發生變化時，導致這個系統的狀態發生了怎樣的變化，是變化大（敏感）還是變化小（不敏感）。它要回答的是：在求得某一模型的最滿意（可行）解後，模型中的一個或幾個參數運行發生多大的變化，仍能使原來求得的最滿意（可行）解不變；或者當某個參數的變化已經超出允許範圍時，原來的最優解已經不是最滿意（可行）解時，又如何用最簡單的方法，重新求得最滿意（可行）解。

在本-量-利關係中，進行敏感性分析的主要目的有二：一是研究與提供能夠引起目標發生質變，也就是由盈利轉為虧損時各因素變化的界限；二是各個因素的變化對利潤變化影響的敏感程度。

這種對確定性模型的敏感性分析的主要優點是可以比較簡單和經濟地提供一種直接的財務測度，用於判斷可能發生的預測誤差的後果有多大以及哪些是最敏感的因素等，便於管理決策者能據以做出相應的決策。

1. 有關因素臨界值的確定

銷售量、單價、單位變動成本和固定成本的變化都會對利潤產生影響。當這種影響是消極的且達到一定程度時，就會使企業的利潤為零而進入盈虧臨界狀態。如果這種變化超出上述程度，企業就轉入了虧損狀態，發生了質的變化。敏感性分析的目的就是確定能引起這種質變的各因素變化的臨界值。簡單來說，就是求達到盈虧臨界點的銷售量和單價的最小允許值以及單位變動成本和固定成本的最大允許值。因此，該種方法也叫做最大最小法。

由實現目標利潤的模型 $P = xp - xb - F = x(p-b)F = CM - F$，可以推導出當 P 等於零時求最大值、最小值的有關公式如下：

$$p = \frac{F}{x} + b \quad\quad\quad （式2-59）$$

$$b = p - \frac{F}{x} \quad\quad\quad （式2-60）$$

$$x = \frac{E}{p-b} \quad\quad\quad （式2-61）$$

$$F = x\ (p-b) \quad\quad\quad （式2-62）$$

式2-62中，x 表示銷售量，F 表示固定成本，p 表示銷售單價，b 表示單位變動成本。

【例2-54】假設華太公司生產和銷售單一產品，計劃年度內預計有關數據如下：銷售量50,000件，單價50元，單位變動成本20元，固定成本600,000元。目標利潤計算如下：

$P = 50,000 \times (50-20) - 600,000 = 900,000$（元）

(1) 銷售量的臨界值（最小值）。

$x = 600,000/(50-20) = 20,000$（件）

從計算結果可知，產品銷售的最小允許值（即盈虧臨界點銷售量）為 20,000 件，低於 20,000 件則會發生虧損；或者說，實際銷售量只要達到計劃年度預計銷售量的 40%，企業就可以盈虧平衡。

(2) 單價的臨界值（最小值）。

$p = 600,000/50,000 + 20 = 32$（元）

從計算結果可知，產品單價不能低於 32 元，或者說單價降低的幅度不能超過 36%［即$(50-32)/50$］，否則便會發生虧損。

(3) 單位變動成本的臨界值（最大值）。

$b = 50 - 600,000/50,000 = 38$（元）

這意味著，當單位變動成本由 20 元增加到 38 元時，企業的利潤將由 900,000 元降到零。38 元是企業所能承受的單位變動成本的最大值，此時其變動率為 90%［即$(38-20)/20$］。

(4) 固定成本的臨界值（最大值）。

$F = 50,000 \times (50-20) = 1,500,000$（元）

固定成本的臨界值也就是原來固定成本和目標利潤的和，此時固定成本增加了 150%［即$(1,500,000-600,000)/600,000$］。

2. 有關因素變動對利潤變動的影響程度

銷售量、單價、變動成本、固定成本這些因素的變化，都會引起利潤的變化，但是它們的敏感程度不同。有些因素只要有較小的變動就會引起利潤的較大變化，這些因素被稱為強敏感因素；有些因素雖然有較大變化，但是對利潤的影響卻是不大，這些因素被稱為弱敏感因素。

測定敏感程度的指標稱為敏感係數，其公式如下：

$$SAF = \frac{\Delta A/A}{\Delta F/F} \quad\quad\quad (式2\text{-}63)$$

式 2-63 中，SAF 表示敏感係數，$\Delta A/A$ 表示目標值變動百分比，$\Delta F/F$ 表示因素值變動百分比。

式 2-63 中，敏感係數若為正數，表明它和利潤為同向增減關係；敏感係數若為負數，表明它與利潤呈反向增減關係。在進行敏感性分析時，敏感係數是正值還是負值無關緊要，關鍵是數值的大小，數值越大則敏感程度越高。

確定敏感係數的目的是使管理決策者清楚地知道在影響利潤的諸多要素中，其敏感程度的輕重，以便分清主次，及時採取必要的調整措施，確保目標利潤的完成。

【例 2-55】假設【例 2-54】中的銷售量、單價、單位變動成本和固定成本均分別增長 20%，計算各因素的敏感係數如下：

(1) 銷售量的敏感係數。

銷售量增長 20%，則有：$x = 50,000 \times (1+20\%) = 60,000$（件）

$P = 60,000 \times (50-20) - 600,000 = 1,200,000$（元）

利潤變化百分比＝(1,200,000－900,000)/900,000×100％＝33.33％
銷售量的敏感系數＝33.33％/20％＝1.67
（2）單價的敏感系數。
單價增長20％，則有：$p=50×(1+20％)=60$（元）
$P=50,000×(60-20)-600,000=1,400,000$（元）
利潤變化百分比＝(1,400,000－900,000)/900,000×100％＝55.56％
銷售量的敏感系數＝55.56％/20％＝2.78
（3）單位變動成本的敏感系數。
單位變動成本增長了20％，則有：$b=20×(1+20％)=24$（元）
$P=50,000×(50-24)-600,000=700,000$（元）
利潤變化百分比＝(700,000－900,000)/900,000×100％＝－22.22％
銷售量的敏感系數＝－22.22％/20％＝－1.11
（4）固定成本的敏感系數。
固定成本增長了20％，則有：$F=600,000×(1+20％)=720,000$（元）
$P=50,000×(50-20)-720,000=780,000$（元）
利潤變化百分比＝(780,000－900,000)/900,000×100％＝－13.33％
銷售量的敏感系數＝－13.33％/20％＝－0.67

從上面的計算可以看出，在影響利潤的諸多因素中，最敏感的是單價（敏感系數為2.78），其次是銷售量（敏感系數為1.67），再次是單位變動成本（敏感系數為－1.11），最後是固定成本（敏感系數為－0.67）。從敏感系數的排序可以知道，單價和銷售量是管理決策者要重點抓住的兩個環節，當然也不可以忽略單位變動成本和固定成本的影響。

當然，在分析決策中也不能拘泥於敏感系數的高低，而忽略了銷售量對利潤的重大影響。本－量－利基本模型主要研究的就是利潤和銷售量之間的關係。在銷路看好、生產又有保證的情況下，銷售可以大幅增加，但是單價的增幅卻可能很小甚至為零。尤其在市場供大於求、銷路欠缺、銷售量大幅度下降時，企業寧可降低單價，薄利多銷，打開銷路。

需要說明的是，上述各因素敏感程度的排序是在【例2-55】設定的條件下的基礎上得到的，如果條件發生了變化，則各個因素的敏感系數之間的排列順序也可能發生變化。

關於敏感性分析還需要說明以下兩個問題：

（1）敏感性分析中的臨界值問題和敏感系數問題，實際上是一個問題的兩個方面。某一因素達到臨界值的允許或容忍的程度越高，則利潤對這項因素就越不敏感；反之，容忍的程度越低，則表明利潤對該因素就越敏感。

（2）關於營業槓桿（經營槓桿）。營業槓桿指銷售量的敏感系數，它的意思是銷售量的一個較小的變動可以導致利潤的較大變動，其原理就是固定成本在實現利潤過程中的特殊作用。

三、多種產品的本量利分析

(一) 多品種產品盈虧臨界點的確定

現實生活中，大多數企業都是生產多種產品。在這種情況下，確定其盈虧臨界點就可以採用綜合貢獻毛益率法、聯合成本法、分算法、順序法、主要品種法等，但是由於後四種方法只有在一定條件下才能使用，因此只介紹綜合貢獻毛益率法。需要說明的是，多品種條件下，雖然也可以按照具體品種計算各自的盈虧臨界量，但是由於不同產品的銷售量不能相加，因此往往只能確定它們的盈虧臨界額，或者根據品種結構確定各自的盈虧臨界量，不能確定總盈虧臨界量。

綜合貢獻毛益率法又稱為加權貢獻毛益率法，將每種產品本身的貢獻毛益率按該產品銷售收入占全部銷售收入的比重進行加權平均，求得綜合貢獻毛益率。

綜合貢獻毛益率法的基本步驟如下：

(1) 計算各產品的貢獻毛益率。
(2) 計算各產品的銷售比重。
(3) 計算綜合貢獻毛益率＝Σ（產品貢獻毛益率×占總銷售收入的比重）。
(4) 計算綜合盈虧臨界銷售額＝固定成本／綜合貢獻毛益率。
(5) 計算各產品的盈虧臨界點銷售額＝綜合盈虧臨界銷售額×產品銷售比重。
(6) 計算某產品的盈虧臨界點銷售量＝各產品的盈虧臨界點銷售額／銷售單價。

【例2-56】華太公司採用綜合貢獻毛益率法進行本量利分析，本期計劃生產甲、乙、丙三種產品，企業固定成本為 172,000 元，其他資料如表 2-12 所示。

表 2-12　　　　　甲、乙、丙三種產品有關資料

產品 項目	甲產品	乙產品	丙產品
產銷量（件）	5,000	10,000	12,500
單價（元）	40	10	16
單位變動成本（元）	25	6	8

要求：運用綜合貢獻毛益率法計算各種產品的盈虧臨界點銷售額、盈虧臨界點銷售量。

(1) 計算各產品的貢獻毛益率。

甲產品貢獻毛益率＝(40−25)/40×100%＝37.5%
乙產品貢獻毛益率＝(10−6)/10×100%＝40%
丙產品貢獻毛益率＝(16−8)/16×100%＝50%

(2) 計算各產品的銷售比重。

銷售總額＝5,000×40+10,000×10+12,500×16＝500,000（元）
甲產品銷售比重＝5,000×40/500,000×100%＝40%
乙產品銷售比重＝10,000×10/500,000×100%＝20%
丙產品銷售比重＝12,500×16/500,000×100%＝40%

（3）計算綜合貢獻毛益率。
綜合貢獻毛益率＝37.5%×40%＋40%×20%＋50%×40%＝43%
（4）計算綜合盈虧臨界點銷售額。
綜合盈虧臨界點銷售額＝172,000/43%＝400,000（元）
（5）計算各產品的盈虧臨界點銷售額。
甲產品盈虧臨界點銷售額＝400,000×40%＝160,000（元）
乙產品盈虧臨界點銷售額＝400,000×20%＝80,000（元）
丙產品盈虧臨界點銷售額＝400,000×40%＝160,000（元）
（6）計算各產品的盈虧臨界點銷售量。
甲產品盈虧臨界點銷售量＝160,000/40×100%＝4,000（件）
乙產品盈虧臨界點銷售量＝80,000/10×100%＝8,000（件）
丙產品盈虧臨界點銷售量＝160,000/16×100%＝10,000（件）
（二）多種產品的盈虧臨界圖
利量式盈虧臨界圖除了可以用於單一產品的盈虧臨界點分析，還可以用於多產品條件下的盈虧臨界點分析，這是利量式盈虧臨界圖的又一優點。

【例 2-57】華太公司的年固定成本為 500,000 元，生產 A、B、C 三種產品，有關資料如表 2-13 所示。

表 2-13　　　　　　　A、B、C 三種產品的有關資料　　　　　　　單位：元

產品＼項目	銷售量	單價	單位變動成本	單位貢獻毛益
A	20,000	50	20	30
B	10,000	50	30	20
C	10,000	50	40	10

根據表 2-13 繪製圖 2-22，具體步驟如下：
第一步，以橫軸表示多品種的組合銷售收入，以縱軸表示利潤。
第二步，先假定企業只是銷售產品 A，銷售收入 1,000,000 元，貢獻毛益為 600,000 元（補償固定成本 500,000 元後還有盈利 100,000 元）。據此，可確定利潤點 P_1，並連接縱軸上的固定成本點與 P_1 即可畫出產品 A 的利潤線。
第三步，假設企業又銷售產品 B（即同時銷售 A 產品和 B 產品），累計銷售收入為 1,500,000 元，累計貢獻毛益為 800,000 元，同理可確定利潤點 P_2，連接 P_1 和 P_2 兩點，可畫出產品 B 的利潤線。
第四步，企業銷售產品 C，累計銷售收入為 2,000,000 元，累計貢獻毛益為 900,000 元，可確定利潤點 P_3，連接 P_2 和 P_3，可畫出產品 C 的利潤線。
第五步，以縱軸上的固定成本點為起點，以 P_3（累計貢獻毛益額與累計銷售收入的坐標點）為終點，畫出一條直線即是企業的總利潤線。企業總利潤線與損益平行線的交點就是盈虧臨界點。

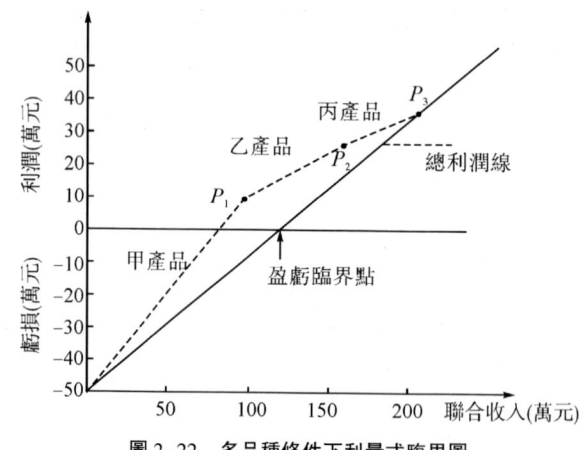

```
   利潤(萬元)
     50
     40                              丙產品   P₃
     30              乙產品
     20                        P₂         總利潤線
     10       P₁
      0 ┼────●───────────────────────────────
    -10      甲產品      ↑
    -20              盈虧臨界點
    -30
    -40
    -50
         50    100   150   200    聯合收入(萬元)
   虧損(萬元)
```

圖 2-22　多品種條件下利量式臨界圖

從圖 2-22 可以看出，其基本的繪圖方法與單一產品情況下的利量式盈虧臨界圖大致上一樣，不同的是需要將各種產品的貢獻毛益額按照預定次序逐步累計，逐步計算固定成本的補償和利潤的形成，並在圖中按照不同產品的不同貢獻毛益依次繪製出不同的線段。

需要注意的是，利潤線是唯一的，與繪圖時各產品的先後順序沒有關係，其斜率反應的是企業加權貢獻毛益率。在圖中，各段虛線則反應各種產品不同的貢獻毛益率，其斜率各不相同，表明各種產品的盈利能力不同。

(三) 產品品種構成變動對盈虧臨界點的影響

如果企業生產和銷售多種產品，一般來說各種產品的獲利能力不會完全相同，有時差異比較大，因此當產品品種構成發生變化時，盈虧臨界點的臨界值肯定發生變化。在假設與盈虧臨界點計算有關的其他條件不變的情況下，盈虧臨界點變動的幅度大小取決於以各種產品的銷售收入比例為權數的加權平均貢獻毛益率的變化情況。

【例 2-58】假設企業的固定成本總額為 6,200 元，該企業生產和銷售 A、B、C 三種產品（假設三種產品的產銷完全一致），有關資料如表 2-14 所示。

表 2-14　　　　　　　　A、B、C 產品的基本資料

產品 項目	A	B	C
產銷量（件）	5,600	4,200	2,800
單位價格（元）	25	20	20
單位變動成本（元）	20	14	8

根據表 2-14 中的數據資料計算的 A、B、C 三種產品的品種構成及各自的貢獻毛益率如表 2-15 所示。

表 2-15　　　　　　　　A、B、C 產品貢獻毛益率的計算表

項目 產品	銷售量 （件）	單價 （元）	單位變動 成本(元)	銷售收入 （元）	各產品收入占總 收入的比例(％)	貢獻毛益 （元）	貢獻毛益 率(％)
A	5,600	25	20	140,000	50	28,000	20
B	4,200	20	14	84,000	30	252,000	30
C	2,800	20	8	56,000	20	33,600	60
合計				280,000	100	86,800	

以各種產品的銷售收入占總收入的比例（即產品的品種構成）為權數，計算該企業產品的綜合貢獻毛益率如下：

綜合貢獻毛益率＝50％×20％＋30％×30％＋20％×60％＝31％

盈虧臨界點銷售額＝固定成本/綜合貢獻毛益率＝6,200/31％＝20,000（元）

也就是說，當品種構成既定的條件下，當銷售額處於 20,000 元時，企業處於不盈不虧的狀態。

A 產品的銷售量＝20,000×50％÷25＝400（件）
B 產品的銷售量＝20,000×30％÷20＝300（件）
C 產品的銷售量＝20,000×20％÷20＝200（件）

假設產品的品種構成由原來的 50∶30∶20 改為 40∶30∶30，則綜合貢獻毛益率變為 35％（40％×20％＋30％×30％＋30％×60％）。

盈虧臨界點的銷售額＝6,200/35％＝17,714.29（元）

可見，盈虧臨界點的銷售額由 20,000 元下降到 17,714.29 元的原因是提高了貢獻毛益率較高的 C 產品，降低了貢獻毛益率較低的 A 產品。

第三章
融資管理會計

第一節　融資管理會計概述

一、融資管理會計的概念

融資管理是指企業為實現既定的戰略目標，在風險匹配的原則下，對通過一定的融資方式和渠道籌集資金進行的管理活動。融資管理活動是企業資金流轉運動的起點，融資管理要求解決企業為什麼要融資、需要融資多少、從什麼渠道以什麼方式籌集以及如何協調財務風險和資本成本、合理安排資本結構等問題。管理會計是為企業管理服務的，因此融資管理會計就是為企業融資管理提供信息支持的一個管理會計信息分支系統。

二、融資管理的原則

企業進行投融資管理，一般應遵循以下原則：第一，價值創造原則。投融資管理應以持續創造企業價值為核心。第二，戰略導向原則。投融資管理應符合企業發展戰略與規劃，與企業戰略佈局和結構調整方向相一致。第三，風險匹配原則。投融資管理應確保投融資對象的風險狀況與企業的風險綜合承受能力相匹配。

三、融資管理的程序

（一）建立健全融資管理的制度體系

企業融資管理一般採取審批制。企業應設置滿足融資管理所需的，由業務、財務、法律以及審計等相關人員組成的融資委員會或類似決策機構，對重大融資事項和融資管理制度等進行審批，並設置專門歸口管理部門牽頭負責融資管理工作。

（二）選擇合適的融資管理工具

融資管理一般按照融資計劃制訂、融資決策分析、融資方案實施與調整、融資管理分析等程序進行，企業應根據融資管理所處的階段選擇合適的融資管理工具。

（三）合理編製融資計劃

企業對融資安排應實行年度統籌、季度平衡、月度執行的管理方式，根據戰略需要、業務計劃和經營狀況，預測現金流量，統籌各項收支，編製年度融資計劃，並據此分解至季度和月度融資計劃。必要時，企業應根據特定項目的需要，編製專

項融資計劃。年度融資計劃的內容一般包括編製依據、融資規模、融資方式、資本成本等；季度和月度融資計劃的內容一般包括年度經營計劃、企業經營情況和項目進展水準、資金週轉水準、融資方式、資本成本等。企業融資計劃可以作為預算管理的一部分，納入企業預算管理。

（四）根據融資決策分析編製融資方案

企業應根據融資決策分析的結果編製融資方案，融資決策分析的內容一般包括資本結構、資本成本、融資用途、融資規模、融資方式、融資機構的選擇依據、償付能力、融資潛在風險和應對措施、還款計劃等。

（五）落實融資方案，明確管理部門的責任

融資方案經審批通過後，進入實施階段，一般由歸口管理部門具體負責落實。如果融資活動受阻或融資量無法達到融資需求目標，歸口管理部門應及時對融資方案進行調整，數額較大時應按照融資管理程序重新報請融資委員會或類似決策機構審批。

（六）定期進行融資管理分析

企業融資完成後，應對融資進行統一管理，必要時應建立融資管理臺帳。企業應定期進行融資管理分析，內容一般包括還款計劃、還款期限、資本成本、償付能力、融資潛在風險和應對措施等。還款計劃應納入預算管理，以確保按期償還融資。

（七）編製融資管理報告

融資報告應根據融資管理的執行結果編製，反應企業融資管理的情況和執行結果。融資報告主要包括以下兩部分內容：一是融資管理的情況說明，一般包括融資需求測算、融資渠道、融資方式、融資成本、融資程序、融資風險及應對措施、需要說明的重大事項等；二是融資管理建議，可以根據需要以附件形式提供支持性文檔。

（八）融資管理報告編製的要求

融資報告是重要的管理會計報告，應確保內容真實、數據可靠、分析客觀、結論清楚，為報告使用者提供滿足決策需要的信息。

（九）融資管理報告編製的時間

企業可以定期編製融資報告，反應一定期間內融資管理的總體情況，一般至少應於每個會計年度出具一份；也可以根據需要編製不定期報告，主要用於反應特殊事項和特定項目的融資管理情況。

（十）評估融資管理的效果

企業應及時進行融資管理回顧和分析，檢查和評估融資管理的實施效果，不斷優化融資管理流程，改進融資管理工作。

第二節　融資需求決策

融資需求決策主要是資金需求量預測，是指企業根據生產經營的需求，對未來所需資金的估計和推測。企業需要的資金，一部分來自企業內部，另一部分通過外部融資取得。由於對外融資時，企業不但需要尋找資金提供者，而且需要付出還本

付息的代價或展現企業盈利前景，使資金提供者確信其投資是安全並可獲利的，這個過程往往需要花費較長的時間。因此，企業需要預先知道自身的財務需求，確定資金的需要量，提前安排融資計劃，以免影響資金週轉。資金需要量預測的方法主要包括因素分析法、銷售百分比法和資金習性預測法等。

一、因素分析法

因素分析法又稱為分析調整法，是以有關項目基期年度的平均資金需要量為基礎，根據預測年度的生產經營任務和資金週轉加速的要求進行分析調整，從而預測資金需要量的一種方法。因素分析法計算簡便、容易掌握，但預測結果不太精確。它通常用於品種繁多、規格複雜、資金用量較小的項目。因素分析法的計算公式為：

資金需要量＝(基期資金平均占用額－不合理資金占用額)×(1±預測期銷售增減率)×(1－預測期資金週轉速度變動率)　　　　　　　　(式3-1)

【例3-1】華太公司上年度資金平均占用額為3,200萬元，經分析，其中不合理部分200萬元，預計本年度銷售增長率為5%，資金週轉速度變動率為2%。

預測本年度資金需要量＝(3,200－200)×(1＋5%)×(1－2%)＝3,087（萬元）

二、銷售百分比法

（一）基本原理

銷售百分比法是假設某些資產、負債與銷售收入存在穩定的百分比關係，根據預計銷售收入和相應的百分比預計資產、負債，然後確定融資需求的一種財務預測方法。企業的銷售規模擴大時，要相應地增加流動資產。如果銷售規模增加很多，企業還必須增加長期資產。為取得擴大銷售所需增加的資產，企業需要籌措資金。這些資金一部分來自隨銷售收入同比例增加的流動負債，一部分來自預測期的收益留存，還有一部分通過外部籌資取得。

（二）基本步驟

1. 確定隨銷售而變動的資產和負債項目

隨著銷售額的變化，經營性資產項目占用更多的資金，這類資產稱為敏感性資產。同時，隨著經營性資產的增加，相應的經營性短期債務也會增加，這類債務稱為自發性債務或敏感性債務，可以為企業提供暫時性資金來源。經營性資產與經營性負債的差額通常與銷售額保持穩定的比例關係。經營性資產項目包括庫存現金、應收帳款、存貨等項目；經營性負債項目包括應付票據、應付帳款等項目，不包括短期借款、短期融資券、長期負債等籌資性負債。

2. 確定有關項目與銷售額的穩定比例關係

如果企業資金週轉的營運效率保持不變，經營性資產項目與經營性負債項目將會隨著銷售額的變動而呈現正比例變動關係，並保持穩定的百分比關係。企業應當根據歷史資料和同業情況，剔除不合理的資金占用，尋找與銷售額的穩定百分比關係。

3. 確定需要增加的籌資數量

預計由於銷售增長而導致資金需求量的增加，扣除留存收益後，即需要的外部籌資額。

銷售百分比法計算外部融資金額的計算公式如下：

外部融資需要量＝$A/S_1 \times (\Delta S) - B/S_1 \times (\Delta S) - E \times P \times (S_2)$　（式 3-2）

式 3-2 中，A 為隨銷售而變化的敏感性資產，B 為隨銷售而變化的敏感性負債，S_1 為基期銷售額，S_2 為預測期銷售額，ΔS 為銷售的變動額，P 為銷售淨利率，E 為留存收益比率，A/S_1 為敏感資產與銷售額的百分比關係，B/S_1 為敏感性負債與銷售額的百分比關係。

【例 3-2】華太公司 2018 年 12 月 31 日的簡要資產負債表如表 3-1 所示。假定華太公司 2018 年銷售額為 20,000 萬元，銷售淨利率為 10%，留存收益比率為 50%。2019 年，華太公司銷售額預計增長 20%，有足夠的生產能力，無須追加固定資產投資。

表 3-1　　　　　華太公司資產負債表（2018 年 12 月 31 日）　　　　單位：萬元

資產	金額	與銷售關係（%）	負債與權益	金額	與銷售關係（%）
庫存現金	1,000	5	短期借款	5,000	N
應收帳款	3,000	15	應付帳款	2,000	10
存貨	6,000	30	其他應付款	1,000	5
固定資產	6,000	N	公司債券	2,000	N
—	—	—	實收資本	4,000	—
—	—	—	留存收益	2,000	N
合計	16,000	50	合計	16,000	15

首先，確定有關項目及其與銷售額的關係百分比。在表 3-1 中，N 表示不變動，是指該項目不隨銷售額的變化而變化。

其次，確定需要增加的資金量。從表 3-1 可以看出，銷售收入每增加 100 元，必須增加 50 元的資金占用，但同時自動增加 15 元的資金來源，兩者差額的 35 元便是新增的資金需求量，即銷售收入增長額的 35%便是新增的資金需求量。因此，銷售額從 20,000 萬元增加到 24,000 萬元，增加了 4,000 萬元，按照 35%的比率可預測將增加 1,400 萬元的資金需求。

最後，確定外部融資需求的數量。2019 年的淨利潤為 2,400 萬元（24,000×10%），留存收益比率為 50%，即將有 1,200 萬元（2,000×50%）利潤被留下來，則 200 萬元（1,400－1,200）的資金缺口將從外部籌集。

根據華太公司的資料，可求得外部融資需求量為：

外部融資需求量＝50%×20,000×20%－15%×20,000×20%－10%×50%×20,000×（1+20%）＝200（萬元）

銷售百分比法的優點是能為籌資管理提供短期預計的財務報表，以適應外部籌資的需要，且便於使用。但在有關因素發生變動的情況下，必須相應地調整原有的銷售百分比。

三、資金習性預測法

資金習性預測法是指根據資金習性預測未來資金需要量的一種方法。所謂資金

習性，是指資金的變動同產銷量變動之間的依存關係。按照資金同產銷量之間的依存關係，資金可以區分為不變資金、變動資金和半變動資金。

不變資金是指在一定的產銷量範圍內，不受產銷量變動的影響而保持固定不變的那部分資金，主要包括為維持營業而占用的最低數額的現金、原材料的保險儲備、必要的成品儲備、廠房和機器設備等固定資產占用的資金。

變動資金是指隨產銷量的變動而同比例變動的那部分資金，一般包括原材料、外購件等占用的資金。另外，在最低儲備以外的現金、存貨、應收帳款等也具有變動資金的性質。

半變動資金是指雖然受產銷量變化的影響，但不成同比例變動的資金，如一些輔助材料所占用的資金。半變動資金可採用一定的方法劃分為不變資金和變動資金兩部分。

資金習性預測法一般需根據歷史上企業資金占用總額與產銷量之間的關係，把資金分為不變和變動兩部分，然後結合預計的銷售量來預測資金需要量。

設產銷量為自變量 x，資金占用量為因變量 y，它們之間的關係可用下式表示：

$$y = a + bx \qquad \text{（式 3-3）}$$

式 3-3 中，a 為不變資金，b 為單位變動資金。可見，只要求出 a 和 b，並知道預測期的產銷量，就可以用（式 3-3）測算資金需求情況。a 和 b 可以採用高低點法或迴歸直線法求得。

（一）高低點法

資金預測的高低點法是指根據企業一定期間資金占用的歷史資料，按照資金習性原理和 $y = a + bx$ 直線方程式，以某一期間內最高業務量（即高點）對應收入的資金占用量與最低業務量（即低點）對應收入的資金占用量的差，除以最高業務量與最低業務量的差，先求得 b 的值，然後再代入原直線方程，求出 a 的值，從而估計推測資金發展趨勢。其計算公式為：

$$b = \frac{\text{最高收入期資金占用量} - \text{最低收入期資金占用量}}{\text{最高銷售量} - \text{最低銷售量}} \qquad \text{（式 3-4）}$$

a = 最高收入期資金占用量 $- b \times$ 最高銷售量

= 最低收入期資金占用量 $- b \times$ 最低銷售量 （式 3-5）

【例 3-3】 華太公司 2014—2018 年的產銷量和資金佔有數量的歷史資料如表 3-2 所示，該企業預計 2019 年產銷量為 90 萬件，試計算 2019 年的資金需要量。

表 3-2　　　　　　　　　產銷量與資金占用量資料

年份	產銷量（x）（萬件）	資金占用量（y）（萬元）
2014	15	200
2015	25	220
2016	40	250
2017	35	240
2018	55	280

根據以上資料採用高低點法計算如下：
$b = (280 - 200) \div (55 - 15) = 2$（元/件）
$a = 280 - 2 \times 55 = 170$（萬元）
$ = 200 - 2 \times 15 = 170$（萬元）
建立預測資金需要量的數學模型為：
$y = 170 + 2x$
如果 2019 年的預計產銷量為 90 萬件，則：
2019 年的資金需要量 $= 170 + 2 \times 90 = 350$（萬元）
高低點法簡便易行，在企業資金變動趨勢比較穩定的情況下較為適宜。

（二）迴歸直線法

迴歸直線法是根據若干期業務量和資金占用的歷史資料，運用最小平方方法原理計算不變資金和單位銷售額變動資金的一種資金習性分析方法。其計算公式為：

$$b = \frac{n\sum xy - \sum x \sum y}{n\sum x^2 - (\sum x)^2} \quad \text{（式 3-6）}$$

$$a = \frac{\sum y - b\sum x}{n} \quad \text{（式 3-7）}$$

【例 3-4】沿用【例 3-3】的資料，該企業 2019 年的資金需要量可以通過以下步驟求得：

（1）根據表 3-2 整理編製表 3-3。

表 3-3　　　　　　　　　　計算過程分析表

年份	產銷量（x）	資金占用量（y）	xy	x^2
2014	15	200	3,000	225
2015	25	220	5,500	625
2016	40	250	10,000	1,600
2017	35	240	8,400	1,225
2018	55	280	15,400	3,025
$n = 5$	$\sum x = 170$	$\sum y = 1,190$	$\sum xy = 42,300$	$\sum x^2 = 6,700$

（2）把表 3-3 的資料代入（式 3-4）和（式 3-5）得：

$$b = \frac{5 \times 42,300 - 170 \times 1,190}{5 \times 6,700 - 170^2} = 2$$

$$a = \frac{1,190 - 2 \times 170}{5} = 170$$

（3）把 $a = 170$，$b = 2$ 代入 $y = a + bx$ 得：
$y = 170 + 2x$

（4）將 2019 年預計銷售量 90 萬件代入上式得：
$y = 170 + 2 \times 90 = 350$（萬件）

從理論上講，迴歸直線法是一種計算結果最為精確的方法。但是運用迴歸直線

法必須注意以下三個問題：第一，資金需要量與業務量之間線性關係的假定應符合實際情況；第二，確定 a、b 數值，應利用連續若干年的歷史資料，一般要有 3 年以上的資料；第三，應考慮價格等因素的變動情況。

第三節　融資方式選擇

融資方式是指企業籌措資金採用的具體形式。如果說融資渠道客觀存在，那麼融資方式則屬於企業的主觀能動行為。如何選擇適宜的融資方式並進行有效的組合，以降低成本、提高融資效益，成為企業融資管理的重要內容。目前，中國企業的融資方式主要有吸收直接投資、發行股票、留存收益、銀行借款、商業信用、發行債券、融資租賃。在進行融資方式選擇時，企業主要依據資本成本的高低進行選擇。

一、個別資本成本

個別資本成本是指企業單種籌資方式的資本成本，包括債務資本成本和權益資本成本。

（一）債務資本成本

債務資本成本主要包括長期借款資本成本和長期債券資本成本。根據國際慣例和中國稅法的規定，債務的利息一般允許在企業所得稅前支付，即具有抵稅效應，企業實際負擔的債務利息為稅後債務成本，因此在計算債務成本時應從利息支出中扣除可以抵扣所得稅的部分。

1. 長期借款資本成本

長期借款資本成本主要包括籌資費用和借款利息。其籌資費用為銀行或其他金融機構在發放貸款時收取的手續費，一般數額很小，有時可以忽略不計。

長期借款資本成本可以通過下式進行計算：

$$K_l = \frac{I(1-T)}{L \times (1-f)} = \frac{L \times i \times (1-T)}{L \times (1-f)} = \frac{i \times (1-T)}{1-f} \qquad （式3-8）$$

式 3-8 中，K_l 表示長期借款成本，I 表示長期借款年利息，T 表示企業所得稅稅率，L 表示長期借款籌資額（借款本金），f 表示長期借款籌資費用率，i 表示長期借款年利率。

當銀行借款手續費忽略不計時，此時（式 3-8）便可簡化為：

$$K_l = i \times (1-T) \qquad （式3-9）$$

【例 3-5】華太公司欲從銀行取得一筆長期借款 1,000 萬元，手續費為 1%，年利率為 6%，期限為 3 年，每年結息一次，到期一次還本。企業所得稅稅率為 25%。這筆借款的資本成本率為：

$$K_l = \frac{L \times i \times (1-T)}{L \times (1-f)} = \frac{1,000 \times 6\% \times (1-25\%)}{1,000 \times (1-1\%)} = 4.55\%$$

如果忽略銀行籌資費用率，其資本成本為：

$K_l = 6\% \times (1-25\%) = 4.5\%$

如果借款合同中存在其他限制性條款，比如補償性餘額時，在計算企業可動用的借款籌資額時，應扣除補償性餘額，此時借款的實際利率和資本成本都將會提高。

$$K_l = \frac{I(1-T)}{L(1-補償性餘額比率)} \qquad (式3-10)$$

但是以上公式的前提是不存在籌資費用，若存在籌資費用，那麼要先根據補償性餘額比例關係，求解出補償性餘額的實際利率，然後再進行計算。

【例3-6】 華太公司欲借款1,000萬元，年利率為6%，期限為3年，每年結息一次，到期一次還本。銀行要求補償性餘額為20%。企業所得稅稅率為25%。這筆借款的資本成本率為：

$$K_l = \frac{1,000 \times 6\% \times (1-25\%)}{1,000 \times (1-20\%)} = 5.63\%$$

在借款年內結息次數超過一次時，借款實際利率也會高於名義利率，從而資本成本率上升。這時借款資本成本率的測算公式如下：

$$K_l = \left[(1+\frac{R}{M})^M - 1\right] \times (1-T) \qquad (式3-11)$$

式3-11中，K_l表示長期借款成本，T表示企業所得稅稅率，R表示長期借款年利率，M表示1年結息的次數。

【例3-7】 華太公司借款1,000萬元，年利率為6%，期限為3年，每季結息一次，到期一次還本。企業所得稅稅率為25%。這筆借款的資本成本率為：

$$K_l = \left[(1+\frac{R}{M})^M - 1\right] \times (1-T) = \left[(1+\frac{6\%}{4})^4 - 1\right] \times (1-25\%) = 4.6\%$$

2. 長期債券資本成本

企業發行債券的成本主要是指籌資費用和債券利息費用。債券的籌資費用，即發行費用，包括申請費、註冊費、印刷費、上市費以及推銷費等。債券的籌資費用一般較高，因此在計算成本時不能忽略不計。債券的利息在所得稅前列支，具有抵稅作用。

債券的發行價格有平價、溢價和折價三種。債券的利息按票面價值和票面利率的乘積計算，但債券的籌資額應按實際發行價格確定。

（1）在不考慮資金時間價值的情況下，債券資本成本的計算公式如下：

$$K_b = \frac{M \times i \times (1-T)}{B_0(1-f)} \qquad (式3-12)$$

式3-12中，K_b表示債券的資本成本，T表示企業所得稅稅率，B_0表示債券發行總額，按債券的發行價格確定，f表示債券籌資費用率，M表示債券的面值，i表示債券的票面利率。

【例3-8】 華太公司擬等價發行面值為1,000元、期限為5年、票面利率為8%的債券，每年結息一次，發行費用為發行價格的5%。企業所得稅稅率為25%。該債券的資本成本率為：

$$K_b = \frac{1,000 \times 8\% \times (1-25\%)}{1,000 \times (1-5\%)} = 6.32\%$$

如果【例3-8】中的債券是按溢價發行的，發行價格為1,200萬元，此時債券的資本成本為：

$$K_b = \frac{1,000 \times 8\% \times (1-25\%)}{1,200 \times (1-5\%)} = 5.26\%$$

如果【例3-8】中的債券是按折價發行的，發行價格為800萬元，此時債券的資本成本為：

$$K_b = \frac{1,000 \times 8\% \times (1-25\%)}{800 \times (1-5\%)} = 7.89\%$$

根據【例3-8】的計算結果可以看出，債券的發行價格同債券的資本成本存在一定的關係，即在其他條件不變的情況下：債券發行價格>面值，即溢價發行，則資本成本低；債券發行價格<面值，即折價發行，則資本成本高。

在實際工作中，由於債券的利率高於銀行借款的利率，加上債券的發行費用較高，因此債券的資本成本一般高於銀行借款的資本成本。由於債券的利率水準要高於長期借款的利率，加上債券的發行費用較高，因此債券的資本成本一般高於長期借款的資本成本。

(2) 在考慮資金時間價值的情況下，公司債券的稅前資本成本率也就是債券持有人的投資必要報酬率，再乘以 (1-T) 折算為稅後的資本成本率。測算過程如下：

第一步，先測算債券的稅前資本成本率，測算公式為：

$$P_0 = \sum_{t=1}^{n} \frac{I}{(1+R_b)^t} + \frac{P_n}{(1+R_b)^n} \qquad (式3-13)$$

式3-13中，P_0表示債券籌資淨額，即債券發行價格（或現值）扣除發行費用；I表示債券年利息額；P_n表示債券面額或到期價值；R_b表示債券投資的必要報酬率，即債券的稅前資本成本率；t表示債券付息期數；n表示債券期限。

第二步，測算債券的稅後資本成本率，其測算公式為：

$$K_b = R_b \times (1-T) \qquad (式3-14)$$

【例3-9】華太公司準備以溢價96元發行面額為1,000元、票面利率為10%、期限為5年的債券一批，每年結息一次。每張債券的平均發行費用為16元。企業所得稅稅率為25%。該債券的資本成本率為：

$$P_0 = \sum_{t=1}^{n} \frac{I}{(1+R_b)^t} + \frac{P_n}{(1+R_b)^n}$$

$$1,000 + 96 - 16 = \frac{1,000 \times 10\%}{(1+R_b)^t} + \frac{1,000}{(1+R_b)^n}$$

可得：$R_b = 8\%$

$K_b = 8\% \times (1-25\%) = 6\%$

(二) 權益資本成本

按照公司股權資本的構成，股權資本成本率主要分為優先股資本成本率、普通股資本成本率和留存收益成本率等。根據所得稅法的規定，公司只能以稅後淨利潤向股東派發股利，因此股權資本成本沒有抵稅利益。

1. 優先股成本

優先股成本包括籌資費用和優先股股利。優先股同時具有債券和普通股的一些特徵，具體表現為需定期向持股人支付固定股利，但其股利是從稅後利潤中支付，不具有抵減所得稅的作用。優先股成本可以通過以下公式進行計算：

$$K_p = \frac{D_p}{P_0(1-f)} \quad \text{（式 3-15）}$$

式 3-15 中，K_p 表示優先股資本成本；D_p 表示優先股年股利，按面值和固定的股利率確定；P_0 表示優先股籌資額，按發行價格確定；f 表示優先股籌資費用率。

【例 3-10】華太公司發行總面值為 150 萬元、股息率為 15% 的優先股，若股票發行價格為 180 萬元，發行費用率為 5.5%，企業所得稅稅率為 25%，則該優先股的資本成本為：

$$K_p = \frac{150 \times 15\%}{180 \times (1-5.5\%)} = 13.23\%$$

當企業資不抵債時，優先股持有人參與剩餘財產分配的順序僅次於債券持有人，而優於普通股持有人。因此，優先股的風險要大於債券、小於普通股，其資本成本要高於債券的成本、低於普通股的成本。

2. 普通股成本

按照資本成本率實質上是投資的必要報酬率的思路可知，普通股的資本成本就是普通股投資的必要報酬率。普通股成本的確定方法與優先股類似，但是普通股的股利是不固定的，其股利會隨著企業經營狀況的變動而變化，正常情況下呈逐年增長的趨勢。當企業資不抵債時，普通股持有人參與剩餘財產的分配權在債券和優先股持有人之後，其投資風險最大，股利支付率也比債券利率和優先股利率高，因此普通股資本成本也最高。對於普通股資本成本的預測，主要有三種方法：股利貼現模型法、資本資產定價模型法和風險溢價法。

（1）股利貼現模型法。股利貼現模型法是股票估價的基本模型，也叫貼現現金流量法。股東購買股票是期望獲得股利，也就是股票發行人需要付出的成本，根據股票內在投資價值等於未來可收到的股利現值之和的原理，可以得到測量普通股資本成本的公式如下：

$$P_0 = \sum_{t=1}^{\infty} \frac{D_t}{(1+K_s)^t} \quad \text{（式 3-16）}$$

式 3-16 中，P_0 表示普通股內在價值，表示股票籌資獲得的現金流入量；D_t 表示第 t 年年底預期得到的每股股利；K_s 表示普通股資本成本。

如果股票發行人採取固定股利的股利分配政策，即 D_t 是一個固定金額時，普通股成本的計算方法跟優先股成本的計算方法相同，則資本成本率公式為：

$$K_s = \frac{D}{P_0(1-f)} \quad \text{（式 3-17）}$$

【例 3-11】華太公司擬發行一批普通股，發行價格為 12 元/股，每股發行費用為 1 元，預定每年分派現金股利每股 1.2 元。其資本成本率測算為：

$$K_s = \frac{D}{P_0(1-f)} = \frac{1.2}{12-1} = 10.91\%$$

如果股利以一個固定的增長率 g 遞增時，在（式 3-16）的基礎上經過推算，可以得到發行普通股資本成本的計算公式為：

$$K_s = \frac{D_1}{P_0(1-f)} + g \qquad (式 3-18)$$

式 3-18 中，K_s 表示普通股資本成本，D_1 表示預期第 1 年年末每股股利，P_0 表示普通股內在價值，f 表示普通股籌資費用率，g 表示普通股股利年增長率。

【例 3-12】華太公司準備增發普通股，每股的發行價格為 15 元，發行費用為 1.5 元，預定第一年分派現金股利每股 1.5 元，以後每年股利增長 4%。其資本成本率測算為：

$$K_s = \frac{D_1}{P_0(1-f)} + g = \frac{1.5}{15-1.5} + 4\% = 15.11\%$$

（2）資本資產定價模型法。按照資本資產定價模型法，只需要計算某種股票在證券市場的組合風險系數 β，即可預計股票的資本成本。資本資產定價模型的計算公式為：

$$K_s = R_f + \beta(R_m - R_f) \qquad (式 3-19)$$

式 3-19 中，K_s 表示普通股資本成本，R_f 表示無風險報酬率，β 表示股票的系統風險系數，R_m 表示平均風險股票必要報酬率。

【例 3-13】某期間政府發行的國庫券年利率為 10%，平均風險股票的必要報酬率是 13%，華太公司普通股的 β 系數為 1.4。該普通股的資本成本為：

$K_s = R_f + \beta(R_m - R_f) = 10\% + 1.4 \times (13\% - 10\%) = 14.2\%$

（3）風險溢價法。風險溢價法是指在企業發行的長期債券利率的基礎上加上風險溢價報酬率，即可得到普通股的資本成本。這種方法的理論依據是相對於債券持有者，普通股股東承擔了較大的風險，理應得到比債券持有者更高的報酬率。實證研究表明，風險溢價報酬率的變化範圍約為 1.5%~4.5%。其計算公式為：

$$K_s = K_b + R \qquad (式 3-20)$$

式 3-20 中，K_s 表示普通股資本成本，K_b 表示同一公司的債券資本成本，R 表示股東要求的風險溢價。

【例 3-14】華太公司已發行債券的投資報酬率為 8%，現準備發行一批股票。經分析，該股票高於債券的投資風險報酬率為 4%。該股票的必要報酬率，即資本成本率為：

$K_s = K_b + R = 8\% + 4\% = 12\%$

3. 留存收益成本

留存收益實質上是股東對企業的追加投資，企業使用留存收益用於公司發展，是以失去外部投資的報酬為代價的，是一種機會成本，因此留存收益也有資本成本。其資本成本計算方法跟普通股類似，不同的是留存收益沒有發生籌資費用。

在股利貼現模型法下，留存收益成本的計算公式為：

$$K_c = \frac{D_1}{P_0} + g \qquad \text{(式 3-21)}$$

式 3-21 中，K_c 表示留存收益資本成本，D_1 表示預期年股利額，P_0 表示普通股籌資額，g 表示普通股股利年增長率。

【例 3-15】 華太公司普通股每股市價為 150 元，第一年年末的股利為 15 元，以後每年增長 5%，其中籌資費用率為 0.5%，則留存收益資本成本為：

$$K_s = \frac{D_1}{P_0} + g = \frac{15}{150} + 5\% = 15\%$$

綜上所述，負債資金的利息具有抵稅作用，而權益資金的股利（股息、分紅）不具有抵稅作用，因此一般情況下，權益資金的資本成本要比負債的資本成本高。從投資人的角度看，投資人投資債券要比投資股票的風險小，因此要求的報酬率比較低，籌資人彌補債券投資人風險的代價也相應要小。對於借款和債券，因為借款的利息率通常低於債券的利息率，而且籌資費用也比債券籌資費用低，所以借款的籌資成本要小於債券的籌資成本。對於權益資金，優先股股利固定不變，投資風險小，因此優先股股東要求的回報低，籌資人的籌資成本比普通股的資本成本低；留存收益沒有籌資費用，因此留存收益的籌資成本也要比普通股的資本成本低。

二、邊際資本成本

邊際資本成本是指企業追加籌資時的資本成本，即企業每新增 1 元資本所需負擔的成本。在現實生活中可能會出現這樣一種情況：當企業以某種籌資方式籌資超過一定限度時，邊際資本成本就會增加。此時，即使企業保持原有的資本結構，仍有可能導致加權平均資本成本增加。

【例 3-16】 華太公司準備追加籌資 130 萬元用於項目投資。該公司目前的資本結構為：長期借款占 20%，長期債券占 25%，普通股占 55%。各類資本籌資規模及對應成本資料如表 3-4 所示。要求：計算該公司追加籌資的邊際資本成本。

表 3-4　　　　　　　　增資情況及個別資本成本變動表

資本種類	目標資本結構	新籌資額的數量範圍	資本成本
長期借款	20%	5 萬元以內	4%
		5 萬~10 萬元	6%
		10 萬元以上	8%
長期債券	25%	15 萬元以內	9%
		15 萬~30 萬元	10%
		30 萬元以上	11%
普通股	55%	55 萬元以內	14%
		55 萬~110 萬元	15%
		110 萬元以上	16%

計算華太公司追加籌資的邊際資本成本可以按照以下步驟進行：

第一步：確定企業的目標資本結構。企業財務人員經過分析，認為目前的資本結構就是最優資本結構，企業追加籌資後應保持原有的目標資本結構，即長期借款占 20%，長期債券占 25%，普通股占 55%。

第二步：確定各種籌資成本率的變動情況。隨著企業籌資規模的不斷增加，各種籌資成本率水準也會隨著升高，具體變動情況見表 3-4。

第三步：計算各種籌資方式的籌資總額分界點。籌資總額分界點是指在現有目標資本結構條件下，保持某一資本成本不變時可以籌集到的資金總限額，即特定籌資方式下的資本成本變化的分界點，也叫籌資突破點。在籌資總額分界點範圍內籌資，原來的資金成本率不會改變。一旦籌資額超過籌資總額分界點，即使維持現有的資本結構，其資金成本率也會增加。

籌資總額分界點的計算公式如下：

$$籌資突破點 = \frac{某種籌資方式的成本分界點}{目標資本結構中該種籌資方式所占的比重} \quad （式 3-22）$$

根據上述資料，計算出如下幾個籌資總額分界點，如表 3-5 所示。

表 3-5　　　　　　　　　　籌資總額分界點計算表

資本種類	資本成本	新籌資額的數量範圍	目標資本結構	籌資總額分界點
長期借款	4%	5 萬元以內	20%	25 萬元
	6%	5 萬~10 萬元		50 萬元
	8%	10 萬元以上		—
長期債券	9%	15 萬元以內	25%	60 萬元
	10%	15 萬~30 萬元		120 萬元
	11%	30 萬元以上		—
普通股	14%	55 萬元以內	55%	100 萬元
	15%	55 萬~110 萬元		200 萬元
	16%	110 萬元以上		—

第四步：劃分籌資範圍，計算各個範圍的邊際資本成本。由表 3-5 可以得到 7 組籌資成本不同的籌資總額範圍：0~25 萬元、25 萬~50 萬元、50 萬~60 萬元、60 萬~100 萬元、100 萬~120 萬元、120 萬~200 萬元、200 萬元以上。現在分別計算這 7 組籌資總額的綜合資本成本，即邊際資本成本，如表 3-6 所示。

從表 3-6 中可以看出，如果企業追加籌資 130 萬元，其邊際資本成本為 12.60%，如果企業能將追加籌資控制在 120 萬元以內，那麼其邊際資本成本為 12.35%，成本下降了 0.25%。

表 3-6　　　　　　　不同籌資範圍的綜合資本成本計算表

籌資範圍	資本種類	資本結構	個別資本成本	邊際資本成本
0~25 萬元	長期借款	20%	4%	4%×20% + 9%×25% + 14%×55% = 10.75%
	長期債券	25%	9%	
	普通股	55%	14%	
25 萬~50 萬元	長期借款	20%	6%	6%×20% + 9%×25% + 14%×55% = 11.15%
	長期債券	25%	9%	
	普通股	55%	14%	
50 萬~60 萬元	長期借款	20%	8%	8%×20% + 9%×25% + 14%×55% = 11.55%
	長期債券	25%	9%	
	普通股	55%	14%	
60 萬~100 萬元	長期借款	20%	8%	8%×20% + 10%×25% + 14%×55% = 11.80%
	長期債券	25%	10%	
	普通股	55%	14%	
100 萬~120 萬元	長期借款	20%	8%	8%×20% + 10%×25% + 15%×55% = 12.35%
	長期債券	25%	10%	
	普通股	55%	15%	
120 萬~200 萬元	長期借款	20%	8%	8%×20% + 11%×25% + 15%×55% = 12.60%
	長期債券	25%	11%	
	普通股	55%	15%	
200 萬元以上	長期借款	20%	8%	8%×20% + 11%×25% + 16%×55% = 13.15%
	長期債券	25%	11%	
	普通股	55%	16%	

第四節　資本結構優化

　　資本結構是指企業各種長期資本來源的構成和比例關係。通常情況下，企業的資本由長期債務資本和權益資本構成，資本結構指的就是長期債務資本和權益資本各占多大比例。一般來說，在資本結構概念中不包含短期負債。短期資本的需要量和籌集是經常變化的，且在整個資本總量中所占的比重不穩定，因此不列入資本結構管理範圍，而作為營運資本管理。

　　最佳資本結構是指企業在一定期間內，使加權平均資本成本最低、企業價值最大時的資本結構。其判斷標準有三個：一是有利於最大限度地增加所有者財富，使企業價值最大化；二是企業加權平均資本成本最低；三是資產保持適宜的流動，並使資本結構具有彈性。其中，加權資本成本最低是其主要標準。

　　企業利用債務籌資具有雙重作用，合理地利用債務，可以降低企業資本成本，但當企業債務比率過高時，會給企業帶來較大的財務風險。因此，企業在進行資本結

構決策時就必須衡量資本成本和財務風險之間的關係,確定最優資本結構。最優資本結構的決策方法主要有資本成本法、每股收益無差異點分析法、企業價值比較法。

一、資本成本法

綜合資本成本法是通過計算不同資本結構的加權平均資本成本,並以此為標準,選擇其中加權平均資本成本最低的資本結構。資本成本高低作為確定最佳資本結構的唯一標準,在理論上與股東或企業價值最大化時相一致,在實際運用中則簡單實用。該種方法的決策步驟包括:第一,確定各方案的資本結構;第二,確定各結構的加權平均資本成本;第三,進行比較,選擇加權平均資本成本最低的資本結構為最優資本結構。

加權平均資本成本由個別資本成本和加權平均權數兩個因素決定。其計算公式為:

$$K_w = \sum_{j=1}^{n} K_j W_j \qquad (式3\text{-}23)$$

式3-23中,K_w表示加權平均資本成本;K_j表示第j種資本的個別資本成本;W_j表示第j種資本的個別資本成本占全部資本的比重,即資本結構。

資本結構可以按照帳面價值權數、市場價值權數和目標資本結構確定,但是由於帳面價值的資料容易取得,企業一般都以帳面價值作為計算權重的基礎。

【例3-17】華太公司擬融資300萬元,有三個備選方案,其資本結構及個別資本成本如表3-7所示。

表3-7　　　　　　　　A、B、C方案的資本資料

融資方式	方案A		方案B		方案C	
	融資額（萬元）	個別資本成本	融資額（萬元）	個別資本成本	融資額（萬元）	個別資本成本
長期借款	50	6%	70	6.5%	100	7%
債券	150	9%	80	7.5%	120	8%
普通股	100	15%	150	15%	80	15%
合計	300	—	300	—	300	—

計算各方案的加權平均資本成本(K_w)

$$K_w(A) = \frac{50}{300} \times 6\% + \frac{150}{300} \times 9\% + \frac{100}{300} \times 15\% = 10.5\%$$

$$K_w(B) = \frac{70}{300} \times 6.5\% + \frac{80}{300} \times 7.5\% + \frac{150}{300} \times 15\% = 11.02\%$$

$$K_w(C) = \frac{100}{300} \times 7\% + \frac{120}{300} \times 8\% + \frac{80}{300} \times 15\% = 9.53\%$$

根據上面計算的結果,方案C的資本成本最低。因此,選擇長期借款100萬元、債券120萬元、普通股80萬元的資本結構最為可行。

此方法通俗易懂,計算過程比較簡單,是確定資本結構的一種常用方法,一般

適用於資本規模較小、資本結構較為簡單的非股份制企業。但是，因為擬訂的方案數量有限，因此有把最優方案漏掉的可能。同時，資本成本比較法僅以資本成本率最低為決策標準，沒有具體測算財務風險因素，其決策目標實質上是利潤最大化而不是企業價值最大化。

二、每股收益無差異點分析法

每股收益無差異點法也稱為息稅前利潤平衡點法或每股收益無差別點法，是指分析使不同資本結構的每股收益相等時的息稅前利潤點。企業合理的資本結構，對企業的盈利能力和股東財富產生了一定的影響，因此將息稅前利潤（EBIT）和每股收益（EPS）作為分析確定企業資本結構的兩大因素。每股收益無差異點法就是將息稅前利潤和每股收益這兩大要素結合起來，分析資本結構與每股收益之間的關係，進而確定最佳資本結構的方法。每股收益無差異點的計算公式如下：

$$\frac{(\overline{EBIT} - I_1)(1-T) - D_1}{N_1} = \frac{(\overline{EBIT} - I_2)(1-T) - D_2}{N_2} \quad （式3-24）$$

式3-24中，$\overline{EBIT}$為每股收益無差異點的息稅前利潤，I_1和I_2為兩種融資方式（債務性融資和權益性融資）下的年利息，T為企業所得稅稅率，D_1和D_2為兩種融資方式（債務性融資和權益性融資）下的優先股股利，N_1和N_2為兩種融資方式（債務性融資和權益性融資）下的流通在外的普通股股數。

採用每股收益無差異點法時，往往可以遵循以下步驟：

第一步，根據已知條件計算I_1和I_2：

I_1＝原資本結構中的債務利息＋方案1的債務利息

I_2＝原資本結構中的債務利息＋方案2的債務利息

第二步，根據已知條件計算N_1和N_2：

N_1＝原資本結構中的普通股股數＋方案1的普通股股數

N_2＝原資本結構中的普通股股數＋方案2的普通股股數

第三步，根據已知條件計算D_1和D_2。

第四步，將以上計算結果代入（式3-24），求得$\overline{EBIT}$和$\overline{EPS}$。

第五步，每股收益無差異點的息稅前利潤計算出來以後，可與預期的息稅前利潤進行比較，據以選擇融資方式。當預期的息稅前利潤大於無差異點息稅前利潤時，應採用負債融資方式；當預期的息稅前利潤小於無差異點息稅前利潤時，應採用普通股融資方式。

第六步，根據以上計算結果，繪製（EBIT-EPS）分析圖。

【例3-18】華太公司欲籌集新資金400萬元以擴大生產規模。籌集新資金有兩個方案：方案1，增發普通股，計劃以每股10元的價格增發40萬股；方案2，採用長期借款，以10%的年利率借入400萬元。已知該公司現有資產總額為2,000萬元，負債比率為40%，年利率8%，普通股為100萬股。假定增加資金後預期息稅前利潤為500萬元，所得稅稅率為25%，試採用每股收益分析法計算分析應選擇何種融資方式？

根據以上資料，可以得到以下指標：
$I_1 = 2,000 \times 40\% \times 8\% = 64$（萬元）
$I_2 = 2,000 \times 40\% \times 8\% + 400 \times 10\% = 104$（萬元）
$N_1 = 100 + 40 = 140$（萬股）
$N_2 = 100$（萬股）

計算每股收益無差異點，根據資料計算如下：

$$\frac{(\overline{EBIT}-64) \times (1-25\%)}{140} = \frac{(\overline{EBIT}-104) \times (1-25\%)}{100}$$

求得：$\overline{EBIT} = 204$（萬元）

將該結果代入上式可得無差異點的每股收益：

$$\overline{EPS} = \frac{(204-64) \times (1-25\%)}{140} = 0.75 \text{（元）}$$

計算預計增資後的每股收益（見表 3-8），並選擇最佳融資方式。

表 3-8　　　　　　　　　預計增資後的每股收益　　　　　　　　　單位：萬元

項目	方案 1（增發股票）	方案 2（增加長期借款）
預計息稅前利潤（EBIT）	500	500
減：利息	64	104
稅前利潤	436	396
減：所得稅	109	99
稅後利潤	327	297
普通股股數（萬股）	140	100
每股收益（EPS）（元）	2.34	2.97

由表 3-8 計算得知，預期息稅前利潤為 500 萬元時，追加負債融資的每股收益較高（2.97 元），應選擇負債方式籌集資金。由此表明，當息稅前利潤等於 204 萬元時，採用負債或發行股票方式融資都是一樣的；當息稅前利潤大於 204 萬元時，採用負債方式融資更有利；當息稅前利潤小於 204 萬元時，採用發行股票方式融資更為有利。該公司預計 EBIT 為 500 萬元，大於無差異點的 $\overline{EBIT}$（204 萬元），因此採用長期借款的方式融資較為有利，此結論也可以通過分析圖 3-1 加以證明。

繪製 EBIT-EPS 分析圖，如圖 3-1 所示。由圖 3-1 可以看出，當 EBIT 為 204 萬元時，兩種融資方式的 EPS 相等；當 EBIT 大於 204 萬元時，採用負債融資方式的 EPS 大於普通股融資方式的 EPS，故應採用負債融資方式；當 EBIT 小於 204 萬元時，採用普通股融資方式的 EPS 大於負債融資方式的 EPS，故應採用普通股融資方式。

每股收益分析法確定最佳資本結構是以每股收益最大為分析起點，直接將資本結構與企業財務目標、企業市場價值等相關因素結合起來，因此是企業在追加融資時經常採用的一種決策方法。但是，這種分析方法只考慮了資本結構對每股收益的影響，並假定每股收益最大，股票價格也最高，而沒有考慮資本結構對風險的影響，是不全面的。因為隨著負債的增加，投資者的風險加大，股票價格和企業價值也會有下降的趨勢，所以單純地運用 EBIT-EPS 分析法有時也會做出錯誤的決策。這種方法一般可用於資本規模不大、資本結構不太複雜的股份有限公司。

```
         EPS
               ┃              負債融資
               ┃
               ┃          股票融資
          0.7  ┃─────╱
               ┃    ╱ 無差別點
               ┃
               └────┼──────────── EBIT
               0   204
```

圖 3-1　*EBIT-EPS* 分析圖

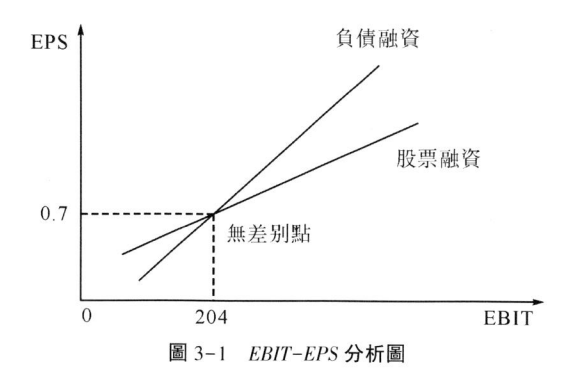

三、企業價值比較法

從根本上講，財務管理的目標在於追求股東財富最大化。然而，只有在風險不變的情況下，每股收益的增長才會導致股東財富上升，實際上經常是隨著每股收益的增長，風險也會加大。如果每股收益的增長不足以補償風險增加所需的報酬時，儘管每股收益增加，股東財富仍然會下降。因此，企業的最佳資本結構應當是使企業的總價值最高，而不一定是每股收益最大的資本結構。同時，在該資本結構下，企業的加權平均資本成本也是最低的。

衡量企業價值的一種合理的方法是：企業的市場價值等於其股票的市場價值加上長期債務的價值再加上優先股的價值，即：

$$V = S + B + P \qquad \text{（式 3-25）}$$

式 3-25 中，V 表示企業的市場價值，S 表示股票的市場價值，B 表示長期債務的價值，P 表示優先股的價值。

為使計算簡便，假設長期債務（長期借款和長期債券）與優先股的現值等於其帳面價值，且長期債券和優先股的帳面價值等於其面值；股票的現值則等於企業未來的淨收益按股東要求的報酬率折現。假設企業的經營利潤永續，股東要求的回報率（權益資本成本）不變，則股票的市場價值為：

$$S = \frac{(EBIT - I)(1 - T) - D}{R_s} \qquad \text{（式 3-26）}$$

式 3-26 中，S 表示股票的市場價值，$EBIT$ 表示息稅前利潤，I 表示年利息額，T 表示企業所得稅稅率，D 表示優先股股息，R_s 表示權益資本成本。

採用資本資產定價模型計算股票的資本成本：

$$R_s = R_f - \beta(R_m - R_f) \qquad \text{（式 3-27）}$$

式 3-27 中，R_f 表示無風險利率，R_m 表示平均風險股票報酬率，β 表示股票的系統風險係數。

通過上述公式計算出企業的總價值和加權平均資本成本，以企業價值最大化為標準確定最佳資本結構，此時的加權平均資本成本最小。企業的資本成本則應用加權平均資本成本來表示。在不存在優先股的情況下，其公式為：

加權平均資本成本 = 債務稅前資本成本×債務額占總資本比重×（1－稅率）+權益資本成本×股票額占總資本比重

$$K_W = R_d(1-T) \times \frac{B}{V} + R_s \times \frac{S}{V} \qquad \text{(式 3-28)}$$

式 3-28 中，K_w 表示加權平均資本成本，R_d 表示債務稅前資本成本，R_s 表示權益資本成本，V 表示企業市場價值，B 表示債券市場價值，S 表示股票市場價值，T 表示企業所得稅稅率。

【例 3-19】華太公司的長期資本構成均為普通股，無長期債務資本和優先股資本。股票的帳面價值為 3,000 萬元。預計未來每年息稅前利潤為 600 萬元，企業所得稅稅率為 25%。該企業認為目前的資本結構不合理，準備通過發行債券回購部分股票的方式調整資本結構，提高企業價值。假設長期債務利率等於債務稅前資本成本，債務市場價值等於債務面值。經諮詢，目前的長期債務利率和權益資本成本的情況如表 3-9 所示。

表 3-9　不同債務水準下的債務資本成本和權益資本成本

債券市場價值 B（萬元）	債務稅前資本成本 R_d（%）	股票 β 值	無風險利率 R_f（%）	平均風險股票報酬率 R_m（%）	權益資本成本 R_s（%）
0	—	1.2	8	12	12.8
300	10	1.3	8	12	13.2
600	10	1.4	8	12	13.6
900	12	1.55	8	12	14.2
1,200	14	1.7	8	12	14.8
1,500	16	2.1	8	12	16.4

根據表 3-9 的資料，可以計算出不同長期債務規模下的企業價值和加權平均資本成本，計算結果如表 3-10 所示。

表 3-10　企業市場價值和加權平均資本成本

企業市場價值 V（萬元）①=②+③	債務市場價值 B（萬元）②	股票市場價值 S（萬元）③	市淨率 $S/(3,000-B)$	債務稅前資本成本 R_d（%）	權益資本成本 R_s（%）	加權平均資本成本 K_w（%）
3,515.63	0	3,515.63	1.171,9	—	12.8	12.8
3,538.64	300	3,238.64	1.199,5	10	13.2	12.72
3,577.94	600	2,977.94	1.240,8	10	13.6	12.58
3,498.59	900	2,598.59	1.237,4	12	14.2	12.86
3,389.19	1,200	2,189.19	1.216,2	14	14.8	13.28
3,146.34	1,500	1,646.34	1.097,6	16	16.4	14.3

從表 3-10 可以看出，初始情況下，企業沒有長期債務，企業的價值 $V=S=3,515.63$ 萬元；加權平均資本成本 $R_s=K_w=12.8\%$。當企業開始發行債務回購股票時，企業的價值上升，加權平均資本成本降低，直到長期債務 $B=600$ 萬元時，企業價值達到最大，$V=3,577.94$ 萬元，加權平均資本成本最低，$K_w=12.58\%$。若企業繼續增加負債，企業的價值便開始下降，加權平均資本成本上升。因此，長期債務為 600 萬元時的資本結構為該企業的最佳資本結構。

第四章
投資管理會計

第一節　投資管理會計概述

一、投資的概念及特點

（一）投資的概念

投資是指特定經濟主體將貨幣或實物資產投放於某一具體對象，以在未來較長時間內獲取經濟利益的行為。企業的投資活動與經營活動是不相同的，投資活動的結果對企業在經濟利益上有較長期的影響。企業投資涉及的資金多、經歷的時間長，對企業未來的財務狀況和經營活動都有較大的影響。

（二）投資的特點

與日常經營活動相比，企業投資的主要特點表現在以下三個方面：

1. 屬於企業的戰略性決策

企業的投資活動一般涉及企業未來的經營發展方向、生產能力規模等問題，如廠房設備的新建與更新、新產品的研製與開發、對其他企業的股權控制等。企業的投資活動先於經營活動，這些投資活動往往需要一次性地投入大量的資金，並在一段較長時期內發生作用，對企業經營活動的方向產生重要影響。

2. 屬於企業的非程序化管理

企業的投資項目涉及的資金數額較大。這些項目的管理，不僅是一個投資問題，也是一個資金籌集問題，特別是對設備和生產能力的購建、對其他關聯企業的併購等，需要大量的資金。對於單個產品製造或商品流通的實體性企業來說，這種籌資和投資不會經常發生。因此，企業對於這類非重複性特定經濟活動，應該根據特定的影響因素、相關條件和具體要求進行審查和抉擇。對這類投資活動的管理也被稱為非程序化管理。

3. 投資價值的波動性大

投資項目的價值是由投資標的物資產的內在獲利能力決定的。這些標的物資產的形態是不斷轉換的，未來收益的獲得具有較強的不確定性，其價值也具有較強的波動性。同時，各種外部因素，如市場利率、物價等的變化，也時刻影響投資標的物的資產價值。因此，企業制定投資管理決策時，要充分考慮投資項目的時間價值和風險價值。

（三）投資的意義

1. 投資是企業獲得利潤的前提

利潤是企業從事生產經營活動取得的財務成果。企業要獲得利潤，必須將籌集的資金投入使用，或將資金直接用於企業的生產經營中，或將資金以股權、債權的方式投給其他企業以獲取報酬。

2. 投資是企業生存和發展的必要手段

企業從事正常的生產經營活動時，各項生產要素不斷更新，為了保證生產的持續進行，就要求企業不斷地將現金形態的資金投入使用，這是企業生存的基本條件。同樣，當企業要擴大生產規模時，也需要進一步投資，才能使企業的資產增加。當企業生產規模擴大後，為了保證正常的生產，還需要追加營運資金，而這一切只有投資才能實現。

3. 投資是企業降低風險的重要途徑

在市場經濟條件下，企業的生產經營活動不可避免地存在風險，其基本原因在於商品銷售數量的不確定性，而影響銷售數量的因素較多，如商品的質量、市場對商品的需求、企業的銷售策略和服務水準、企業的成本費用等。為了降低風險，企業經常要保持質量、技術的領先水準，通過投資提高企業設備的技術含量；為了降低風險，企業還要進行多品種、跨行業經營，同樣需要投資來支持。

二、投資的分類

投資是一項很複雜的經濟活動，為了加強管理和提高投資收益，有必要對投資進行科學分類。投資主要分為以下三類：

（一）短期投資和長期投資

按投資回收期限的長短不同，投資可分為短期投資和長期投資。短期投資是指回收期在 1 年以內的投資，主要包括現金、應收款項、存貨、短期有價證券等投資；長期投資是指回收期在 1 年以上的投資，主要包括固定資產、無形資產、對外長期投資等。本章主要介紹固定資產投資、有價證券投資等內容，其中固定資產投資又稱為項目投資。本書將現金、應收款項、存貨等短期投資內容放在「第七章 營運管理會計」中介紹。

（二）對內投資和對外投資

按投資的方向不同，投資可分為對內投資與對外投資。對內投資是指把資金投向企業內部，形成各項流動資產、固定資產、無形資產和其他資產的投資；對外投資是指把資金投向企業外部，如興建子公司、分公司或購買股票進行的權益性投資和購買其他企業的債券等債權性投資。

（三）直接投資和間接投資

按投資的方式不同，投資可分為直接投資和間接投資。直接投資是把資金投放於生產經營（或服務）以獲取收益的投資；間接投資是把資金投放於證券等金融資產，以獲取投資收益和資本利息的投資。前者是指企業將資金直接投放於生產經營領域，後者是企業將資金通過金融工具投放於生產經營領域。

在實際經濟活動中，投資還可以根據不同的標準分為許多不同的種類。例如，

按照投資者的權益不同，投資可分為股權投資與債券投資；按照投資所起作用不同，投資可分為戰略性投資和戰術性投資。

三、投資管理的程序

企業應建立健全投資管理的制度體系，根據組織架構特點，設置能夠滿足投資管理活動所需的、由業務、財務、法律以及審計等相關人員組成的投資委員會或類似決策機構，對重大投資事項和投資制度建設等進行審核。有條件的企業可以設置投資管理機構，組織開展投資管理工作。

企業應用投資管理工具方法，一般按照制訂投資計劃、進行可行性分析、實施過程控制和投資後評價等程序進行。

企業投資管理機構應根據戰略需要，定期編製中長期投資規劃，並據此編製年度投資計劃。中長期投資規劃一般應明確指導思想、戰略目標、投資規模、投資結構等。年度投資計劃一般包括編製依據、年度投資任務、年度投資任務執行計劃、投資項目的類別及名稱、各項目投資額的估算及資金來源構成等，並納入企業預算管理。

投資可行性分析的內容一般包括該投資在技術和經濟上的可行性、可能產生的經濟效益和社會效益、可以預測的投資風險、投資落實的各項保障條件等。

企業進行投資管理，應當將投資控制貫穿於投資的實施全過程。投資控制的主要內容一般包括進度控制、財務控制、變更控制等。進度控制是指對投資實際執行進度方面的規範與控制，主要由投資執行部門負責。財務控制是指對投資過程中資金使用、成本控制等方面的規範與控制，主要由財務部門負責。變更控制是指對投資變更方面的規範與控制，主要由投資管理部門負責。

投資項目實施完成後，企業應對照項目可行性分析和投資計劃組織開展投資後評價。投資後評價的主要內容一般包括投資過程回顧、投資績效和影響評價、投資目標實現程度和持續能力評價、經驗教訓和對策建議等。

投資報告應根據投資管理的情況和執行結果編製，反應企業投資管理的實施情況。投資報告主要包括以下兩部分內容：一是投資管理的情況說明，一般包括投資對象、投資額度、投資結構、投資風險、投資進度、投資效益以及需要說明的其他重大事項等；二是投資管理建議，可以根據需要以附件形式提供支持性文檔。

投資報告是重要的管理會計報告，應確保內容真實、數據可靠、分析客觀、結論清楚，為報告使用者提供滿足決策需要的信息。

企業可定期編製投資報告，反應一定期間內投資管理的總體情況，一般至少應於每個會計年度編製一份；也可根據需要編製不定期投資報告，主要用於反應重要項目節點、特殊事項和特定項目的投資管理情況。

企業應及時進行回顧和分析，檢查和評估投資管理的實施效果，不斷優化投資管理流程，改進投資管理工作。

第二節　現金流量分析

一、現金流量的構成

現金流量（CF）是指在投資決策中，一個項目引起的企業現金支出和現金收入增加的數量。應注意的是，本章使用的「現金」是廣義的現金，它不僅包括各種貨幣資金，還包括項目需要投入企業擁有的一切資源的變現價值（或稱重置成本）。例如，一個投資項目需要使用原有的廠房、設備和材料等，此時進行投資決策的現金流量應該是指它們的變現價值，而不是它們的帳面價值。現金流量具體可分為現金流出量、現金流入量和現金淨流量。

（一）現金流出量

現金流出量（CO）在項目開始時也稱初始現金流出量或原始投資額，是指投資方案引起的企業現金支出的增加額。現金流出量由以下三部分組成：一是固定資產投資，包括固定資產的購入或建造成本、運輸成本和安裝成本等。二是流動資產投資，包括對材料、產品、產成品和現金等流動資產的投資。三是其他投資費用，包括與長期投資有關的職工培訓費、談判費、註冊費用等。

（二）現金流入量

現金流入量（CI）是指投資項目增加的現金收入額或現金支出節約額。現金流入量主要包括：第一，銷售收入，即每年實現的全部現銷收入。第二，固定資產殘值變現收入以及出售時的稅賦損益。如果固定資產報廢時殘值收入大於稅法規定的數額，就應上繳所得稅，形成一項現金流出量，反之則可抵減所得稅，形成現金流入量。第三，墊支流動資金的收回。這主要指項目完全終止時因不再發生新的替代投資而收回的原墊付的全部流動資金額。第四，其他現金流入量。這是指以上三項指標以外的現金流入項目。

（三）現金淨流量

現金淨流量（NCF）是指一定期間現金流入量和現金流出量的差額。其計算公式如下：

$$NCF_t = CI_t - CO_t \qquad (式4\text{-}1)$$

這裡所說的「一定期間」，可以是指一年，也可以是指投資項目持續的整個年限。在（式4-1）中，若現金流入量大於現金流出量，稱為現金淨流入量；若現金流入量小於現金流出量，稱為現金淨流出量。

二、現金流量的計算

從現金淨流量的基本計算公式中可以看到，有關項目的現金淨流量包括投資現金流量、營業現金流量和項目終止現金流量。但由於繳納所得稅也是企業的一項現金流出，因此在計算有關現金流量時，還應該考慮所得稅的影響。

（一）投資現金流量

投資現金流量包括投資在固定資產的資金和投資在流動資產上的資金兩部分。

其中，投資在流動資產上的資金一般假設當項目結束時將全部收回，這部分現金流量由於在會計上一般涉及企業的損益，因此不受所得稅的影響。

投資現金流量大致包括以下內容：一是投資前費用（諮詢、簽約等）；二是設備購置費用；三是設備安裝費用；四是建築工程費用；五是營運（流動）資金的墊支；六是原有固定資產的變價收入扣除相關稅金後的淨收益；七是不可預見費用。

(二) 營業現金流量

營業現金流量通常是指投資項目開始營運期間每一年度產生的現金流入量與流出量，一般用兩者之差營業現金淨流量（NCF）來表示。營業現金流量與該項目產生的稅後淨利潤的關係為：

$$稅後淨利潤=營業收入-營業成本（含所得稅費用）$$

假定營業收入=收現收入，營業成本=付現成本+非付現成本，所得稅為付現成本，非付現成本=折舊。

$$稅後淨利=營業收入-付現成本（含所得稅費用）-折舊$$

由此可推出：

$$營業現金淨流量=營業收入-付現成本(含所得稅費用)=稅後淨利+折舊$$

(式4-2)

營業現金淨流量也可以按下式表達：

$$\begin{aligned}營業現金淨流量&=稅後淨利+折舊\\&=(營業收入-付現成本-折舊)\times(1-T)+折舊\\&=營業收入\times(1-T)-付現成本\times(1-T)+折舊\times T\end{aligned}$$ (式4-3)

式4-3中，T為企業所得稅率。

(三) 項目終止現金流量

項目終止現金流量包括固定資產的最終殘值（或稱為處理/回收成本）和收回原投入的流動資產兩部分。在投資決策中，通常假設在項目終止時，項目初期投入在流動資產上的資金可以全部收回。這部分收回的資金由於不涉及利潤的增減，因此對所得稅費用不產生影響；如果固定資產的最終殘值與固定資產的預計殘值相同，會計上對所得稅費用也同樣不產生影響。但現實往往是固定資產的最終殘值並不等同於其預計殘值，它們之間的差額將增加或減少企業的利潤，這就意味著在項目終止時，有可能因繳納所得稅，使因收回固定資產實際收到的現金與稅前固定資產最終殘值有所不同。因此，在計算現金流量時，我們不能忽視這部分的影響。

終止現金流量主要包括：固定資產的殘值收入或變價收入、墊支在流動資金上的資金的收回、停止使用的土地的變價收入、由於實際殘值大於預計殘值而帶來的所得稅的節約。

實際上，固定資產預計殘值與固定資產折舊一樣，都是對固定資產初始投資的收回。固定資產預計殘值由於投資時對所得稅費用不產生影響，因此在收回時對所得稅費用也同樣不產生影響。但是如果實際收到的固定資產殘值大於預計殘值，該差額作為固定資產清理收益將增加企業的稅前利潤，進而導致企業所得稅費用的增加；反之則為清理損失，企業可以因此而減少所得稅費用支出。

綜上所述，項目終止時的現金淨流量可以用以下公式表示：

終止現金流量＝實際殘值＋墊付的流動資金－(實際殘值－預計殘值)×T

(式4-4)

【例4-1】 華太公司正在考慮生產一種新產品，為此需購置一套價值40萬元的新設備，設備安裝費用為10萬元，另每年支付廠房租賃費10萬元。該設備使用期4年，預計殘值為零，按4年平均計提折舊，4年後可收回殘值預計為5萬元。此外，配套投入的流動資金為10萬元。該企業所得稅稅率為25%。在不考慮所得稅的情況下，各年末淨營業現金收入如表4-1所示。

表4-1　　　　　　　各年末淨營業現金收入　　　　　　單位：萬元

年份	第1年年末	第2年年末	第3年年末	第4年年末
淨營業現金收入	30	40	50	30

根據上述資料計算該項目各期的現金流量。

(1) 投資現金流量：

投資現金流量＝墊付的流動資金＋廠房租賃費＋設備購置費＋設備安裝費

$\quad\quad\quad\quad\quad$＝10＋40＋40＋10

$\quad\quad\quad\quad\quad$＝100（萬元）

(2) 營業現金流量：營業現金淨流量＝稅後淨利＋折舊

因此，各年營業現金流量為：

第1年營業現金流量＝(30－10)×(1－25%)＋10＝25（萬元）

第2年營業現金流量＝(40－10)×(1－25%)＋10＝32.5（萬元）

第3年營業現金流量＝(50－10)×(1－25%)＋10＝40（萬元）

第4年營業現金流量＝(30－10)×(1－25%)＋10＝25（萬元）

(3) 終止現金流量：

終止現金流量＝墊付流動資金＋實際殘值收入－(實際殘值收入－預計殘值收入)×T

$\quad\quad\quad\quad$＝10＋5－(5－0)×25%＝13.75（萬元）

因此，項目各期預期現金流量如表4-2所示。

表4-2　　　　　　　各期預期現金流量　　　　　　單位：萬元

年份	第1年年初	第1年年末	第2年年末	第3年年末	第4年年末
預期現金流量	(100)	25	32.5	40	38.75

第三節　非貼現的投資分析方法

非貼現的投資分析方法是指不考慮時間價值，把不同時間的貨幣收支都看成等效的。目前，在企業投資決策中此類方法只起輔助作用。此類方法主要有投資回收期法、平均報酬率法和會計收益率法。

一、投資回收期法

投資回收期是收回初始投資所需的時間，一般以年為單位。這是一種使用很廣泛、時間很長久的投資決策方法，計算結果表示收回投資需要的年限，回收年限越短，方案越有利。

【例4-2】華太公司現有兩項投資機會，資金成本率為10%，有關數據如表4-3所示。

表 4-3　　　　　　　　　淨現值計算資料表　　　　　　　　單位：萬元

期間	A 方案		B 方案	
	淨收益	現金淨流量	淨收益	現金淨流量
0		-18,000		-24,000
1	-3,600	2,400	1,200	9,200
2	6,000	12,000	1,200	9,200
3	6,000	12,000	1,200	9,200
合計	8,400	8,400	3,600	3,600

（一）營業現金流量表現為年金時

當投資額期初一次支出，每年現金淨流量相等時，計算公式如下：

$$投資回收期 = \frac{原始投資}{年現金淨流量} \quad (式4-5)$$

B 方案就屬於這種情況。

$$回收期 = \frac{24,000}{9,200} = 2.61（年）$$

（二）營業現金流量不相等時

投資額分幾年投入，每年現金淨流量不相等時，計算公式如下：

$$投資回收期 = (n-1)期 + \frac{第(n-1)年年末回收額}{第 n 年現金流入量} \quad (式4-6)$$

A 方案就屬於這種情況。

$$回收期 = (3-1) + \frac{18,000 - 2,400 - 12,000}{12,000} = 2.3（年）$$

兩個方案的回收期相比，A 方案短，因此應選 A 方案。

投資回收期法的優點是計算簡便、容易為決策人理解和使用，受投資者歡迎，而且該指標可以從一定程度上反應企業投資方案的風險；其缺點是沒有考慮資金的時間價值，也沒有考慮回收期以後的收益。因此，投資回收期法是傳統財務管理中進行投資決策經常使用的方法，但是在現代財務管理中，它只能作為一種輔助方法來使用。

【例4-3】某公司擬增加一條流水線，有甲、乙兩種方案可以選擇。每個方案所需投資額均為 20 萬元，甲、乙兩個方案的現金淨流量如表4-4所示。試計算兩個方案的投資回收期並比較優劣，做出決策。

表 4-4　　　　　　　　甲、乙方案的現金淨流量　　　　　　　　單位：萬元

項　目	投資額	第 1 年	第 2 年	第 3 年	第 4 年	第 5 年
甲方案	-20	6	6	6	6	6
乙方案	-20	2	4	8	12	2

第一種情況：甲方案每年現金淨流量相等。

甲方案投資回收期＝20/6＝3.33（年）

第二種情況：乙方案每年現金淨流量不相等，先計算各年尚未收回的投資額，如表 4-5 所示。

表 4-5　　　　　　　乙方案各年尚未收回的投資額　　　　　　　單位：萬元

年度	每期現金淨流量	累計期現金淨流量
0	-20	-20
1	2	-18
2	4	-14
3	8	-6
4	12	6
5	2	

乙方案投資回收期＝3+6/12＝3.5（年）

因為甲方案的投資回收期小於乙方案，所以應選擇甲方案。

二、平均報酬率法

平均報酬率法是指投資項目壽命週期內平均的年投資報酬表。其計算公式如下：

$$平均報酬率 = \frac{平均現金流量}{初始投資額} \times 100\% \qquad (式4-7)$$

以【例 4-2】為例，A、B 兩個項目的平均報酬率計算如下：

$$平均報酬率(A) = \frac{(2,400 + 12,000 + 12,000)/3}{18,000} \times 100\% = 48.89\%$$

$$平均報酬率(B) = \frac{9,200}{24,000} \times 100\% = 38.33\%$$

在採用平均報酬率法進行決策時，企業應事先確定一個要求達到的平均報酬率，在只有一個備選方案的採納與否決策時，只有高於這個平均報酬率的項目才能入選；而在多個方案的互斥選擇決策時，應選用平均報酬率最高的方案。計算公式的分母也可使用平均投資額，如此計算的結果可能會高一些，但是不會改變方案的優先次序。

平均報酬率法的優點是簡明、易算和易懂，缺點是沒有考慮資金的時間價值，將不同時點上的現金流量看成等值的。因此，在期限較長、後期收益率較高的項目投資決策時，平均報酬率法有時會得出錯誤的結論。

三、會計收益率法

會計收益率是指企業淨利潤（淨收益）與投資額的比率。因為這種方法在計算時要使用會計報表數字以及普通會計的收益和成本的概念，所以稱為會計收益率法。其計算公式如下：

$$\text{平均收益率} = \frac{\text{年平均淨收益}}{\text{原始投資額}} \times 100\% \qquad (\text{式}4-8)$$

仍以【例4-2】為例，A、B兩個項目的會計收益率計算如下：

$$\text{會計收益率}(A) = \frac{(-3,600+6,000+6,000)/3}{18,000} \times 100\% = 15.60\%$$

$$\text{會計收益率}(B) = \frac{1,200}{24,000} \times 100\% = 5\%$$

會計收益率法的優點是決策所需資料直接來自核算數據，容易取得，計算方法簡單明瞭；缺點是沒有考慮時間價值的因素。

第四節　貼現的投資分析方法

一、貼現的投資分析方法概述

貼現現金流量法是由美國西北大學阿爾弗雷德‧拉巴波特於1986年提出的，也被稱為拉巴波特模型（Rappaport Model）。貼現現金流量法是以明確的假設為基礎，選擇恰當的貼現率對預期的各期現金流入、流出進行貼現，通過貼現值的計算和比較，為財務合理性提供判斷依據的價值評估方法。貼現現金流量法以現金流量預測為基礎，充分考慮了目標公司未來創造現金流量能力對其價值的影響，在日益崇尚「現金至尊」的現代理財環境中，對企業併購決策具有現實的指導意義。

（一）貼現現金流量法的適用範圍

貼現現金流量法一般適用於在企業日常經營過程中，與投融資管理相關的資產價值評估、企業價值評估和項目投資決策等。貼現現金流量法也適用於其他價值評估方法不適用的企業，包括正在經歷重大變化的企業，如債務重組、重大轉型、戰略性重新定位、虧損或處於開辦期的企業等。

（二）貼現現金流量法的應用環境

企業應用貼現現金流量法應對企業戰略、行業特徵、外部信息等進行充分瞭解。

企業應用貼現現金流量法應從戰略層面明確貼現現金流量法應用的可行性，並根據實際情況，建立適宜貼現現金流量法開展的溝通協調程序和操作制度，明確信息提供的責任主體、基本程序和方式，確保信息提供的充分性和可靠性。同時，企業應考慮評估標的未來將採取的會計政策和評估基準日時採用的會計政策在重要方面是否基本一致。

企業應用貼現現金流量法應確認內外部環境對貼現現金流量法的應用能否提供充分支持，如現金流入和現金流出的可預測性、貼現率的可獲取性以及所有數據的

可計量特徵等。企業通常需要考慮以下內容：

(1) 國家現行的有關法律法規及政策、國家宏觀經濟形勢有無重大變化，各方所處地區的政治、經濟和社會環境有無重大變化。

(2) 有關利率、匯率、稅基及稅率等是否發生重大變化。

(3) 評估標的所有者和使用者是否完全遵守有關法律法規，評估標的在現有的管理方式和管理水準的基礎上，經營範圍、方式與目前方向是否保持一致。

(4) 有無其他不可抗拒因素及不可預見因素對企業造成重大不利影響。

(三) 貼現現金流量法的應用程序

企業應用貼現現金流量法，一般按以下程序進行：

(1) 估計貼現現金流量法的三個要素，即貼現期、現金流、貼現率。

(2) 在貼現期內，採用合理的貼現率對現金流進行貼現。

(3) 進行合理性判斷。

(4) 形成分析報告。

(四) 應用貼現現金流量法應注意的事項

企業應充分考慮標的特點、所處市場因素波動的影響以及有關法律法規的規定等，合理確定貼現期限，確保貼現期與現金流發生期間相匹配。貼現期可採用項目已有限期，亦可採用分段式，如以 5 年作為一個期間段。企業在進行資產價值評估時，尤其要注意標的資產的技術壽命期限對合同約定期限或法定使用期限的影響。

企業應用貼現現金流量法應當說明和反應影響現金流入和現金流出的事項與因素，既要反應現金流的變化總趨勢，也要反應某些重要項目的具體趨勢。

(1) 企業應用貼現現金流量法進行資產價值評估，要基於行業市場需求情況、經營風險、技術風險和管理難度等，分析與之有關的預期現金流及與收益有關的成本費用、配套資產等，並合理區分標的資產與其他配套資產或作為企業資產的組成部分所獲得的收益和所受的影響；同時，要準確評估標的資產使用權和收益權的完整性，並評估其對資產預測現金流產生的影響。

(2) 企業應用貼現現金流量法進行企業價值評估，一般按照以下程序進行：第一，從相關方獲取標的企業未來經營狀況和收益狀況的預測資料，充分考慮並分析標的企業的資本結構、經營狀況、歷史業績、發展前景和影響標的企業生產經營的宏觀經濟因素、標的企業所在行業發展狀況與前景以及未來各種可能性發生的概率及其影響，合理確定預測假設和權重，進行未來收益預測。第二，確定預測現金流中的主要參數的合理性，一般包括主營業務收入、毛利率、營運資金、資本性支出、成本及費用構成等，尤其要注意企業會計盈餘質量對企業估值產生的影響，需要調整並減少企業的非經常性損益、重組成本、非主營業務對會計報表的影響。第三，確定預測現金流，區分以企業整體還是以所有者權益作為企業價值評估的基礎。通常，企業整體價值評估採用企業自由現金流作為預測現金流的基礎，企業所有者權益價值評估採用股權自由現金流作為預測現金流的基礎。

(3) 企業應用貼現現金流量法進行項目投資決策，需要充分考慮並分析項目的資本結構、經營狀況、歷史業績、發展前景以及影響項目運行的市場行業因素和宏觀經濟因素，並要明確區分項目的預測現金流，同時要合理區分標的項目與其他項

目,或者作為企業的組成部分所獲得的收益和所受到的影響,尤其要注意可能存在的關聯交易,包括關聯交易性質及定價原則等對預測現金流的影響。

(4) 貼現率是反應當前市場貨幣時間價值和標的風險的回報率。貼現率的設定要充分體現標的特點,通常應當反應評估基準日類似地區同類標的平均回報水準和評估對象的特定風險。同時,貼現率應當與貼現期、現金流相匹配。當使用非年度的時間間隔(比如按月或按日)進行分析時,年度名義貼現率應調整為相應期間的實際貼現率。資產價值評估採用的貼現率,通常根據與資產使用壽命相匹配的無風險報酬率進行風險調整後確定。無風險報酬率通常選擇對應期限的國債利率,風險調整因素有政治風險、市場風險、技術風險、經營風險和財務風險等。進行企業價值評估採用的貼現率需要區分是以企業整體還是以所有者權益作為價值評估的基礎。通常,企業整體價值評估採用股權資本成本和債務資本成本的加權平均資本成本作為貼現率的確定依據,企業所有者權益價值評估採用股權資本成本作為貼現率的確定依據。資本成本是指籌集和使用資金的成本率,或者進行投資時所要求的必要報酬率,一般用相對數即資本成本率表達。企業的股權資本成本通常以資本資產定價模型為基礎進行估計,綜合考慮控制權程度、股權流動性、企業經營情況、歷史業績、發展前景和影響標的企業生產經營的宏觀經濟因素、標的企業所在行業發展狀況與前景等調整因素。

(5) 項目投資決策採用的貼現率應根據市場回報率和標的項目本身的預期風險來確定。一般情況下,可以按照標的項目本身的特點,適用資產價值評估和企業價值評估的貼現率確定方法,但要注意區分標的項目與其他項目,或者作為企業組成部分所產生的風險影響,對貼現率進行調整。

(6) 企業應用貼現現金流量法進行價值評估,一般從以下方面進行合理性判斷:第一,客戶要求。當客戶提出的特殊要求不符合市場價值為基礎的評估對有關貼現期、現金流或貼現率的相關規定時,其估值結果是基於客戶特殊要求下的投資價值而不是市場價值。第二,評判標準。貼現現金流量法作為一項預測技術,評判標準不在於貼現現金流預測最終是否完全實現,而應關注預測時的數據對貼現現金流預測的支持程度。

(7) 貼現現金流量法分析報告的形式可以根據業務的性質、服務對象的需求等確定,也可在資產評估報告中整體呈現。當企業需要單獨提供貼現現金流量法分析報告時,應確保內容的客觀與詳實。貼現現金流量法分析報告一般包括以下內容:第一,假設條件。貼現現金流量法分析報告應當對貼現現金流量法應用過程中的所有假設進行披露。第二,數據來源。貼現現金流量法分析報告應當清楚地說明並提供分析中所使用的有關數據及來源。第三,實施程序。編製貼現現金流量法分析報告一般按照以下程序進行:合理地選擇評估方法,評估方法的運用和邏輯推理,主要參數的來源、分析、比較和測算,對評估結論進行分析且形成評估結論。第四,評估者身分。當以內部評估人員身分開展評估工作時,評估人員與控制資產的實體之間的關係應當在評估報告中披露;當以外部評估人員身分開展評估工作且以盈利為目的為委託方工作時,評估人員應當對這種關係予以披露。

(四) 貼現現金流量法的優缺點

1. 貼現現金流量法的主要優點

貼現現金流量法的主要優點是結合歷史情況進行預測，並將未來經營戰略融入模型，有助於更全面地反應企業價值。

2. 貼現現金流量法的主要缺點

貼現現金流量法的主要缺點是測算過程相對較為複雜，對數據採集和假設的驗證要求複雜，資本成本、增長率、未來現金流量的性質等變量很難得到準確的預測、計算，往往會使得實務中的評估精度大大降低。

二、淨現值法

淨現值（Net Present Value，NPV）是指特定方案未來現金流入量的現值與未來現金流出量的現值之間的差額。具體來說，淨現值是指投資方案實施後，未來能獲得的各種報酬按資金成本或必要報酬率折算的總現值與歷次投資額按資金成本或必要的報酬率折算的總現值的差額。其計算公式如下：

$$NPV = \frac{NCF_1}{(1+k)^1} + \frac{NCF_2}{(1+k)^2} + \cdots + \frac{NCF_n}{(1+k)^n} - C$$

$$= \sum_{t=1}^{n} \frac{NCF_t}{(1+k)^t} - C \qquad (式4-9)$$

式4-9中，NPV為淨現值，NCF_t為第t年的現金淨流量，k為貼現率（資金成本或企業要求的必要報酬率），n為預計使用年限，C為初始投資額或投資額總現值。

淨現值的公式可表達為：

$$淨現值 = 未來報酬的總現值 - 投資總現值$$
$$= 現金流入總現值 - 現金流出總現值 \qquad (式4-10)$$

按照淨現值法，所有的未來現金流入和現金流出都要按預定貼現率折算為它們的現值，然後再計算它們的差額。

如果淨現值為正數，即貼現後的現金流入大於流出，說明該項目的投資報酬率大於預定的貼現率，即該投資方案的實際報酬率大於資金成本或必要報酬率，投資於該方案是有利可圖的；如果淨現值為零，即貼現後現金流入等於現金流出，說明該項目的投資報酬率相當於貼現率，即該投資方案的實際報酬等於資金成本或必要報酬率，投資於該方案是保本的，企業償付借款本息後將一無所獲；如果淨現值為負數，即貼現後現金流入小於現金流出，說明該項目投資報酬率小於貼現率，即該投資方案的實際報酬率小於資金成本或必要報酬率，投資於該方案不但連成本都收不回來，還要虧損。

淨現值法的決策規劃有兩個：一是在只有一個備選方案的採納與否決策時，淨現值為正值的可採納，否則放棄；二是在多個備選方案的互斥選擇決策時，取其中淨現值為正值中的最大值。

仍以【例4-2】為例，A、B兩個方案的淨現值計算如下：

$NPV(A) = 2,400 \times (P/F, 10\%, 1) + 12,000 \times (P/F, 10\%, 2) + 12,000 \times (P/F, 10\%, 3) - 18,000$

$$= 2,400 \times 0.909 + 12,000 \times 0.826 + 12,000 \times 0.751 - 18,000$$
$$= 3,105.6 \text{（萬元）}$$
$$NPV(B) = 9,200 \times (P/F, 10\%, 3) - 24,000$$
$$= 9,200 \times 2.487 - 24,000$$
$$= -1,119.6 \text{（萬元）}$$

以上計算結果表明：A 方案的淨現值大於零，說明 A 方案的報酬率超過 10%。若該企業的資本成本或要求的投資報酬率為 10%，A 方案是有利的，可以採納；而 B 方案的淨現值為負數，說明該方案的報酬率達不到 10%，因此應該放棄。

淨現值法的主要優點是理論較為完善，具有廣泛的適用性。該方法考慮了資金的時間價值，能夠反應各種投資方案的淨收益，其實際反應的是投資方案貼現後的淨收益，因此是一種較好的、適用性較強的方法。在互斥項目的選擇中，利用淨現值法進行決策是最好的選擇。

淨現值法的主要缺點有三個：第一，不能揭示實際報酬率。該方法能說明評估方案的實際報酬率與貼現率之間的大小關係，但是不能說明該方案的實際報酬率是多少。第二，貼現率不好確定。實際上，淨現值應用的關鍵是如何確定貼現率。貼現率的確定有兩種方法：一種是根據企業資金、成本來確定，另一種是根據企業要求的最低資金利潤來確定。第三，在投資規模不等的項目投資決策時，不能做出判斷。

三、現值指數法

現值指數（Present Value Index，PI）又稱獲利指數、利潤指數、貼現的收益。概括地說，現值指數法是指未來現金流入現值與現金流出現值之比。具體來說，現值指數法是指投資項目未來報酬的總現值與全部投資額的總現值之比。其計算公式如下：

$$PI = \left[\frac{NCF_1}{(1+i)^1} + \frac{NCF_2}{(1+i)^2} + \cdots + \frac{NCF_n}{(1+i)^n} \right] / C = \sum_{t=1}^{n} \frac{NCF_t}{(1+i)^t} / C$$

（式 4-11）

$$\text{現值指數} = \frac{\text{未來報酬的總現值}}{\text{全部投資的總現值}} \quad \text{或} \quad \text{現值指數} = \frac{\text{現金流入總現值}}{\text{現金流出總現值}}$$

現值指數說明了每 1 元現值投資額可獲得多少現值報酬，或者說，現值指數的實際是每 1 元原始投資可望獲得的現值淨收益。現值指數是一個相對數，反應投資的效率；而淨現值是一個絕對數，反應投資的效益，因此現值指數更適合於投資規模不同的方案之間的比較。

現值指數法的決策規則：一是在只有一個備選方案的採納與否決策中，選現值指數大於 1 的，否則放棄；二是在多個方案的互斥選擇決策中，取現值指數大於 1 的最大值。

仍以【例 4-2】的資料為例，A 和 B 兩個方案的現值指數計算如下：

$$PI(A) = \frac{2,400 \times (P/F, 10\%, 3) + 12,000 \times (P/F, 10\%, 2) + 12,000 \times (P/F, 10\%, 3)}{18,000}$$

$$= 1.17$$

$$PI(B) = \frac{9,200 \times (P/A, 10\%, 5)}{24,000} = 0.95$$

以上計算結果表明，A 方案的現值指數大於 1，說明其投資收益超過成本，即投資報酬率超過預計的貼現率，換句話講，A 方案每 1 元原始投資額可帶來 1.17 元的淨收益，因此 A 方案可行；B 方案的現值指數小於 1，說明其投資報酬率沒有達到預定的貼現率，報酬額小於成本，因此 B 方案不應採納。

現值指數法的優點：一是真實地反應了投資項目的盈虧程度。由於現值指數法考慮了資金的時間價值因素，因此能真實地反應投資項目的盈虧程度。二是便於獨立方案的比較。由於現值指數是用相對數來表示投資效益的，因此可以在初始額不同或全部投資額不同的方案之間進行比較、優選。

現值指數法的缺點：一是現值指數的概念不好理解，二是未能揭示投資方案本身具有的真實報酬率。

現值指數法和淨現值法都考慮了資金的時間價值，但兩者反應的內容不同，淨現值是絕對數，反應投資的效益；現值指數是相對數，反應投資的效率。在決策中，這兩種方法可以結合使用。

四、內含報酬率法

內含報酬率（Internal Rate of Return, IRR）又稱內部收益率，概括來講，是指能夠使未來現金流入量等於現金流出量現值的貼現率；具體來說，是指使投資項目的淨現值等於零。其計算公式為：

$$\frac{NCF_1}{(1+r)^1} + \frac{NCF_2}{(1+r)^2} + \cdots + \frac{NCF_n}{(1+r)^n} - C = 0$$

$$\sum_{t=1}^{n} \frac{NCF_t}{(1+r)^t} - C = 0 \qquad (式 4-12)$$

未來報酬總現值－全部投資總現值＝0

能使上述等式成立的「r」，就是該方案的內含報酬率。前面研究的淨現值法和現值指數法雖然考慮了時間價值，可以說明投資方案高於或低於某一特定的投資報酬率，但是它們都沒有揭示方案本身可以達到的具體的報酬率是多少。而內含報酬率是根據方案的現金流量計算得出的，是方案本身的投資報酬率。所以說，內含報酬率實際上反應了投資項目的真實報酬率，根據該項指標的大小，即可對投資項目進行評價。

內含報酬率法的決策規則：一是在只是一個備選方案的採納與否決策中，如果計算出的內含報酬率大於或等於公司的資本成本或必要報酬率，就採納，反之則拒絕；二是在多個方案的互斥選擇決策中，選擇內含報酬率超過資本成本或必要報酬率最多的投資項目。

1. 現金流量表現為年金

若現金淨流量呈等額地均勻分佈，可直接按年金求現值的方法計算。其計算公式如下：

$$投資額總現值 = 每年現金淨流量 \times (P/A, i, n) \qquad (式 4-13)$$

$$年金現值係數 = \frac{投資額總現值}{年現金淨流量}$$

仍以【例 4-2】為例，B 方案的內含報酬率計算如下：

$24,000 = 9,200 \times (P/A, i, 3)$

$(P/A, i, 3) = \dfrac{24,000}{9,200} = 2.609$

查「年金現值系數表」，$n=3$ 時，系數 2.609 所指的利率 i，結果與 2.609 接近的現值系數為 2.624 和 2.577，分別指向 7%～8%，說明該方案的內含報酬率在 7%～8%，可用內插法進一步確定 B 方案的內含報酬率。

利率	年金現值系數
7%	2.624
i	2.609
8%	2.577

$\dfrac{i - 7\%}{8\% - 7\%} = \dfrac{2.609 - 2.624}{2.577 - 2.624}$

$i = 7\% + 1\% \times \dfrac{-0.015}{-0.047} = 7.32\%$

以上計算結果表明 B 方案的內含報酬率只有 7.32%，小於貼現率（10%），因此該方案是虧損的，應該放棄。

2. 現金流量不均勻分佈

若現金流量呈不均勻分佈，需採用「逐步測試法」計算，步驟如下：

（1）估計一個貼現率，用它來計算淨現值。若淨現值為正數，說明方案本身的報酬率超過估計的貼現率，應提高貼現率後再測試；若淨現值為負數，說明方案本身的報酬率低於估計的貼現率，應降低貼現率後進一步測試。

（2）經過反覆測算，找到由負到正兩個比較接近於零的淨現值，從而確定內含報酬率的區間範圍（兩個相鄰的貼現率）。

（3）根據上述相鄰的貼現率再用插值法求其精確值，從而計算出方案的實際內含報酬率。

仍以【例 4-2】為例，根據前面的計算得知，A 方案的淨現值為正數，說明它的投資報酬率大於 10%，應提高貼現率進一步測試。若以 18% 為貼現率測試，其結果淨現值為負數（-44），降到 16% 再測試，結果淨現值為正值（676），可以判定 A 方案的內含報酬率在 16%～18%，測試過程見表 4-6。

表 4-6　　　　　　A 方案內含報酬率測試表　　　　　　單位：萬元

年份	現金淨流量	貼現率 18%		貼現率 16%	
		貼現系數	現值	貼現系數	現值
0	-18,000	1	-18,000	1	-18,000
1	2,400	0.847	2,032	0.862	2,068
2	12,000	0.718	8,616	0.743	8,916
3	12,000	0.609	7,308	0.641	7,692
淨現值	—	—	-44	—	676

用插值法來求 A 方案內含報酬率的精確值。

內含報酬率（A）= 16%+2%×$\frac{676}{44+676}$=17.88%

計算結果表明，A 方案的內含報酬率為 17.88%，大於貼現率 10%，投資於該方案是有利可圖的，可淨得 7.88% 的報酬率，因此 A 方案可以採納。

內含報酬率法的優點是考慮了時間價值，反應了投資項目的真實報酬率，有實用價值。內含報酬率法的缺點是計算過於複雜，不易掌握，尤其是每年現金淨流量不相等的投資項目一般要經過多次測算才能確定。

五、年現金流量法

年現金流量法（ANCF）是淨現值法的輔助方法，又稱年金淨現值法，是將投資項目期間內全部現金淨流量總額的現值或終值算為年金的方法。年現金淨流量的計算公式為：

年現金淨流量＝現金流量總現值（淨現值）/年金現值系數
年現金淨流量＝現金流量總終值/年金終值系數

（一）年現金淨流量法的使用方法

（1）單一項目比較。年現金流量指標的結果大於零，說明每年平均的現金流入能抵補現金流出，投資項目的淨現值（或淨終值）大於零，方案的報酬率大於要求的報酬率，方案可行。

（2）多項目比較。在兩個以上壽命期不同的投資方案比較時，年現金流量越大，方案越好。

【例 4-4】 現有甲、乙兩個投資方案，甲方案需一次性投資 10,000 元，可用 8 年，殘值 2,000 元，每年取得淨利潤 3,500 元。乙方案需一次性投資 10,000 元，可用 5 年，無殘值，第一年獲利 3,000 元，以後每年遞增 10%，如果資本成本率均為 10%，應採用哪種方案？

(1) 甲方案現金流量。

甲方案 NCF 分析：

NCF_0 =-10,000（元）

$NCF_{1\sim7}$=3,500+（10,000-2,000）/8=4,500（元）

NCF_8=4,500+2,000=6,500（元）

甲方案淨現值：

淨現值（甲）= 4,500×(P/A,10%,8)+2,000×(P/F,10%,8)-10,000
            = 14,941.50（元）

甲方案年金淨流量（ANCF）= 14,941.50/(P/A,10%,8)= 2,801（元）

(2) 乙方案現金流量。

乙方案 NCF 分析：

NCF_0 =-10,000（元）

NCF_1=3,000+2,000=5,000（元）

NCF_2=3,300+2,000=5,300（元）

$NCF_3 = 3,630+2,000 = 5,630$（元）
$NCF_4 = 3,993+2,000 = 5,993$（元）
$NCF_5 = 4,393.3+2,000 = 6,392.3$（元）
乙方案淨現值：
淨現值（乙）= $5,000×(P/F,10\%,1)+5,300×(P/F,10\%,2)+5,630×(P/F,10\%,3)$
　　　　　　　$+5,993×(P/F,10\%,4)+6,392.3×(P/F,10\%,5)-10,000$
　　　　　　$= 11,213.77$（元）
乙方案年金淨流量（ANCF）= $11,213.77/(P/A,10\%,5) = 2,958$（元）
因此乙方案優於甲方案。

【例 4-5】 某固定資產投資項目正常投資期為 5 年，每年年初投資 100 萬元，共需投資 500 萬元，從第 6 年初竣工投產，可使用 15 年，期末無殘值，投產後每年營業現金淨流入 150 萬元。如果把投資期縮短為 2 年，每年年初投資 300 萬元，2 年共投資 600 萬元，竣工投產後的項目壽命期和現金淨流入量均不變。該企業的資金成本為 10%，假設項目終結時無殘值，不用墊支流動資金。要求：用年等額淨回收額法判斷是否應縮短投資建設期。

方案 1：
(1) 計算建設期為 5 年的現金流量。
$NCF_{0\sim4} = -100$（萬元）
$NCF_5 = 0$
$NCF_{6\sim20} = 150$（萬元）
(2) 計算甲方案的淨現值。
淨現值(甲) = $150×(P/A,10\%,15)×(P/F,10\%,5)-100×(P/A,10\%,5)(1+10\%)$
　　　　　 $= 294.43$（萬元）
(3) 計算甲方案的年金淨流量。
ANCF（甲）= $294.43/(P/A,10\%,20) = 34.58$（萬元）

方案 2：
(1) 計算建設期為 2 年的現金流量。
$NCF_0 = -300$（萬元）
$NCF_1 = -300$（萬元）
$NCF_2 = 0$
$NCF_{3\sim17} = 150$（萬元）
(2) 計算乙方案的淨現值。
淨現值(乙) = $150×(P/A,10\%,15)×(P/F,10\%,2)-300×(1+10\%)-300$
　　　　　 $= 370.17$（萬元）
(3) 計算甲方案的年金淨流量。
ANCF（乙）= $370.17/(P/A,10\%,20) = 43.48$（萬元）
因此，乙方案優於甲方案。

（二）年現金流量法的優缺點
(1) 優點：適用於期限不同的投資方案決策（與淨現值的區別）。

(2) 缺點：採用的貼現率不易確定，不便於對原始投資額不相等的投資方案進行決策（與淨現值一樣）。

特別提醒：年現金流量法屬於淨現值法的輔助方法，在各方案壽命期相同時，實質上就是淨現值法。

六、貼現回收期法

貼現回收期是指從貼現的現金淨流量中收回原始投資額需要的年限。貼現回收期法對期望的現金流量以資本成本進行貼現，考慮了風險因素以及貨幣的時間價值。動態回收期需要將投資引起的未來現金淨流量進行貼現，以未來現金淨流量的現值等於原始投資額現值時經歷的時間為回收期。

（一）貼現回收期法的使用

(1) 在每年現金淨流量相等時，計算淨現值為 0 時對應的貼現回收期，即由 $(P/A, i, n)$ = 原始投資額現值/每年現金淨流量，運用插值法計算 n。

$$P = A \cdot \frac{1-(1+i)^{-n}}{i}$$

【例4-6】大威礦山機械廠準備從甲、乙兩種機床中選購一種機床。甲機床購價為 35,000 元，投入使用後，每年現金流量為 7,000 元；乙機床購價為 36,000 元，投入使用後，每年現金流量為 8,000 元。假定資本成本率為 9%，用貼現回收期指標決策該廠應選購哪種機床？

甲機床：

$35,000 = 7,000 \times (P/A, 9\%, n) \Rightarrow (P/A, 9\%, n)$

期數	系數
6	4.485,9
n	5
7	5.033

$\Rightarrow \dfrac{n-6}{7-6} = \dfrac{5-4.485,9}{5.033-4.485,9} \Rightarrow n = 6.94 \text{(年)}$

乙機床：

$35,000 = 8,000 \times (P/A, 9\%, n) \Rightarrow (P/A, 9\%, n) = 4.5$

期數	系數
6	4.485,9
n	4.5
7	5.033

$\dfrac{n-6}{7-6} = \dfrac{5-4.485,9}{5.033-4.485,9} \Rightarrow n = 6.03 \text{(年)}$

因此，應選購乙機床。

(2) 在每年現金淨流量不相等時。

插值法：$P = \sum_{m=1}^{n} F_i (1+i)^{-n}$

現值為基礎的回收期法：$P = M + \dfrac{\text{第 } M \text{ 年尚未收回金額現值}}{\text{第 }(M+1)\text{ 年的現金流量現值}}$

【例4-7】 某投資項目各年的預計現金淨流量如下：

$NCF_0 = -150,000$（元）

$NCF_1 = 30,000$（元）

$NCF_2 = 35,000$（元）

$NCF_3 = 60,000$（元）

$NCF_4 = 50,000$（元）

$NCF_5 = 40,000$（元）

資金成本率為5%，計算該項目的投資回收期。

如表4-7所示。

表4-7　　　　　考慮全部項目壽命期的現金流量表　　　　　　　　單位：元

年份	現金淨流量	現金淨流量現值	累計現值
0	-150,000	-150,000	-150,000
1	30,000	28,560	-121,440
2	35,000	31,745	-89,695
3	60,000	51,840	-37,855
4	50,000	41,150	3,295
5	40,000	31,360	34,655

回收期 = 3 + 37,855/41,150 = 3.92（年）

（二）貼現回收期法的優缺點

（1）優點：計算簡便，並且容易為決策人所理解，回收期越短，所冒風險越小。

（2）缺點：考慮了貨幣時間價值，但沒有考慮回收期以後的現金流量，不能計算出較為準確的投資經濟效益（只能反應流動性，不能反應盈利性）。

第五節　項目投資決策

一、項目投資決策概述

（一）項目投資管理的含義

項目投資管理是指通過項目各參與方的合作，運用專門的知識、工具和方法，對各項資源進行計劃、組織、協調、控制，使項目能夠在規定的時間、預算和質量範圍內，實現或超過既定目標的管理活動。

投資通常是指投入財力以期在未來一段時間內或相當長一段時期內獲得收益的行為。廣義投資的概念涉及的範圍相當廣泛：既包括長期投資，也包括短期投資；既包括生產性投資，也包括金融性投資；既包括固定資產投資，也包括無形資產投資。本章所要研究的投資主要是指生產性固定資產投資，即通常所說的項目投資。

項目投資是以一種特定項目為對象，直接與新建項目或更新改造項目有關的長

期投資行為。從性質上看，項目投資是指企業作為投資主體，圍繞著其生產經營中需要固定資產等數量的增加與質量的改善而進行的投資。與股票、債券投資不同，項目投資支出通常被納入資本預算決策程序，其目的是獲得能夠增加未來現金流量的長期資產。

項目管理適用於以一次性活動為主要特徵的項目活動，如一項工程、服務、研究課題、研發項目、賽事、會展或活動演出等；也可以適用於以項目制為主要經營單元的各類經濟主體。

(二) 項目投資管理的原則

(1) 注重實效，協同新創。項目應圍繞項目管理的目標，強調成本效益原則，實現項目各責任主體間的協同發展、自主創新。

(2) 按級負責，分工管理。項目各責任主體應當根據管理層次和任務分工的不同，有效行使管理職責，履行管理義務，確保項目取得實效。

(3) 科學安排，合理配置。責任主體須嚴格按照項目的目標和任務，科學合理編製預算，嚴格執行預算。

(三) 項目投資的程序

企業應用項目管理工具方法一般按照可行性研究、項目立項、項目計劃、項目實施、項目驗收和項目後評價等程序進行。

1. 可行性研究

可行性研究是指通過對項目在技術上是否可行、經濟上是否合理、社會和環境影響上是否積極等進行科學分析和論證，以最終確定項目投資建設是否進入啟動程序的過程。企業一般可以從投資必要性、技術可行性、財務可行性、組織可行性、經濟可行性、環境可行性、社會可行性、風險因素及對策等方面開展項目的可行性研究。

2. 項目立項

項目立項是對項目可行性研究進行批復，並確認列入項目實施計劃的過程。經批復的可行性研究報告是項目立項的依據，項目立項一般應在批復的有效期內完成。

3. 項目計劃

項目計劃是指項目立項後，在符合項目可行性報告批復相關要求的基礎上，明確項目的實施內容、實施規模、實施標準、實施技術等計劃實施方案，並據此編製項目執行預算的書面文件。通常情況下，項目執行預算超過可行性研究報告項目預算的10%時，或者項目實施內容、實施規模、實施地點、實施技術方案等發生重大變更時，應重新組織編製和報批可行性報告。經批復的項目計劃及項目執行預算應作為項目實施的依據。項目可行性報告的內容一般包括項目概況、市場預測、產品方案與生產規模、廠址選擇、工藝與組織方案設計、財務評價、項目風險分析以及項目可行性研究結論與建議等。

4. 項目實施

項目實施是指按照項目計劃，在一定的預算範圍內，保質保量按時完成項目任務的過程。通常，企業應重點從質量、成本、進度等方面，有效控制項目的實施過程。

（1）企業應遵循國家規定及行業標準，建立質量監督管理組織，健全質量管理制度，形成質量考核評價體系和反饋機制等，實現對項目實施過程的質量控制。

（2）成本控制應貫穿於項目實施的全過程。企業可以通過加強項目實施階段的投資控制，監督合同執行，有效控制設計變更，監督和控制合同價款的支付，實現項目實施過程的成本控制。

（3）企業應通過建立進度控制管理制度，編製項目實施進度計劃，確定項目實施節點；實行動態檢測，完善動態控制手段，定期檢查進度計劃，收集實際進度數據；加強項目進度偏差原因分析，及時採取糾偏措施等，實現對項目實施過程的進度控制。

5. 項目驗收

項目驗收是指項目完成後，進行的綜合評價、移交使用、形成資產的整個過程。項目驗收一般應由可行性研究報告的批復部門組織開展，可以從項目內容的完成情況、目標的實現情況、經費的使用情況、問題的整改情況、項目成果的意義和應用情況等方面進行驗收。

6. 項目後評價

項目後評價是指通過對項目實施過程、結果及其影響進行調查研究和全面系統回顧，與項目決策時確定的目標以及技術、經濟、環境、社會指標進行對比，找出差別和變化，據以分析原因、總結經驗、提出對策建議，並通過信息反饋，改善項目管理決策，提高項目管理效益的過程。企業應比對項目可行性報告的主要內容和批復文件開展項目後評價，必要時應參照項目計劃的相關內容進行對比分析，進一步加強項目管理，不斷提高決策水準和投資效益。

（四）項目投資管理的程序

1. 確定投資目標

確定投資目標就是要達到的預定投資目的，因此確定投資目標是投資決策的前提。投資目標是根據企業的長遠發展戰略、中長期投資計劃和投資環境的變化，在把握良好投資機會的情況下提出的。確定投資目標可以由企業管理當局或企業高層管理人員提出，也可以由企業各級管理部門的相關部門領導提出。企業在此階段決定投資方向、投資規模、投資結構以及未來投資成本效益的評估標準，為投資決策奠定良好的基礎。

2. 擬訂投資可行方案

項目投資前必須進行可行性分析，從技術、經濟、財務等方面進行全面的、系統的綜合研究；同時，從法律、環境保護、公眾安全以及對國民經濟的影響等方面做出科學的論證與評價，為投資項目的決策提供可靠的依據和建設。企業應根據確定的目標分析結果，擬訂多個具有可行性的備選方案。

3. 進行項目評價

進行項目評價需要確定的變量有項目壽命期的估計、項目預期產生的現金流入和現金流出以及用來計算項目現金流量序列的現值需要的恰當的折現率。企業運用各種投資評價指標，把各項投資按可行程度進行排列，寫出詳細的評價報告。

4. 投資決策分析

投資項目評價後，應按分權管理的決策權限由企業高層管理人員或相關部門經理做最後決策。投資額小的戰術性項目投資一般由部門經理做出，特別重大的項目投資需要報董事會或股東大會批准。不管由誰最後決策，其結論一般都可以分成接受這個投資項目，可以進行投資；拒絕這個項目，不能進行投資；返還給項目提出的部門，重新論證後，再行處理。

5. 項目執行與控制

在這一過程中，企業應建立一套預算執行情況的跟蹤系統，及時、準確地反應預算執行中的各種信息，將實際指標與預算指標進行對比，以便找出差異，分析原因，並將分析結論及時反饋給各有關部門或單位，以便調整偏離項目預算的差異，實現既定的目標。

6. 反饋調整決策方案

在投資項目的執行過程中，企業應根據環境和需要的不斷變化，對原先的決策方案，根據變化了的情況和生產實踐的反饋信息，做出相應的改變或調整，從而使決策更科學、更合理。

前面研究的投資決策是在現金流確定的條件下進行的，即迴避了風險的問題。事實上，風險是市場經濟的一個重要特徵，風險貫穿於財務活動的全過程，在財務管理的投資活動中充滿了不確定性，所以說風險是客觀存在的。如果決策面臨的不確定性較小，一般可以忽略不計，把其視為確定情況下（無風險）的決策。如果決策面臨的不確定性較大，足以影響方案的選擇，就應該對它們進行計量，並在決策時加以考慮。風險投資決策的分析方法很多，常用的方法有按風險調整貼現率法和按風險調整現金流量法。

(五) 項目投資管理的特點

1. 投資金額大

項目投資特別是戰略性的擴大生產能力投資一般都需要較多的資金，其投資額往往是投資人多年的資金累積，在企業總資產中佔有相當大的比重。因此，項目投資對企業未來的現金流量和財務狀況都將產生深遠的影響。

2. 影響時間長

項目投資的投資契機發揮作用的時間較長，項目建成後投入營運對企業未來的現金流量和長期生產經營活動將產生重大影響。

3. 投資風險大

項目投資一旦形成，就會在一個較長的時間內固化為一定的物質形態，具有投資剛性，即無法在的短期內做出更改，且面臨較大的市場不確定和其他風險，決策事物將造成不可能挽回的損失。因此，在投資之前採用一定的技術和方法進行風險決策分析顯得尤為重要。

4. 不可逆性強

項目投資一般不準備在一年或一個營業週期內變現，而且即使在短期內變現，其變現能力也較差。因為項目投資一旦完成，要想改變是相對困難的，不是無法實現，就是代價太大。

從以上特點可以看出，企業各個投資項目的平均獲利能力往往決定了整個企業的獲利能力，相應地，項目投資事物可能使企業陷入困境，甚至置企業於死地。因此，在投資決策上必須建立必要的投資決策程序，採用各種專門方法進行投資決策，以便提高投資效益。

二、獨立項目的投資決策

獨立項目是指兩個或兩個以上項目互不依賴，可以同時並存，各方案的決策也是獨立的。獨立項目的投資決策屬於篩分決策，評價各方案本身是否可行，即方案本身是否達到某種預期的可行性標準。獨立投資項目之間比較時，決策要解決的問題是如何確定各種可行性方案的投資順序，即各獨立方案之間的優先次序。排序分析時，以各獨立方案的獲利程度作為評價標準，一般採用內含報酬率法進行比較決策。

【例4-8】華太公司有足夠多的資金準備投資三個獨立投資項目。項目 A 的原始投資額為 10,000 元，期限為 5 年；項目 B 的原始投資額 18,000 元，期限為 5 年；項目 C 的原始投資額為 18,000 元，期限為 8 年。假設貼現率為 10%，其他有關資料如表 4-8 所示，應如何安排投資順序？

表 4-8　　　　　　　　獨立投資項目的可行性指標

項目	項目 A	項目 B	項目 C
原始投資額（元）	(10,000)	(18,000)	(18,000)
年現金淨流量（元）	4,000	6,500	5,000
期限（年）	5	5	8
淨現值（元）	5,164	6,642	8,675
現值指數	1.52	1.37	1.48
年金淨流量（元）	1,362	1,752	1,626

我們將上述三個方案的各種決策指標加以對比，可以得出以下結果：

（1）項目 A：淨現值大於零，現值指數大於 1，年金淨流量大於零，三個指標均顯示項目可行。

（2）項目 B：淨現值大於零，現值指數大於 1，年金淨流量大於零，三個指標均顯示項目可行。

（3）項目 C：淨現值大於零，現值指數大於 1，年金淨流量大於零，三個指標均顯示項目可行。

三、互斥項目的投資決策

互斥項目之間相互排斥，不能並存，因此投資決策的實質在於選擇最優方案，屬於選擇決策。選擇決策要解決的問題是應該淘汰哪個方案，即選擇最優方案。從選定經濟效益最大的要求出發，互斥決策以方案的獲利數額為評價標準。因此，互斥項目的投資決策一般採用淨現值法和年金淨流量法進行選優決策。但由於淨現值指標受投資項目壽命期的影響，因此年金淨流量法是互斥方案最恰當的決策方法。

（一）項目的壽命期相等時

從【例4-8】可知，A、B兩項目壽命期相同，而原始投資額不等；B、C兩項目原始投資額相等而壽命期不同。如果這三個項目是互斥投資方案，三個項目只能採納一個，不能同時並存。

A項目與B項目比較，兩項目原始投資額不等。儘管A項目的內含報酬率和現值指數較高，但互斥方案應考慮獲利數額，因此淨現值高的B項目是最優方案。兩項目的期限是相同的，年金淨流量指標的決策結論與淨現值指標的決策結論是一致的。

B項目比A項目投資額多8,000元，按10%的貼現率水準要求，分5年按年金形式回收，每年應回收2,110元（8,000/3.790,8）。但B項目每年現金淨流量比A項目也多取得2,500元，扣除增加的回收款2,110元後，每年還可以多獲得投資報酬390元。這個差額，正是兩項目年金淨流量指標值的差額（1,752-1,362）。因此，在原始投資額不等、壽命期相同的情況下，淨現值與年金淨流量指標的決策結論一致，應採用年金淨流量較大的B項目。

事實上，互斥方案的選優決策，各方案本身都是可行的，即都有正的淨現值，表明各方案均收回了原始投資，並有超額報酬。進一步在互斥方案中選優，方案的獲利數額作為了選優的評價標準。在項目的壽命期相等時，不論方案的原始投資額大小如何，能夠獲得更大的獲利數額，即淨現值的，為最優方案。因此，在互斥投資方案的選優決策中，原始投資額的大小並不影響決策的結論，無須考慮原始投資額的大小。

（二）項目的壽命期不相等時

【例4-8】中B項目與C項目比較，壽命期不等。儘管C項目淨現值較大，但它是8年內取得的。按每年平均的獲利數額來看，B項目的年金淨流量（1,752元）高於C項目（1,626元），如果B項目5年壽命期屆滿後，收回的投資重新投入原有方案，達到與C項目同樣的投資年限，取得的經濟效益也高於C項目。

實際上，在兩個壽命期不等的互斥投資項目比較時，需要將兩個項目轉化成同樣的投資期限才具有可比性。按照持續經營假設，壽命期短的項目，收回的投資將重新進行投資。針對各項目壽命期不等的情況，我們可以找出各項目壽命期的最小公倍期數，作為共同的有效壽命期。

【例4-9】現有甲、乙兩個機床購置方案，所要求的最低投資報酬率為10%。甲機床投資額10,000元，可用2年，無殘值，每年產生8,000元現金淨流量。乙機床投資額20,000元，可用3年，無殘值，每年產生10,000元現金淨流量。兩方案何者為優？

我們將兩方案的期限調整為最小公倍數6年，即甲機床6年內週轉3次，乙機床6年內週轉2次。未調整之前，兩方案的相關評價指標如表4-9所示。

表4-9　　　　　　　　互斥投資項目的選優決策　　　　　　　　單位：元

項目	甲機床	乙機床
淨現值（NPV）	3,888	4,870
年金淨流量（ANCF）	2,238	1,958
內含報酬率（IRR）	38%	23.39%

儘管甲方案淨現值低於乙方案，但年金淨流量和內含報酬率均高於乙方案。按最小公倍年數測算，甲方案經歷了 3 次投資循環，乙方案經歷了 2 次投資循環。各方案的相關評價指標如下：

（1）甲方案。
淨現值=8,000×4.355,3-10,000×0.683,0-10,000×0.826,4-10,000=9,748（元）
年金淨流量=9,748/4.355,3=2,238（元）

（2）乙方案。
淨現值=10,000×4.355,3-20,000×0.751,3-20,000=8,527（元）
年金淨流量=8,527/4.355,3=1,958（元）

上述計算說明，延長壽命期後，兩方案投資期限相等，甲方案淨現值 9,748 元高於乙方案淨現值 8,527 元，故甲方案優於乙方案。

至於內含報酬率指標，可以測算出當 i = 38%時，甲方案淨現值 = 0；當 i = 23.39%時，乙方案淨現值 = 0。

這說明，只要方案的現金流量狀態不變，按公倍年限延長壽命後，方案的內含報酬率並不會變化。

同樣，只要方案的現金流量狀態不變，按公倍年限延長壽命後，方案的年金淨流量指標也不會改變。

由於壽命期不同的項目，換算為最小公倍期數比較麻煩，而按各方案本身期限計算的年金淨流量與換算公倍期限後的結果一致。因此，實務中對於期限不等的互斥方案比較，無需換算壽命期限，直接按原始期限的年金淨流量指標決策。

綜上所述，互斥投資方案的選優決策中，年金淨流量全面反應了各方案的獲利數額，是最佳的決策指標。淨現值指標在壽命期不同的情況下，需要按各方案最小公倍期限調整計算，在其餘情況下的決策結論也是正確的。

四、複雜項目的投資決策

（一）固定資產更新決策

固定資產反應了企業的生產經營能力，固定資產更新決策是項目投資決策的重要組成部分。從決策性質上來看，固定資產更新決策屬於互斥投資項目的決策類型。因此，固定資產的更新決策採用的決策方法是淨現值法和年金淨流量法，一般不採用內含報酬率法。

1. 壽命期相同的設備重置決策

一般來說，用新設備來替換舊設備如果不改變企業的生產能力，就不會增加企業的營業收入，即使有少量的殘值變價收入，也不是實質性收入增加。因此，大部分以舊換新進行的設備重置都屬於替換重置。在替換重置方案中，發生的現金流量主要是現金流出量。如果購入的新設備性能提高，擴大了企業的生產能力，這種設備重置屬於擴建重置。

【例 4-10】光華公司現有一臺機床是 3 年前購進的，目前準備用一新機床替換。該公司的企業所得稅稅率為 25%，資本成本率為 10%，其餘相關資料如表 4-10 所示。

表 4-10　　　　　　　　　　　新舊設備資料　　　　　　　　　　單位：元

項目	舊設備	新設備
原價	84,000	76,500
稅法殘值	4,000	4,500
稅法使用年限（年）	8	6
已使用年限（年）	3	0
尚可使用年限（年）	6	6
大修理支出	18,000（第2年年末）	9,000（第4年年末）
每年折舊額（直線法）	10,000	12,000
每年營運成本	13,000	7,000
目前變現價值	40,000	76,500
最終報廢殘值	5,500	6,000

由於兩機床的使用年限均為 6 年，可採用淨現值法決策。兩個方案的有關現金流量資料整理後列出分析表如表 4-11 和表 4-12 所示。

表 4-11　　　　　　　　　　保留舊機床方案　　　　　　　　　　單位：元

項目	現金流量	年限(年)	現值系數	現值
1.每年營運成本	13,000×(1-25%)=(9,750)	1~6	4.355	(42,461.25)
2.每年折舊抵稅	10,000×25%=2,500	1~5	3.791	9,477.5
3.大修理費	18,000×(1-25%)=(13,500)	2	0.826	(11,151)
4.殘值變現收入	5,500	6	0.565	3,107.5
5.殘值淨收益納稅	(5,500-4,000)×25%=(375)	6	0.565	(211.88)
6.目前變價收入	(40,000)	0	1	(40,000)
7.變現淨損失減稅	(54,000-40,000)×25%=(3,500)	0	1	(3,500)
8.淨現值	—	—	—	(84,739.13)

表 4-12　　　　　　　　　　購買新機床方案　　　　　　　　　　單位：元

項目	現金流量	年限(年)	現值系數	現值
1.設備投資	(76,500)	0	1	(76,500)
2.每年營運成本	7,000×(1-25%)=(5,250)	1~6	4.355	(22,863.75)
3.每年折舊抵稅	12,000×25%=3,000	1~6	4.355	13,065
4.大修理費	9,000×(1-25%)=(6,750)	4	0.683	(4,610.25)
5.殘值變現收入	6,000	6	0.565	3,390
6.殘值淨收益納稅	(6,000-4,500)×25%=(375)	6	0.565	(211.88)
7.淨現值	—	—	—	(87,730.88)

從表 4-11 和表 4-12 結果可以看出：在兩方案營業收入一致的情況下，新設備現金流出的總現值為 87,730.88 元，舊設備現金流出的總現值為 84,739.13 元。因此，繼續使用舊設備比較經濟。

2. 壽命期不同的設備重置決策

對於壽命期不同的設備重置方案，用淨現值指標可能無法得出正確的決策結果。壽命期不同的設備重置方案，在決策時有以下三個特點：

（1）擴建重置的設備更新後會引起營業現金流入與流出的變動，應考慮年等額淨回收額最大方案。替換重置的設備更新一般不改變生產能力，營業現金流入不會增加，只需比較各方案的年等額成本即可，平均成本最小的方案最優。

（2）設備重置方案運用年等額成本方式決策時，應考慮的現金流量主要有：一是新舊設備目前市場價值。對於新設備而言，目前市場價值就是新設備的購價，即原始投資額；對於舊設備而言，目前市場價值就是舊設備的重置成本或變現價值。二是新舊價值殘值變價收入。殘值變價收入應作為現金流出的抵減。殘值變價收入現值與原始投資額的差額，稱為投資淨額。三是新舊設備的年營運成本，即年付現成本。如果考慮每年的營業現金流入，其應作為每年營運成本的抵減。

（3）年金成本可在特定條件下（無所得稅因素、每年營運成本相等），按如下公式計算：

年等額成本 = $\sum$(各項目現金淨流出現值)/年金現值系數　　　　（式4-14）

= [原始投資額−殘值收入×一般現值系數+$\sum$（年營運成本現值）] / 年金現值系數

= (原始投資額−殘值收入)/年金現值系數+殘值收入×貼現率+ $\sum$（年營運成本現值）/年金現值系數　　　　（式4-15）

【例4-11】華太公司現有舊設備一臺，由於節能減排的需要，準備予以更新。當期貼現率為15%，假設不考慮所得稅因素的影響，其他有關資料如表4-13所示。

表4-13　　　　　　　　安保公司新舊設備資料　　　　　　　　單位：元

項目	舊設備	新設備
原價	35,000	36,000
預計使用年限（年）	10	10
已經使用年限（年）	4	0
稅法殘值	5,000	4,000
最終報廢殘值	3,500	4,200
目前變現價值	10,000	36,000
每年折舊額（直線法）	3,000	3,200
每年營運成本	10,500	8,000

由於這兩個設備的尚可使用年限不同，因此比較各方案的年金成本。計算如下：

舊設備年等額成本 = [10,000−3,500×(P/F,15%,6)]/(P/A,15%,6)+10,500
　　　　　　　　= 12,742.56(元)

新設備年等額成本 = [36,000−4,200×(P/F,15%,10)]/(P/A,15%,10)+8,000
　　　　　　　　= 14,966.16(元)

從上述計算結果可知，繼續使用舊設備的年金成本（12,742.56元）低於購買新設備的年金成本（14,966.16元），每年可以節約2,223.6元，應當繼續使用舊設備。

【例4-12】接【例4-11】，假定企業所得稅稅率為25%，應考慮所得稅對現金流量的影響。

(1) 新設備每年折舊費為3,200元，每年營運成本為8,000元，因此：

每年折舊抵稅＝3,200×25%＝800（元）

每年稅後營運成本＝8,000×(1-25%)＝6,000（元）

新設備的購價為36,000元，報廢時殘值收入為4,200元，報廢時帳面殘值為4,000元，因此：

稅後殘值收入＝4,200-(4,200-4,000)×25%＝4,150（元）

稅後投資淨額＝(36,000-4,150)/(P/A,15%,10)+4,150×15%＝6,345.89（元）

綜上所述：新設備年等額成本＝6,345.89+6,000-800＝11,545.89（元）

(2) 舊設備每年折舊費為3,000元，每年營運成本為10,500元，因此：

每年折舊抵稅＝3,000×25%＝750（元）

每年稅後營運成本＝10,500×(1-25%)＝7,875（元）

舊設備目前變現價值為10,000元，目前帳面淨值為23,000元（35,000-12,000），資產報廢損失為13,000元，可抵稅3,250元（13,000×25%）。同樣，舊設備最終報廢時殘值收入為3,500元，帳面殘值為5,000元，報廢損失可以抵稅375元（1,500×25%）。因此：

舊設備投資額＝10,000+(23,000-10,000)×25%＝13,250（元）

舊設備稅後殘值收入＝3,500+(5,000-3,500)×25%＝3,875（元）

稅後投資淨額＝(13,250-3,875)/(P/A,15%,6)+3,875×15%＝3,058.79（元）

綜上所述：舊設備年等額成本＝3,058.79+7,875-750＝10,185.79（元）

上述計算表明，繼續使用舊設備的年等額成本為10,185.79元，低於購買新設備的年等額成本11,545.89元，應繼續使用舊設備方案。

(二) 多因素項目的投資決策

企業在進行投資決策時，往往有兩種情況會限制投資的數量和規模：一種是缺乏技術力量、管理人才、經營能力，這種限制被稱為軟資源配額，屬於經營管理的範疇；另一種情況是由於資金不足，不可能投資於所有可供選擇的項目，不得不在一定的資金範圍內進行選擇投資，這種限制被稱為硬資金配額，屬於財務管理研究的問題。

在資金有限的情況下，企業如何選擇最好的方案，是特殊條件下的決策問題。為了獲得最大的經濟效益，企業應將有限的資金投資於一組最佳的投資組合方案，其選擇標準是淨現值最大和現值指數最大，相應地，其決策方法有兩種：現值指數法和淨現值法。

採用現值指數法的計算步驟：計算各項目的現值指數→選出現值指數≥1的所有項目→計算加權平均的現值指數→取數值最大的一組。

採用淨現值的計算步驟：計算各項目的淨現值→選出淨現值≥0的所有項目→計算各組合的淨現值總額→取淨現值總額最大的一組。

【例4-13】華太公司只有400萬元資金供投資，有6種投資方案供選擇，資料如表4-14所示。

表 4-14　　　　　　　　　各方案情況表如下

方案	A	B	C	D	E	F
投資額（萬元）	100	100	400	300	200	200
淨現值（萬元）	20	22.5	58.5	42.5	25.4	22.8
現值指數	1.2	1.23	1.15	1.14	1.31	1.11

計算結果如表 4-15 所示。

表 4-15　　　　　　　　各方案計算情況表

順序	項目組合	初始投資（萬元）	加權平均現值指數	淨現值總額（萬元）
1	A、B、E	400（100+100+200）	1.173	67.9（20+22.5+25.4）
2	A、B、F	400（100+100+200）	1.163	65.3（20+22.5+22.8）
3	B、D	400（100+300）	1.163	65（22.5+42.5）
4	A、D	400（100+300）	1.155	62.5（20+42.5）
5	C	400	1.55	58.5（58.5）
6	E、F	400（200+200）	1.22	48.5（25.4+22.8）

加權平均現值指數：

$$PI_w = \sum_{i=1}^{n} PI_i \cdot x_i \qquad \text{（式 4-16）}$$

式 4-16 中，PI_w 為加權平均現值指數，PI_i 為某項目的平均現值指數，x_i 為某項目投資額占總投資額的比重。

表 4-15 中，A、B、E 組合的加權現值指數的計算方法如下：

$$\text{加權平均現值指數} = \frac{100}{400} \times 1.2 + \frac{100}{400} \times 1.23 + \frac{200}{400} \times 1.130 = 1.173$$

上述計算表明，在上述六種組合中，「A、B、E」組合方案為最佳組合，它的現值指數和淨現值總額都是最大值。但是，如果其中 A、B 兩個方案是互斥的，即不相容的，選 A 就不能 B，表 4-15 中的第一個和第二個組合方案都不能成立，應選第三個組合方案，即「B、D」組合方案，它的淨現值指數與第二個組合相同。

第六節　證券投資決策

一、證券投資概述

（一）證券投資的含義

1. 投資的特徵與分類

投資一般具有兩個特徵：時間和風險，即投入是當前發生的、確定的，而回報只能是以後才有的，而且數量上是不確定的。

按照投資對象來劃分，投資主要可以劃分為兩大類：實物投資和金融投資。實物投資是與實物資產有關的投資。

實物資產包括土地、建築物、知識、用於生產產品的機械設備和運用這些資源所必需的有技術的工人。由於實物資產可以直接用來創造產品和服務，因此進行實物投資是一種直接創造價值的活動。

金融投資是與金融資產有關的投資，包括對股票、債券、基金和金融衍生品等金融資產的投資。由於金融資產沒有具體的使用價值，因此不能直接用於生產新的產品和服務。但是在現代經濟中，實物投資的實現往往離不開金融投資，因為實物投資往往需要大量的資金投入為前提，所以金融投資實際上是一種間接的實物投資，是一種間接創造價值的活動，其投資收益來源於實物投資創造的價值。

2. 證券投資的定義

證券投資是指投資者（包括個人和法人）購買股票、債券、基金等有價證券以及這些有價證券的衍生品，以獲取紅利、利息及資本利得的投資行為和投資過程，是直接投資的重要形式。證券投資實際上就是投資者在金融市場中進行各種金融工具交易的活動。更準確地說，證券投資是投資者充分考慮了各種金融工具的風險與收益之後，運用資金進行的一種以盈利或避險為目的的金融活動。

（二）證券投資的特性

與證券投資相對應的是實物資產投資，實物資產投資的投入會直接增加全社會的資本存量。而證券投資是以有價證券的存在和流通為條件的金融投資。因此，證券投資除了具有收益性、風險性、流動性和時間性之外，還有其自身的特徵。

1. 派生性

從經濟學的角度來看，不論是何種制度的社會，只有形成於生產的社會物質資本，才會真正有利於經濟的增長和發展。而證券投資行為只是實物資產在社會中各生產部門和消費部門中進行資源優化配置的手段與補充。投資者進行證券投資可以實現對實物資產所有權和收益權的轉移，因此證券投資行為是基於實物資產派生而來的經濟行為。

2. 虛擬性

證券投資的虛擬性是指如果把投資活動中各行為主體的資產與負債進行加總，那麼這些證券資產將消失，而僅剩下實物資產會作為全社會的淨財富。因此，我們可以看出，證券作為一方的資產的同時也將成為另一方的負債，它的存在並不增加社會總財富。雖然證券不能增加社會財富，但是證券具有流動性引致的證券投資選擇機制，有利於提高實物資產投資的經營效益。

（三）證券投資的要素

一般而言，證券投資需要具備以下三個基本要素：

1. 時間

這裡所說的時間是指投資者進行投資的期限。投資者進行投資的期限分為長期、中期和短期。一般來說，投資期限越長可能獲得的預期收益就越高，同時伴隨的風險也就越大。因此，投資者在進行投資抉擇的時候就需要根據自己的偏好來進行投資期限的選擇。

2. 收益

收益是投資者進行證券投資的最終目的。股票的收益主要包括股利、資本利得以及分紅送股等，債券的收益主要是利息或通過市場價格波動獲得資本利得。

3. 風險

風險是相對於收益而言的另外一個概念。投資者進行證券投資過程中，獲得收益具有不穩定性，甚至可能招致損失。這種不穩定性就是風險。一般而言，預期收益越高，風險也就越大。

實際投資過程中，投資者除了需要衡量收益與風險外，還需要考慮投資成本等其他因素。

二、債券投資決策

（一）債券價值

公司債券是指企業為籌集資金而發行的、向債權人承諾按期支付利息和償還本金的書面憑證。公司債券是一種要式證券，體現的是持有人與發行企業之間的債權債務關係。

購買債券作為一種長期投資，要對其未來投資收益進行評價。購買債券的實際支出，即債券買價就是現金流出；未來到期或中途出售的債券本息回收是投資的現金流入。要確定債券的投資價值，必須要先計算債務未來現金流量的現值，只有當債券未來現金流量的現值大於債券投資的現行買價，達到投資者的預期收益率時，這種債券才值得投資。因此，債券投資的價值是由其未來現金流入量的現值決定的，影響債券價值的主要因素是債券面值、票面利率和市場利率。由於債券面值和票面利率在發行時就已經給定，因此債券價值的高低主要由市場利率水準決定。市場利率越高，債券價值越低；市場利率越低，債券價值越高。下面介紹幾種常用的債券估價模型。

1. 債券估價的基本模型

一般情況下，債券是採取固定不變的利率，每年按複利計算並支付利息，到期歸還本金。這樣債券的價值等於債券利息收入的年金現值與該債券到期收到本金現值之和。其計算公式如下：

$$V = \sum_{t=1}^{n} \frac{I}{(1+i)^t} + \frac{P}{(1+i)^n} \qquad (\text{式 4-17})$$

式 4-17 中，V 為債券價值；i 為債券利率，在評價時也可以採用市場利率或投資期望報酬率；I 為每年利息收入；P 為到期本金收入；n 為債券到期的年限。

【例 4-14】華太公司於 2014 年 1 月 1 日購買了一種面值為 1,000 元的債券，其票面利率為 8%，每年付息一次，期限為 5 年。當時的市場利率是 10%，債券的市價為 920 元。華太公司是否應投資購買此債券？

實際只需計算一下此債券未來 5 年收回的本金和利息是否大於投資價格。

$$V = \sum_{t=1}^{5} \frac{1,000 \times 8\%}{(1+10\%)^5} + \frac{1,000}{(1+10\%)^5} = 80 \times 3.490\,8 + 1,000 \times 0.620\,9 = 900\,(\text{元})$$

計算結果表明，此債券的價值大於現行市價，如果不考慮其他風險，則可以投資於該債券，因為它可以使企業獲取大於 10% 的市場平均利率水準的收益。

假定企業要求的投資回報率為 12%，那麼此債券是否還是可以值得投資的對象呢？計算分析如下：

$$V = \sum_{t=1}^{5} \frac{1,000 \times 8\%}{(1+12\%)^5} + \frac{1,000}{(1+12\%)^5} = 80 \times 3.604,8 + 1,000 \times 0.567,4 = 856 \text{ (元)}$$

計算結果表明，如果按12%的貼現率計算，該債券的價值明顯低於現行市價。如果投資者期望的投資回報率為12%，那麼此債券就沒有投資價值，應考慮其他的投資對象。

2. 到期一次還本付息的債券估價模型

到期一次還本付息債券的特點是等到債券到期時一次性支付債券本金和利息。中國發行的國庫券就屬於這種債券。這種債券的內在價值就是到期本息之和的現值。其計算公式如下：

$$V = \frac{P + I \cdot n}{(1+i)^n}$$

接【例4-14】，假定此債券不是每年付息一次，而是5年後一次還本付息，其計算結果如下：

$$V = \frac{1,000 + 1,000 \times 8\% \times 5}{(1+10\%)^5} = 1,400 \times 0.620,9 = 869 \text{ (元)}$$

在上述計算中，若把票面利率作為貼現率，則債券價值會明顯低於面值。

$$V = \frac{1,000 + 1,000 \times 8\% \times 5}{(1+8\%)^5} = 1,400 \times 0.680,6 = 953 \text{ (元)}$$

如果其市價為920元，對於投資者來講，雖然有收益但其收益較低，會明顯低於市場平均利率水準。與此同時，每年支付利息的債券，如果以票面利率代替貼現率來計算債券價值，則債券價值等於面值。如果債券是到期一次還本付息的，那麼以債券票面利率作為貼現率來計算債券價值，債券價值必然低於面值，使得投資者實際上不能獲得票面利率規定的報酬率水準，其原因是債券利息收入的現金流入量滯後，造成折算現值金額下降。

3. 折現發行的債券估價模型

有些債券以折現方式發行，沒有票面利率，到期按面值償還，也叫零票面利率債券。這種債券的內在價值就是到期時票面價值的現值。其計算公式是：

$$V = \frac{P}{(1+i)^n} = P \cdot (P/F, i, n) \qquad \text{（式4-18）}$$

【例4-15】華太公司發行的債券面值為1,000元，期限為3年，以折現方式發行，期內不計利息，到期按面值償還，當市場利率為12%時，其價格為多少時，才值得購買？

$$V = 1,000 \times (P/F, 12\%, 3) = 1,000 \times 0.712 = 712 \text{ (元)}$$

說明只有當該公司的債券市場價格低於712元的時候，才值得購買。

（二）債券投資收益率

1. 債券收益的來源

債券投資的收益是指投資於債券獲得的全部投資報酬，這些投資報酬來源於以下三個方面：

（1）名義利息收益。債券各期的名義利息收益是其面值與票面利率的乘積。

（2）利息再投資收益。債券投資評價時，有兩個重要的假定：第一，債券本金是到期收回的，而債券利息是分期收取的；第二，將分期收到的利息重新投資於同一項目，並取得與本金同等的利息收益率。

例如，某 5 年期債券面值為 1,000 元，票面利率為 12%，如果每期的利息不進行再投資，5 年共獲利息收益 600 元。如果將每期利息進行再投資，第一年獲利息 120 元；第二年 1,000 元本金獲利息 120 元，第一年的利息 120 元在第二年又獲利息收益 14.4 元，第二年共獲利息收益 134.4 元；依此類推，到第 5 年年末累計獲利息 762.34 元。事實上，按 12% 的利率水準，1,000 元本金在第 5 年年末的複利終值為 1,762.34 元，按貨幣時間價值的原理計算債券投資收益，就已經考慮了再投資因素。在取得再投資收益的同時，承擔著再投資風險。

（3）價差收益。價差收益是指債券尚未到期時投資者中途轉讓債券，在賣價和買價之間的價差上所獲得的收益，也稱為資本利得收益。

2. 債券的內部收益率

債券的內部收益率是指當前市場價格購買債券並持有至到期日或轉讓日產生的預期報酬率，也就是債券投資項目的內含報酬率。在債券價值估價基本模型中，如採用債券的購買價格 P_0 代替內在價值 V_b，就能求出債券的內部收益率。也就是說，用該內部收益率貼現決定的債券內在價值，剛好等於債券的目前購買價格。

債券真正的內在價值是按市場利率貼現決定的內在價值，當按市場利率貼現計算的內在價值大於按內部收益率貼現計算的內在價值時，債券的內部收益率才會大於市場利率，這正是投資者所期望的。

【例 4-16】假定投資者目前以 1,075.92 元的價格，購買一份面值為 1,000 元、每年付息二次、到期歸還本金、票面利率為 12% 的 5 年期債券，投資者將該債券持有至到期日，有：

$1,075.92 = 120 \times (P/A, R, 5) + 1,000 \times (P/F, R, 5)$

內部收益率 $R = 10\%$

同樣的原理，如果債券目前購買價格為 1,000 元或 899.24 元，有：

內部收益率 $R = 12\%$ 或內部收益率 $R = 15\%$

可見，溢價債券的內部收益率低於票面利率，折價債券的內部收益率高於票面利率，平價債券的內部收益率等於票面利率。

通常，也可以用簡便算法對債券投資收益率近似估算。其公式為：

$$R = \frac{I+(B-P)/N}{(B+P)/2} \quad \text{(式 4-19)}$$

式 4-19 中，P 表示債券的當前購買價格，B 表示債券面值，N 表示債券期限，分母是平均資金佔用，分子是平均收益，將【例 4-16】數據代入得：

$$R = \frac{120 + (1,000 - 1,075.92)/5}{(1,000 - 1,075.92)/2} \times 100\% = 10.098\%$$

三、股票投資決策

（一）股票的價值

投資於股票預期獲得的未來現金流量的現值，即股票的價值或內在價值、理論價格。股票是一種權利憑證，它之所以有價值，是因為它能給持有者帶來未來的收益，這種未來的收益包括各期獲得的股利、轉讓股票獲得的價差收益、股份公司的清算收益等。價格小於內在價值的股票是值得投資者投資購買的，股份公司的淨利潤是決定股票價值的基礎。股票給持有者帶來未來的收益一般是以股利形式出現的，因此也可以說股利決定了股票價值。

1. 股票評價的基本模型

一般情況下，投資者投資於股票，首先是希望得到股利收入，其次更希望在未來出售股票時從股票價格的上漲中獲取買賣價差收入。股票的內在價值是股票預期未來現金流入的現值，主要包括出售股票時的資本利得和股利收入。

如果投資者持有股票的時間預計為一年，則投資價值比較好評價。其評價公式如下：

$$V = \frac{D_1 + P_1}{1 + K} \qquad \text{（式4-20）}$$

式4-20中，V為表示股票投資價值，D_1為表示預期一年內的股利收入，P_1為表示一年後的股票市價，K為表示投資者期望報酬率。

【例4-17】華太公司以60元購入某種股票若干股，預計每股年股利為4元，年底售價為65元，投資者的期望投資報酬率為12%，計算該股票的投資價值。

$$V = \frac{4 + 65}{1 + 12\%} = 61.61（元）$$

投資者如果以小於或等於61.61元的價格購入此種股票，便能夠保證12%的期望報酬率；如果價格高於61.61元時，那就不能進行投資。其實在（式4-20）中也可以用現行股票價格來代替股票價值，再求出預期報酬率K，看是否大於12%，如果大於或等於則可以考慮投資，小於則不能進行投資。其公式為：

$$K = \frac{D_1 + P_1}{V} - 1 \qquad \text{（式4-21）}$$

【例4-18】接【例4-17】，假設現行股價60元，其他條件不變，則預期報酬率計算如下：

$$K = \frac{D_1 + P_1}{V} - 1 = (\frac{4 + 65}{60} - 1) \times 100\% = 15\%$$

15%的預期報酬率大於投資者的期望報酬率12%，可以進行投資。

2. 長期持有股票的股票投資價值評價

當投資者持有股票並不是一年，而是長期持有時，那麼股票的投資價值為：

$$V = \sum_{t=1}^{n} \frac{D_t + P_t}{V} + \frac{P_n}{(1+K)^n} \qquad \text{（式4-22）}$$

式4-22中，V為股票的價值，P_n表示預期n年後的股票市價，K為投資人要求的

必要投資收益率，D_t 為第 t 期的預期股利，n 為預計持有股票的期數。如果投資人準備長期持有該股票，那麼 $n \to \infty$，則 $\frac{P_n}{(1+K)^n} \to 0$，因此長期持有股票的投資價值應為 $V = \sum \frac{D_t}{(1+K)^t}$。

這一公式便是股票投資價值的基本模型，無論是永久持有，還是限期持有，該公式都能適用。在實際運用中，最主要的問題是如何確定每股股利和投資者期望報酬率。

3. 零成長股票估價模型

在長期持有、股票價格穩定不變的情況下，即預期每年年末股利的增長率為零的情況下，我們可以將每年年末的股利看成永續年金的形式。此時，股利估價模型可以簡化為：

$$V = \frac{D}{K} \qquad (式4\text{-}23)$$

式 4-23 中，V 為股票內在價值，D 為每年固定股利，K 為投資人要求的必要投資收益率。

【例 4-19】假設華太公司股票預期每年股利為每股 5 元，若投資人要求的投資必要收益率為 10%，則該股票的每股內在價值是多少？

$V = \frac{5}{10\%} = 50$（元）

這說明當該股票的市場價格低於每股 50 元時，才值得購買。如當時市場上該種股票市價為 49 元，投資者購入，便能獲得高於 12% 的實際報酬率（$K = \frac{D}{V} = \frac{5}{49} \times 100\% = 10.2\%$）。可見，當市價低於股票投資價值時，股票投資價值越大，其實際報酬率越高於投資者的期望報酬率。

要注意的是，此種零成長的股票投資模式，除了普通股之外，也同樣適用於優先股，優先股每年股利固定，相當於一種零成長的普通股票。

4. 固定成長股票的估價模型

在無限期持有股票的條件下，如果發行公司預期每年的股利以一個固定的比率增長，這種股票稱固定成長股票。設每年股利增長率為 g，上年股利為 D_0，則：

$$V = \sum_{t=1}^{\infty} \frac{D_0 \times (1+g)^t}{(1+K)^t} \qquad (式4\text{-}24)$$

代入等比數列前 n 項求和公式，當 $n \to \infty$ 時，普通股的價值為：

$$V = \frac{D_0 \times (1+g)}{K-g} = \frac{D_1}{K-g}$$

式 4-24 中，D_1 為第一年的股利。

【例 4-20】A 公司上一年每股支付利息為 3 元，預計未來每年以 5% 的增長率增長。B 公司要求獲得 15% 的必要報酬率，股票價格為多少時，B 公司才能購買 A 公司的股票？

$$V = \frac{3 \times (1 + 5\%)}{15\% - 5\%} = 31.5 \text{（元）}$$

即當市場上 A 公司的股票價格低於每股 31.5 元時，B 公司才能購買。

5. 非固定成長股票的估價模型

在現實中，大多數的公司股票的股利並不是固定不變或以固定不變的比率增長的，而是處於不斷變動之中的，這種股票被稱為非固定成長股票。這類股票的估價比較複雜，我們通常將企業股票價值分段進行計算，主要有四個步驟：首先是將股利現金流分為兩部分，即開始時的非固定增長階段和其後的永久性固定增長階段；其次是計算非固定增長階段預期股利的現值；再次是在非固定增長期末，也就是固定增長期開始時，計算股票的價值，並將該數值折現；最後是將兩部分現值相加，即股票的現時價值。

【例 4-21】華太公司正處於高速發展期。預計未來 4 年內以股利 10% 的速度增長，在此後轉為正常增長，股利年增長率為 5%。該公司上一年支付的每股股利為 2 元。若投資者要求的必要報酬率為 15%，則該股票的內在價值是多少？

首先，計算非正常增長時期的股利現值，如表 4-16 所示。

表 4-16　　　　　　　　　　股利現值表　　　　　　　　　　單位：元

年份	股利	複利現值系數（$i=15\%$）	現值
第 1 年	$2 \times (1 + 10\%) = 2.2$	0.870	1.914
第 2 年	$2 \times (1 + 10\%)^2 = 2.42$	0.756	1.830
第 3 年	$2 \times (1 + 10\%)^3 = 2.66$	0.658	1.750
第 4 年	$2 \times (1 + 10\%)^4 = 2.93$	0.572	1.676
合計			7.170

其次，計算第 4 年年末的普通股價值：

$$V = \frac{D_5}{K - g} = \frac{2.93 \times (1 + 5\%)}{15\% - 5\%} = 30.765 \text{（元）}$$

再次，計算其現值：

$$\frac{30.765}{(1 + 15\%)^5} = 15.3 \text{（元）}$$

最後，計算股票目前的價值：

$$V = 30.765 + 15.3 = 46.1 \text{（元）}$$

說明當該公司股票的市場價格低於 46.1 元時，該股票才值得購買。

除此之外，我們還可以通過簡單的市盈率法來估價。這是一種粗略的衡量股票價值的方法，由於計算相對比較簡單，易於掌握，被許多投資者使用。

市盈率是股票市價和每股收益之比。即：

　　　　　　　　　　市盈率＝每股市價／每股收益　　　　　　　　（式 4-25）

換言之：

　　　　　　　　股票價格＝該股市盈率×該股票每股收益
　　　　　　　　股票價值＝行業平均市盈率×該股票每股收益

根據證券機構或刊物提供的同類股票過去若干年的平均市盈率，乘上當前該股票每股收益，可以得出股票的公平價值。用它和當前市價比較，可以看出所付價格是否合理。

【例4-22】華太公司的股票每股收益為3元，市盈率為10元，行業股票的平均市盈率為11，是否應該投資？

股票價格＝10×3＝30（元）

股票價值＝11×3＝33（元）

股票價值＞股票價格，說明市場對該股票的價值略有低估，股票基本正常，有一定的吸引力。

（二）股票投資的收益率

1. 股票收益的來源

股票投資的收益由股利收益、股利再投資收益、轉讓價差收益三部分構成。只要按貨幣時間價值的原理計算股票投資收益，就無須單獨考慮再投資收益的因素。

2. 股票的內部收益率

股票的內部收益率是使得股票未來現金流量貼現值等於目前的購買價格時的貼現率，也就是股票投資項目的內含報酬率。股票的內部收益率高於投資者要求的最低報酬率時，投資者才願意購買該股票。在固定增長股票估價模型中，用股票的購買價格 P_0 代替內在價值 V_b，有：

$$R = \frac{D_1}{P_0} + g \quad \text{（式 4-26）}$$

可以看出，股票投資內部收益率由兩部分構成：一部分是預期股利收益率 D_1/P_0，另一部分是股利增長率 g。

如果投資者不打算長期持有股票，而將股票轉讓出去，則股票投資的收益由股利收益和資本利得（轉讓價差收益）構成。這時，股票內部收益率 R 是使股票投資淨現值為零時的貼現率。其計算公式為：

$$NPV = \sum_{t=1}^{n} \frac{D_t}{(1+R)^n} + \frac{P_t}{(1+R)^n} - P_0 = 0 \quad \text{（式 4-27）}$$

【例4-23】某投資者2016年5月購入華太公司股票1,000股，每股購價3.2元。華太公司2017年、2018年、2019年分別派分現金股利0.25元/股、0.32元/股、0.45元/股。該投資者2019年5月以每股3.5元的價格售出該股票，華太公司股票內部收益率為：

$$NPV = \frac{0.25}{1+R} + \frac{0.32}{(1+R)^2} + \frac{0.45}{(1+R)^3} + \frac{3.5}{(1+R)^3} - 3.2 = 0$$

當 $R=12\%$ 時，$NPV=0.089,8$

當 $R=14\%$ 時，$NPV=-0.068,2$

用插值法計算：

$$R = 12\% + 2\% \times \frac{0.089,8}{0.089,8+0.068,2} = 13.14\%$$

第五章
預算管理會計

第一節　預算管理會計概述

　　企業為了實現經營目標，保證企業最優決策方案的貫徹、執行，需要從戰略的角度統籌和安排各種資源。預算作為一種管理工具，隨著社會經濟活動的發生和發展共同成長，隨著技術的進步日趨完善。雖然在不同發展時期，預算的功能不同，但都是通過對企業內部各項經濟活動的安排和計劃，達到管理企業、實現企業目標的目的。

一、預算管理的含義

　　預算管理是指企業以戰略目標為導向，通過對未來一定期間內的經營活動和相應的財務結果進行全面預測和籌劃，科學、合理配置企業各項財務和非財務資源，並對執行過程進行監督和分析，對執行結果進行評價和反饋，指導經營活動的改善和調整，進而推動實現企業戰略目標的管理活動。

　　預算是企業計劃、協調和控制等職能得以實現的手段，是連接企業內部不同單位和部門及其經濟業務之間的紐帶。預算管理是企業對一定期間內的經營、投資、財務等企業相關的各項經濟活動所做的總體安排，是對公司整體戰略發展目標和年度計劃的細化。作為一種管理控制方法，全面預算通過把企業內部的所有關鍵問題融合在一個系統中，憑借計劃、協調、控制、激勵、評價等綜合管理功能，整合和優化配置企業資源，提高企業運行效率，幫助企業實現發展戰略。

二、預算管理的作用

　　企業預算管理的作用主要表現在以下方面：

（一）明確工作目標

　　預算作為一項計劃，規定了企業一定時期的總目標和各級各部門的具體目標。這樣就使各部門瞭解和明確自己在企業預算總目標中的職責和努力的方向，並且驅動企業各個部門甚至每名員工都要編製切實可行的、具體的工作計劃，並積極地實施這些計劃，從而使企業總體目標通過具體目標的實施得以實現。

（二）協調部門關係

　　全面預算把企業各方面的工作納入統一計劃中，促使企業內部各部門的預算可

以相互協調、環環緊扣、達到平衡。在保證企業總體目標最優的前提下，各部門可以有序、有計劃地組織各自的活動。

(三) 控制日常活動

編製預算是企業經營管理活動的起點，同時是企業日常經濟活動的依據。在預算執行的過程中，各部門應通過計量、對比，及時揭露實際脫離預算的差距並分析原因，同時採取必要措施，消除薄弱環節，保證預算目標能夠順利實現。

(四) 形成業績考核標準

預算指標都是企業數量化、具體化的經營目標，是企業各個部門、每名員工的工作目標。在評定各部門工作業績時，企業要根據預算的完成情況，分析偏離預算的程度和原因，劃清責任，獎罰分明，促使各部門為了完成預算規定的目標努力工作。企業用預算指標去評價部門和員工的績效，可以避免各種關係和個人感情對企業的不良影響。

(五) 防範風險

預算管理是企業內部控制的一項工具，可以有效控制企業風險、實現企業目標。預算的制定和實施過程本身就是企業對面臨的各種風險進行識別、預測、評估和控制的過程。因此，財政部等國家五部委在聯合發布《企業內部控制基本規範》時，將預算控制作為重要的控制活動和風險控制的措施。

三、預算管理的原則

企業進行預算管理，一般應遵循以下原則：

(一) 戰略導向原則

預算管理應圍繞企業的戰略目標和業務計劃有序開展，引導各預算責任主體聚焦戰略、專注執行、達成績效。

(二) 過程控制原則

預算管理應通過及時監控、分析等把握預算目標的實現進度並實施有效評價，對企業經營決策提供有效支撐。

(三) 融合性原則

預算管理應以業務為先導、以財務為協同，將預算管理嵌入企業經營管理活動的各個領域、層次、環節。

(四) 平衡管理原則

預算管理應平衡長期目標與短期目標、整體利益與局部利益、收入與支出、結果與動因等關係，促進企業可持續發展。

(五) 權變性原則

預算管理應剛性與柔性相結合，強調預算對經營管理的剛性約束，又可以根據內外環境的重大變化調整預算，並針對例外事項進行特殊處理。

四、預算管理的內容

企業預算是由一系列預算按其經濟內容及相互關係有序排列組成的有機體，包括經營預算、專門決策預算和財務預算三大部分。

（一）經營預算

經營預算又稱業務預算，是指與企業日常業務直接相關的一系列預算，包括銷售預算、生產預算、直接材料預算、直接人工預算、製造費用預算、產品成本預算、期末存貨預算、銷售費用預算、管理費用預算等。這類預算通常與企業利潤表的計算有關，大多以實物量指標和價值量指標分別反應企業收入和費用的構成情況。

（二）專門決策預算

專門決策預算是指企業重大的或不經常發生的、需要根據特定決策編製的預算，主要包括固定資產投資預算、權益性資本投資預算、債券投資預算、其他投資預算和籌資預算等。

（三）財務預算

財務預算是指與企業資金收支、財務狀況或經營成果等有關的預算，包括現金預算、預計資產負債表、預計利潤表等。

五、預算管理的編製程序

企業經營預算和財務預算的預算期間通常為一年，並且與企業的會計年度相一致。編製順序是先編製銷售預算，然後按照「以銷定產」的原則，依次編製生產預算、直接材料預算、直接人工預算、製造費用預算、銷售費用預算、管理費用預算等；同時，編製各項專門決策預算。最後，企業根據業務預算和專門決策預算編製財務預算。企業的財務預算是在上述經營預算和資本支出預算的基礎上，按照一般會計原則和方法編製的。

預算是一項工作量大、涉及面廣、時間性強、操作複雜的編製工作，企業一般需要設置預算委員會，協調各部門的關係。同時，預算涉及經營管理的各個部門，只有執行人參與預算的編製，才能使預算成為其自願努力完成的目標。因此，預算一般採取自上而下、自下而上的方法，不斷反覆修正，最後由有關機構綜合平衡，並以書面形式自上而下傳達，作為正式的預算落實到各有關部門付諸實施。

預算編製的一般程序如下：第一，在預測與決策的基礎上，由預算委員會擬定企業預算總方針，包括經營方針、各項政策以及企業總目標和分目標，如利潤目標、銷售目標、成本目標等；第二，組織各生產業務部門按照具體目標要求編製本部門的預算草案；第三，由預算委員會平衡與協調各部門的預算草案，並進行預算分析；第四，審議預算並上報董事會通過企業的綜合預算和部門預算；第五，將審批後的預算下達到各級部門執行；第六，定期對預算執行情況進行分析，取得反饋信息用於監控與決策。

六、預算管理的應用環境

企業實施預算管理的基礎環境包括戰略目標、業務計劃、組織架構、內部管理制度、信息系統等。企業應按照戰略目標，確立預算管理的方向、重點和目標。企業應將戰略目標和業務計劃具體化、數量化後作為預算目標，促進戰略目標落地。業務計劃是指按照戰略目標對業務活動的具體描述和詳細計劃。企業可以設置預算管理委員會等專門機構組織，監督預算管理工作。該機構的主要職責包括：審批公

司預算管理制度、政策，審議年度預算草案或預算調整草案並報董事會等機構審批，監控、考核本單位的預算執行情況並向董事會報告，協調預算編製、預算調整及預算執行中的有關問題等。預算管理的機構設置、職責權限和工作程序應與企業的組織架構和管理體制互相協調，保障預算管理各環節職能銜接、流程順暢。企業應建立健全預算管理制度、會計核算制度、定額標準制度、內部控制制度、內部審計制度、績效考核和激勵制度等內部管理制度，落實預算管理的制度基礎。企業應充分利用現代信息技術，規範預算管理流程，提高預算管理效率。

第二節　預算編製方法

預算編製方法是指用於預算編製的專門技術，是編製途徑、規則、方式、程度、步驟、技巧和手段等的集合。預算編製的方法有若干種，正確選擇預算編製方法，不僅可以有效提高預算的編製效率，而且對於提高預算指標的準確性和恰當性也是至關重要的。但是需要強調的是，不管採用何種預算編製方法，都要與本企業的實際情況相吻合，能切實增強預算編製的實用性和前瞻性。

一、固定預算法與彈性預算法

（一）固定預算法

固定預算法又稱為靜態預算法，是以預算期內某一固定業務量（如產量、銷售量）水準作為唯一基礎，不考慮預算期內生產活動可能發生的變動而編製預算的方法。一般情況下，對不隨業務量變動而變動的固定成本（如管理費用）的預算多採用固定預算法進行編製；而對於變動成本、費用等隨業務量的變動而變動的成本，則不宜採取固定預算法。

固定預算法是最基本的預算編製方法，具有簡便易行、直觀明了的優點。它的缺點主要包括：第一，適應性差。固定預算法僅僅適用於預算業務量與實際業務量變化不大的預算項目。第二，可比性差。當實際業務量偏離預算編製依據的業務量時，採用固定預算法編製的預算就失去了其編製的基礎，有關預算指標的實際數與預算數也會因業務量基礎不同而失去可比性。第三，容易導致預算執行中的突擊行為，即在臨近預算期末時，無論需要與否，將尚未消化的預算額度盡可能地耗盡，以防下期預算被縮減，同時也為下期預算留有餘地，其結果可能是資源的無謂浪費。

基於上述原因，固定預算法只能適用於那些業務量水準較為穩定的企業或非營利組織編製預算。如果用來衡量業務水準經常變動的企業，固定預算法往往不合適，甚至還會引起人們的誤解。

【例5-1】華太公司是產銷 A 產品的專業公司，2019 年計劃銷售 A 產品 500 件，四個季度的銷售量為 100 件、120 件、150 件及 130 件，銷售單價（不考慮稅費）為每千克 10,000 元。現金回款政策規定：銷售貨款當季收回 80%，其餘 20% 於下一季度收回。2018 年年末應收帳款餘額為 150,000 元，於預算年度的第一季度收回。

根據上述資料，採用固定預算法編製華太公司 2019 年分季度的產品銷售預算及

現金回款預算如表 5-1 所示。

表 5-1　　　　　　　　　產品銷售預算及現金回款預算

預算類別	項目	第 1 季度	第 2 季度	第 3 季度	第 4 季度
產品銷售預算	甲產品銷售量（件）	100	120	150	130
	銷售單價（元/千克）	10,000	10,000	10,000	10,000
	銷售收入（元）	1,000,000	1,200,000	1,500,000	1,300,000
現金回款預算	期初應收帳款餘額（元）	150,000	200,000	240,000	300,000
	本期新增應收帳款（元）	1,000,000	1,200,000	1,500,000	1,300,000
	本期預算收回貨款	950,000	1,160,000	1,440,000	1,340,000
	期末應收帳款餘額（元）	200,000	240,000	300,000	260,000

（二）彈性預算法

彈性預算法又稱為動態預算法，是以預算期內可能發生的多種業務量水準為基礎，分別確定多種預算指標的預算編製方法。

彈性預算法是在固定預算方法的基礎上發展起來的一種方法。由於固定預算法只是根據某一固定業務量編製預算，而彈性預算法則是根據預算期內可預見的多種業務量為基礎，編製能夠適應多種情況預算的一種方法。彈性預算法的業務量可以是產量、銷售量、直接人工工時、機器工時、直接人工工資等。

與固定預算法相比，彈性預算法具有以下特點：

第一，實用性強。彈性預算是按預算期內一系列業務量水準編製的，從而有效擴大了預算的使用範圍，提高了預算的適應性。

第二，可比性強。由於彈性預算是按照多種業務量水準編製的，這就為實際結果與預算指標的對比提供了一個動態、可比的基礎，使任何實際業務量都可以找到相同或相近的預算標準，從而使預算能夠更好地履行其在控制依據和評價標準兩方面的職能。相對於固定預算法而言，彈性預算法存在編製工作量較大的缺點。

由於未來業務量的變化會影響成本、費用和利潤，因此彈性預算法適用於編製全面預算中與業務量有關的各種預算。在實務中，彈性預算法主要用於成本費用和利潤預算的編製。

彈性預算法的基本步驟如下：

第一，選擇恰當的業務量。選擇業務量包括選擇業務量計量單位和業務量變動範圍兩部分的內容。業務量計量單位的選擇應根據企業的具體情況進行選擇。一般來說，生產單一產品的部門可以選用產品實物量；生產多品種產品的部門可以選用人工工時、機器工時等。業務量範圍是指彈性預算適用的業務量變動區間。一般來說，業務量範圍可以設定在正常生產能力的 70%～120%，或者以歷史上最高業務量與最低業務量為其上下限。

第二，分析各項成本費用項目的成本習性，將其劃分為變動成本和固定成本。

第三，研究、確定各經濟變量之間的數量關係。

第四，根據各經濟變量之間的數量關係，計算、確定在不同業務量水準下的預算數額。成本預算公式如下：

成本的彈性預算=固定成本的預算數+∑（單位變動成本預算數×預算業務量）

(式5-1)

彈性預算的編製方法包括以下兩種：

第一，公式法。公式法是指在成本性態分析的基礎上，通過成本習性模型 $y=a+bx$ 來編製彈性預算的方法。在公式法下，如果事先確定了業務量 x 的變動範圍，只要列示出 a（固定成本）和 b（單位變動成本）的參數，便可以利用公式計算出任一業務量的預算數值。需要注意，當業務量變化達到一定限度時，a 和 b 都將產生變化。

第二，列表法。列表法又稱多水準法，是通過列表的方法，在相關範圍內每隔一定業務量範圍計算相關數值預算來編製彈性成本預算的方法。在編製列表過程中，業務量之間的間隔應該根據實際情況確定。間隔越大，水準級別就越少，這會喪失彈性預算的優點；間隔越小，水準級別就越多，但是工作量就會增加。一般情況下，間隔在 5%～10% 為宜。

【例5-2】華太公司預計2019年產品銷售單價為2,000元，單位變動成本為800元，固定成本總額為466,000元。華太公司充分考慮到預算期產品銷售量發生變化的可能，因此分別編製出銷售量為1,550件、1,650件、1,750件、1,850件和1,950件時的彈性利潤預算表，如表5-2所示。

表5-2　　　　　　　華太公司彈性利潤預算表　　　　　　　單位：元

銷售量（件）	1,550	1,650	1,750	1,850	1,950
銷售收入 （單價2,000元）	3,100,000	3,300,000	3,500,000	3,700,000	3,900,000
減：變動成本 （單位變動成本800元）	1,240,000	1,320,000	1,400,000	1,480,000	1,560,000
貢獻毛益額	1,860,000	1,980,000	2,100,000	2,220,000	2,340,000
減：固定成本	466,000	466,000	466,000	466,000	466,000
營業淨利	1,394,000	1,514,000	1,634,000	1,754,000	1,874,000

二、增量預算法與零基預算法

（一）增量預算法

增量預算法又叫調整預算法，是在基期水準的基礎上，分析預算期業務水準及有關影響的變動情況，通過調整有關基期項目及數額編製預算的方法。增量預算法適用於比較穩定、成熟的企業預算的編製。這種方法具有簡便易行、便於理解、易於認同等優點，傳統的預算編製方法基本上採用的就是增量預算法。

增量預算法需要滿足以下假設：第一，基期的各項經濟活動都是企業必需的；第二，基期的各項業務收支都是合理的必需的；第三，預算期內根據業務量變動增加或減少預算指標是合理的。因此，增量預算法以過去的經驗為基礎，承認過去發生的一切都是合理的，主張不需要在預算內容上做較大改進，而是沿襲以前的預算

項目。

增量預算法存在以下缺點：第一，預算理念保守。增量預算法假設年度的經濟業務活動在新的預算期內依然產生，而且過去發生的數額都是合理的。如此不加分析便接受原來的成本項目和數額，可能使某些不合理的開支合理化。第二，預算結果消極。採用增量預算法容易滋長預算中的「平均主義」和「簡單化」，容易鼓勵預算編製人員憑主觀臆斷按成本項目平均削減預算或只增不減，不利於調動各部門降低費用的積極性。

（二）零基預算法

零基預算的全稱為以零為基礎編製的計劃和預算，主要用於對各項費用的預算，其主要特點是各項費用的預算數完全不受以往費用水準的影響，而是以零為起點，根據預算期實際經營情況的需要，並按照各項開支的重要程度來編製預算。

由於零基預算法一切從零出發，在編製費用預算時需要完成大量的基礎工作，如歷史資料分析、市場狀況分析、現有資金使用分析和投入產出分析等，這勢必帶來很大的工作量，也需要較長的編製時間。與增量預算法相比，零基預算法有以下優點：第一，有利於合理配置企業資源，確保重點、兼顧一般。零基預算法需要對每項業務活動都通過成本-收益分析，能夠保證企業有限的資源運用到最需要的地方，提高全部資源的使用效率。第二，有利於提高員工的投入產出意識。由於零基預算是以「零」作為企業預算的起點，不考慮過去的業務支出水準，因此需要動員企業的全體員工參與預算編製，使得各項活動從投入開始就杜絕或減少浪費，提高產出水準，有效提高全員投入產出的意識。第三，有利於發揮全員參與預算編製的積極性和創造性。零基預算法採用典型的先自下而上，後自上而下，再上下結合的預算編製程序，充分體現了從嚴從細的精神，既有利於發動全員參與預算編製的積極性和創造性，又有利於預算的貫徹執行。

零基預算的編製步驟如下：第一，提出預算目標。在正式編製預算前，企業預算管理部門要根據企業的戰略規劃和經營目標，綜合考慮各種資源條件，提出預算構想和預算目標，規範各預算部門的預算行為。第二，確定預算期的經營目標，如收入目標、支出目標、成本費用目標等，並詳細說明每個預算項目開支的性質、內容、用途、金額的必要性，以便於各部門據此制訂出各項固定費用的支出方案。第三，對預算期各項費用的支出方案進行成本-收益分析及綜合評價，在權衡輕重緩急的基礎上，劃分成不同等級並排列出先後順序，歸納為確保開支項目和可適當調減項目兩大類。第四，按照已排出的等級和順序，並根據預算期可用於費用開支的資金數額分配資金，結合重要性原則進行分配，做到保證重點，兼顧一般。第五，編製並執行預算。資金分配方案確定之後，企業要對部門的預算草案進行審核、匯總、編製正式預算，經批准後下達執行。

【例5-3】華太公司採用零基預算法編製預算期2019年度的管理費用預算，基本編製程序如下：

第一，管理部門根據預算期收入目標及支出目標等，經討論、研究，確定出2019年所需發生的費用項目及支出數額如表5-3所示。

表 5-3　　　　　　　　費用項目及支出數額一覽表　　　　　　　單位：元

項目	金額
保險費	30,000
廣告費	50,000
租金	15,000
辦公費	70,000
差旅費	20,000
培訓費	50,000
合計	235,000

第二，對各費用項目中屬於選擇性固定成本的廣告費、培訓費則參照歷史經驗，經過成本收益分析，其結果如表 5-4 所示。

表 5-4　　　　　　　　成本-收益分析表

項目	成本	收益	成本收益率
廣告費	1	40	1：40
培訓費	1	25	1：25

第三，將所有費用項目按照性質和輕重緩急，排出開支等級及順序如下：

第一等級：保險費、租金、辦公費和差旅費，屬於約束性固定成本，為預算期必不可少的開支，應全額得到保證。

第二等級：廣告費，屬於選擇性固定成本，可以根據預算期資金供應情況酌情增減，但由於廣告費的成本收益率高於培訓費，因而列入第二等級。

第三等級：培訓費，屬於選擇性固定成本，根據預算期資金供應情況酌情增減，但由於培訓費的成本收益率小於廣告費，因而列入第三等級。

第四，如果該單位預算期可用於管理費用的資金數額為 21,000 元，則可以根據所排列的等級和順序分配落實預算資金如下：

第一等級的費用項目所需資金應全額滿足：

（1）保險費　　30,000 元
（2）租金　　　15,000 元
（3）辦公費　　70,000 元
（4）差旅費　　20,000 元
合計　　　　135,000 元

剩餘的可供分配的資金數額為 75,000 元（210,000-135,000），按成本收益率的比例分配廣告費和培訓費，則：

廣告費可分配資金＝75,000×40÷（40+25）＝46,154（元）
培訓費可分配資金＝75,000×25÷（40+25）＝28,846（元）

三、定期預算法與滾動預算法

（一）定期預算法

定期預算法是以固定不變的起訖期間（如年度、季度、月份）作為預算期間編

製預算的方法。

定期預算法的優點是：第一，保持了預算期間與會計期間的一致性。定期預算法編製的預算，在預算期間上與會計期間相互配比一致，便於預算資料的歸集、預算指標的執行和預算指標的考核。第二，便於預算數據與會計數據的相互比較。由於預算期間與會計期間相互配比，因此預算數據與會計數據可以相互比較，有利於對預算執行和執行結果進行分析與考評。第三，預算編製過程比較簡單。因為預算期固定不變，因此簡化了預算編製過程。

定期預算法存在以下缺點：第一，盲目性大。企業預算一般在預算年度開始前2~3個月編製，而大企業則需要提前3~5個月編製。如此一來，預算編製部門對預算期內的某些活動並不十分清楚或難以把握，尤其是預算後半期只能籠統、含糊地編製預算。第二，缺乏遠期指導性。由於採用定期預算法編製的預算期是固定的，因此隨著預算的執行，預算期越來越短。這樣就導致各級管理人員只是考慮剩餘期間經營活動，過多著眼於企業或部門的短期利益，從而忽視企業的長遠利益和可持續發展。第三，預算銜接難度大。由於企業的各種經營活動連續不斷，而採用定期預算法編製的預算將經營活動人為地分割成一段固定不變的期間，隔斷了企業連續不斷的經營活動過程，這樣就必然增加前後各個期間預算銜接的難度。第四，市場適應性差。在市場經濟體制下，很多企業是根據客戶的產品訂單組織生產。在這種情況下，按年、按月編製預算不僅難度大，而且編製的預算也很難執行下去。為了克服定期預算法的缺點，在實踐中可以採用滾動預算法編製預算。

需要說明的是：定期預算法並不是一種單純的預算方法，而是以預算期間固定不變為特徵的一類預算編製的方法。例如，本章介紹的固定預算法、彈性預算法、增量預算法、零基預算法等方法都是屬於定期預算法。

(二) 滾動預算法

滾動預算也叫永續預算或連續預算，是將預算期與會計年度脫離開，隨著預算的執行不斷延伸而不斷補充預算，逐期向後滾動。滾動預算與一般預算的重要區別在於其預算期不是固定在某一期間（一般預算的預算期通常是一年，並且保持與會計年度相一致），但總要保持12個月的時間跨度。

滾動預算法具有工作量大、編製成本高等缺點，但是與傳統預算法相比，具有以下優點：第一，滾動預算法能夠從動態的角度、發展的觀點把握企業近期經營目標和遠期戰略佈局，使預算具有較高的透明度，有利於企業管理決策人員以長遠的眼光去統籌企業的各項經營活動，使得企業的長期預算和短期預算很好地聯繫和銜接起來。第二，滾動預算法遵循了企業生產經營活動的變動規律，在時間上不受會計年度的限制，能夠根據前期預算的執行情況及時調整和修訂近期預算。第三，滾動預算法使企業管理人員一直保持12個月的工作時間概念，有利於穩定而有序地開展經營活動。第四，滾動預算法採取長計劃、短安排的具體做法，可根據預算執行結果和企業經營環境的變化情況，對以後執行期間的預算不斷加以調整和修正，使預算更接近和適應變化的實際情況，從而更有效地發揮預算的計劃和控制作用，也有利於預算的順利執行和實施。

滾動預算法是按照「近細遠粗」的原則，採用長計劃、短安排的方法，在編製

年度預算時，先將第一個季度按月劃分，編製各月份的明細預算指標，以方便預算的執行與控制；其他三個季度的預算則可以粗一點，只列各季度的預算總數，等到臨近第一季度結束時，再將第二季度的預算按月細分，第三、四季度以及新增列的下一年度的第一季度預算，則只需要列出各季度的預算總數，以此類推，使預算不斷地滾動下去。採用這種方法編製的預算有利於管理人員對預算資料做經常性的分析研究，並能根據當期預算的執行情況加以修改、完善下期的預算，這些優點都是傳統的定期預算法不具備的。

滾動預算法按照預算編製和滾動的時間單位不同分為逐月滾動、逐季滾動和混合滾動。

（1）逐月滾動。逐月滾動是指在預算編製過程中，以月份為預算的編製和滾動單位，每個月調整一次的預算方法。例如，在 2018 年 1 月至 12 月的預算執行過程中，需要在 1 月末根據當月預算的執行情況，修訂 2 月至 12 月的預算，同時補充 2019 年 1 月的預算；到 2 月末根據當月預算的執行情況，修訂 3 月至 2019 年 1 月的預算，同時補充 2019 年 2 月的預算，以此類推（如圖 5-1 所示）。

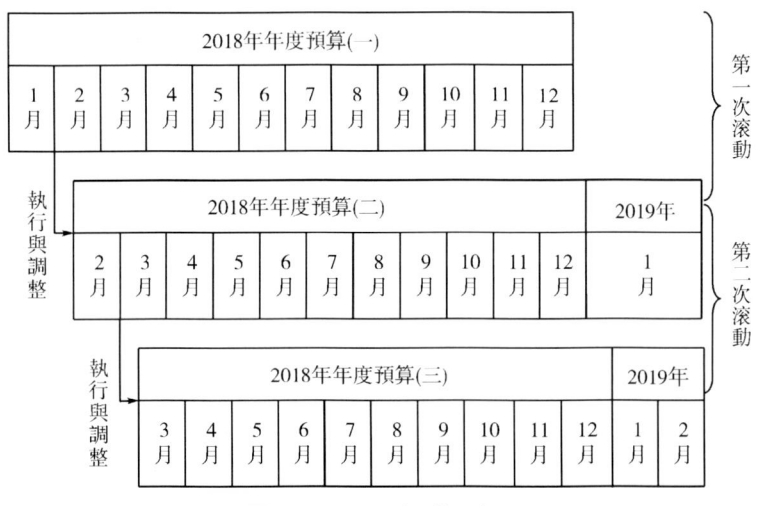

圖 5-1　逐月滾動預算示意圖

（2）逐季滾動。逐季滾動是指在預算編製過程中，以季度為預算的編製和滾動單位，每個季度調整一次的預算方法。例如，在 2018 年第一季度至第四季度的預算執行過程中，需要在第一季度末根據當季預算的執行情況，修訂第二季度至第四季度的預算，同時補充 2019 年第一季度的預算；到第二季度末根據當季預算的執行情況，修訂第三、四季度的預算及 2019 年第一季度的預算，同時補充 2019 年第二季度的預算，以此類推（如圖 5-2 所示）。

（3）混合滾動。混合滾動是指在預算編製過程中，同時使用月份和季度預算的編製和滾動單位的方法。這是由於人們對於未來的瞭解程度具有對近期的預算把握較大，對遠期的預算把握較小的特徵。為了做到長計劃、短安排、遠略近詳，在預算編製過程中，可以對近期預算提出較高的精度要求，使預算的內容相對詳細；對

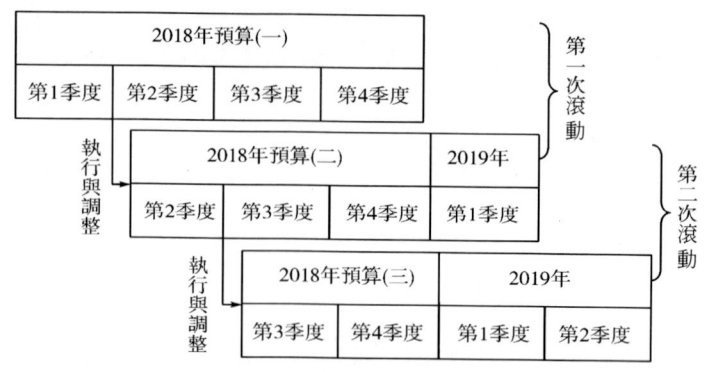

圖 5-2 逐季滾動示意圖

遠期預算提出較低的精度要求，使預算的內容相對簡單，這樣可以減少預算工作量。例如，2018 年 1 月至 3 月採用逐月編製詳細預算，4 月至 12 月採取季度粗略預算；3 月末根據第一季度的執行情況，編製 4 月至 6 月的詳細預算，並修訂第三、四季度的預算，同時補充 2019 年第一季度的預算，以此類推（如圖 5-3 所示）。

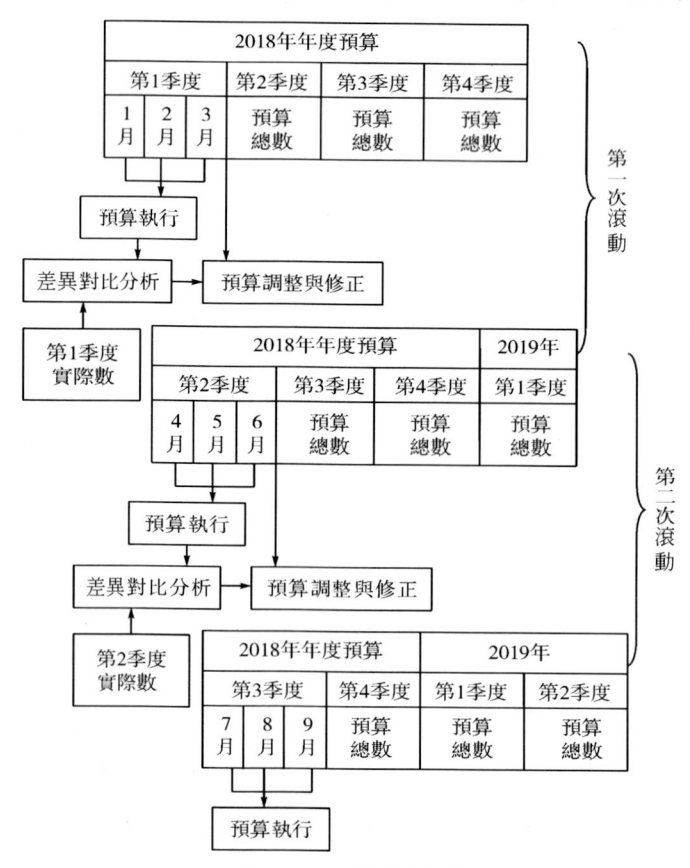

圖 5-3 混合滾動示意圖

四、概率預算法與作業預算法

（一）概率預算法

概率預算是為了反應企業在實際經營過程中各預定指標可能發生的變化而編製的預算。概率預算不僅考慮了各因素可能發生變化的水準範圍，而且考慮到在此範圍內有關數據可能出現的概率情況。因此，在預算的編製過程中，概率預算法不僅要對有關變量的相應數值進行加工，還需對有關變量可預期的概率進行分析。用該方法編製出來的預算由於在其形成過程中把各種可預計到的可能性都考慮進去了，因此比較接近於客觀實際情況，同時還能幫助企業管理當局對各種經營情況及其結果出現的可能性做到心中有數、有備無患。概率預算法要求編製者有較高的預算水準，預算構成變量的概率易受主觀因素的影響，具有準確性高、預見性強的優點。

在應用概率預算法時，如果業務量與成本的變動並沒有直接關係，則只要用各自的概率分別計算銷售收入、變動成本、固定成本等的期望值，之後就可以直接計算出利潤的期望值；若業務量的變動與成本的變動有著密切的聯繫，就可以用計算聯合概率的方法來計算期望值。具體編製程序如下：第一，在預測分析的基礎上，測算各相關變量在預算期內可能的數值，並為每一個變量的不同數值估計一個可能出現的概率（P_t），取值範圍是 $1 \leqslant P_t \leqslant 1$，$\sum P_t = 1$。第二，根據預算指標各個變量之間的邏輯關係，計算各相關變量在不同數值組合下，對應的預算指標數值。第三，根據各個變量不同數值的估計概率，計算聯合概率（不同變量之間各概率的乘積），並編製預期價值分析表。第四，根據預期價值分析表的預算指標值以及與之相對應的聯合概率，計算出預算對象的期望值，並根據各變量的期望值編製概率預算。

【例 5-4】 華太公司預測 2019 年產品銷售單價為 100 元，銷售量和變動成本的預期值、相應的概率以及其他有關數據如表 5-5 所示。

表 5-5　　　　　　　　　利潤期望值計算表　　　　　　　　　單位：元

銷售量（件）	20,000			25,000			30,000		
銷售收入	2,000,000			2,500,000			3,000,000		
概率Ⅰ	0.2			0.6			0.2		
變動成本（生產）	50	55	60	50	55	60	50	55	60
變動成本（銷售）	5	5	5	5	5	5	5	5	5
概率Ⅱ	0.3	0.4	0.3	0.3	0.4	0.3	0.3	0.4	0.3
固定成本	350,000	350,000	350,000	400,000	400,000	400,000	450,000	450,000	450,000
利潤	550,000	450,000	350,000	725,000	600,000	475,000	900,000	750,000	600,000
總概率（Ⅰ×Ⅱ）	0.06	0.08	0.06	0.18	0.24	0.18	0.06	0.08	0.06
利潤期望值	600,000								

根據表 5-5，我們將各變量的有關數據與其相對應的總概率相乘，然後再匯總，就可求得各變量的預期值。為方便使用，下面用普通損益表的形式來表述，如表 5-6 所示。

表 5-6　　　　　　　　　利潤期望值計算表　　　　　　　　單位：元

	預期值	變化範圍
銷售收入	2,500,000	2,000,000~3,000,000
減：變動生產成本	1,375,000	1,000,000~1,800,000
生產貢獻毛益額	1,125,000	800,000~1,500,000
減：變動銷售成本	125,000	100,000~150,000
產品貢獻毛益額	1,000,000	700,000~1,350,000
減：固定成本	400,000	350,000~450,000
利潤總額	600,000	350,000~900,000

（二）作業預算法

作業預算法是根據企業作業活動和業務流程之間的關係合理配置企業資源而編製預算的一種方法，也可以定義為企業在理解作業和成本動因的基礎上，對未來期間的作業量和資源需要量進行預測的一種方法。這種方法可以有效提高預算的準確程度，有效實現經營預算和財務預算的綜合平衡，有利於上下溝通，有效調動基層員工的參與意識，將企業戰略與業務流程緊密地聯繫在一起。但是，作業預算法存在以下缺點：第一，作業預算如果不能與財務系統融為一體，就會造成資源浪費，使企業形成預算和會計核算上的兩套系統。因為中國目前很多企業還難以滿足實施作業成本法的條件，所以客觀上導致作業預算法的實施具有難度。第二，作業預算法是採用作業預算時，企業需要詳細預測生產和銷售對作業的需求、從事作業的效率、支出和供應模式、可提供的資源等，而進行有效的價值鏈分析並獲得較準確的預測結果，需要相當的專業水準和分析判斷能力。第三，作業預算法中的目標和責任層層落實要比傳統預算方法複雜得多，分解到具體作業後，還需要將作業進一步細分為更加詳細的步驟，越嚴密的控制過程，越會增加實施的難度，就越要求企業有非常好的管理基礎工作。

第三節　預算管理編製

一、業務預算編製

（一）銷售預算

【例 5-5】華太公司只生產甲產品，經預測，2019 年甲產品每個季度的銷售量依次為 2,000 件、2,500 件、3,000 件、3,500 件，甲產品的銷售單價為 200 元。根據以往的經驗，每季度銷售收入的 50%可於當季收回，其餘的 50%於下一季度收回。假設 2018 年年底應收帳款的金額為 30,000 元。根據以上資料，編製銷售預算如表 5-7 所示。

表 5-7　　　　　　　　　　華太公司 2019 年銷售預算　　　　　　　　單位：元

摘要		第一季度	第二季度	第三季度	第四季度	全年
預計銷售量（件）		2,000	2,500	3,000	3,500	11,000
預計銷售單價		200	200	200	200	200
預計銷售收入		400,000	500,000	600,000	700,000	2,200,000
預計現金收入計算表	年初應收帳款餘額	30,000				30,000
	第一季度銷售收入	200,000	200,000			400,000
	第二季度銷售收入		250,000	250,000		500,000
	第三季度銷售收入			300,000	300,000	600,000
	第四季度銷售收入				350,000	350,000
	現金收入合計	230,000	450,000	550,000	650,000	1,880,000

（二）生產預算

【例 5-6】華太公司各季度末產成品的存貨量按下一季度銷售量的 10% 計算，各季度期初存貨量與上季度期末貨量相等。假設 2019 年年初的產品存貨為 200 件，2020 年第一季度的預計銷售量為 4,000 件。結合【例 5-5】編製生產預算如表 5-8 所示。

表 5-8　　　　　　　　　　華太公司 2019 年生產預算　　　　　　　　單位：件

摘要	第一季度	第二季度	第三季度	第四季度	全年
預計銷售需要量	2,000	2,500	3,000	3,500	11,000
加：預計期末存貨量	250	300	350	400	1,300
預計需要量合計	2,250	2,800	3,350	3,900	12,300
減：期初存貨量	200	250	300	350	1,100
預計生產量	2,050	2,550	3,050	3,550	11,200

（三）直接材料預算

【例 5-7】華太公司生產甲產品只需耗用 A 材料，假定單位產品耗用 A 材料 8 千克，材料的單位成本為 10 元。根據以往情況，季末材料存貨量相當於下季生產用量的 10%，每季度材料採購款的 50% 於當季支付，其餘 50% 於下季支付。預算期年初、年末材料庫存量分別為 2,000 千克和 3,200 千克，預算期內各季期初材料庫存量與上季末材料庫存量相同，2019 年年初應付材料款為 55,000 元。結合【例 5-6】編製直接材料預算如表 5-9 所示。

表 5-9　　　　　　　　　　華太公司 2019 年直接材料預算

摘要	第一季度	第二季度	第三季度	第四季度	全年
預計生產量（件）	2,050	2,550	3,050	3,550	11,200
材料單耗（千克）	8	8	8	8	8
生產用量（千克）	16,400	20,400	24,400	28,400	89,600
加：預計期末庫存量（千克）	2,040	2,440	2,840	3,200	10,520
材料需要量（千克）	18,440	22,840	27,240	31,600	100,120

表5-9(續)

摘要		第一季度	第二季度	第三季度	第四季度	全年
減：預計期初庫存量（千克）		2,000	2,040	2,440	2,840	9,320
材料採購量（千克）		16,440	20,800	24,800	28,760	90,800
材料單位成本（元）		10	10	10	10	10
預計材料採購金額（元）		164 400	208,000	248,000	287,600	908,000
預計現金支出	應付帳款年初金額（元）	55,000				55,000
	第一季度採購款（元）	82,200	82,200			164 400
	第二季度採購款（元）		104,000	104,000		208,000
	第三季度採購款（元）			124,000	124,000	248,000
	第四季度採購款（元）				143,800	143,800
	現金支出合計（元）	137,200	186,200	228,000	267,800	819,200

（四）直接人工預算

【例5-8】2019年，華太公司生產甲產品，假定只有一個工種，單位產品的工時定額為5小時，單位工時的工資率為10元。人工在當季以現金全額支付。結合【例5-6】編製直接人工預算如表5-10所示。

表5-10　　　　　　　華太公司2019年直接人工預算

摘要	第一季度	第二季度	第三季度	第四季度	全年
預計生產量（件）	2,050	2,550	3,050	3,550	11,200
單位產品工時定額(工時/件)	5	5	5	5	5
直接人工（小時）	10,250	12,750	15,250	17,750	56,000
小時工資率（元/小時）	10	10	10	10	10
預計直接人工成本總額（元）	102,500	127,500	152,500	177,500	560,000
預計現金支出（元）	102,500	127,500	152,500	177,500	560,000

（五）製造費用預算

【例5-9】華太公司按照變動成本法編製製造費用預算，其中變動性製造費用根據預算期的產量、產品單位工時定額和每小時費用標準計算，折舊以外的各項製造費用均於當季付現。結合【例5-6】，預算編製的有關資料如表5-11所示。

表5-11　　　　　　　預算編製的有關定額資料

項目	標準耗用量	標準金額
變動製造費用：		
直接人工	5小時/件	0.20元/小時
直接材料	5小時/件	0.3元/小時
維修費	5小時/件	0.12元/小時
水電費	5小時/件	0.24元/小時

表5-11(續)

項目	標準耗用量	標準金額
固定製造費用：		
管理人員工資		36,000 元
保險費		28,000 元
維修費		16,000 元
折舊費		96,000 元

根據上述資料，編製製造費用預算如表 5-12 所示。

表 5-12　　　　　　　　華太公司 2019 年製造費用預算　　　　　　　　單位：元

項目	金額	項目	金額
直接人工	11,200	管理人員工資	36,000
直接材料	16,800	保險費	28,000
維修費	6,720	維修費	16,000
水電費	13,440	折舊費	96,000
合計	48,160		
全年生產量（件）	11,200	合計	176,000
分配率	4.3	其中：付現費用	80,000

同時，編製現金預算表如表 5-13 所示。

表 5-13　　　　　　　　華太公司 2019 年現金預算表　　　　　　　　單位：元

項目	第一季度	第二季度	第三季度	第四季度	全年
預計生產量（件）	2,050	2,550	3,050	3,550	11,200
變動製造費用現金支出	8,815	10,965	13,115	15,265	48,160
固定製造費用現金支出	20,000	20,000	20,000	20,000	80,000
預計製造費用現金支出總額	28,815	30,965	33,115	35,265	128,160

（六）單位產品成本預算

【例 5-10】華太公司按變動成本法計算財務成果，單位產品成本只包括直接材料、直接人工和變動製造費用，固定製造費用作為期間費用列入當期損益中。結合【例 5-6】、【例 5-8】、【例 5-9】編製產品單位成本預算如表 5-14 所示。

表 5-14　　　　　　　　華太公司 2019 年產品單位成本預算

成本項目	價格標準	用量標準	項目成本
直接材料	10 元/千克	8 千克/件	80 元/件
直接人工	10 元/小時	5 小時/件	50 元/件
變動性製造費用			4.3 元/件
單位產品成本			134.3 元/件

表5-14(續)

成本項目	價格標準	用量標準	項目成本
期末存貨數量			400 件
期末產品存貨成本			53,720 元

（七）銷售及管理費用預算

【例5-11】 華太公司有關銷售費用和管理費用的定額資料如表5-15所示。

表5-15　　　華太公司2019年銷售費用和管理費用資料

項目	標準價格（或金額）
變動銷售費用及管理費用	
銷售佣金	1.6 元/件
交貨運輸費	1 元/件
銷售人員工資	0.4 元/件
其他	0.2 元/件
固定銷售費用及管理費用	
行政管理人員工資	72,000 元
廣告費用	40,000 元
保險費用	16,000 元
其他	8,000 元

根據上述資料，編製銷售費用及管理費用預算如表5-16所示。

表5-16　　　華太公司2019年銷售費用及管理費用預算　　　單位：元

變動銷售費用及管理費用		固定銷售費用及管理費用	
項目	金額	項目	金額
銷售佣金	17,600	行政管理人員工資	72,000
交貨運輸費	11,000	廣告費用	40,000
銷售人員工資	4 400	保險費用	16,000
其他	2,200	其他	8,000
合計	35,200	合計	136,000
分配率	3.2	—	—

同時，編製預計現金支出計算表如表5-17所示。

表5-17　　　華太公司2019年預計現金支出計算表　　　單位：元

摘要	第一季度	第二季度	第三季度	第四季度	全年
預計銷售量（件）	2,000	2,500	3,000	3,500	11,000
變動性銷售費用及管理費用現金支出	6,400	8,000	9,600	11,200	35,200
固定性銷售費用及管理費用現金支出	34,000	34,000	34,000	34,000	136,000
預計銷售費用及管理費用現金總支出	40,400	42,000	43,600	45,200	171,200

二、決策預算編製

【例 5-12】 華太公司為了提高產品的產量和質量,經研究決定於 2019 年第一季度購置可使用 5 年的車床一臺,共支出 40,000 元,期滿殘值為 2,000 元;第三季度購置可使用 10 件的磨床 3 臺,共支出 70,000 元,每臺期滿殘值為 1,000 元;第四季度購置使用年限 10 年的銑床 1 臺,共支出 30,000 元,期滿殘值 1,500 元。

根據以上資料,編製資本支出預算如表 5-18 所示。

表 5-18　　　　　　　華太公司 2019 年資本支出預算

資本支出項目	購置期	原投資額（元）	估計使用年限（年）	期滿殘值（元）
車床（1 臺）	第一季度	40,000	5	2,000
磨床（3 臺）	第三季度	70,000	10	3,000
銑床（1 臺）	第四季度	30,000	10	1,500

三、財務預算編製

財務預算是反應企業在預期內有關現金收支、經營成果和財務狀況的預算,是以貨幣度量集中反應企業經營業務、專門決策和整體計劃的總預算。財務預算主要包括現金預算表、預計利潤表以及預計資產負債表等。

（一）現金預算表

現金是指企業的庫存現金、銀行存款等貨幣資金。現金預算是用來反應預算期內的現支餘缺和現金籌集、運用的預算。現金預算一般由現金收入、現金支出、現金多餘、資金的籌集與運用四個部分構成。通過編製現金預算,可以加強對預算期內現金的有效控制,合理調度資金,保證企業各個時期的資金需要。編製現金預算的依據主要包括各項業務預算、資本支出預算、預算期的資金籌集和運用計劃等。

現金預算應按年分季或分月進行編製,以便對現金收支進行有效的控制。由於預算期借入資金的時間不易確定,因此借入資金的時間通常視為發生在季初或月初,歸還借款本息的時間通常視為季末或月末,以便利息的計算。同時,企業還應確定出合理的現金限額,以備臨時性資金需要。現金限額應根據企業的歷史資料和管理人員的經驗來確定,不能過大或過小,否則會影響資金的使用效率或不能滿足企業正常運轉的資金需要。

【例 5-13】 華太公司按照季度編製現金預算,假設 2019 年年初現金餘額為 50,000 元,最低現金限額為 10,000 元。另外,假設每季度預交企業所得稅為 10,000 元,預付股利為 10,000 元。當公司的現金短缺向銀行短期借款時,公司可以根據自己的實際情況還款,但是還款金額的利息需要一起支付。根據上述資料編製現金預算表如表 5-19 所示。

表 5-19　　　　　　華太公司 2019 年現金預算表　　　　　　　　　　單位:元

摘要	資料來源	第一季度	第二季度	第三季度	第四季度	全年
期初現金餘額		50,000	11,085	12,420	15,205	50,000
加：現金收入	表 5-7	230,000	450,000	550,000	650,000	1,880,000

表5-19(續)

摘要	資料來源	第一季度	第二季度	第三季度	第四季度	全年
可動用現金合計		280,000	461,085	562,420	665,205	1,968,710
減：現金支出						
直接材料	表5-9	137,200	186,200	228,000	267,800	819,200
直接人工	表5-10	102,500	127,500	152,500	177,500	560,000
製造費用	表5-12	28,815	30,965	33,115	35,265	128,160
銷售及管理費用	表5-16	40,400	42,000	43,600	45,200	171,200
資本支出	表5-18	40,000		70,000	30,000	140,000
支付股利		10,000	10,000	10,000	10,000	40,000
支付所得稅		10,000	10,000	10,000	10,000	40,000
現金支出合計		368,915	406,665	547,215	575,765	1,898,560
現金多餘（不足）		-88,915	54,420	15,205	89,440	70,150
向銀行借款（年利10%）		100,000	0	0	0	100,000
歸還借款		0	40,000	0	60,000	100,000
支付借款利息		0	2,000	0	6,000	8,000
期末現金餘額		11,085	12,420	15,205	23,440	23,440

（二）預計利潤表

預計利潤表是按照企業利潤表的內容和格式編製的反應企業在預算期內利潤目標的預算報表。編製預計利潤表是企業整個預算過程的一個重要環節，它可以揭示企業預期的盈利情況，從而有助於經理人員及時調整經營策略。預計利潤表可以按照全部成本法或變動成本法兩種方法編製。按照變動成本法編製的預計利潤表更適合企業內部管理的需要。本書以變動成本法為例編製預計利潤表。編製預計利潤表的主要依據是業務預算和專門決策預算等有關數據。根據以上各預算資料編製2019年度預計利潤表如表5-20所示。

表5-20　　　　　　　　　華太公司2019年預計利潤表　　　　　　單位：元

摘要	資料來源	第一季度	第二季度	第三季度	第四季度	全年
預計銷售收入	表5-7	400,000	500,000	600,000	700,000	2,200,000
減：變動成本						
變動生產成本	表5-7、表5-14	268,600	335,750	402,900	470,050	1,477,300
變動銷售及管理費用	表5-17	6,400	8,000	9,600	11,200	35,200
邊際貢獻總額		125,000	156,250	187,500	218,750	687,500
減：期間成本						
固定製造費用	表5-12	44,000	44,000	44,000	44,000	176,000
固定銷售及管理費用	表5-16	34,000	34,000	34,000	34,000	136,000
利息	表5-19	0	2,000	0	6,000	8,000
稅前利潤		47,000	76,250	109,500	134,750	367,500
減：所得稅		10,000	10,000	10,000	10,000	40,000
稅後利潤		37,000	66,250	99,500	124,750	327,500

(三) 預計資產負債表

預計資產負債表是按照企業資產負債表的內容和格式編製的綜合反應企業期末財務狀況的預算報表。編製時，應以期初的資產負債表為基礎（見表5-21），結合現金預算、預計利潤表等有關資料，分析計算資產、負債、所有者權益各項目的期末數額（見表5-22）。

表5-21　　　　　　　　華太公司2019年的初資產負債表　　　　　　單位：元

資產		負債及所有者權益	
項目	金額	項目	金額
流動資產		流動負債	
庫存現金	50,000	應付帳款	55,000
應收帳款	30,000	—	
存貨		—	
材料存貨	20,000	—	
產品存貨	26,860	—	
合計	126,860	合計	55,000
固定資產		股東權益	
土地	200,000	普通股股本	500,000
房屋和設備	600,000	留存收益	171,860
累計折舊	200,000	—	
合計	600,000	合計	671,860
資產合計	726,860	負債及所有者權益	726,860

表5-22　　　　　　　　華太公司2019年末資產負債表　　　　　　單位：元

資產			負債及所有者權益		
項目	資料來源	金額	項目	資料來源	金額
流動資產			流動負債		
庫存現金	表19	23,440	應付帳款	表9	143,800
應收帳款	表7	350,000	—		
存貨					
材料存貨	表9	32,000			
產品存貨	表14	53,720			
合計		459,160	合計		143,800
固定資產			股東權益		
土地	表21	200,000	普通股股本	表21	500,000
房屋和設備	表18、表21	740,000	留存收益	表19、表20、表21	459,360
累計折舊	表11、表21	296,000			
合計		644,000	合計		959,360
資產合計		1,103,160	負債及所有者權益		1,103,160

第四節　預算考評

一、預算考評的含義

預算考評是以預算指標、預算執行結果以及預算分析等相關資料為依據，運用一定的考核方法和評價標準，對企業各部門、各環節的全面預算管理實施過程和實施效果進行考核、評價的綜合管理活動。

預算考評包括兩層含義：第一，預算考評是對全面預算管理活動的考核與評價。預算編製、預算執行和預算考評作為全面預算管理的三個基本環節，相互作用，周而復始地循環，實現對企業經營活動的全面控制。其中，預算考評既是本期全面預算管理循環的終結，又是下期全面預算管理循環的開始。第二，預算考評是對各部門預算執行過程和預算執行結果的考核與評價。一方面，在預算執行過程中，通過預算考評可以及時發現和糾正預算執行與預算標準的偏差，實現預算的過程控制；另一方面，通過對預算執行結果的考核與評價，可以實現各部門預算責任、權力、利益的有效結合，將預算獎懲落到實處，實現全面預算管理的約束與激勵功能。

二、預算考評的意義

預算考評在全面預算管理體系中處於承上啓下的關鍵環節，是全面預算管理的一項重要職能。預算管理如果缺少考評環節，預算執行者就缺乏預算執行的積極性和主動性，預算就會流於形式，全面預算管理的功能作用就有可能喪失殆盡。通過預算考評，既可以確保全面預算管理的各項工作落到實處，又可以及時發現預算執行過程及執行結果與預算標準的偏差，確保企業戰略規劃的落實和經營目標的實現。因此，預算考評是企業全面預算管理的生命線。

（一）預算考評是全面預算管理順利實施的保障

全面預算管理包括預算編製、執行、控制、調整、核算、報告、分析、考評等一系列環節，各個環節相互關聯、密不可分，任何一個環節出現問題都會影響到其他環節的實施。只有對各個環節實施有效的考核與評價，才能嚴肅全面預算管理各個環節的工作，才能把預算編製、執行、核算、報告等各項工作落到實處，從而確保全面預算管理所有環節的順利實施。

（二）預算考評是增強預算「剛性」的有效措施

一方面，預算必須是剛性的，預算一經確立，必須嚴格執行，這是實現預算目標的保證；另一方面，預算也是柔性的，當客觀環境發生變化時，企業必須以動制動適時調整預算，這是預算得以順利實施的保證。然而，在預算管理實施過程中，預算的柔性往往會擠兌預算的剛性，使預算變為一種軟約束。因此，通過實施預算考評可以嚴肅預算的執行，增強預算管理的剛性，使全面預算管理真正成為一項「以剛為主，剛柔並濟」的有效管理制度。

（三）預算考評是確保預算目標實現的保證

預算目標從確定到變為現實需要一個漫長的執行、控制過程。在這個過程中，

通過對各責任中心預算執行的考核和評價，分析預算執行與預算標準之間的差異，明確發生差異的原因和責任，適時提出糾正預算偏差的對策，能有效增強預算管理的執行力和約束力，促進各執行部門及時發現並迅速糾正預算執行中的偏差，為預算目標的順利實現提供可靠的保障。

（四）預算考評是建立預算激勵與約束機制的重要內容

在全面預算管理實施過程中，一方面，通過嚴格的預算考評制度可以強化預算執行的力度，督促各責任中心努力完成預算指標；另一方面，通過對各責任中心的預算考評可以科學評價各部門及員工的工作業績，將預算執行情況與各責任中心及員工的經濟利益密切掛起鈎來，獎懲分明，從而使企業所有者、經營者和員工形成責、權、利相統一的責任共同體，最大限度地調動企業上下各個層級的工作積極性和創造性。

三、預算考評的原則

預算考評的基本目標是實現預算的激勵與約束機制作用，確保全面預算管理的順利實施和預算目標的圓滿完成。為此，預算考評應遵循以下基本原則：

（一）目標性原則

預算考評的目的是確保企業各項預算目標的實現。因此，預算考評的目標性原則包括兩方面的內容：一是在預算考評指標的設計中，必須遵循目標性原則，以考核引導各預算執行部門的行為，避免各部門只顧局部利益，不顧全局利益甚至為了局部利益損害全局利益行為的發生。例如，在生產部門的考評指標中，應將銷售指標和利潤指標包含在內，以引導生產部門關心企業產品的銷售和利潤；在銷售部門的考評指標中，應將產銷率、產成品資金占用指標包含在內，以引導銷售部門努力降低產成品的資金占用。二是預算考評必須以預算目標為基準，按預算完成情況評價預算執行部門的經營績效。如無特殊原因，未能實現預算目標就說明預算執行者未能有效地執行預算，這是實施預算考評的首要原則，也是提高預算權威性的有效保證。

（二）可控性原則

預算考評既是預算執行結果的責任歸屬過程，又是企業內部各預算執行部門間利益分配的過程。因此，客觀、公正、合理是預算考評環節的基本要求。而這一基本要求的集中體現是各責任主體以其責權範圍為限，僅對其可以控制的預算結果和差異負責。因此，在預算考評指標的設計中，必須遵循可控性原則。凡是該責任中心無法控制的項目指標就應堅決予以排除。例如，生產車間沒有材料採購權，因此由於材料採購價格升降而引起的產品製造成本提高或降低與生產車間無關，對車間產品製造成本的考核應該按材料的預算（計劃）價格，而絕不能用實際價格。在對各責任中心的預算考評中，如果由於不可控因素導致預算執行結果與預算標準之間產生差異，則該差異應予以剔除計算。例如，汽油價格對於生產企業和消費企業都是不可控因素，如果國家提高汽油銷售價格，對於煉油廠而言，在考評銷售收入和利潤指標時就應剔除由於銷售價格提高而帶來的預算外收入和利潤；對於消費汽油的企業而言，在考評採購部門的汽油採購成本時就應剔除由於汽油價格提高而引起

的預算外支出。

但是也要注意避免因為強調預算的可控性而導致預算責任的相互推諉。可控應該是相對的，而不是絕對的。只要某責任主體對某項目具有重大的影響和作用力，或者說沒有比其更具控制力的責任主體，該項因素就應是該責任主體的可控因素。例如，產品銷售價格的高低往往受市場、質量、品牌等多種因素的影響，企業的銷售部門並不能完全控制。但是，相對於任何其他部門而言，銷售部門對產品銷售價格最具控制力，因此應該將產品銷售價格納入銷售部門的預算考核範圍。

（三）分級考評原則

預算目標是分級落實的，預算控制也是分級實施的。因此，預算考評也必須分級進行。這是預算考評的重要原則，是實行分權管理和實現各部門、各層級責、權、利有機統一的基本要求，也是預算管理激勵與約束機制作用得以發揮的重要保證。預算分級考評原則包含三個方面的內容：第一，上級考評下級原則，即預算考評是上級預算部門對下級預算部門實施的考評，而不是下級預算部門對上級預算部門實施的民主評議。上級預算部門是預算考評的實施主體，預算執行部門是預算考評的對象。第二，逐級考評原則，即預算考評要根據企業預算管理的組織結構層次或預算目標的分解次序進行，預算考評只能是直接上級考評直接下級，而不能是間接上級隔級考評下級。第三，執行與考評分離原則，即本級預算責任主體的預算考評應由其直接上級部門來進行，而絕不可以自己考評自己。

（四）客觀公正原則

預算考評應以預算目標、預算執行結果、預算分析結論、預算考評制度和預算獎懲方案為基本依據，按照客觀公正的原則進行。預算評價本身是主觀的行為，但主觀的行為必須以客觀的事實為依據，只有這樣才能做到公正與公平。為了保證預算考評的客觀性，企業進行預算考評時應注意以下四點：第一，預算考評的程序、標準、結果要公開。企業應當將預算考評程序、考評方法、考評標準、獎懲方案以及考評結果及時公開，以最大限度地減少預算考評者和被考評者雙方對預算考評工作的神祕感，對存有異議的考評標準和考評結果要通過分析、研究、協商、復議等方法予以解決。第二，預算評價指標要以定量考評指標為主。預算考評結果要用數字說話，以減少主觀成分和人為因素對預算考評結果的干擾。第三，預算考評應當以客觀事實為依據。預算考評要用事實說話，切忌主觀武斷，缺乏事實依據，寧可不做評論或註上「無據可查」「待深入調查」等意見。第四，預算考評人員要實行輪換制。負責預算考評的人員應具備客觀公正的優良品質並實行輪流考評制度，年終預算考評應聘請公司獨立董事或社會仲介機構的人士參與，以增強預算考評的客觀公正性。

（五）時效性原則

預算考評應及時進行，並依據獎懲方案及時兌現。只有這樣，才能取信於民，才能使預算管理起到激勵和約束作用，才能有助於各項預算目標的完成。如果本期預算的執行結果拿到下期或拖延更長的時間去考評，就會喪失預算考評的功效。因此，時效性原則要求企業預算考評的週期應與預算管理的週期保持一致。因為企業的年度預算目標一般都是細分為月度預算目標，所以預算考評應該按月度進行。一

般做法是：每月預算考評、全年預算總考評；月度獎懲只兌現獎懲方案的80%左右，以豐補歉，年終統算。

（六）利益掛勾原則

利益掛勾原則包含三層含義：第一，預算考評的結果應當與預算執行部門以及員工的物質利益掛勾兌現，不管是薪酬獎懲還是職位升降，否則預算考評將難以起到激勵作用。第二，預算考評的方式要與員工的薪酬分配形式緊密結合起來，如果預算考評針對的是整個預算執行部門，而員工薪酬卻採取個人職能化的薪酬方式，就會導致員工薪酬模式與預算考評模式缺乏一致性和匹配性，無法實現預算考評的激勵效果。第三，預算的獎懲方案必須如期兌現，只有這樣才能維護預算考評的嚴肅性和權威性，才能使預算考評真正達到獎勤罰懶、激勵預算執行者完成預算目標。

（七）制度化原則

預算考評的制度化原則具有兩層含義：第一，企業要建立健全預算考評制度，使預算考評的原則、方法、內容、程序、獎懲等規則條款化、明晰化、規範化。第二，預算考評要按預算考評制度組織實施，實施預算考評的部門和人員要按照預算考評制度行使職權，預算考評的方法、原則、內容、步驟、獎懲兌現也必須按預算考評制度進行。

在預算執行前，企業應採用簽訂預算目標責任書的方式，將預算執行的條件、預算指標、權力和責任、獎懲辦法等內容予以明確，以此作為實施預算考評的基本依據。

四、預算考評體系的內容

為了規範預算考評工作的進行，發揮預算的激勵和約束作用，企業應當建立健全預算考評體系。預算考評體系主要包括以下五個方面的內容：

（一）成立預算考評機構

預算考評機構隸屬於企業預算管理委員會直接領導，組成人員應以預算管理部門和人力資源部門的職能人員為主，抽調財務、審計、技術、質保等職能部門的專業人員參與。同時，要針對不同層次的責任中心，成立相應層次的預算考評機構。

（二）制定預算考評制度

預算考評制度包括預算編製考評制度、預算執行考評制度、預算控制考評制度、預算核算考評制度、預算分析考評制度和預算報告考評制度等。企業通過建立健全預算考評制度，將全面預算管理的各個環節全部納入預算考評與獎懲的範圍，可以真正實現預算考評的制度化、規範化和全面化管理。

（三）確定預算考評指標

只有建立科學、合理的預算考評指標，並據以進行預算評價和獎懲兌現，才能促使各責任中心積極糾正預算偏差，努力完成預算指標，確保企業總體預算目標的實現。同時，各責任中心都是一個企業的有機組成部分，各責任中心之間密切聯繫。預算考評應當引導各責任中心既要努力完成自身承擔的預算目標，又要為其他責任中心完成預算目標創造條件。因此，在確定預算考評指標時，應實現以下四個有機結合：第一，局部指標與整體指標有機結合。預算考評指標要以各責任中心承擔的預算指標為主，同時必須本著相關性原則，增加一些全局性的預算指標和與其關係

密切的相關責任中心的預算目標。第二，定量指標與定性指標有機結合。預算考評要以定量指標為主，同時必須輔之以定性指標。第三，絕對指標與相對指標有機結合。絕對指標與相對指標的確定要根據具體收入或成本項目的習性確定，預算考評通常要以絕對指標為主、相對指標為輔。第四，長期指標與短期指標有機結合。預算指標要以預算期的短期指標為主，同時也必須輔之以關係到企業戰略利益的長期指標。

（四）制訂預算獎懲方案

預算獎懲方案需要在預算執行前確定下來，並作為預算目標責任書的附件或內容之一。設計預算獎懲方案時不僅需要考慮預算執行結果與預算標準之間的差異和方向還要將預算目標直接作為獎懲方案的考評基數，以激勵各責任中心盡最大努力提高預算的準確性。同時，預算獎懲除了和本責任中心的預算目標掛勾外，還必須與公司整體效益目標掛勾，以確保公司預算總目標的實現。

（五）組織實施預算考評

預算考評作為全面預算管理的一項職能，在預算管理的整個過程中都發揮著重要作用，是從預算編製、預算執行到預算結束的全過程考評。

1. 預算編製考評

預算編製是全面預算管理的首要環節，預算編製得是否準確、及時，對於預算能否順利執行是至關重要的。因此，這一階段預算考評的主要內容是建立預算編製考評制度，對各預算編製部門編製預算的準確性和及時性進行考核、評價，促進各部門保質、保量、按時完成預算編製工作。

2. 預算執行考評

預算執行考評是一種動態考評，是對預算執行和預算標準之間的差異所做的即時確認、即時處理。對預算偏差確認和處理得越及時，對預算執行的調控就越有利，也就越有利於預算目標的實現。因此，這一階段預算考評的主要內容是建立預算執行考評制度，對各部門預算執行過程進行考核和評價，及時發現預算執行中存在的預算偏差和問題，為預算管理部門及預算執行部門實施預算控制、糾正預算偏差或調整預算提供依據。

3. 預算結果考評

預算結果考評屬於綜合考評，是以預算目標為依據，以各個預算執行部門為對象，以預算結果為核心，對各預算執行部門的預算完成情況進行的綜合考核與評價。其主要內容包括建立預算綜合考評制度，實施預算綜合考評，確定預算差異，分析差異原因，落實差異責任，考核預算結果，評價各責任中心的工作績效，進行獎懲兌現等內容。

預算綜合考評作為本期預算的終點和下期預算的起點，不僅涉及對企業內部各部門的績效評價和利益分配，而且關係到企業整體經營績效評價以及對企業全面預算管理實施效果的評價，是預算考評的重點內容。

對於充分發揮預算考評機制的作用而言，動態考評與綜合考評是相輔相成、缺一不可的。動態考評作為過程控制的重要手段，與期末的綜合考評相得益彰，使得過程控制與結果控制並重，從而有效發揮全面預算管理系統對企業各項經營活動的控制作用。

五、預算獎懲方案的制訂

預算獎懲方案是預算獎勵方案和預算懲罰方案的統稱，它是全面預算管理機制與約束機制的具體體現，是預算考評系統的有機組成部分。通過制訂科學的預算獎懲方案，一方面能使預算考評落到實處，真正實現權責利的結合；另一方面能夠有效引導各責任中心的預算行為，實現局部目標與企業整體目標的一致性。

（一）制訂預算獎懲方案的原則

1. 目標性原則

企業實施預算獎懲的目的除了激勵約束、獎勤罰懶外，更重要的目的是實現預算目標。這是所說的實現預算目標的數額與預算目標數額相比，應當沒有差異或差異很小，而且不論這個差異對企業是有利的差異，還是無利的差異。道理很簡單：如果我們側重於鼓勵各責任中心超額完成預算指標，那麼各責任中心在編報預算指標時，就會將預算指標壓得很低，以便獲得超額獎勵。這樣的結果在一定程度上是挖掘了各責任中心的內部潛力，但也助長了各部門不實事求是編報預算的風氣，打亂了企業整體預算目標，違背了全面預算管理「以預算為標準，控制生產經營活動」的基本原理，使全面預算管理流於形式。因此，企業制訂的預算獎懲方案必須有利於引導各責任中心實事求是地編報預算指標，並努力實現預算目標。

2. 客觀公正原則

預算獎懲方案與每名員工的個人利益密切相關，必須經得起時間和實踐的檢驗，獎懲方案要注意各部門利益分配的合理性，要根據各部門承擔工作的難易程度和技術含量合理確定獎勵差距，各部門既不能搞平均分配，又不能懸殊太大。獎懲方案設計完成後，要經過模擬試驗，避免出現失控現象。

3. 全面性原則

預算獎懲方案的全面性原則包含兩個方面的含義：一是預算獎懲方案的內容必須涵蓋預算管理的全部過程，絕不能使獎懲成為單純的結果論者。事實上，只要控制好了過程，結果自然會好。因此，預算獎懲方案不僅要對預算執行結果進行獎懲，也要對預算編製、預算核算、預算分析、預算控制、預算反饋等環節進行獎懲。二是預算獎懲方案的範圍必須涵蓋企業的供、產、銷各個環節，人、財、物各個方面，銷售部門、生產部門、技術部門、管理部門、後勤服務部門都要納入預算獎懲的範圍。

4. 獎罰並存原則

獎勵是對預算管理及預算執行結果在肯定基礎上的激勵和倡導，處罰是對預算管理及預算執行結果在否定基礎上的一種警誡和糾正。兩者相輔相成，相得益彰，在預算獎懲方案中具有同等重要的地位。因此，企業在設計預算獎懲方案時，應當獎罰並舉，有獎有罰。

（二）預算獎懲方案的設計

為實現引導各責任中心實事求是編報預算目標的目的，企業在設計獎懲方案時應重點把握以下兩點：第一，以預算目標為獎勵基數。設計預算考評方案時，為了將預算目標與獎懲掛勾，可以將預算目標作為獎懲方案的一個基數。第二，獎懲方案要覆蓋全局目標和密切相關目標。任何一個責任中心都不可能離開企業整體或其他責任中心而獨立運行，因此預算獎懲方案還必須與公司的整體效益目標以及密切相關的其他責任中心的預算目標掛勾。

第六章
成本管理會計

第一節　成本管理會計概述

一、成本的概念與分類

（一）成本與費用

　　成本與費用是一對既密切聯繫，又有顯著區別的概念。廣義的費用是指企業日常活動中發生的，會導致所有者權益減少的，且與所有者分配利潤無關的經濟利益的總流出。因此，費用實質上是企業生產經營活動引發的經濟資源的耗費。在中國，人們習慣上把費用按其經濟性質或形成途徑分類的結果稱為費用要素。費用要素通常包括外購材料、外購燃料、外購動力、固定資產折舊費用、無形資產攤銷費用、利息費用、稅金、其他支出。按費用的經濟用途或功能進行分類的結果稱為費用項目。費用項目通常包括生產費用和期間費用兩大類。其中，生產費用一般細分為直接材料、直接人工和製造費用三個成本項目，這些成本項目最終構成利潤表中的產品銷售成本項目；期間費用主要包括銷售費用、管理費用、財務費用以及所得稅費用等項目。

　　狹義地講，成本與費用是有所區別的。顧名思義，成本是為了成就某一事項而付出的代價，而費用則是企業在一定期間發生的各項花費。因此，成本是企業在生產經營過程中耗費的各項資源的對象化，而費用則是企業在生產經營過程中耗費的各項資源的期間化。

（二）製造成本與非製造成本

　　成本按照經濟用途分類是財務會計的傳統分類方法，其分類的結果主要用於確定存貨成本和期間損益，滿足對外財務報告的需要。於製造業而言，成本可分為製造成本與非製造成本。

　　1. 製造成本

　　製造成本也稱為生產成本或產品成本，是指在生產過程中為製造產品而發生的各種成本，具體包括直接材料、直接人工以及製造費用。

　　（1）直接材料。直接材料是指構成產品實體的原料、主要材料以及有助於產品形成的輔助材料。

　　（2）直接人工。直接人工是指直接參與產品生產的工人工資。

（3）製造費用。製造費用是指應當計入產品成本的，除了直接材料、直接人工以外的其他各種耗費，包括間接人工、間接材料與其他製造費用。例如，設備維修人員的工資、固定資產的折舊費、車間動力費、車間照明費等。

在以上分類中，直接人工和直接材料的共同特徵是可以將其成本準確直接地歸屬到某一產品中，體現出「對象化」這一傳統的本質屬性。

在生產成本中，直接材料和直接人工之和稱為主要成本，直接人工和製造費用之和稱為加工成本。

應該指出的是，生產方式的改變和改進對上述直接材料、直接人工以及製造費用的劃分或三者的構成比例將會產生直接的影響。例如，生產自動化水準的提高將會導致製造費用在生產成本總額中的比重增大；生產專業化分工的加深會導致製造費用在形象上更加「直接」。

2. 非製造成本

非製造成本又稱為非生產成本或期間成本，是指發生在企業中生產成本以外的成本，如運輸成本、建築成本、資金成本、研發成本和服務成本等。

（1）運輸成本。運輸成本是指交通運輸企業為提供各種交通運輸服務發生的各種耗費，如鐵路運輸、航空運輸、水上交通以及陸上交通發生的各種成本。

（2）建築成本。建築成本是指建築企業在建築過程中消耗的資源，包括了建築施工過程中各階段的資源消耗，通常用貨幣單位來衡量。建築行業把建築成本分為直接成本和間接成本兩部分。直接成本由人工費、材料費、機械使用費和其他費用組成。間接成本是指直接從事施工的單位為組織管理施工過程發生的各項支出。

（3）資金成本。資金成本就是企業籌集和使用資金花費的代價，包括資金籌集費用和資金使用費用兩部分。

（4）研發成本。研發成本是指無形資產或新產品研發過程中的各種耗費，包括研發新產品、新技術、新工藝發生的無形資產研發費、新產品設計費、工藝規程制定費、設備調試費、原材料和半成品試驗費等。

（5）服務成本。服務成本是指服務企業在提供各項服務，如金融服務、保險服務、會計服務或管理諮詢服務等過程中發生的各種資源耗費，包括為了提供服務發生的各種材料耗費、人工耗費以及其他各種間接耗費。

（三）變動成本與固定成本

成本性態又稱為成本習性，是指成本總額與特定業務量之間在數量方面的依存關係。成本總額對業務量的依存關係是客觀存在的，而且是有規律的。對成本按照性態這一標準對企業的總成本劃分為變動成本和固定成本以及兼有兩者性態的混合成本。

1. 固定成本

固定成本是指其總額在一定期間和一定業務量範圍內，不受業務量變動的影響而保持固定不變的成本。但就其單位固定成本而言，則是隨著業務量的增減變化而呈反比例變動。

2. 變動成本

變動成本是指在一定期間和一定業務量範圍內，其總額隨著業務量的變動而呈

正比例變動的成本。但就其單位變動成本而言，則是固定的。

3. 混合成本

混合成本是指其發生總額雖受業務量變動的影響，但其變動幅度並不同業務量保持嚴格的比例。也就是說，混合成本兼有變動成本和固定成本的特徵，可視其具體情況分解為變動成本和固定成本兩部分。

（四）財務成本與管理成本

成本在經濟工作中的作用，可以是為正確計算利潤，編製報表而需要；也可以是為企業經營管理提供相關信息。因此，根據成本在經濟工作中的作用，可以將成本分為財務成本和管理成本。

1. 財務成本

財務成本是為計算利潤而發生的各種成本，如產品成本、運輸成本、建築成本、服務成本等。

2. 管理成本

管理成本是針對企業管理而形成的成本概念，如質量成本、增量成本、機會成本、邊際成本、付現成本、專屬成本、可分成本、酌量性成本、沉沒成本等。

（1）質量成本。質量成本是指企業為了確保產品符合規定的質量標準而支出的一切費用以及因為未達到既定質量標準而造成的各種損失之和。例如，質量培訓費用、質量獎勵費用、返修損失、廢品損失、退貨損失、賠償費用等。

（2）增量成本。增量成本又稱狹義的差量成本，是指企業進行單一方案決策由於產能利用程度的不同而表現在成本方面的差額。在一定條件下，某一決策方案的增量成本就是該方案的相關變動成本，即等於該方案的單位變動成本與相關業務量的乘積。

（3）機會成本。機會成本以經濟資源的稀缺性和多種選擇機會的存在為前提，是指企業在進行經營決策時，必須從多個備選方案中選擇一個最優方案，而被放棄的方案可能獲得的最大潛在收益就稱為已選中方案的機會成本。

（4）邊際成本。邊際成本是企業在經營決策中經常被考慮的成本，是指業務量每增加或減少 1 個單位引起的成本變動數額。邊際成本是業務量無限小變動時造成的成本差量與業務量變動的單位差量之比的極限關係，因此也稱為成本對業務量無限小變動做出的反應。

（5）付現成本。付現成本又稱現金支出的相關成本。企業在現金短缺、支付能力不足而籌資又十分困難的情況下，對於那些必須上馬的方案進行決策時，必須考慮進行現金支付帶來的成本。

（6）專屬成本。專屬成本是指可以明確歸屬於特定決策方案的固定成本或混合成本。專屬成本往往是為了彌補產能不足的缺陷，增加有關裝置、設備、工具等長期資產而發生的。專屬成本的確認與取得上述資產的方式有關。例如，租入方式下的租金、購入方式下設備購買款或計提的折舊費用。

（7）可分成本。可分成本是在聯產品生產決策中必須考慮的成本，是對已經分離的聯產品進行深加工而追加發生的變動成本。例如，深加工發生的直接材料費用、生產工人的工資以及福利費用等。

（8）酌量性成本。酌量性成本也稱為選擇性成本或任意性成本，是指管理者的決策可以改變其支出數額的成本。例如，廣告費、職工教育培訓費、按產量計酬的工資薪金、按銷售收入提成的銷售佣金等。

（9）沉沒成本。沉沒成本是指過去已經發生並無法由現在或將來的任何決策所改變的成本。可見，沉沒成本是企業在以前經營活動中已經支付現金，而在現在或將來經營期間攤入成本費用的支出。例如，固定資產的折舊、無形資產的攤銷、遞延資產的投資等。

（五）相關成本與不相關成本

1. 相關成本

相關成本是指與特定決策方案有關，並對決策有影響的各種形式的未來成本，又稱有關成本。例如，增量成本、機會成本、邊際成本、付現成本、專屬成本、可分成本、酌量性成本等。

2. 不相關成本

不相關成本是對決策沒有影響的成本，這類成本過去已經發生，或者對未來決策沒有影響，因此在決策時不予考慮。例如沉沒成本、聯合成本、約束性成本等。

聯合成本是指為多種產品的生產或為多個部門的設置而發生的，應由這些產品或這些部門共同負擔的成本。例如，在企業生產過程中，幾種產品共同的設備折舊費、輔助車間成本等都屬於聯合成本。

約束性成本是指為了形成和維持企業最起碼生產經營能力的成本，也是企業經營業務必須承擔的最低成本。該類成本不受管理者決策的影響，如固定資產的折舊費、不動產的稅金、不動產的保險費等。

需要指出的是，某項成本到底屬於相關成本還是不相關成本，必須結合具體的決策來確定，拋開決策內容去討論成本的相關性是沒有意義的。

二、成本管理的原則

成本管理是指企業在營運過程中實施成本預測、成本決策、成本計劃、成本控制、成本核算、成本分析和成本考核等一系列管理活動的總稱。成本管理的目的是各級管理人員根據管理會計提供的各種相關信息，對生產經營過程的各個環節進行科學合理的管理，以實現企業價值的最大增值。

企業進行成本管理，一般應遵循融合性、適應性、成本效益性和重要性四項原則。

第一，融合性原則，即成本管理應以企業業務模式為基礎，將成本管理嵌入業務的各領域、各層次、各環節，實現成本管理責任到人、控制到位、考核嚴格、目標落實。

第二，適應性原則，即成本管理應與企業生產經營特點和目標相適應，尤其要與企業發展戰略或競爭戰略相適應。

第三，成本效益性原則，即成本管理應用相關工具方法時，應權衡其為企業帶來的收益和付出的成本，避免獲得的收益小於其投入的成本。

第四，重要性原則，即成本管理應重點關注對成本具有重大影響的項目，對於

不具有重要性的項目可以適當簡化處理。

三、成本管理的工具方法

企業進行成本管理，應運用專門的管理會計工具方法，一般包括目標成本法、變動成本法、標準成本法、作業成本法等。

目標成本法以目標售價和目標利潤為基礎確定產品目標成本，從產品設計階段開始，通過各部門、各環節乃至與供應商的通力合作，共同為實現目標成本而進行成本管理。

變動成本法通過對企業成本進行性態分析，把企業全部成本區分為固定成本與變動成本，這樣能更好地揭示銷量、成本和利潤之間的關係，從而明確企業產品盈利能力和劃分成本責任，更有利於加強成本的控制和管理。

標準成本法以預先制定的標準成本為基礎，通過比較標準成本與實際成本，計算和分析成本差異、揭示成本差異動因，進而實施成本控制、評價企業的經營業績，把成本控制從事後控制發展到事前控制和事中控制。

作業成本法以作業作為核算對象，通過作業動因分析，提高企業產品定價、作業與流程改進、客戶服務等決策的準確性；同時還能改善和強化成本控制，促進績效管理的改進和完善。

因此，企業應結合自身的成本管理目標和實際情況，在保證產品的功能和質量的前提下，選擇應用適合企業的成本管理工具方法或綜合應用不同成本管理工具方法，以更好地實現成本管理的目標。綜合應用不同成本管理工具方法時，應以各成本管理工具方法具體目標的兼容性、資源的共享性、適用對象的差異性、方法的協調性和互補性為前提，通過綜合運用成本管理的工具方法實現企業的最大效益。

四、成本管理的應用環境

企業生產經營管理離不開其所在的環境，該環境是一個相互依存、互相制約、由不斷變化的各種因素組成的一個系統，是影響企業管理決策和生產經營活動的現實各因素的集合。成本管理的應用環境包括內部環境和外部環境兩個方面。內部環境主要是企業的人文價值環境、管理制度體系等；外部環境主要指社會環境、市場環境、產業環境等。因此，企業進行成本管理時，對其應用環境有以下五個方面的要求：一是企業應該根據其內外部環境選擇適合的成本管理工具方法；二是建立健全成本管理的制度體系，一般包括費用申報制度、定額管理制度、責任成本制度等；三是建立健全成本相關原始記錄，加強和完善成本數據的收集、記錄、傳遞、匯總和整理工作，確保成本基礎信息記錄真實、完整；四是加強存貨的計量驗收管理，建立存貨的計量、驗收、領退以及清查制度；五是充分利用現代信息技術，規範成本管理流程，提高成本管理的效率。

五、成本管理的應用程序

企業應用適合的成本管理工具方法，一般按照事前成本管理、事中成本管理、事後成本管理等程序進行。

(一) 事前成本管理

事前成本管理主要是對未來的成本水準及其發展趨勢進行的預測與規劃，一般包括成本預測、成本決策和成本計劃等步驟。成本預測是以現有條件為前提，在歷史成本資料的基礎上，根據未來可能發生的變化，利用科學的方法，對未來的成本水準及其發展趨勢進行描述和判斷的成本管理活動。成本決策是在成本預測及有關成本資料的基礎上，綜合經濟效益、質量、效率和規模等指標，運用定性和定量的方法對各個成本方案進行分析並選擇最優方案的成本管理活動。成本計劃是以營運計劃和有關成本數據、資料為基礎，根據成本決策確定的目標，通過一定的程序，運用一定的方法，針對計劃期企業的生產耗費和成本水準進行的具有約束力的成本籌劃管理活動。

(二) 事中成本管理

事中成本管理主要是對營運過程中發生的成本進行監督和控制，並根據實際情況對成本預算進行必要的修正，即成本控制步驟。成本控制是成本管理者根據預定的目標，對成本發生和形成過程以及影響成本的各種因素條件施加主動的影響或干預，把實際成本控制在預期目標內的成本管理活動。

(三) 事後成本管理

事後成本管理主要是在成本發生之後進行的核算、分析和考核，一般包括成本核算、成本分析和成本考核等步驟。成本核算是根據成本核算對象，按照國家統一的會計制度和企業管理要求，對營運過程中實際發生的各種耗費按照規定的成本項目進行歸集、分配和結轉，取得不同成本核算對象的總成本和單位成本，向有關使用者提供成本信息的成本管理活動。成本分析是利用成本核算提供的成本信息及其他有關資料，分析成本水準與構成的變動情況，查明影響成本變動的各種因素和產生的原因，並採取有效措施控制成本的成本管理活動。成本考核是對成本計劃及其有關指標實際完成情況進行定期總結和評價，並根據考核結果和責任制的落實情況，進行相應獎勵和懲罰，以監督和促進企業強化成本管理責任制，提高成本管理水準的成本管理活動。

第二節　目標成本法

一、目標成本法概述

(一) 目標成本法的概念

目標成本最早產生於 20 世紀 60 年代美國國防部武器裝備的研製過程中，當時是通過產品全生命週期控制方式在產品投產前進行成本控制，有效地控制了採購成本。後來這種控制方式傳入了日本、西歐等地，並在日本發展為以豐田生產方式為代表的成本企劃。這樣，以目標成本來進行企業成本控制和管理的理論——目標成本法形成了。

目標成本法是指企業以市場為導向，以目標售價和目標利潤為基礎確定產品的

目標成本，從產品設計階段開始，通過各部門、各環節乃至與供應商的通力合作，共同實現目標成本的成本管理方法。

目標成本法一般適用於製造業企業成本管理，也可在物流、建築、服務等行業應用。

（二）目標成本法的應用環境

應用目標成本法，除應遵循《管理會計應用指引》中對應用環境的一般要求外，還對其應用環境有以下要求：

（1）處於比較成熟的買方市場環境，且產品的設計、性能、質量、價值等呈現出較為明顯的多樣化特徵。

（2）以創造和提升客戶價值為前提，以成本降低或成本優化為主要手段，謀求競爭中的成本優勢，保證目標利潤的實現。

（3）成立由研究與開發、工程、供應、生產、行銷、財務、信息等有關部門組成的跨部門團隊，負責目標成本的制定、計劃、分解、下達與考核，並建立相應的工作機制，有效協調有關部門之間的分工與合作。

（4）及時、準確取得目標成本計算所需的產品售價、成本、利潤以及性能、質量、工藝、流程、技術等方面各類財務和非財務信息。

（三）目標成本法的優缺點

目標成本法的主要優點是：一是突出從原材料到產品出貨全過程成本管理，有助於提高成本管理的效率和效果；二是強調產品壽命週期成本的全過程和全員管理，有助於提高客戶價值和產品市場競爭力；三是謀求成本規劃與利潤規劃活動的有機統一，有助於提升產品的綜合競爭力。

目標成本法的主要缺點是目標成本法的應用不僅要求企業擁有各類需要的人才，更需要各有關部門和人員的通力合作，且對管理水準要求較高。

二、目標成本法的應用程序

應用目標成本法一般需經過目標成本的設定、分解、達成到再設定、再分解、再達成多重循環，以持續改進產品方案。因此，一般應按照確定應用對象、成立跨部門團隊、收集相關信息、計算市場允許成本、設定目標成本、分解可實現目標成本、落實目標成本責任、考核成本管理業績以及持續改善等程序實施目標成本法。

（一）確定應用對象

企業根據目標成本法的應用目標及其應用環境和條件，綜合考慮產品的產銷量和盈利能力等因素，確定應用對象。因此，企業一般應選擇擬開發的新產品，或者選擇那些功能與設計存在較大的彈性空間、產銷量較大且處於虧損狀態或盈利水準較低、對企業經營業績具有重大影響的老產品作為目標成本法的應用對象。

（二）成立跨部門團隊

企業實施目標成本管理，需要成立跨部門的管理團隊。負責目標成本管理的跨部門團隊之下可以建立成本規劃、成本設計、成本確認、成本實施等小組，各小組根據管理層授權協同合作完成相關工作。

成本規劃小組由業務及財務人員組成，負責設定目標利潤，制定新產品開發或

老產品改進方針，考慮目標成本等。該小組的職責主要是收集相關信息、計算市場驅動產品成本等。

成本設計小組由技術及財務人員組成，負責確定產品的技術性能、規格，負責對比各種成本因素，考慮價值工程，進行設計圖上成本降低或成本優化的預演等。該小組的職責主要是可實現目標成本的設定和分解等。

成本確認小組由有關部門負責人、技術及財務人員組成，負責分析設計方案或試製品評價的結果，確認目標成本，進行生產準備、設備投資等。該小組的職責主要是可以實現目標成本設定與分解的評價和確認等。

成本實施小組由有關部門負責人及財務人員組成，負責確認實現成本策劃的各種措施，分析成本控制中出現的差異，並提出對策，對整個生產過程進行分析、評價等。該小組的職責主要是落實目標成本責任、考核成本管理業績等。

（三）收集相關信息

目標成本法的應用需要企業研究與開發、工程、供應、生產、行銷、財務和信息等部門收集與應用對象相關的信息。這些信息一般包括：產品成本構成及料、工、費等財務和非財務信息；產品功能及其設計、生產流程與工藝等技術信息；材料的主要供應商、供求狀況、市場價格及其變動趨勢等信息；產品的主要消費者群體、分銷方式和渠道、市場價格及其變動趨勢等信息；本企業及同行業標杆企業產品盈利水準等信息；其他相關信息。

（四）計算市場允許成本

市場允許成本是指目標售價減去目標利潤之後的餘額。目標售價的設定應綜合考慮客戶感知的產品價值、競爭產品的預期相對功能和售價以及企業針對該產品的戰略目標等因素。目標利潤的設定應綜合考慮利潤預期、歷史數據、競爭地位分析等因素。

市場允許成本的計算方法主要有倒推法、選擇法和比率法等。其中，選擇法與預測分析中提到的方法相同，倒推法可以按照以下公式進行計算：

單位產品的市場允許成本＝預計售價×(1－稅金及附加率)－目標利潤　（式6-1）

比率法要求事先確定先進的成本利潤率，調查用戶可以接受的價格或具有競爭性的市場價格，並以此推算允許成本。相關計算公式如下：

$$市場允許成本 = \frac{產品預計價格 \times (1 - 稅金及附加率)}{1 + 成本利潤率}$$　（式6-2）

【例6-1】華太公司準備開發一種新產品，財務人員經過調查確定的產品目標售價為10,000元，成本利潤率為25%。假定按照制度規定，需要繳納的稅金及附加率為10%，預測該新產品的目標成本。

$$產品的市場允許成本 = \frac{10,000 \times (1 - 10\%)}{1 + 25\%} = 7,200(元)$$

（五）設定目標成本

企業將允許成本與新產品設計成本或老產品當前成本進行比較，確定差異及成因，設定可實現的目標成本。該目標成本應該在同類產品中具有競爭優勢，這樣才能確保目標利潤的實現。

企業一般採取價值工程、拆裝分析、流程再造、全面質量管理、供應鏈全程成本管理等措施和手段，尋求消除當前成本或設計成本偏離允許成本差異的措施，使允許成本轉化為可實現的目標成本。

（六）分解可實現目標成本

產品的目標成本確定後，需要將其按照設計的生產形式分解到產品的零部件、各工序或各成本項目。可以採用的目標成本分解方法有以下幾種：

1. 按成本項目占比分解

這種方法是根據新產品各成本項目占成本總額的比重，將目標成本分解為直接材料、直接人工和製造費用三個成本項目的一種成本分解方法。確定新產品各成本項目占比時，既可以依據老產品或類似產品的實際成本資料，測算料、工、費各項占成本的比重，也可以依據設計工藝中確定的技術定額，如所耗材料消耗定額、產品計劃單價、產品工時定額、計劃小時工資率等測算各成本項目的設計成本占比。將新產品的目標成本乘以各成本項目的比重，即可求得新產品的直接材料、直接人工、製造費用的目標成本。這種方法通常適用於簡單生產的新產品的目標成本分解。

2. 按產品組成分解

如果設計的新產品或改造的老產品是由若干個零部件構成的，屬於裝配式生產組織方式，則分解目標成本時可以按其產品組成或產品結構分解目標成本，即將產品目標成本分解到各零部件目標成本的一種成本分解方法。具體分解時，可以採用以下三種方法：第一種是根據功能評價系數進行分解，第二種是根據各零部件的成本占比進行分解，第三種是按製造過程分解。

（1）根據功能評價系數進行分解。這種方法利用價值工程分析原理，確定各零部件的功能，通過打分確定各零部件的功能系數並據此分解目標成本。所謂產品功能，是指產品具有的滿足消費者需要的效能和作用。它與產品成本密切相關，通常認為功能多、質量好的產品，成本就高一些；反之，成本就低一些。功能系數常常採用0~1評分法予以確定，即將各個零部件的功能一一進行相互重要程度的對比並打分，重要的打1分，次要的打0分。功能評價系數是某一零部件得分與全部零部件得分合計的比值。計算公式如下：

$$評價 = \frac{某一零部件得分}{全部零部件得分合計} \qquad (式6\text{-}3)$$

全部零部件得分合計實際工作中，也可以採用0~4評分法確定功能評價系數，重要的打4分，較重要的打3分，次重要的打2分，不太重要的打1分，不重要的打0分。根據計算的功能評價系數，其與產品目標成本相乘就可以確定各零部件的目標成本。

（2）根據各零部件的成本占比進行分解。這種方法一方面可以參照老產品或類似產品的實際成本資料，計算各零部件成本占產品成本的比重，根據新產品的零部件構成及其材質、重量和複雜程度等，確定成本調整系數，並據此分解目標成本。分解時，只要用新產品目標成本乘以調整後各零部件的成本系數，就可以將產品目標成本分解為零部件的目標成本。另一方面可以根據工藝設計說明書直接計算各部件的設計成本占比，並據此將產品目標成本分解為零部件的目標成本。

比較上述兩種方法，如果從成本分解的科學性來講，按功能評價系數分解的新產品目標成本體現了產品功能與成本的關係，較按零部件成本占比分解的目標成本更加合理、更具科學性。

（3）按製造過程分解。如果設計的新產品或改造的老產品是由若干個步驟連續加工完成的，屬於連續式生產組織方式，則在分解目標成本時，可以按照產品成本形成的逆方向分解目標成本，即由產品目標成本依次倒推前一步驟的半成品目標成本，並將各步驟的半成品目標成本依據各步驟的成本項目占比將其分解為該步驟的直接材料、直接人工和製造費用。確定各步驟或各成本項目成本比重時，既可以根據老產品或類似產品的實際成本資料結合新產品調整確定，也可以根據產品設計成本直接進行分解。

（七）落實目標成本責任

企業將設定的可實現目標成本、功能級目標成本、零部件級目標成本和供應商目標售價進一步量化為可控制的財務和非財務指標，落實到各責任中心，形成各責任中心的責任成本和成本控制標準，並輔之以相應的權限，將達成的可實現目標成本落到實處。

（八）考核成本管理業績

企業依據各責任中心的責任成本和成本控制標準，按照業績考核制度和辦法，定期進行成本管理業績的考核與評價，為各責任中心和人員的激勵奠定基礎。

（九）持續改善

企業定期將產品實際成本與設定的可實現目標成本進行對比，確定其差異及其性質，分析差異的成因，提出消除各種重要不利差異的可行途徑和措施，進行可實現目標成本的重新設定、再達成，推動成本管理的持續優化。

三、目標成本法的應用舉例

【例6-2】A公司目標成本法應用案例。

（一）公司概況

A公司是一家高新技術企業，擁有兩個工廠，主要從事高端印製電路板研發和生產，產品涵蓋背板、系統板、微波射頻板等，涉及通信、航空航天、醫療、汽車電子和工控等領域，市場覆蓋北美、歐洲、東歐、東南亞等地。

全球金融危機嚴重衝擊了全球印製電路板（PCB）市場，行業需求大幅萎縮，產品價格大幅下降，市場競爭日趨加劇。2009年，全球PCB行業產值比2008年下降15%。然而，在如此艱難的環境中，2009年A公司產品的銷售毛利率仍達到20%，營業收入實現逆勢增長24%。A公司在這種市場環境下之所以取得這樣良好的業績，除了真正落實「以客戶為導向」的行銷策略外，更關鍵的是利用目標成本法來加大成本控制力度，積極開展各項降低成本費用活動，並進一步強化供應鏈管理和質量管理。

（二）從產品價值鏈角度提出目標成本管理的基本思路

A公司將產品生產歸結為「下游客戶需求分析—產品研發設計—產品生產製造—上游材料採購」這樣一個逆向有序的價值鏈流程。

（1）以客戶需求分析為起點確定新產品的目標成本。在成本管理中，A公司重點分析客戶對產品性能、價值等方面的需求，並結合企業自身的預期利潤目標，確定新產品的目標成本。

（2）高度關注產品研發設計過程。在設計過程中，A公司將供應商、銷售商等相關利益集團納入新產品設計過程之中，組建跨組織團隊參與新產品的設計，以使設計的產品在特性上滿足顧客的需求，同時找到新產品降低成本的空間及各部件的預期成本目標。

（3）在產品製造環節，A公司高度關注製造過程的流程成本、質量成本等項目控制，實施全方位的成本持續改善策略。

（4）進行供應鏈管理，降低材料採購成本。

（三）進行價值鏈的目標成本管理，落實成本目標

A公司根據產品研發與設計—產品生產製造—物料採購這一有序鏈條，在確定目標成本的基礎上，將重點放在產品製造環節的流程成本、質量成本上，降低物料採購環節的物料成本等，以使產品實際成本低於目標成本。

（1）確定目標成本，制定具體的成本控制目標。A公司的Z型號PCB產品，2009年的銷售價格是45萬元/單位（市場價）。A公司根據當時的生產技術、工藝水準以及材料價格等，估計出該產品的預計成本（參照可比產品的現時成本估算）為35萬元/單位。該產品利潤低於A公司目標利潤要求（假定A公司要求的成本毛利率為50%）。Z型號PCB產品的目標成本測算及成本差異情況如表6-1所示。

表6-1　　A公司Z型號PCB產品的目標成本確定及成本控制具體目標

成本估算	可比產品的現時成本	35萬元
目標成本確定	新產品銷售價格	45萬元
	減：要求的目標利潤	$X \times 50\%$（15萬元）
	新產品的目標成本	$X = 30$萬元
目標成本控制的具體目標	成本控制的目標差異	35−30＝5萬元

（2）梳理產品成本發生的流程，找出成本降低空間。A公司在明確Z型號PCB產品的目標成本及成本控制的具體目標之後，採用其特有的分析工具以梳理成本生命週期環節可能存在的成本降低空間。表6-2表明，A公司將該產品的成本控制方向具體框定在產品研究設計、生產製造、物料採購等環節的12個方面。

表6-2　　A公司Z型號PCB的目標成本管理舉措

現時成本（35萬元）	目標成本（30萬元）	成本控制的具體目標5萬元
成本控制階段	目標成本管理舉措	預期成本降低效果
1. 產品設計和優化階段		
（1）工程優化	通過產品設計優化，用一張厚的原材料代替原來兩張薄的原材料，厚度相同，在不影響產品性能前提下節約原材料成本	0.5萬元

表6-2(續)

(2) 工藝優化	縮短工藝流程，提升工藝加工能力，運用普通的設備代替個性設備，消除加工瓶頸，減少加工流程（由14步降至10步），節約加工時間40小時	0.8萬元
2. 產品生產製造階段		
(3) 物流管理	控制物料消耗或浪費，建立物料消耗標桿，降低物料成本	0.1萬元
(4) 節能降耗	錯峰用水用電，降低單位水電消耗的成本	0.05萬元
(5) 操作效率	員工操作流程標準化，改善員工輪班制，提高員工效率	0.1萬元
(6) 精益流程	鑽孔精益流程梳理，利用價值分析識別不增值作業，改「串行」為「並行」，提高團隊協作並提升鑽孔有效利用；與客戶共同開展精益活動，將工程設計製作流程週期縮短40%，同時將該產品加工週期縮短25%	1.1萬元
(7) 變革質量標準	根據客戶質量個性要求，不提供超出客戶質量標準之外的產品或服務	0.4萬元
(8) 提高執行力	全面參與，開展產品生產「零差錯」行動，降低質量檢測成本、售後服務成本等	0.2萬元
(9) 降低物料質量風險	提高外購物料的質量檢測能力，降低質量成本	
3. 物料採購階段		
(10) 供應鏈管理降低採購成本	對材料進行分類管理，並利用電子招標平臺進行採購，與供應商一道共同降低物料成本	1.2萬元
(11) 物料替代	在不影響產品性能前提下採用替代性材料，降低成本	0.5萬元
(12) 降低庫存	優化物料計劃模式，與供應商互動，縮短材料供貨週期	0.2萬元
4. 其他方面		0.1萬元
5. 成本降低金額合計		5.25萬元

（3）全面落實目標成本管理舉措，最終降低成本。A公司在所有產品生產中都引入目標成本管理手段，落實各項成本管理舉措。A公司2009年一年因各項成本管理舉措而節約的成本高達4,000多萬元。

（四）目標成本管理基本經驗

（1）根據企業現實，確定產品設計的重點。對於大多數企業而言，企業生產的產品大多數並非屬於「全新開發」的新產品。因此，根據顧客個性化需求，尤其是產品特性需求分析等進行的產品開發，大多屬於產品設計中的優化、優化中的再設計，將產品設計、工程優化等融為一體。在A公司案例中，其提供的大多數產品並非完全屬於新產品，也不屬於傳統市場結構中的標準化產品，在這種情形下，產品設計、工程優化、工藝流程優化等，均集中於產品設計環節之中。

（2）跨職能團隊的建立與運作。可以說，沒有跨組織、跨職能團隊的建立與高效運行，就沒有目標成本法。作為企業設立的橫向組織形式，跨職能團隊的成員大

多來自設計、製造、採購供應、財務等各職能部門，團隊成員相互依存、相互交流並分享知識，提升了組織應對市場的能力。

（3）任何一種管理模式的引入都要強化其管理激勵，只有這樣才能真正實現企業目標。目標成本法的有效實施離不開目標成本責任的落實以及為此進行的團隊和個人激勵。

（4）價值鏈管理與跨組織協作。不論是產品特性分析還是供應商選擇決策，企業都將涉及與上下游企業間的協作關係問題。只有讓上下游企業參與目標成本的設定、分享成本信息、改善成本管理過程，以合作共贏替代不公平競爭等，才能使目標成本管理的有效性得以持續。

第三節　變動成本法

一、變動成本法概述

（一）變動成本法的概念

在成本的分類中我們介紹了成本按照性態的分類，這是管理會計中的重要分類。基於這種分類，我們按產品成本期間成本的劃分口徑和損益確定程序的不同進行成本計算的分類。以此為標誌，我們可以將成本計算分為變動成本計算和完全成本計算，即變動成本法和完全成本法。

變動成本法是指企業以成本性態分析為前提條件，僅將生產過程中消耗的變動生產成本作為產品成本的構成內容，而將固定生產成本和非生產成本作為期間成本，直接由當期收益予以補償的一種成本計算模式。完全成本法是指在組織常規的成本計算過程中，以成本按其經濟用途分類為前提條件，將全部生產成本作為產品成本的構成內容，只將非生產成本作為期間成本，並按傳統式損益確定程序計量損益的一種成本計算模式。

完全成本法是財務會計中一種長期沿用的傳統成本計算模式，而變動成本法通常用於分析各種產品的盈利能力，為正確制定經營決策，科學開展成本計劃、成本控制和成本評價與考核等工作提供有用信息。因此，準確地說變動成本法是一種成本管理方法。

（二）變動成本法的應用環境

應用變動成本法，除應遵循成本管理應用環境的一般要求外，還對其應用環境有以下要求：

（1）市場競爭環境激烈，需要頻繁進行短期經營決策；市場相對穩定，產品差異化程度不大，以利於企業進行價格等短期決策。

（2）成本基礎信息記錄完整，財務會計核算基礎工作完善。

（3）建立較好的成本性態分析基礎，具有劃分固定成本與變動成本的科學標準以及劃分標準的使用流程與規範。

（4）及時、全面、準確地收集與提供有關產量、成本、利潤以及成本性態等方

面的信息。

因此，變動成本法一般適用於同時具備以下特徵的企業：成本的構成中，固定成本比重較大，當產品更新換代的速度較快時，分攤計入產品成本中的固定成本比重大，採用變動成本法可以正確反應產品盈利狀況；企業規模大，產品或服務的種類多，固定成本分攤存在較大困難，作業保持相對穩定。

(三) 變動成本法的優缺點

變動成本法的主要優點是：一是區分固定成本與變動成本，有利於明確企業產品盈利能力和劃分成本責任；二是保持利潤與銷售量增減一致，促進以銷定產；三是揭示了銷售量、成本和利潤之間的依存關係，使當期利潤真正反應企業經營狀況，有利於企業經營預測和決策。

變動成本法的主要缺點是：一是計算的單位成本並不是完全成本，不能反應產品生產過程中發生的全部耗費；二是不能適應長期決策的需要。

二、變動成本法的應用程序

變動成本法的應用一般按照成本性態分析、變動成本計算、利潤計算等程序進行。

(一) 成本性態分析

成本性態分析，即混合成本分解，是指企業基於成本與業務量之間的關係，運用技術方法，將業務範圍內發生的成本分解為固定成本和變動成本的過程。

由於固定成本與變動成本只是經濟生活中的兩種極端類型，企業的成本多數是以兼有這兩種性態的混合成本形式存在的，因此需要將這些混合成本進一步分解為固定成本和變動成本，企業據此對不同性態的成本分別加以控制和管理。

混合成本的分解方法主要包括高低點法、迴歸分析法、帳戶分析法（會計分析法）、技術測定法（工業工程法）、合同確認法。前兩種方法是屬於歷史成本法，需要根據歷史成本數據表現出來的成本總額和業務量之間的依存關係借助數學方法進行分解；後三種方法可以通過直接分析認定。

(二) 變動成本計算

在變動成本法下，為加強短期經營決策，按照成本性態，企業的生產成本分為變動生產成本和固定生產成本，非生產成本分為變動非生產成本和固定非生產成本。其中，只有變動生產成本才構成產品成本，其隨產品實體的流動而流動，隨產量的變動而變動。因此，在變動成本法下，產品的成本主要包括直接材料、直接人工和變動製造費用，而將固定製造費用與非生產成本一起列為期間成本。

(三) 利潤計算

在變動成本法下，利潤計算通常採用貢獻式損益表。該表一般應包括營業收入、變動成本、貢獻毛益（總額）、固定成本、利潤等項目。其中，變動成本包括變動生產成本和變動非生產成本兩部分，固定成本包括固定生產成本和固定非生產成本兩部分。貢獻式損益表中損益計算包括以下兩個步驟：

(1) 計算貢獻毛益（總額）。

$$\text{貢獻毛益}(\text{總額}) = \text{營業收入總額} - \text{變動成本總額}$$
$$= \text{銷售單價} \times \text{銷售量} - \text{單位變動成本} \times \text{銷售量}$$
$$= (\text{銷售單價} - \text{單位變動成本}) \times \text{銷售量}$$
$$= \text{單位貢獻毛益} \times \text{銷售量} \qquad (\text{式 6-4})$$

(2) 計算當期利潤。

$$\text{利潤} = \text{貢獻毛益總額} - \text{固定成本總額} \qquad (\text{式 6-5})$$

三、變動成本法與完全成本法的比較

變動成本法與完全成本法對固定性製造費用的不同處理方式導致兩種方法下的一系列差異，主要表現在產品成本的構成內容、存貨成本的構成內容以及損益的計算不同。

(一) 產品成本的構成內容不同

完全成本法將所有成本分為製造成本（或稱生產成本，包括直接材料、直接人工和製造費用）和非製造成本（包括管理費用、銷售費用和財務費用）兩大類，將製造成本完全計入產品成本（完全成本法即因此而得名），而將非製造成本作為期間成本，全額計入當期損益。

變動成本法先將製造成本按成本性態劃分為變動性製造費用和固定性製造費用兩類，再將變動性製造費用和直接材料、直接人工一起計入產品成本，而將固定性製造費用與非製造成本一起列為期間成本。當然，按照變動成本法的要求，非製造成本也應劃分為固定與變動兩部分，但與製造費用劃分後分別歸屬不同對象有所不同的是，非製造成本劃分的無論是固定部分還是變動部分都計入期間成本。

現舉例說明兩種成本法下產品成本計算的差異。

【例6-3】華太公司月初沒有在產品和產成品存貨，當月共生產某種產品 50 件，銷售 40 件，月末結存 10 件。該種產品的製造成本資料和企業的非製造成本資料如表 6-3 所示。

表 6-3　　　　　　　　　　成本資料表　　　　　　　　　　單位：元

成本項目	單位產品項目成本	項目總成本
直接材料	200	10,000
直接人工	60	3,000
變動性製造費用	20	1,000
固定性製造費用		2,000
管理費用		4,000
銷售費用		3,000
合計		23,000

如果採用變動成本法，單位產品成本為 280 元（200+60+20）；如果採用完全成本法，則單位產品成本為 320 元（200+60+20+2,000/50）。

由於變動成本法將固定性製造費用處理為期間成本，因此單位產品成本比完全成本法下的單位產品成本要低。當然，變動成本法下的期間成本比完全成本法下的

期間成本就高了。變動成本法下的期間成本為 9,000 元（2,000+4,000+3,000），而完全成本法下的期間成本為 7,000 元（4,000+3,000）。

產品成本構成內容上的區別是變動成本法與完全成本法的主要區別，兩種方法其他方面的區別均由此而生。

（二）存貨成本的構成內容不同

由於變動成本法與完全成本法下產品成本構成內容不同，因此產成品和在產品存貨的成本構成內容也不同。採用變動成本法，不論是庫存產成品、在產品還是已銷產品，其成本均只包括製造成本中的變動部分，期末存貨計價也只是這一部分。而採用完全成本法時，不論是庫存產成品、在產品還是已銷產品，其成本中均包括一定份額的固定性製造費用，期末存貨計價相應地也包括這一份額（在會計實務中，期末在產品計價也有不計算製造費用而只計算材料成本的情況，但這只是一種變通或簡便的做法，而且從均衡滾動的角度講，也等於全部計算了）。

很顯然，變動成本法下的期末存貨計價必然小於完全成本法下的期末存貨計價。【例 6-3】如假設該月月末無在產品，當按變動成本法計算時，期末存貨的成本為 2,800 元（280×10）；而按完全成本法計算，期末存貨的成本為 3,200 元（320×10）。

變動成本法與完全成本法下「產品成本的構成內容不同」與「存貨成本的構成內容不同」是相關聯的兩個問題，也可以說是同一問題的兩個方面。產品成本的構成內容不同，自然存貨成本的構成內容也就不同，而存貨成本上的差異又會對損益的計算產生影響。

（三）損益的計算不同

如前所述，變動成本法下的產品成本只包括變動成本（變動性製造成本），而將固定成本（固定性製造費用）當作期間成本，也就是說對固定成本的補償由當期銷售的產品承擔。而完全成本法下的產品成本既包括變動成本，又包括固定成本。換句話說，完全成本法下對固定成本的補償是由當期生產的產品承擔的，期末未銷售的產品與當期已銷售的產品承擔相同的份額。固定成本處理上的分歧對兩種方法下的損益計算會產生影響，影響的程度取決於產量和銷量的均衡程度，即產銷越均衡，兩種成本法下計算的損益相差越小，反之則越大。只有當實現所謂的「零存貨」即產銷絕對均衡時，損益計算上的差異才會消失。而事實上，產銷絕對均衡只是個別的、相對的和理想化的，不均衡才是普遍的、絕對的和現實化的，這也是研究本問題的意義所在。下面舉例來具體說明這一問題。

【例 6-4】以【例 6-3】的數據和所設條件為資料，再假設每件產品售價為 500 元，銷售費用中變動性費用為 20 元/件。當分別採用變動成本法和完全成本法時，計算出的當期稅前利潤如表 6-4 所示。

表 6-4　　　　　　變動成本法和完全成本法的比較　　　　　　單位：元

損益計算過程	變動成本法	完全成本法
銷售收入 40×50	20,000	20,000
銷售成本		

表6-4(續)

損益計算過程	變動成本法	完全成本法
期初存貨成本	0	0
當期產品成本		
50×280	14,000	
50×320		16,000
期末存貨成本		
10×280	2,800	
10×320		3,200
銷售成本		
40×280	11,200	
40×320		12,800
貢獻毛益（生產階段）或毛利	8,800	7,200
管理費用		4,000
銷售費用		3,000
變動銷售費用 40×20	800	
貢獻毛益（全部）	8,000	
固定成本		
固定性製造費用	2,000	
管理費用和固定銷售費用	6,200	
小計	8,200	
稅前利潤	−200	200

　　從表6-4可以看出，不同成本計算法下計算出的稅前利潤不同。採用變動成本法時為−200元（虧損），採用完全成本法時則為200元（盈利），相差400元。這400元正是完全成本法確認的應由期末存貨負擔的固定性製造費用部分（2,000/50×10），而在變動成本法下，這400元全部作為期間成本計入了當期損益。換句話說，這400元在完全成本法下被視為「一種可以在將來換取收益的資產」列入了資產負債表，而在變動成本法下則被視為「為取得收益而已然喪失的資產」列入了利潤表。

　　【例6-4】中假設該公司期初沒有存貨，那麼當生產的產品未全部銷售出去時，按變動成本法計算的損益就小於按完全成本法計算的損益。就產品的整個生命週期而言，銷售總量最多也只能等於生產總量，但就某個或某些會計期間而言，也可能出現銷量大於產量的情況（即銷售了以前會計期間生產而未銷售的產品）。

　　為了較全面地說明變動成本法與完全成本法對損益計算的影響，再列舉以下兩種情況進行分析。

　　(1) 連續各期產量相同而銷量不同。

　　【例6-5】華太公司從事單一產品生產，連續3年的產量均為600件，而3年的銷售量分別為600件、500件和700件。單位產品售價為150元。管理費用與銷售費用年度總額為20,000元，且全部為固定成本。與產品成本計算有關的數據如下：單

位產品變動成本（包括直接材料、直接人工和變動性製造費用）為 80 元；固定性製造費用為 12,000 元（完全成本法下每件產品分攤 20 元，即 12,000/600）。根據上述資料，當分別採用變動成本法和完全成本法時，計算的稅前利潤如表 6-5 所示。

表 6-5　　　　　　　變動成本法與完全成本法的比較　　　　　　單位：元

損益計算	第 1 年	第 2 年	第 3 年	合計
變動成本法下				
銷售收入	90,000	75,000	105,000	270,000
銷售成本	48,000	40,000	56,000	144,000
貢獻毛益	42,000	35,000	49,000	126,000
固定成本				
固定性製造費用	12,000	12,000	12,000	36,000
管理費用和銷售費用	20,000	20,000	20,000	60,000
小計	32,000	32,000	32,000	96,000
稅前利潤	10,000	3,000	17,000	30,000
完全成本法下				
銷售收入	90,000	75,000	105,000	270,000
銷售成本				
期初存貨成本	0	0	10,000	
當期產品成本	60,000	60,000	60,000	180,000
可供銷售產品成本	60,000	60,000	70,000	
期末存貨成本	0	10,000	0	
銷售成本	60,000	50,000	70,000	180,000
毛利	30,000	25,000	35,000	90,000
管理費用和銷售費用	20,000	20,000	20,000	60,000
稅前利潤	10,000	5,000	15,000	30,000

　　從表 6-5 中可以看出由產量與銷量的相互關係導致的兩種成本法下稅前利潤的變化規律。

　　第 1 年，由於產量等於銷量（均為 600 件），因此兩種成本計算法下的稅前利潤均為 10,000 元。這是因為固定性製造費用不論是作為固定成本（變動成本法下），還是作為產品成本（完全成本法下），都計入了當年損益。

　　第 2 年，由於產量（600 件）大於銷量（500 件），因此按變動成本法計算的稅前利潤比按完全成本法計算的稅前利潤少了 2,000 元。這是因為在變動成本法下，全部固定性製造費用（12,000 元）計入了當年損益；而在完全成本法下，將已銷售的產品負擔的固定性製造費用 10,000 元（12,000/600×500）計入了當年損益，餘下的 2,000 元固定性製造費用則作為存貨成本列入了資產負債表。

　　第 3 年，情況與第 2 年正好相反，由於產量（600 件）小於銷量（700 件），因

此按變動成本法計算的稅前利潤比按完全成本法計算的稅前利潤多 2,000 元。這是因為變動成本法下計入第 3 年損益的固定性製造費用仍為 12,000 元；而在完全成本法下第 2 年年末存貨成本中的 2,000 元固定性製造費用隨著存貨的銷售計入了第 3 年的銷售成本中，從而導致稅前利潤少了 2,000 元。

從表 6-5 中「合計」一欄可以看出，兩種成本法下稅前利潤的 3 年合計數是相同的。也就是說，從較長時期來看，由各期產量與銷量之間的關係決定的兩種成本法下稅前利潤的差異可以相互抵銷，這也說明，變動成本法主要適用於短期決策。

【例 6-6】我們仍假設華太公司從事單一產品生產，連續 3 年的銷量均為 600 件，而 3 年的產量分別為 600 件、700 件和 500 件。其他條件與【例 6-5】相同。

在變動成本法下，單位產品成本仍為 80 元。但在完全成本法下，由於各期產量變了，因此單位產品負擔的固定性製造費用的份額也就變了。具體來說，第 1 年的單位產品成本為 100 元（80+12,000/600）；第 2 年的單位產品成本為 97.14 元（80+12,000/700）；第 3 年的單位產品成本為 104 元（80+12,000/500）。根據以上資料，當分別採用變動成本法和完全成本法時，計算出的稅前利潤如表 6-6 所示。

表 6-6　　　　　變動成本法與完全成本法的比較　　　　　單位：元

損益計算	第 1 年	第 2 年	第 3 年	合計
變動成本法下				
銷售收入	90,000	90,000	90,000	270,000
銷售成本	48,000	48,000	48,000	144,000
貢獻毛益	42,000	42,000	42,000	126,000
固定成本				
固定性製造費用	12,000	12,000	12,000	36,000
管理費用和銷售費用	20,000	20,000	20,000	60,000
小計	32,000	32,000	32,000	96,000
稅前利潤	10,000	10,000	10,000	30,000
完全成本法下				
銷售收入	90,000	90,000	90,000	270,000
銷售成本				
期初存貨成本	0		9,714	
當期產品成本	60,000	67,998	52,000	179,998
可供銷售產品成本	60,000	58,284	61,714	
期末存貨成本	0		0	
銷售成本	60,000	58,284	61,714	179,998
毛利	30,000	31,716	28,286	90,002
管理費用和銷售費用	20,000	20,000	20,000	60,000
稅前利潤	10,000	11,716	8,286	30,002

從表 6-6 可以看出：

（1）由於各年的銷量相同，因此按變動成本法計算的各年的稅前利潤相等，均為 10,000 元。這是因為儘管各年的產量不同，但各年的固定性製造費用全部作為固定成本計入了當期損益，因此當其他條件未變時，稅前利潤當然也不會變。

（2）由於各年的產量發生了變化，因此按完全成本法計算的各年的稅前利潤完全不同。導致這種結果的原因就在於固定性製造費用需要在生產的產品中進行分攤。在【例 6-6】中，第 2 年的稅前利潤最大，這是因為第 2 年的產量（700 件）大於當年的銷量（600 件），期末產成品存貨（100 件）成本中負擔了相應份額的固定性製造費用 1,714 元，從而使當期的銷售成本減少了 1,714 元，稅前利潤比第 1 年增加了 1,716 元。第 3 年的情況則正好相反，由於第 3 年的銷售成本中不僅包括當年產品負擔的固定性製造費用，還包括伴隨著年初存貨的銷售而「遞延」到本期的固定性製造費用，因此第 3 年的稅前利潤比第 1 年減少了 1,714 元。

（3）如果將第 3 年的稅前利潤與第 2 年進行比較，則兩者相差 3,430 元。也就是說，在產銷不平衡的情況下，相鄰年度稅前利潤的差量是它們與產銷平衡年度稅前利潤差量的 2 倍。這是因為當產銷不平衡時，產量大於銷量對於稅前利潤的影響與銷量大於產量對於稅前利潤的影響是數額相同而方向相反的。

綜上所述，變動成本法與完全成本法對各期損益計算的影響，依照產量與銷量之間的相互關係，可以歸納為以下三種情況：

（1）當產量等於銷量時，兩種成本法下計算的損益完全相同。表 6-5 與表 6-6 中的第 1 年就屬於這種情況。在這種情況下，固定性製造費用是作為固定成本還是作為產品成本，對損益計算來說並不重要，重要的是它已全額列為收入的減項而計入了損益。

（2）當產量大於銷量時，按變動成本法計算的損益小於按完全成本法計算的損益。這是因為固定性製造費用在變動成本法下被全部列作了當年的成本；而在完全成本法下，相應份額的固定性製造費用被列作了當年的資產（即期末存貨成本的一部分）。表 6-5 與表 6-6 中的第 2 年就屬於這種情況。

（3）當產量小於銷量時，按變動成本法計算的損益大於按完全成本法計算的損益。表 6-5 與表 6-6 中的第 3 年就屬於這種情況。

第四節　標準成本法

標準成本法是在泰羅的生產過程標準化思想影響下，於 20 世紀 20 年代產生於美國。剛開始，標準成本法只是被用來進行成本控制，以後才逐步發展和完善，並與成本核算結合起來，成為一種成本計算與成本控制相結合的方法。

一、標準成本法概述

（一）標準成本法的含義

標準成本是指在正常的生產技術水準和有效的經營管理條件下，企業經過努力應達到的產品成本水準。

標準成本法是指企業以預先制定的標準成本為基礎，通過比較標準成本與實際成本，計算和分析成本差異、揭示成本差異動因，進而實施成本控制、評價經營業績的一種成本管理方法。在標準成本法下，由於企業需要事先確定標準成本、事中計算成本差異、事後進行成本差異分析，因此標準成本法的實施，便於企業編製預算和進行預算控制，能有效地控制成本支出，並為企業的例外管理提供數據，幫助企業進行產品的價格決策和預測，同時還可以簡化存貨的計價以及成本核算的帳務處理工作。

企業應用標準成本法的主要目標是通過標準成本與實際成本的比較，揭示與分析標準成本與實際成本之間的差異，並按照例外管理的原則，對不利差異予以糾正，以提高工作效率，不斷改善產品成本。

(二) 標準成本的種類

標準成本是在正常生產經營條件下應該實現的，可以作為控制成本開支、評價實際成本、衡量工作效率的依據和尺度的一種目標成本。標準成本是根據對實際情況的調查，採用科學方法制定的，是企業在現有的生產技術和管理水準上，經過努力可以達到的成本。在制定標準成本時，根據要求達到的效率的不同，採取的標準有理想標準成本、正常標準成本和現實標準成本。

1. 理想標準成本

理想標準成本是最佳工作狀態下可以達到的成本水準，是排除了一切失誤、浪費、機器的閒置等因素，根據理論上的耗用量、價格以及最高的生產能力制定的標準成本。這種標準成本要求太高，通常會因達不到而影響工人的積極性，同時讓管理層感到在任何時候都沒有改進的餘地。

2. 正常標準成本

正常標準成本是在正常生產經營條件下應該達到的成本水準，是根據正常的耗用水準、正常的價格和正常的生產經營能力利用程度制定的標準成本。這種標準成本通常反應了過去一段時期實際成本水準的平均值，反應該行業價格的平均水準、平均的生產能力和技術能力，在生產技術和經營管理條件變動不大的情況下，是一種可以較長時間採用的標準成本。

3. 現實標準成本

現實標準成本是在現有的生產條件下應該達到的成本水準，是根據現在採用的價格水準、生產耗用量以及生產經營能力利用程度制定的標準成本。這種標準成本最接近實際成本、最切實可行，通常認為能激勵工人努力達到制定的標準，並為管理層提供衡量的標準。在經濟形勢變化無常的情況下，這種標準成本最為合適。與正常標準成本不同的是，現實標準成本需要根據現實情況的變化不斷進行修改，而正常標準成本則可以較長一段時間保持固定不變。

(三) 標準成本法的應用環境

企業應用標準成本法，除遵循成本管理的一般要求外，對其應用環境還有以下要求：

(1) 企業應處於較穩定的外部市場經營環境中，且市場對產品的需求相對平穩。

（2）企業應成立由採購、生產、技術、行銷、財務、人力資源、信息等有關部門組成的跨部門團隊，負責標準成本的制定、分解、下達、分析等。

（3）企業應能夠及時、準確地取得制定標準成本需要的各種財務和非財務信息。

因此，標準成本法一般適用於產品及其生產條件相對穩定，或者生產流程與工藝標準化程度較高的企業。

（四）標準成本法的評價

標準成本法的主要優點在於：一是能及時反饋各成本項目不同性質的差異，有利於考核相關部門及人員的業績；二是標準成本的制定及其差異和動因的信息可以使企業預算的編製更為科學和可行，有助於企業的經營決策。

標準成本法的主要缺點在於：一是要求企業產品的成本標準比較準確、穩定，在使用條件上存在一定的局限性；二是對標準管理水準要求較高，系統維護成本較高；三是標準成本需要根據市場價格波動頻繁更新，導致成本差異可能缺乏可靠性，降低成本控制效果。

由此可見，標準成本體系通過事前制定標準成本，對各種資源消耗和費用開支規定數量界限，可以在事前限制各種消耗和費用的發生；在成本形成過程中，按標準成本控制支出，隨時顯示節約還是浪費，及時發現超過標準成本的消耗，便於企業迅速採取措施，糾正偏差，達到降低成本的目的；產品成本形成後，通過實際成本與標準成本相比較，並對標準成本和成本差異分別進行核算，便於本期成本差異的分析和控制，幫助企業進行定期分析和考核，及時總結經驗，為未來降低成本找到途徑。因此，標準成本法是成本核算與成本控制相結合的方法。

標準成本法產生於機械化大生產的時代，採用標準成本法的前提和關鍵是標準成本的制定。標準成本在一個固定時期內應保持相對穩定，通常在企業的組織機構、外部市場、產品品種和生產規模等發生較大變化時，才有必要進行修訂。因此，標準成本法通常適用於大批量穩定生產的企業或產品，因為這種類型的企業或產品最適合標準成本的建立和執行，從而通過提高效率來降低成本。

二、標準成本法的應用程序

企業應用標準成本法，一般應按照確定應用對象、制定標準成本、實施過程控制、成本差異計算與分析以及標準成本的修訂與改進等程序進行。

（一）確定應用對象

為了實現成本的精細化管理，企業應根據標準成本法的應用環境，結合內部管理要求，確定應用對象。標準成本法的成本對象可以是不同種類、不同批次或不同步驟的產品。

（二）制定標準成本

產品標準成本通常由直接材料標準成本、直接人工標準成本和製造費用標準成本構成。每一成本項目的標準成本應分為用量標準（包括單位產品消耗量、單位產品人工小時等）和價格標準（包括原材料單價、小時工資率、小時製造費用分配率等）。

標準成本的制定可以由跨部門團隊採用「上下結合」的模式進行，經企業管理

層批准後實施。在制定標準成本時，企業一般應結合經驗數據、行業標杆或實地測算的結果，運用統計分析、工程試驗等方法，按照以下程序進行：首先，根據不同的成本或費用項目，分別確定消耗量標準和價格標準；其次，確定每一成本或費用項目的標準成本；最後，匯總不同成本項目的標準成本，確定產品的標準成本。

1. 直接材料標準成本的制定

直接材料標準成本是指直接用於產品生產的材料成本標準，包括標準用量和標準單價兩方面。制定直接材料的標準用量，一般由生產部門負責，生產部門會同技術、財務、信息等部門，按照以下程序進行：

(1) 根據產品的圖紙等技術文件進行產品研究，列出所需的各種材料以及可能的替代材料，並說明這些材料的種類、質量以及庫存情況。

(2) 在對過去用料經驗記錄進行分析的基礎上，採用過去用料的平均值、最高與最低值的平均數、最節省數量、實際測定數據或技術分析數據等，科學地制定標準用量。

制定直接材料的標準單價，一般由採購部門負責，採購部門會同財務、生產、信息等部門，在考慮市場環境及其變化趨勢、訂貨價格以及最佳採購批量等因素的基礎上綜合確定。

直接材料標準成本的計算公式如下：

$$\text{直接材料標準成本} = \text{單位產品的標準用量} \times \text{材料的標準單價} \quad (\text{式 6-6})$$

材料按計劃成本核算的企業，材料的標準單價可以採用材料計劃單價。

2. 直接人工標準成本的制定

直接人工標準成本是指直接用於產品生產的人工成本標準，包括標準工時和標準工資率。制定直接人工的標準工時，一般由生產部門負責，生產部門會同技術、財務、信息等部門，在對產品生產所需作業、工序、流程工時進行技術測定的基礎上，考慮正常的工作間隙，並適當考慮生產條件的變化，生產工序、操作技術的改善以及相關工作人員主觀能動性的充分發揮等因素，合理確定單位產品的工時標準。

制定直接人工的標準工資率，一般由人力資源部門負責，根據企業薪酬制度等制定。

直接人工標準成本的計算公式如下：

$$\text{直接人工標準成本} = \text{單位產品的標準工時} \times \text{小時標準工資率} \quad (\text{式 6-7})$$

3. 變動製造費用標準成本的制定

變動製造費用是指通常隨產量變化而呈正比例變動的製造費用。變動製造費用項目的標準成本根據標準用量和標準價格確定。變動製造費用的標準用量可以是單位產量的燃料、動力、輔助材料等標準用量，也可以是產品的直接人工標準工時，還可以是單位產品的標準機器工時。標準用量的選擇需考慮用量與成本的相關性，制定方法與直接材料的標準用量、直接人工的標準工時類似。變動製造費用的標準價格可以是燃料、動力、輔助材料等標準價格，也可以是小時標準工資率等。其制定方法與直接材料的價格標準、直接人工的標準工資率類似。

變動製造費用的計算公式如下：

$$\text{變動製造費用項目標準成本} = \text{變動製造費用項目的標準用量} \times \text{變動製造費用項目的標準價格} \quad (\text{式 6-8})$$

4. 固定製造費用標準成本的制定

固定製造費用是指在一定產量範圍內，其費用總額不會隨產量變化而變化，始終保持固定不變的製造費用。固定製造費用一般按照費用的構成項目實行總量控制，也可以根據需要，通過計算標準分配率，將固定製造費用分配至單位產品，形成固定製造費用的標準成本。

制定固定費用標準，一般由財務部門負責，財務部門會同採購、生產、技術、行銷、人事、信息等有關部門，按照以下程序進行：

（1）依據固定製造費用的不同構成項目的特性，充分考慮產品的現有生產能力、管理部門的決策以及費用預算等，測算確定各固定製造費用構成項目的標準成本。

（2）通過匯總各固定製造費用項目的標準成本，得到固定製造費用的標準總成本。

（3）確定固定製造費用的標準分配率，標準分配率可以根據產品的單位工時與預算總工時的比率確定。其中，預算總工時是指由預算產量和單位工時標準確定的總工時。單位工時標準可以依據相關性原則在直接人工工時或機器工時之間做出選擇。

固定製造費用標準成本的計算順序及公式如下：
（固定製造費用標準成本由固定製造費用項目預算確定。）

$$固定製造費用總成本 = \sum 固定製造費用項目標準成本$$

$$固定製造費用標準分配率 = 單位產品的標準工時 \div 預算總工時 \quad (式6-9)$$

$$固定製造費用標準成本 = 固定製造費用總成本 \times 固定製造費用標準分配率$$

$$(式6-10)$$

（三）實施過程控制

企業應在制定標準成本的基礎上，將產品成本及其各成本或費用項目的標準用量和標準價格層層分解，落實到部門及相關責任人，形成成本控制標準。

各歸口管理部門（或成本中心）應根據相關成本控制標準，控制費用開支與資源消耗，監督、控制成本的形成過程，及時分析偏離標準的差異並分析其成因，並及時採取措施加以改進。

在標準成本法的實施過程中，各相關部門（或成本中心）應對其管理的項目進行跟蹤分析。

生產部門一般應根據標準用量、標準工時等，即時跟蹤和分析各項耗用差異，從操作人員、機器設備、原料質量、標準制定等方面尋找差異原因，採取應對措施，控制現場成本，並及時反饋給人力資源、技術、採購、財務等相關部門，共同實施事中控制。

採購部門一般應根據標準價格，按照各項目採購批次，揭示和反饋價格差異形成的原因，控制和降低總採購成本。

（四）成本差異計算與分析

成本差異是指實際成本與標準成本之間的差額，也稱標準差異。成本差異按成本的構成，可以分為直接材料成本差異、直接人工成本差異和製造費用差異。製造費用差異（間接製造費用差異）按其形成的原因和分析方法的不同，又可分為變動製造費用差異和固定製造費用差異兩部分。直接材料成本差異、直接人工成本差異和變動製造費用差異都屬於變動成本，決定變動成本數額的因素是價格和耗用數量。

因此，直接材料成本差異、直接人工成本差異和變動製造費用差異按其形成原因，可分為價格差異和數量差異。固定製造費用是固定成本，不隨業務量的變動而變動，其差異不能簡單地分為價格因素和耗用數量因素。固定製造費用差異可分為支出差異、生產能力利用差異和效益差異。

企業應定期將實際成本與標準成本進行比較和分析，確定差異數額及性質，揭示差異形成的原因，落實責任中心，尋求可行的改進途徑和措施。

成本差異的計算與分析一般按成本或費用項目進行。

1. 直接材料成本差異的計算和分析

直接材料成本差異是指直接材料實際成本與標準成本之間的差額，該項差異可分解為直接材料價格差異和直接材料數量差異。

直接材料價格差異是指在採購過程中，直接材料實際價格偏離標準價格形成的差異；直接材料數量差異是指在產品生產過程中，直接材料實際消耗量偏離標準消耗量所形成的差異。有關計算公式如下：

直接材料成本差異＝實際成本－標準成本

＝實際耗用量×實際單價－標準耗用量×標準單價　（式6-11）

直接材料成本差異＝直接材料價格差異＋直接材料數量差異　（式6-12）

直接材料價格差異＝實際耗用量×（實際單價－標準單價）　（式6-13）

直接材料數量差異＝（實際耗用量－標準耗用量）×標準單價　（式6-14）

【例6-7】華太公司生產甲產品需使用一種直接材料 A 材料，本期生產甲產品 200 件，耗用 A 材料 900 千克。A 材料的實際價格為每千克 100 元。假設 A 材料的標準價格為每千克 110 元，單位甲產品的標準用量為 5 千克，那麼 A 材料的成本差異分析如下：

直接材料價格差異＝（100－110）×900＝－9,000（元）（有利差異）

直接材料用量差異＝110×（900－1,000）＝－11,000（元）（有利差異）

直接材料成本差異＝100×900－110×1,000＝－20,000（元）（有利差異）

或　　　　　　　＝－9,000＋（－11,000）＝－20,000（元）（有利差異）

從【例6-7】中可以知道，材料價格方面的原因使材料成本下降了 9,000 元，而材料用量的節約使材料成本下降了 11,000 元。材料價格差異通常應由採購部門負責，因為影響材料採購價格的各種因素（如採購批量、供應商的選擇、交貨方式、材料質量、運輸工具等）一般都是由採購部門控制並受其決策的影響。當然，有些因素是採購部門無法控制的。例如，通貨膨脹因素的影響、國家對原材料價格的調整等。因此，對材料價格差異，一定要做進一步的分析研究，查明產生差異的真正原因，分清各部門的經營責任，只有在科學分析的基礎上，才能進行有效的控制。影響材料用量的因素也是多種多樣的，包括生產工人的技術熟練程度和對工作的責任感、材料的質量、生產設備的狀況等。一般來說，用量超過標準大多是工人粗心大意、缺乏培訓或技術素質較低等原因造成的，應由生產部門負責，但用量差異有時也會由其他部門的原因造成。例如，採購部門購入了低質量的材料，導致生產部門用料過多，由此而產生的材料用量差異應由採購部門負責；又如，由於設備管理部門失職，生產設備不能完全發揮其生產能力，造成材料用量差異，應由設備管理

部門負責。找出和分析造成差異的原因是進行有效控制的基礎。

2. 直接人工成本差異的計算和分析

直接人工成本差異是指直接人工實際成本與標準成本之間的差額，該差異可分解為工資率差異和人工效率差異。工資率差異是指實際工資率偏離標準工資率形成的差異，按實際工時計算確定；人工效率差異是指實際工時偏離標準工時形成的差異，按標準工資率計算確定。有關計算公式如下：

直接人工成本差異＝實際成本－標準成本

＝實際工時×實際工資率－標準工時×標準工資率

（式 6–15）

直接人工成本差異＝直接人工工資率差異＋直接人工效率差異　（式 6–16）

直接人工工資率差異＝實際工時×（實際工資率－標準工資率）　（式 6–17）

直接人工效率差異＝（實際工時－標準工時）×標準工資率　（式 6–18）

【例 6–8】華太公司本期生產甲產品 200 件，實際耗用人工 8,000 小時，實際工資總額 80,000 元，平均每工時工資 10 元。假設標準工資率為 9 元，單位產品的工時耗用標準為 28 小時，那麼直接人工成本差異分析如下：

直接人工工資率差異＝（10-9）×8,000＝8,000（元）（不利差異）

直接人工效率差異＝9×（8,000-28×200）＝21,600（元）（不利差異）

直接人工成本差異＝10×8,000-9×200×28＝29,600（元）（不利差異）

或　　　　　　　＝8,000+21,600＝29,600（元）（不利差異）

同樣，從【例 6–8】中我們知道，由於實際工資率高於標準工資率造成直接人工成本上升 8,000 元，單位實際人工工時耗用量超過單位標準人工工時耗用量產生的直接人工效率差異為 21,600 元。實際工資率高於標準工資率，可能是由於生產過程中使用了工資級別較高、技術水準較高的工人從事了要求較低的工作，從而造成了浪費，而人工效率差異是考核每個工時生產能力的重要指標，降低單位產品成本的關鍵在於不斷提高工時的生產能力。影響人工效率的因素是多方面的，包括生產工人的技術水準、生產工藝過程、原材料的質量以及設備的狀況等。因此，找出差異的同時要分析產生差異的具體原因，分清不同的責任部門，才能採取有效的控制措施。

3. 變動製造費用差異的計算和分析

變動製造費用項目的差異是指變動製造費用項目的實際發生額與變動製造費用項目的標準成本之間的差額。該差異可分解為變動製造費用項目的變動製造費用分配率差異和變動製造費用效率差異。

變動製造費用項目的變動製造費用分配率差異是指燃料、動力、輔助材料等變動製造費用項目的實際分配率偏離標準分配率的差異；變動製造費用效率差異是指燃料、動力、輔助材料等變動製造費用項目的實際消耗量偏離標準用量的差異。變動製造費用分配率差異類似於直接材料價格差異和直接人工工資率差異，變動製造費用效率差異類似於直接材料用量差異和直接人工效率差異。

變動製造費用差異＝實際變動製造費用－標準變動製造費用

＝實際工時×實際分配率－標準工時×標準分配率（式 6–19）

變動製造費用差異＝變動製造費用分配率差異＋變動製造費用效率差異

（式6-20）

變動製造費用分配率差異＝實際工時總額×（實際分配率－標準分配率）

（式6-21）

變動製造費用效率差異＝（實際工時－標準工時）×標準分配率　（式6-22）

【例6-9】華太公司本期生產甲產品200件，實際耗用人工8,000小時，實際發生變動製造費用20,000元，變動製造費用實際分配率為每直接人工工時2.5元。假設變動製造費用標準分配率為3元，標準耗用人工6,000小時。那麼變動製造費用差異分析如下：

變動製造費用分配率差異＝（2.5－3）×8,000＝－4,000（元）（有利差異）
變動製造費用效率差異＝3×（8,000－6,000）＝6,000（元）（不利差異）
變動製造費用差異＝20,000－3×6,000＝2,000（元）（不利差異）
或　　　　　　　＝－4,000＋6,000＝2,000（元）（不利差異）

由於變動製造費用是由許多明細項目組成的，並且與一定的生產水準相聯繫，因此僅通過【例6-9】中的差異計算來反應變動製造費用差異總額，並不能達到日常控制與考核的要求。因此，實際工作中通常根據變動製造費用各明細項目的彈性預算與實際發生數進行對比分析，並相應採取必要的控制措施。

4. 固定製造費用成本差異的計算和分析

固定製造費用成本差異是指實際產量前提下，實際發生的固定製造費用與標準固定製造費用的差異。

固定製造費用成本差異＝實際產量×實際單件工時×實際分配率－實際產量
　　　　　　　　　　×標準單件工時×標準分配率　　　　　（式6-23）

固定製造費用成本差異分析方法有兩種，即兩差異分析法和三差異分析法。

（1）兩差異分析法：

耗費差異＝實際固定製造費用－標準固定製造費用
　　　　＝實際產量×實際單件工時×實際固定製造費用分配率
　　　　　－標準產量×標準單件工時×標準固定製造費用分配率（式6-24）
產量差異＝標準產量×標準單件工時×標準固定製造費用分配率
　　　　　－實際產量×標準單件工時×標準固定製造費用分配率（式6-25）

（註：在一般教科書中，產量差異通常被稱為能量差異。）

【例6-10】A產品固定製造費用標準分配率為12元/小時，工時標準為1.5小時/件。假定企業A產品預算產量為10,400件，實際生產A產品8,000件，用工10,000小時。實際發生固定製造費用190,000元。計算固定製造費用的成本差異並分析差異產生的原因。

固定製造費用成本差異＝190,000－8,000×1.5×12＝46,000（元）（超支）

其中：

耗費差異＝190,000－10,400×1.5×12＝2,800（元）（超支）
產量差異＝（10,400×1.5－8,000×1.5）×12＝43,200（元）（超支）

（2）三差異分析法：

耗費差異＝固定製造費用實際數－標準固定製造費用
　　　　＝實際產量×實際單件工時×實際固定製造費用分配率
　　　　　－標準產量×標準單件工時×標準固定製造費用分配率　（式6-26）
能力差異＝標準產量×標準單件工時×標準固定製造費用分配率
　　　　　－實際產量×實際單件工時×標準固定製造費用分配率　（式6-27）
效率差異＝實際產量×實際單件工時×標準固定製造費用分配率
　　　　　－實際產量×標準單件工時×標準固定製造費用分配率　（式6-28）
註：把能量差異分解成能力差異和效率差異
　　固定製造費用標準分配率＝標準固定製造費用÷標準總工時　　　（式6-29）
　　固定製造費用實際分配率＝實際固定製造費用÷實際總工時　　　（式6-30）

【例6-11】 A產品固定製造費用標準分配率為12元/小時，工時標準為1.5小時/件。假定企業A產品預算產量為10,400件，實際生產A產品8,000件，用工10,000小時。實際發生固定製造費用190,000元。計算固定製造費用的成本差異並分析差異產生的原因。

固定製造費用的成本差異＝190,000－8,000×1.5×12＝46,000（元）（超支）
其中：
耗費差異＝190,000－10,400×1.5×12＝2,800（元）（超支）
能力差異＝10,400×1.5×12－10,000×12＝67,200（元）（超支）
效率差異＝10,000×12－8,000×1.5×12＝－24,000（元）（節約）

在一定的業務範圍內，固定製造費用是不隨業務量的變動而變動的。對固定製造費用的分析和控制通常是通過編製固定製造費用預算與實際發生數對比來進行的。由於固定製造費用是由各個部門的許多明細項目構成的，固定製造費用預算應就每個部門及明細項目分別進行編製，實際固定製造費用也應就每個部門及明細項目進行分別記錄。因此，固定製造費用成本差異的分析和控制也應該就每個部門及明細項目分別進行。

就預算差異來說，其產生的原因可能是：資源價格的變動（如固定材料價格的增減、工資率的增減等），某些固定成本（如職工培訓費、折舊費、辦公費等）因管理上的新決定而有所增減，資源的數量比預算有所增減（如職工人數的增減），為了完成預算而推遲某些固定成本的開支等。就能力差異來說，它只反應計劃生產能力的利用程度，可能是由於產銷量達不到一定規模造成的，一般不能說明固定製造費用的超支或節約。所有這些都應區分不同情況進行分析和控制。

在成本差異的分析過程中，企業應關注各項成本差異的規模、趨勢及其可控性。對於反覆發生的大額差異，企業應進行重點分析與處理。

企業可將生成的成本差異信息匯總，定期形成標準成本差異分析報告，並有針對性地提出成本改進措施。

（五）標準成本的修訂與改進

為保證標準成本的科學性、合理性與可行性，企業應定期或不定期對標準成本進行修訂與改進。

一般情況下，標準成本的修訂工作由標準成本的制定機構負責。企業應至少每

年對標準成本進行測試，通過編製成本差異分析表，確認是否存在因標準成本不準確而形成的成本差異。當該類差異較大時，企業應按照標準成本的制定程序，對標準成本進行調整。

除定期測試外，當外部市場、組織機構、技術水準、生產工藝、產品品種等內外部環境發生較大變化時，企業也應及時對標準成本進行調整。

第五節　作業成本法

隨著「機器取代人」的自動化製造時代來臨，企業的經營環境正在發生巨大改變。伴隨這種改變，產品或勞務的成本結構亦發生重大改變，其特點就是直接人工成本比重大大下降，製造費用（主要是折舊費用等固定成本）比重大大增加，因此製造費用的分配科學與否將很大程度上決定產品成本計算的準確性和成本控制的有效性。傳統成本計算模式將固定性製造費用分攤給不同產品，導致企業過度生產。另外，這部分費用不是產量的函數，也按產量基礎分配，會誤導決策。為了加強決策的有用性，作業成本法產生並應用於企業的成本計算和控制之中。

一、作業成本法概述

作業成本法是指以「作業消耗資源、產出消耗作業」為原則，按照資源動因將資源費用追溯或分配至各項作業，計算出作業成本，然後再根據作業動因，將作業成本追溯或分配至各成本對象，最終完成成本計算的成本管理方法。

（一）作業成本法的核心概念

1. 資源費用

資源費用是指企業在一定期間內開展經濟活動發生的各項資源耗費。資源費用既包括房屋及建築物、設備、材料、商品等有形資源的耗費，也包括信息、知識產權、土地使用權等各種無形資源的耗費，還包括人力資源耗費以及其他各種稅費支出等。

2. 作業

作業是指企業基於特定目的重複執行的任務或活動，是連接資源和成本對象的橋樑。一項作業既可以是一項非常具體的任務或活動，也可以泛指一類任務或活動。例如，簽訂材料採購合同、將材料運達倉庫、對材料進行質量檢驗、辦理入庫手續、登記材料明細帳等。每一項作業是針對加工或服務對象重複執行特定的或標準化的活動。例如，軸承工廠的車工作業，無論加工何種規格型號的軸承外套，都須經過將加工對象（工件）的毛坯固定在車床的卡盤上，開動機器進行切削，然後將加工完畢的工件從卡盤上取下等相同的特定動作和程序。

一項作業可能是一項非常具體活動，如車工作業；也可能泛指一類活動，如機床加工車間的車、銑、刨、磨等所有作業可以統稱為機床加工作業；甚至可以將機床加工作業、產品組裝作業等統稱為生產作業（相對於產品研發、設計、銷售等作業而言）。由若干個相互關聯的具體作業組成的作業集合，稱為作業中心。

執行任何一項作業都需要耗費一定的資源。生產任何一項產品都要消耗一定的作業。作業是連接資源和產品的紐帶，它在消耗資源的同時生產出產品。

按消耗對象不同，作業可分為主要作業和次要作業。主要作業是被產品、服務或客戶等最終成本對象消耗的作業。次要作業是被原材料、主要作業等介於中間地位的成本對象消耗的作業。

3. 成本對象

成本對象是指企業追溯或分配資源費用、計算成本的對象物。成本對象可以是工藝、流程、零部件、產品、服務、分銷渠道、客戶、作業、作業鏈等需要計量和分配成本的項目。

4. 成本動因

成本動因是指誘導成本發生的原因，是成本對象與其直接關聯的作業和最終關聯的資源之間的仲介。例如，產量增加時，直接材料成本就增加，產量是直接材料成本的驅動因素，即直接材料的成本動因。又如，檢驗成本隨著檢驗次數的增加而增加，檢驗次數就是檢驗成本的驅動因素，即檢驗成本的成本動因。按其在資源流動中所處的位置和作用，成本動因可分為資源成本動因和作業成本動因。

（1）資源成本動因。資源成本動因是引起作業成本增加的驅動因素，用來衡量一項作業的資源消耗量。依據資源成本動因可以將資源成本分配給各有關作業。例如，產品質量檢驗工作（作業）需要有檢驗人員、專用設備、並耗用一定的能源（電力）等。檢驗作業作為成本對象（成本庫），耗用的各項資源構成了檢驗作業的成本。其中，檢驗人員的工資、專用設備的折舊費等成本，一般可以直接歸屬於檢驗作業；而能源成本往往不能直接計入，需要根據設備額定功率（或根據歷史資料統計的每小時平均耗電數量）和設備開動時間來分配。這裡，設備的額定功率乘以開動時間就是能源成本的動因。設備開動導致能源成本發生，設備的功率乘以開動時間的數值（動因數量）越大，耗用的能源越多。按設備的額定功率乘以開動時間這一動因作為能源成本的分配基礎，可以將檢驗專用設備耗用的能源成本分配到檢驗作業當中。

（2）作業成本動因。作業成本動因是衡量一個成本對象（產品、服務或顧客）需要的作業量，是產品成本增加的驅動因素。作業成本動因計量各成本對象耗用作業的情況，並被用來作為作業成本的分配基礎。例如，每批產品完工後都需進行質量檢驗，如果對任何產品的每一批次進行質量檢驗發生的成本相同，則檢驗的「次數」就是檢驗成本的作業成本動因，是引起產品檢驗成本增加的驅動因素。某一會計期間發生的檢驗作業總成本（包括檢驗人工成本、設備折舊、能源成本等）除以檢驗的次數，即每次檢驗發生的成本。某種產品應承擔的檢驗作業成本等於該種產品的批次乘以每次檢驗發生的成本。產品完成的批次越多，則需要進行檢驗的次數越多，應承擔的檢驗作業成本越多；反之，則應承擔的檢驗作業成本越少。

（二）作業成本法的應用目標

為了提高成本信息的真實性和有用性，加強對成本的控制和管理，作業成本法應用的目標應包括以下幾個方面：

（1）通過追蹤所有資源費用到作業，然後再到流程、產品、分銷渠道或客戶等

成本對象,提供全口徑、多維度的更加準確的成本信息。

(2) 通過作業認定、成本動因分析以及對作業效率、質量和時間的計量,更真實地揭示資源、作業和成本之間的聯動關係,為資源的合理配置以及作業、流程和作業鏈(或價值鏈)的持續優化提供依據。

(3) 通過作業成本法提供的信息及其分析,為企業更有效地開展規劃、決策、控制、評價等各種管理活動奠定堅實的基礎。

(三) 作業成本法的主要特點

作業成本法的主要特點是相對於以產量為基礎的傳統成本計算方法而言的。

1. 成本計算分為兩個階段

作業成本法的基本指導思想是作業消耗資源、產品(服務或顧客)消耗作業。根據這一指導思想,作業成本法把成本計算過程劃分為以下兩個階段:

第一階段,將作業執行中耗費的資源分配(包括追溯和間接分配)到作業,計算作業的成本。

第二階段,根據計算的作業成本分配(包括追溯和動因分配)到各有關成本對象(產品或服務)。

傳統的成本計算方法也是分兩步進行,但是中間的成本中心是按部門建立的。第一步除了把直接成本追溯到產品之外,還要把不同性質的各種間接費用按部門歸集在一起;第二步是以產量為基礎,將間接費用分配到各種產品。傳統成本計算方法下,間接成本的分配路徑是「資源→部門→產品」。作業成本法下成本計算的第一階段,除了把直接成本追溯到產品以外,還要將各項間接費用分配到各有關作業,並把作業看成按產品生產需求重新組合的「資源」;在第二階段,按照作業消耗與產品之間不同的因果關係,將作業成本分配到產品。因此,作業成本法下間接成本的分配路徑是「資源→作業→產品」。

2. 成本分配強調因果關係

雖然作業成本法和傳統成本法都分為兩步分配程序,但是如何進行成本分配,兩者有很大區別。作業成本法認為,將成本分配到成本對象有三種不同的形式:成本追溯、動因分配和分攤。

成本追溯是指把成本直接分配給相關的成本對象。一項成本能否追溯到產品,可以通過實地觀察來判斷。例如,確認一臺電視機耗用的液晶板、集成電路板、揚聲器以及其他零部件的數量是可以通過觀察實現的。又如,確認某種產品專用生產線耗用的人工工時數,也是可以通過觀察投入該生產線的工人人數和工作時間而實現的。顯然,使用直接追溯方式得到的產品成本是最準確的。作業成本法強調盡可能擴大追溯到個別產品的成本比例,以減少成本分配引起的信息失真。傳統成本計算的直接成本,通常僅限於直接人工和直接材料,其他成本都歸集於製造費用進行統一分配。作業成本法認為,有些「製造費用」的項目可以直接歸屬於成本對象,如特定產品的專用設備折舊費等。凡是能夠追溯到個別產品、個別批次、個別品種的成本,就應追溯,而不要間接分配。

動因分配是指根據成本動因將成本分配到各成本對象的過程。生產活動中耗費的各項資源,其成本不是都能直接追溯到成本對象的。對不能直接追溯的成本,作

業成本法則強調使用動因（包括資源動因或作業動因）分配方式，將成本分配到有關成本對象（作業或產品）。傳統成本計算以產品數量作為間接費用唯一的成本動因，是不符合實際情況的。採用動因分配，首先必須找到引起成本變動的真正原因，即成本與成本動因之間的因果關係。如前面所說，檢驗作業應承擔的能源成本，以設備單位時間耗電數量和設備開動時間（耗電量）作為資源成本動因進行分配，是因為設備單位時間耗電量和開動時間與檢驗作業應承擔的能源成本之間存在著因果關係。又如，各種產品應承擔的檢驗成本，以產品投產的批次數（質量檢驗次數）作為作業動因進行分配，是因為檢驗次數與產品應承擔的檢驗成本之間存在著因果關係。動因分配雖然不像追溯那樣準確，但只要因果關係建立恰當，成本分配的結果同樣可以達到較高的準確程度。

有些成本既不能追溯，也不能合理、方便地找到成本動因，只好使用產量作為分配基礎，將其強制分配給成本對象，即分攤。

作業成本法的成本分配主要使用追溯和動因分配，盡可能減少不準確的分攤，因此能夠提供更加真實、準確的成本信息。

3. 成本追溯使用眾多不同層面的成本動因

在傳統的成本計算方法下，產量（或與產量相關的業務量，如人工工時、機器工時、人工工資等）被認為是能夠解釋產品成本變動的唯一動因，並以此作為分配基礎進行間接費用的分配。而製造費用是一個由多種不同性質的間接費用組成的集合，這些性質不同的費用有些隨產量變動，而多數則並不隨產量變動，因此用單一的產量作為分配製造費用的基礎顯然是不合適的。

作業成本法的獨到之處在於把資源的消耗首先追溯或分配到作業，然後使用不同層面和數量眾多的作業動因將作業成本分配到產品。採用不同層面的、眾多的成本動因進行成本分配，要比採用單一分配基礎更加合理，更能保證產品成本計算的準確性。

（四）作業成本法的應用環境

企業應用作業成本法，除應遵循《管理會計應用指引》中對應用環境的一般要求外，還對其環境有以下要求：

（1）所處的外部環境具備以下特點之一：一是客戶個性化需求較高，市場競爭激烈；二是產品的需求彈性較大，價格敏感度高。

（2）應用應基於作業觀，即企業作為一個為最終滿足客戶需要而設計的一系列作業的集合體，進行業務組織和管理。

（3）成立由生產、技術、銷售、財務、信息等部門的相關人員構成的設計和實施小組，負責作業成本系統的開發設計與組織實施工作。

（4）清晰地識別作業、作業鏈、資源動因和成本動因，為資源費用以及作業成本的追溯或分配提供合理的依據。

（5）擁有先進的計算機及網路技術，配備完善的信息系統，能夠及時、準確提供各項資源、作業、成本動因等方面的信息。

（五）作業成本法的評價

作業成本法的主要優點在於：一是能夠提供更加準確的各維度成本信息，有助

於企業提高產品定價、作業與流程改進、客戶服務等決策的準確性；二是改善和強化成本控制，促進績效管理的改進和完善；三是推進作業基礎預算，提高作業、流程、作業鏈（或價值鏈）管理的能力。

作業成本法的主要缺點在於部分作業的識別、劃分、合併與認定，成本動因的選擇以及成本動因計量方法的選擇等均存在較大的主觀性，操作較為複雜，開發和維護費用較高。

因此，作業成本法一般適用於具備以下特徵的企業：作業類型較多且作業鏈較長，同一生產線生產多種產品，企業規模較大且管理層對產品成本準確性要求較高，產品、客戶和生產過程多樣化程度較高，間接或輔助資源費用所占比重較大等。

二、作業成本法的應用程序

企業應用作業成本法，一般應按照資源識別及資源費用的確認與計量、成本對象選擇、作業認定、作業中心設計、資源動因選擇與計量、作業成本匯集、作業動因選擇與計量、作業成本分配、作業成本信息報告等程序進行。

（一）資源識別及資源費用的確認與計量

資源識別及資源費用的確認與計量是指識別出由企業擁有或控制的所有資源，遵循國家統一的會計制度，合理選擇會計政策，確認和計量全部資源費用，編製資源費用清單，為資源費用的追溯或分配奠定基礎。

資源費用清單一般應分部門列示當期發生的所有資源費用，其內容要素一般包括發生部門、費用性質、所屬類別、受益對象等。

資源識別及資源費用的確認與計量應由企業的財務部門負責，在基礎設施管理、人力資源管理、研究與開發、採購、生產、技術、行銷、服務、信息等部門的配合下完成。

（二）成本對象選擇

在作業成本法下，企業應將當期所有的資源費用，遵循因果關係和受益原則，根據資源成本動因和作業成本動因，分項目經由作業追溯或分配至相關的成本對象，確定成本對象的成本。

企業應根據國家統一的會計制度，並考慮預算控制、成本管理、營運管理、業績評價以及經濟決策等方面的要求確定成本對象。

（三）作業認定

作業認定是指企業識別由間接或輔助資源執行的作業集，確認每一項作業完成的工作以及執行該作業耗費的資源費用，並據以編製作業清單的過程。

作業認定的內容主要包括對企業每項消耗資源的作業進行識別、定義和劃分，確定每項作業在生產經營活動中的作用、同其他作業的區別以及每項作業與耗用資源之間的關係。

作業認定一般包括兩種形式：一是根據企業生產流程，自上而下進行分解；二是通過與企業每一部門負責人和一般員工進行交流，自下而上確定其做的工作，並逐一認定各項作業。企業一般應將兩種方式相結合，以保證全面、準確認定作業。

作業認定的具體方法一般包括調查表法和座談法。調查表法是指通過向企業全

體員工發放調查表,並通過分析調查表來認定作業的方法。座談法是指通過與企業員工的面對面交談來認定作業的方法。企業一般應將兩種方法相結合,以保證全面、準確認定全部作業。

企業對認定的作業應加以分析和歸類,按順序列出作業清單或編製出作業字典。作業清單或作業字典一般應當包括作業名稱、作業內容、作業類別、所屬作業中心等內容。

例如,根據生產流程分析和工廠佈局可知,由於原材料倉庫與生產車間之間有500米的距離,必然存在材料搬運作業,這項作業就是將生產用的原材料從倉庫運送到生產車間。通過另一種形式,即與從事相關作業的員工或經理交談,也可以識別和認定該項作業,比如與進行搬運作業的員工進行交談,問「你是做什麼的」,也很容易得出生產過程中有這樣一項搬運作業,其主要作用是把原材料從倉庫運往車間。在實務中,自上而下和自下而上兩種方式往往需要結合起來運用。經過這樣的程序,就可以把生產過程中的全部作業一一識別出來,並加以認定。為了對認定的作業做進一步分析和歸類,在作業認定後,企業需按順序列出作業清單。表 6-7 是一個以變速箱製造企業為背景的作業清單示例。需要說明的是,這僅僅是一個示例,實際上對任何一個企業在產品生產過程中認定作業數量的多少,取決於該企業自身的產品生產特點。

表 6-7　　　　　　　　　某企業作業清單

作業名稱	作業說明
材料訂購	包括選擇供應商、簽訂合同、明確供應方式等
材料檢驗	對每批購入的材料進行質量、數量檢驗
生產準備	每批產品投產前,進行設備調整等準備工作
發放材料	每批產品投產前,將生產所需材料發往各生產車間
材料切割	將管材、圓鋼切割成適於機械加工的毛坯工件
車床加工	使用車床加工零件（軸和連杆）
銑床加工	使用銑床加工零件（齒輪）
刨床加工	使用刨床加工零件（變速箱外殼）
產品組裝	人工裝配變速箱
產品質量檢驗	人工檢驗產品質量
包裝	用木箱將產品包裝
車間管理	組織和管理車間生產、提供維持生產的條件

（四）作業中心設計

作業中心設計是指企業將認定的所有作業按照一定的標準進行分類,形成不同的作業中心,作為資源費用追溯或分配對象的過程。作業中心可以是某一項具體的作業,也可以是由若干個相互聯繫的能夠實現某種特定功能的作業的集合。

企業可以按照受益對象、層次和重要性,將作業分為以下五類,並分別設計相應的作業中心：

1. 產量級作業

產量級作業是指明確地為個別產品（服務）實施的、使單個產品（服務）受益的作業。該類作業的數量與產品（服務）的數量呈正比例變動，包括產品加工、檢驗等。

2. 批別級作業

批別級作業是指為一組（或一批）產品（服務）實施的、使該組（或批）產品（服務）受益的作業。該類作業的發生是由生產的批量數而不是單個產品（服務）引起的，其數量與產品（服務）的批量數呈正比例變動，包括設備調試、生產準備等。

3. 品種級作業

品種級作業是指為生產和銷售某種產品（服務）實施的、使該種產品（服務）的每個單位都受益的作業。該類作業用於產品（服務）的生產或銷售，但獨立於實際產量或批量，其數量與品種的多少呈正比例變動，包括新產品設計、現有產品質量與功能改進、生產流程監控、工藝變換需要的流程設計、產品廣告等。

4. 客戶級作業

客戶級作業是指為服務特定客戶實施的作業。該類作業保證企業將產品（服務）銷售給個別客戶，但作業本身與產品（服務）數量獨立，包括向個別客戶提供的技術支持活動、諮詢活動、獨特包裝等。

5. 設施級作業

設施級作業是指為提供生產產品（服務）的基本能力而實施的作業。該類作業是開展業務的基本條件，使所有產品（服務）都受益，但與產量或銷量無關，包括管理作業、針對企業整體的廣告活動等。

（五）資源動因選擇與計量

資源動因是引起資源耗用的成本動因，反應了資源耗用與作業量之間的因果關係。資源動因選擇與計量為將各項資源費用歸集到作業中心提供了依據。

企業應識別當期發生的每一項資源消耗，分析資源耗用與作業中心作業量之間的因果關係，選擇並計量資源動因。企業一般應選擇那些與資源費用總額呈正比例關係變動的資源動因作為資源費用分配的依據。

（六）作業成本歸集

作業成本歸集是指企業根據資源耗用與作業之間的因果關係，將所有的資源成本直接追溯或按資源動因分配至各作業中心，計算各作業總成本的過程。

作業成本匯集應遵循以下基本原則：

第一，對於為執行某種作業直接消耗的資源，應直接追溯至該作業中心。

第二，對於為執行兩種或兩種以上作業共同消耗的資源，應按照各作業中心的資源動因量比例分配至各作業中心。

為便於將資源費用直接追溯或分配至各作業中心，企業還可以按照資源與不同層次作業的關係，將資源分為如下五類：

（1）產量級資源，包括為單個產品（服務）提供的原材料、零部件、人工、能源等。

（2）批別級資源，包括用於生產準備、機器調試的人工等。
（3）品種級資源，包括為生產某一種產品（服務）所需要的專用化設備、軟件或人力等。
（4）顧客級資源，包括為服務特定客戶需要的專門化設備、軟件和人力等。
（5）設施級資源，包括土地使用權、房屋及建築物以及所保持的不受產量、批別、產品、服務和客戶變化影響的人力資源等。對產量級資源費用，應直接追溯至各作業中心的產品等成本對象。對於其他級別的資源費用，應選擇合理的資源動因，按照各作業中心的資源動因量比例，分配至各作業中心。

企業為執行每一種作業消耗的資源費用的總和，構成該種作業的總成本。

（七）作業動因選擇與計量

作業動因是引起作業耗用的成本動因，反應了作業耗用與最終產出的因果關係，是將作業成本分配到流程、產品、分銷渠道、客戶等成本對象的依據。

在作業中心僅包含一種作業的情況下，選擇的作業動因應該是引起該作業耗用的成本動因；在作業中心由若干個作業集合而成的情況下，企業可採用迴歸分析法或分析判斷法，分析比較各具體作業動因與該作業中心成本之間的相關關係，選擇相關性最大的作業動因，即代表性作業動因，作為作業成本分配的基礎。

作業動因需要在交易動因、持續時間動因和強度動因間進行選擇。其中，交易動因是指用執行頻率或次數計量的成本動因，包括接受或發出訂單數、處理收據數等；持續時間動因是指用執行時間計量的成本動因，包括產品安裝時間、檢查小時等；強度動因是指不易按照頻率、次數或執行時間進行分配而需要直接衡量每次執行所需資源的成本動因，包括特別複雜產品的安裝、質量檢驗等。

企業如果每次執行需要的資源數量相同或接近，應選擇交易動因；如果每次執行需要的時間存在顯著的不同，應選擇持續時間動因；如果作業的執行比較特殊或複雜，應選擇強度動因。對於選擇的作業動因，企業應採用相應的方法和手段進行計量，以取得作業動因量的可靠數據。

（八）作業成本分配

作業成本分配是指企業將各作業中心的作業成本按作業動因分配至產品等成本對象，並結合直接追溯的資源費用，計算出各成本對象的總成本和單位成本的過程。

作業成本分配一般按照以下兩個程序進行：

（1）分配次要作業成本至主要作業，計算主要作業的總成本和單位成本。企業應按照各主要作業耗用每一次要作業的作業動因量，將次要作業的總成本分配至各主要作業，並結合直接追溯至次要作業的資源費用，計算各主要作業的總成本和單位成本。有關計算公式如下：

次要作業成本分配率＝次要作業總成本÷該作業動因總量　　　　（式6-31）
某主要作業分配的次要作業成本＝該主要作業耗用的次要作業動因量
　　　　　　　　　　　　×該次要作業成本分配率　　　（式6-32）
主要作業總成本＝直接追溯至該作業的資源費用＋分配至該主要作業的次要作業成本之和　　　　　　　　　　　　　　　　　　　（式6-33）
主要作業單位成本＝主要作業總成本÷該主要作業動因總量　　（式6-34）

(2) 分配主要作業成本至成本對象，計算各成本對象的總成本和單位成本。企業應按照各主要作業耗用每一次要作業的作業動因量，將次要作業成本分配至各主要作業，並結合直接追溯至成本對象的單位水準資源費用，計算各成本對象的總成本和單位成本。有關計算公式如下：

某成本對象分配的主要作業成本＝該成本對象耗用的主要作業成本動因量
×主要作業單位成本　　　　　（式6-35）

某成本對象總成本＝直接追溯至該成本對象的資源費用＋分配至該成本對象的主要作業成本之和　　　　　（式6-36）

某成本對象單位成本＝該成本對象總成本÷該成本對象的產出量　（式6-37）

(九) 作業成本信息報告

作業成本信息報告的目的是通過設計、編製和報送具有特定內容和格式要求的作業成本報表，向企業內部各有關部門和人員提供其需要的作業成本及其他相關信息。

作業成本報表的內容和格式應根據企業內部管理需要確定。作業成本報表提供的信息一般應包括以下內容：

(1) 擁有的資源及其分佈以及當期發生的資源費用總額及其具體構成的信息。

(2) 每一成本對象總成本、單位成本及其消耗的作業類型、數量及單位作業成本的信息以及產品盈利性分析的信息。

(3) 每一作業或作業中心的資源消耗及其數量、成本以及作業總成本與單位成本的信息。

(4) 與資源成本分配依據的資源動因以及作業成本分配依據的作業動因相關的信息。

(5) 資源費用、作業成本以及成本對象成本預算完成情況及其原因分析的信息。

(6) 有助於作業、流程、作業鏈（或價值鏈）持續優化的作業效率、時間和質量等方面的非財務信息。

(7) 有助於促進客戶價值創造的有關增值作業與非增值作業的成本信息及其他信息。

(8) 有助於業績評價與考核的作業成本信息及其他相關信息。

(9) 上述各類信息的歷史或同行業比較信息。

三、作業成本法應用舉例

【例6-12】華太公司的主要業務是生產服飾。該公司的服裝車間生產3種款式的夾克衫和2種款式的休閒西服。夾克衫和西服分別由兩個獨立的生產線進行加工，每個生產線有自己的技術部門。5款服裝均按批組織生產，每批1,000件。

(一) 成本資料

華太公司本月每種款式的產量和直接成本如表6-8所示。

表 6-8　　　　　　　　　產量與直接人工和直接材料資料

產品品種	夾克			西服		合計
型號	夾克1	夾克2	夾克3	西服1	西服2	
本月批次（批）	8	10	6	4	2	30
每批產量（件）	100	100	100	100	100	
產量（件）	800	1,000	600	400	200	3,000
每批直接人工成本（元）	3,300	3,400	3,500	4,400	4,200	
直接人工總成本（元）	26,400	34,000	21,000	17,600	8,400	107,400
每批直接材料成本（元）	6,200	6,300	6,400	7,000	8,000	
直接材料總成本（元）	49,600	63,000	38,400	28,000	16,000	195,000

本月製造費用發生額如表 6-9 所示。

表 6-9　　　　　　　　　製造費用發生額　　　　　　　　　單位：元

項目	金額
生產設備、檢驗和供應成本（批次級成本）	84,000
夾克產品線成本（產品級作業成本）	54,000
西服產品線成本（產品級作業成本）	66,000
其他成本（生產維持級成本）	10,800
製造費用合計	214,800
製造費用分配率（按直接人工分配）	2

（二）按完全成本法計算成本

採用完全成本法時，製造費用使用統一的分配率，如表 6-10 所示。

製造費用分配率＝製造費用/直接人工成本＝214,800÷107,400＝2

表 6-10　　　　　　　　完全成本法匯總成本計算單　　　　　　　　單位：元

產品型號	夾克1	夾克2	夾克3	西服1	西服2	合計
直接人工	26,400	34,000	21,000	17,600	8,400	107,400
直接材料	49,600	63,000	38,400	28,000	16,000	195,000
製造費用分配率	2	2	2	2	2	
製造費用	52,800	68,000	42,000	35,200	16,800	214,800
總成本	128,800	165,000	101,400	80,800	41,200	517,200
每批成本	16,100	16,500	16,900	20,200	20,600	
每件成本	161	165	169	202	206	

（三）按作業成本法計算成本

作業成本法先將間接製造費用歸集到以下 4 個成本庫：

（1）批次級作業成本庫：生產準備、抽樣檢驗和供應材料均屬於批次級成本。由於每批產品都需要一次生產準備、一次抽樣檢驗和一次送料，並且不同產品品種

的上述成本沒有重要差別，因此可以歸入一個作業成本庫，按生產批次數分配該作業成本。如果不是這樣，就需要建立分品種（夾克和西服）、分作業的成本庫（生產準備成本、檢驗成本和送料成本），並分別進行分配。

（2）夾克產品線作業成本庫：本例選擇生產批次作為產品級作業成本的分配基礎，也可選擇夾克產品的產量、相關成本等作為分配基礎。

（3）西服產品線作業成本庫：本例選擇生產批次作為產品級作業成本的分配基礎，也可選擇夾克產品的產量、相關成本等作為分配基礎。

（4）生產維持成本庫：本例分配基礎選擇直接人工成本，據此分配給每批產品，也可以根據情況先將其分配給夾克西服和夾克產品，然後再分配給不同批次，最後按產品數量分配給單位產品。

作業成本分配的第一步是計算作業成本動因的單位成本，作為作業成本的分配率，如表 6-11 所示。

表 6-11　　　　　　　　作業成本分配率的計算

作業	成本（元）	批次（批）	直接人工（元）	分配率（元/批）
夾克產品線成本	54,000	24		2,250
西服產品線成本	66,000	6		11,000
生產維持級成本	10,800		107,400	0.100,6

作業成本分配的第二步是根據單位作業成本和作業量，將作業成本分配到產品，如表 6-12 所示。

表 6-12　　　　　　　　匯總成本計算單　　　　　　　　單位：元

型號	夾克 1	夾克 2	夾克 3	西服 1	西服 2	合計
本月批次（批）	8	10	6	4	2	
直接人工	26,400	34,000	31,000	17,600	8,400	107,400
直接材料	49,600	63,000	38,400	28,000	16,000	195,000
製造費用						
分配率（元/批）	2,800	2,800	2,800	2,800	2,800	
批次相關總成本	22,400	28,000	16,800	11,200	5,600	84,000
產品相關成本：						
分配率（元/批）	2,250	2,250	2,250	11,000	11,000	
產品相關總成本	18,000	22,500	13,500	44,000	22,000	120,000
生產維持成本						
分配率（按直接人工）	0.100,6	0.100,6	0.100,6	0.100,6	0.100,6	
生產維持成本	2,655	3,419	2,112	1,770	845	10,800
間接費用合計	43,055	53,919	32,412	56,970	28,445	214,800
總成本	119,055	150,919	91,812	402,570	52,845	517,200
每批成本	14,882	15,092	15,302	25,642	26,422	

表6-12(續)

型號	夾克1	夾克2	夾克3	西服1	西服2	合計
單件成本（作業成本法）	148.82	150.92	153.02	256.42	264.22	
單件成本（完全成本法）	161.00	165.00	169.00	202.00	206.00	
差異	12.18	14.08	15.98	54.42	58.22	
差異率（％）	7.57	8.53	9.46	26.94	28.26	

通過比較完全成本法和作業成本法的計算結果，可以看出：

首先，完全成本法扭曲了產品成本，即高估了簡單產品夾克衫的成本，低估了複雜產品西服的成本。例如，在完全成本法下，夾克1負擔間接製造費用52,800元，而作業成本法負擔間接費用43,055元。引起差別的原因是由於完全成本法按直接人工分配全部製造費用，而不管這些費用的驅動因素是什麼。作業成本法下，製造費用歸集於三類（共4個）成本庫，分別按不同成本動因分配，提高了合理性。

其次，作業成本法和完全成本法都是對全部生產成本進行分配，不區分固定成本和變動成本，這與變動成本法不同。從長遠來看，所有成本都是變動成本，都應當分配給產品。

最後，作業成本法下，所有夾克產品的單位成本都比完全成本法低，而西服產品的單位成本比完全成本法高。其原因是完全成本法以直接人工作為間接費用的唯一分配率，誇大了高產量產品的單位成本。例如，夾克的人工成本合計81,400元，佔總人工成本107,400元的75.79％，並因此負擔產品線總成本120,000元（54,000+66,000）的75.79％，即90,949元。實際上，夾克的產品線成本只有54,000元。西服產品複雜程度高，產品線成本較高，但只是因為產量小，只負擔了29,051元（120,000×24.21％），低於實際的西服的產品線成本（66,000元）。

第七章
營運管理會計

第一節 營運管理會計概述

一、營運管理會計概念

營運管理是指為了實現企業戰略和營運目標，各級管理者通過計劃、組織、指揮、協調、控制、激勵等活動，實現對企業生產經營過程中的物料供應、產品生產和銷售等環節的價值增值管理。企業進行營運管理，應區分計劃（Plan）、實施（Do）、檢查（Check）、處理（Act）等四個階段（簡稱 PDCA 管理原則），形成閉環管理，使營運管理工作更加條理化、系統化、科學化。

營運管理通常貫穿於企業生產經營管理的全過程，具體包括現金管理、存貨管理、生產管理、行銷管理以及在生產經營過程中自發形成的經營性負債的管理。在生產經營過程中，存在大量的管理決策行為，如最佳現金持有量的決策；存貨最優訂貨批量決策；產品設計過程中的性價比選擇決策；虧損產品是否繼續生產的決策；銷售定價決策；信貸政策選擇決策以及是否為供應商提供現金折扣決策等等，在這些管理決策中需要大量決策支持信息，這些為企業日常經營管理活動提供決策支持信息的會計信息系統即為營運管理會計。

二、營運管理的工具方法

營運管理領域應用的管理會計工具方法，一般包括本量利分析、貢獻毛益分析、敏感性分析、邊際分析、標杆管理、掙值法、成本效益法、價值工程法等。企業應根據自身業務特點和管理需要等，選擇單獨或綜合運用營運管理工具方法，以更好地實現營運管理目標。

（一）本量利分析

本量利分析是指以成本性態分析和變動成本法為基礎，運用數學模型和圖式，對成本、利潤、業務量與單價等因素之間的依存關係進行分析，發現變動的規律性，為企業進行預測、決策、計劃和控制等活動提供支持的一種方法。其中「本」是指成本，包括固定成本和變動成本；「量」是指業務量，一般指銷量；「利」一般指營業利潤，在西方管理會計中通常指息稅前利潤。

（二）貢獻毛益分析

貢獻毛益是指企業銷售收入扣除變動成本後的餘額。企業的貢獻毛益實際上包

括兩部分內容，即營業利潤和固定成本。也就是說，貢獻毛益表明，企業的營業活動為企業創造了營業利潤是對企業的貢獻，承擔了企業的固定費用也是為企業做出了貢獻。貢獻毛益分析在企業生產經營決策中被廣泛使用，如虧損產品是否停產的決策、特殊訂單是否接受的決策、零部件自制與外購的決策、限制資源最佳利用的決策、產品是否應進一步深加工的決策以及產品定價決策等都會使用貢獻毛益分析法。

(三) 敏感性分析

敏感性分析是指對影響目標實現的因素變化進行量化分析，以確定各因素變化對實現目標的影響及其敏感程度。敏感分析按照週期長短，可分為短期營運決策中的敏感性分析和長期投資決策中的敏感性分析。短期營運決策中的敏感性分析主要圍繞目標利潤規劃，其一般應用規劃包括確定短期營運決策目標、根據決策環境確定決策目標的基準值、分析確定影響決策目標的各種因素、計算敏感系數、根據敏感系數對各因素進行排序等程序。其相關公式為：利潤＝銷售量×(單價－單位變動成本)－固定成本總額。長期投資決策敏感性分析是指通過衡量投資方案中某個因素的變動對該方案預期結果的影響程度，做出對項目投資決策的可行性評價。其核心指標包括淨現值、內含報酬率、投資回收期、現值指數等。

(四) 邊際分析

邊際分析是指分析某可變因素的變動引起其他相關可變因素變動的程度的方法，以評價既定產品或項目的獲利水準，判斷盈虧臨界點，提示營運風險，支持營運決策。邊際分析工具方法主要有邊際貢獻分析、安全邊際分析等。

(五) 標杆管理

標杆管理是一項通過衡量比較來提升企業競爭地位的過程，強調的就是以卓越的企業作為學習的對象，通過持續改善來強化本身的競爭優勢。標杆管理的實質是模仿和創新，是一個有目的、有目標的學習過程。通過學習，企業重新思考和設計經營模式，借鑑先進的模式和理念，再進行本土化改造，創造出適合自己的全新最佳經營模式。標杆管理又稱基準管理，其本質是不斷尋找最佳實踐，以此為基準不斷地測量分析與持續改進。

(六) 掙值法

掙值是指項目實施過程中已完成工作的價值，用分配給實際已完成工作的預算來表示。掙值法是一種通過分析項目實施與項目目標期望值之間的差異，從而判斷項目實施的成本、進度績效的方法。掙值法廣泛適用於項目管理中的項目實施、項目後評價等階段。掙值法的評價基準包括成本基準和進度基準，通常可以用於檢測實際績效與評價基準之間的偏差。

1. 掙值法的計算

(1) 進度偏差。進度偏差是在某個給定時點上，測量並反應項目提前或落後的進度績效指標。進度偏差可以採用絕對數，表示為掙值與計劃成本之差（偏差量＝掙值－計劃成本）；也可採用相對數，表示為掙值與計劃成本之比（偏差率＝掙值÷計劃成本）。這裡的計劃成本是指根據批准的進度計劃或預算，到某一時點應當完成的工作所需投入資金的累計值。企業應用掙值法進行項目管理，應當把項目預算

分配至項目計劃的各個時點。企業應用掙值法開展項目管理時，既要監測掙值的增量，以判斷當前的績效狀態；又要監測掙值的累計值，以判斷長期的績效趨勢。

（2）成本偏差。成本偏差是在某個給定時點上，測量並反應項目預算虧空或預算盈餘的成本績效指標。成本偏差可以採用絕對數，表示為掙值與實際成本之差（偏差量＝掙值－實際成本）；也可採用相對數，表示為掙值與實際成本的比值（偏差率＝掙值÷實際成本）。這裡的實際成本是指按實際進度完成的成本支出量。企業應用掙值法開展項目管理時，實際成本的計算口徑必須與計劃成本和掙值的計算口徑保持一致。

2. 主要優點和缺點

（1）掙值法的主要優點。一是通過對項目當前運行狀態的分析，可以有效地預測出項目的未來發展趨勢，嚴格地控制項目的進度和成本；二是在出現不利偏差時，能夠較快地檢測出問題所在，留有充足的時間對問題進行處理和對項目進行調整。

（2）掙值法的主要缺點。一是片面注重用財權的執行情況判斷事權的實施效益；二是屬於事後控制方法，不利於事前控制；三是存在用項目非關鍵路徑上取得的掙值掩蓋關鍵路徑上進度落後的可能性，影響項目績效判斷的準確性。

（七）成本效益法

成本效益法是指通過比較項目不同實現方案的全部成本和效益，以尋求最優投資決策的一種項目管理工具方法。其中，成本指標可以包括項目的執行成本、社會成本等；效益指標可以包括項目的經濟效益、社會效益等。成本效益法屬於事前控制方法，適用於項目可行性研究階段。

1. 基本程序

企業應用成本效益法，一般按照以下程序進行：

（1）確定項目中的收入和成本，確定項目不同實現方案的差額收入。

（2）確定項目不同實現方案的差額費用。

（3）制定項目不同實現方案的預期成本和預期收入的實現時間表。

（4）評估難以量化的社會效益和成本。

2. 主要優點和缺點

（1）成本效益法的主要優點。一是普適性較強，是衡量管理決策可行性的基本依據；二是需考慮評估標的經濟與社會、直接與間接、內在與外在、短期與長期等各個維度的成本和收益，具有較強的綜合性。

（2）成本效益法的主要缺點。一是屬於事前評價，評價方法存在的不確定性因素較多；二是綜合考慮了項目的經濟效益、社會效益等各方面，除了經濟效益以外的其他效益存在較大的量化難度。

（八）價值工程法

價值工程法是指對研究對象的功能和成本進行系統分析，比較為獲取的功能而發生的成本，以提高研究對象價值的管理方法。本方法下的功能是指對象滿足某種需求的效用或屬性；本方法下的成本是指按功能計算的全部成本費用；本方法下的價值是指對象具有的功能與獲得該功能發生的費用之比。價值工程法可廣泛適用於項目設計與改造、項目實施等階段。

1. 基本程序

（1）準備階段。選擇價值工程的對象並明確目標、限制條件和分析範圍；根據價值工程對象的特點，組成價值工程工作小組；制訂工作計劃，包括具體執行人、執行日期、工作目標等。

（2）分析階段。收集整理與對象有關的全部信息資料；通過分析信息資料，簡明準確地表述對象的功能、明確功能的特徵要求，並繪製功能系統圖；運用某種數量形式表達原有對象各功能的大小，求出原有對象各功能的當前成本，並依據對功能大小與功能當前成本之間關係的研究，確定應當在哪些功能區域改進原有對象，並確定功能的目標成本。

（3）創新階段。依據功能系統圖、功能特性和功能目標成本，通過創新性的思維和活動，提出實現功能的各種不同方案；從技術、經濟和社會等方面評價提出的方案，看其是否能實現規定的目標，從中選擇最佳方案；將選出的方案及有關的經濟資料和預測的效益編寫成正式的提案。

（4）實施階段。組織提案審查，並根據審查結果簽署是否實施的意見；根據具體條件及內容，制訂實施計劃，組織實施，並指定專人在實施過程中跟蹤檢查，記錄全程的有關數據資料，必要時可再次召集價值工程工作小組提出新的方案；根據提案實施後的技術經濟效果，進行成果鑒定。

2. 主要優點和缺點

（1）價值工程法的主要優點。一是把項目的功能和成本聯繫起來，通過削減過剩功能、補充不足功能使項目的功能結構更加合理化；二是著眼於項目成本的整體分析，注重有效利用資源，有助於實現項目整體成本的最優化。

（2）價值工程法的主要缺點。價值工程法要求具有較全面的知識儲備，不同性質的價值工程分析對象涉及的其他領域的學科性質以及其他領域的廣度和深度等都存在很大差別，導致功能的內涵、結構和系統特徵必然具有實質性區別。

三、營運管理程序

企業應用營運管理工具方法，一般按照營運計劃的制訂、營運計劃的執行、營運計劃的調整、營運監控分析與報告、營運績效管理等程序進行。

（一）營運計劃的制訂

營運計劃是指企業根據戰略決策和營運目標的要求，從時間和空間上對營運過程中各種資源做出的統籌安排，主要作用是分解營運目標、分配企業資源、安排營運過程中的各項活動。營運計劃按計劃的時間可分為長期營運計劃、中期營運計劃和短期營運計劃；按計劃的內容可分為銷售、生產、供應、財務、人力資源、產品開發、技術改造和設備投資等營運計劃。制訂營運計劃應當遵循以下三個原則：

1. 系統性原則

企業在制訂計劃時不僅應考慮營運的各個環節，還要從整個系統的角度出發，既要考慮大系統的利益，也要兼顧各個環節的利益。

2. 平衡性原則

企業應考慮內外部環境之間的矛盾，有效平衡可能對營運過程中的研發、生產、

供應、銷售等存在影響的各個方面，使其保持合理的比例關係。

3. 靈活性原則

企業應充分考慮未來的不確定性，在制訂計劃時保持一定的靈活性和彈性。企業在制訂營運計劃時，應以戰略目標和年度營運目標為指引，充分分析宏觀經濟形勢、行業發展規律以及競爭對手情況等內外部環境變化，同時還應評估企業自身研發、生產、供應、銷售等環節的營運能力，客觀評估自身的優勢和劣勢以及面臨的風險和機會等。在制訂營運計劃時，企業應開展營運預測，將其作為營運計劃制訂的基礎和依據。

營運預測是指通過收集整理歷史信息和即時信息，恰當運用科學預測方法，對未來經濟活動可能產生的經濟效益和發展趨勢做出科學合理的預計和推測的過程。企業應用多種工具方法制訂營運計劃的，應根據自身實際情況，選擇單獨或綜合應用預算管理領域、平衡計分卡、標杆管理等管理會計工具方法。同時，企業應充分應用本量利分析、敏感性分析、邊際分析等管理會計工具方法，為營運計劃的制訂提供具體量化的數據分析和有效支持決策。

企業應當科學合理地制訂營運計劃，充分考慮各層次營運目標、業務計劃、管理指標等方面的內在邏輯聯繫，形成涵蓋各價值鏈的、不同層次和不同領域的、業務與財務相結合的、短期與長期相結合的目標體系和行動計劃。企業應採取自上而下、自下而上或上下結合的方式制訂營運計劃，充分調動全員的積極性，通過溝通、討論達成共識。企業應根據營運管理流程，對營運計劃進行逐級審批。企業各部門應在已經審批通過的營運計劃基礎上，進一步制訂各自的業務計劃，並按流程履行審批程序。企業對於未來的不確定性應進行充分的預估，在科學營運預測的基礎上，制訂多方案的備選營運計劃，以應對未來不確定性帶來的風險與挑戰。

(二) 營運計劃的執行

經審批的營運計劃應以正式文件的形式下達執行。企業應逐級分解營運計劃，按照橫向到邊、縱向到底的要求分解落實到各所屬企業、部門、崗位或員工，確保營運計劃得到充分落實。各企業應根據月度的營運計劃組織開展各項營運活動，應建立配套的監督控制機制，及時記錄營運計劃的執行情況，進行差異分析與糾偏，持續優化業務流程，確保營運計劃有效執行；應在月度營運計劃的基礎上，開展月度、季度滾動預測，及時反應滾動營運計劃對應的實際營運狀況，為企業資源配置的決策提供有效支持。

(三) 營運計劃的調整

營運計劃一旦批准下達，一般不予調整。宏觀經濟形勢、市場競爭形勢等發生重大變化，導致企業營運狀況與預期出現較大偏差的，企業可以適時對營運計劃做出調整，使營運目標更加切合實際。企業在營運計劃執行過程中，應關注和識別存在的各種不確定因素，分析和評估其對企業營運的影響，適時啓動調整原計劃的有關工作，確保企業營運目標更加切合實際，更合理地進行資源配置。

企業在做出營運計劃調整決策時，應分析和評估營運計劃調整方案對企業營運的影響，包括對短期的資源配置、營運成本、營運效益等的影響以及對長期戰略的影響。企業要建立營運計劃調整的流程和機制，規範營運計劃的調整。營運計劃的調整應由具體執行的所屬企業或部門提出調整申請，經批准後下達正式文件。

(四) 營運監控分析與報告

為了強化營運監控，確保企業營運目標的順利完成，企業應結合自身實際情況，按照日、週、月、季、年等頻率建立營運監控體系；按照PDCA管理原則，不斷優化營運監控體系的各項機制，做好營運監控分析工作。企業的營運監控分析是指以本期財務和管理指標為起點，通過指標分析查找異常，並進一步揭示差異反應的營運缺陷，追蹤缺陷成因，提出並落實改進措施，不斷提高企業營運管理水準。

營運管理監控的基本任務是發現偏差、分析偏差和糾正偏差。發現偏差是指企業通過各類手段和方法，分析營運計劃的執行情況，發現計劃執行中的問題。分析偏差是指企業對營運計劃執行中出現的問題和偏差原因進行研究，採取針對性的措施。糾正偏差是指企業根據偏差產生的原因採取針對性的糾偏對策，使企業營運過程中的活動按既定的營運計劃進行，或者對營運計劃進行必要的調整。

企業營運監控分析應至少包括發展能力、盈利能力、償債能力等方面的財務指標以及生產能力、管理能力等方面的非財務內容，並根據所處行業的營運特點，通過趨勢分析、對標分析等工具方法，建立完善營運監控分析指標體系。

企業營運分析的一般步驟包括：第一，明確營運目的，確定有關營運活動的範圍；第二，全面收集有關營運活動的資料，進行分類整理；第三，分析營運計劃與執行的差異，追溯原因；第四，根據差異分析採取恰當的措施，並進行分析和報告。

企業應將營運監控分析的對象、目的、程序、評價以及改進建議形成書面分析報告。分析報告按照分析的範圍及內容可以分為綜合分析報告、專題分析報告和簡要分析報告；按照分析的時間可以分為定期分析報告和不定期分析報告。企業應建立預警、督辦、跟蹤等營運監控機制，及時對營運監控過程中發現的異常情況進行通報、預警，按照PDCA管理原則督促相關責任人將工作舉措落實到位；應建立信息報送、收集、整理、分析、報告等日常管理機制，保證信息傳遞的及時性和可靠性；應建立營運監控管理信息系統、營運監控信息報告體系等，保證營運監控分析工作的順利開展。

(五) 營運績效管理

企業可以開展營運績效管理，激勵員工為實現營運管理目標做出貢獻，可以建立營運績效管理委員會、營運績效管理辦公室等不同層級的績效管理組織，明確績效管理流程和審批權限，制定績效管理制度。

企業可以以營運計劃為基礎，制定績效管理指標體系，明確績效指標的定義、計算口徑、統計範圍、績效目標、評價標準、評價週期、評價流程等內容，確保績效指標具體、可衡量、可實現、相關以及具有明確期限。績效管理指標應以企業營運管理指標為基礎，做到無縫銜接、層層分解，確保企業營運目標的落實。

第二節　最佳現金持有量決策

現金的管理除了做好日常收支、加速現金流轉速度外，還需控制好現金持有規模，即確定適當的現金持有量。下面是兩種確定最佳現金持有量的方法。

一、成本模型

成本模型強調的是持有現金是有成本的，最優的現金持有量是使得現金持有成本最小化的持有量。成本模型考慮的現金持有成本包括如下項目：

(一) 機會成本

現金的機會成本是指企業因持有一定現金餘額喪失的再投資收益。再投資收益是企業不能同時用該現金進行有價證券投資產生的機會成本，這種成本在數額上等於資金成本。例如，華太公司的資本成本為10%，年均持有現金50萬元，則該企業每年持有現金的機會成本為5萬元（50×10%）。放棄的再投資收益即機會成本屬於變動成本，與現金持有量的多少密切相關，即現金持有量越大，機會成本越大，反之就越小。

(二) 管理成本

現金的管理成本是指企業因持有一定數量的現金而發生的管理費用。例如，管理人員工資、安全措施費用等。一般認為這是一種固定成本，這種固定成本在一定範圍內和現金持有量之間沒有明顯的比例關係。

(三) 短缺成本

現金短缺成本是指在現金持有量不足，又無法及時通過有價證券變現加以補充所給企業造成的損失，包括直接損失與間接損失。現金的短缺成本隨現金持有量的增加而下降，隨現金持有量的減少而上升，即與現金持有量負相關。

成本分析模式是根據現金相關成本，分析預測其總成本最低時現金持有量的一種方法。其計算公式為：

最佳現金持有量下的現金相關成本 = min(管理成本+機會成本+短缺成本)

其中，管理成本屬於固定成本，機會成本是正相關成本，短缺成本是負相關成本。因此，成本分析模式是要找到機會成本、管理成本和短缺成本組成的總成本曲線中最低點對應的現金持有量，將其作為最佳現金持有量，可用圖7-1表示。

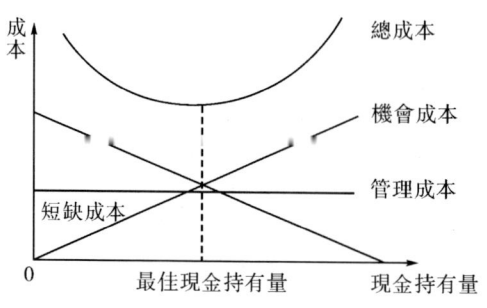

圖7-1 成本模型的現金成本

在實際工作中運用成本分析模式確定最佳現金持有量的具體步驟為：
(1) 根據不同現金持有量測算並確定有關成本數值。
(2) 按照不同現金持有量及其相關成本資料編製最佳現金持有量測算表。
(3) 在測算表中找出總成本最低時的現金持有量，即最佳現金持有量。

由成本分析模型可知，如果減少現金持有量，則增加短缺成本；如果增加現金持有量，則增加機會成本。改進上述關係的一種辦法是：當擁有多餘現金時，將現金轉換為有價證券；當現金不足時，將有價證券轉換成現金。但現金和有價證券之間的轉換，也需要成本，稱為轉換成本。轉換成本是指企業用現金購入有價證券以及用有價證券換取現金時付出的交易費用，即現金同有價證券之間相互轉換的成本，如買賣佣金、手續費、證券過戶費、印花稅、實物交割費等。轉換成本可以分為兩類：一是與委託金額相關的費用，如買賣佣金、印花稅等；二是與委託金額無關，只與轉換次數有關的費用，如委託手續費、過戶費等。證券轉換成本與現金持有量，即有價證券變現額的多少，必然對有價證券的變現次數產生影響，現金持有量越少，進行證券變現的次數越多，相應的轉換成本就越大。

【例7-1】華太公司有四種現金持有方案，它們各自持有量（平均）、管理成本、短缺成本如表7-1所示。假設現金的機會成本率為12%，確定現金最佳持有量。

表 7-1　　　　　　　　　　現金持有方案　　　　　　　　　　單位：元

方案項目	甲	乙	丙	丁
現金持有量	25,000	50,000	75,000	100,000
管理成本	20,000	20,000	20,000	20,000
短缺成本	12,000	6,750	2,500	0

這四種方案的總成本計算結果如表7-2所示。

表 7-2　　　　　　　　　　現金持有總成本　　　　　　　　　　單位：元

方案項目	甲	乙	丙	丁
機會成本	3,000	6,000	9,000	12,000
管理成本	20,000	20,000	20,000	20,000
短缺成本	12,000	6,750	2,500	0
總成本	35,000	32,750	31,500	32,000

將以上各方案的總成本加以比較可知，丙方案的總成本最低，因此75,000元是該企業的最佳現金持有量。

二、存貨模型

企業平時持有較多的現金，會降低現金的短缺成本，但也會增加現金占用的機會成本；平時持有較少的現金，會增加現金的短缺成本，卻能減少現金占用的機會成本。如果企業平時只持有較少的現金，在有現金需要時（如手頭的現金用盡），通過出售有價證券換回現金（或從銀行借入現金），既能滿足現金的需要，避免短缺成本，又能減少機會成本。因此，適當的現金與有價證券之間的轉換是企業提高資金使用效率的有效途徑。這與企業奉行的營運資金政策有關。採用寬鬆的流動資產投資政策時，保留較多的現金則轉換次數少。如果經常進行大量的有價證券與現金的轉換，則會加大轉換交易成本。因此，如何確定有價證券與現金的每次轉換量

是一個需要研究的問題。這可以應用現金持有量的存貨模式解決。有價證券轉換回現金付出的代價（如支付手續費用）被稱為現金的交易成本。現金的交易成本與現金轉換次數、每次的轉換量有關。假定現金每次的交易成本是固定的，在企業一定時期現金使用量確定的前提下，每次以有價證券轉換回現金的金額越大，企業平時持有的現金量便越高，轉換的次數便越少，現金的交易成本就越低；反之，每次轉換回現金的金額越低，企業平時持有的現金量便越低，轉換的次數會越多，現金的交易成本就越高。可見，現金交易成本與持有量成反比。現金的交易成本與現金的機會成本組成的相關總成本曲線如圖 7-2 所示。

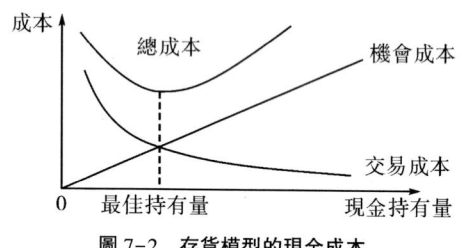

圖 7-2　存貨模型的現金成本

在圖 7-2 中，現金的機會成本和交易成本是兩條隨現金持有量呈不同方向發展的曲線，兩條曲線交叉點相應的現金持有量，即相關總成本最低的現金持有量。

存貨分析模型是借用存貨管理經濟批量公式來確定最佳現金持有量的一種方法，由美國經濟學家威廉·鮑莫提出。這一模型的使用有如下假定：

（1）企業在某一段時期內需要用的現金已事先籌措得到，並以短期有價證券的形式存放在證券公司內。

（2）企業對現金的需要是均勻、穩定、可知的，可以通過分批拋售有價證券取得。

（3）短期有價證券利率穩定、可知。

（4）每次將有價證券變現的交易成本可知。

存貨分析模型旨在使相關總成本，即機會成本和轉換成本之和最小化。假設下列符號：T 為華太公司年現金總需求量，F 為每次轉換有價證券的費用（即轉換成本），C 為現金持有量（每次證券變現的金額），C^* 為最佳現金持有量（總成本最低的現金持有量），K 為有價證券利息率（機會成本），TC 為現金持有總成本。

$$交易成本 = (T/C) \times F$$
$$機會成本 = (C/2) \times K$$
$$相關總成本(TC) = 交易成本 + 機會成本$$

即
$$TC = (C/2) \times K + (T/C) \times F$$

當且僅當 $(C/2) \times K = (T/C) \times F$ 時，TC 達最小。

此時：
$$C^* = \sqrt{\frac{2TF}{K}}$$

現金持有總成本為：
$$TC = \sqrt{2TFK}$$

【例 7-2】華太公司現金收支平衡，預計全年（按 360 天計算）現金需要量為

250,000元，現金與有價證券的轉換成本為每次500元，有價證券年利率為10%。使用存貨模式計算最佳現金持有量；使用存貨模式計算最佳現金持有量下的全年現金管理總成本、全年現金交易成本和全年現金持有機會成本；計算最佳現金持有量下的全年有價證券交易次數和有價證券交易間隔期。

最佳現金持有量 $C^* = \sqrt{\dfrac{2TF}{K}} = \sqrt{\dfrac{2 \times 250,000 \times 500}{10\%}} = 50,000$（元）

全年現金管理總成本 $= \sqrt{2 \times 250,000 \times 500 \times 10\%} = 5,000$（元）

全年現金交易成本 $= (250,000/50,000) \times 500 = 2,500$（元）

全年現金持有機會成本 $= (50,000/2) \times 10\% = 2,500$（元）

全年有價證券交易次數 $= 250,000/50,000 = 5$（次）

有價證券交易間隔期 $= 360/5 = 72$（天）

第三節　最優訂貨批量決策

採購決策是指根據企業經營目標的要求，提出各種可行採購方案，對方案進行評價和比較，按照滿意性原則，對可行方案進行抉擇並加以實施和執行採購方案的管理過程。採購決策是企業經營管理的一項重要內容，其關鍵問題是如何制訂最佳的採購方案，確定合理的商品採購數量，為企業創造最大的經濟效益。下面重點從存貨的成本和訂貨量兩方面入手，分析採購決策的關鍵影響因素。

一、存貨的成本構成

在存貨決策中，通常需要考慮以下幾種成本：

（一）採購成本

採購成本是指由購買存貨而發生的買價（購買價格或發票價格）和運雜費（運輸費用和裝卸費用）構成的成本，其總額取決於採購數量和單位採購成本。由於單位採購成本一般不隨採購數量的變動而變動，因此在採購批量決策中，存貨的採購成本通常屬於無關成本，但當供應商為擴大銷售而採用數量折扣等優惠方法時，採購成本就成為與決策相關的成本了。

（二）訂貨成本

訂貨成本是指為訂購貨物而發生的各種成本，包括採購人員的工資、採購部門的一般性費用（如辦公費、水電費、折舊費、取暖費等）和採購業務費（如差旅費、郵資費、檢驗費等）。訂貨成本可以分為兩大部分：一部分是為維持一定的採購能力而發生的各期金額比較穩定的成本（如折舊費、水電費、辦公費等），稱為固定訂貨成本；另一部分是隨訂貨次數的變動而呈比例變動的成本（如差旅費、檢驗費等），稱為變動訂貨成本，變動訂貨成本可以用公式「$Q/2 \times C$」計算得出。

（三）儲存成本

儲存成本是指為儲存存貨而發生的各種費用，通常包括兩大類：一是付現成本，包括支付給儲運公司的倉儲費、按存貨價值計算的保險費、陳舊報廢損失、年度檢

查費用以及企業自設倉庫發生的所有費用；二是資本成本，即由於投資於存貨而不投資於其他可盈利對象形成的機會成本。儲存成本也可以分為兩部分：凡總額穩定，與存貨數量的多少及儲存時間長短無關的成本，稱為固定儲存成本；凡總額大小取決於存貨數量的多少及儲存時間長短的成本，稱為變動儲存成本。變動儲存成本可以用公式「$A/Q \times P$」計算得出。

訂貨成本、儲存成本中的固定部分和變動部分，可依據歷史成本資料，採用高低點法、散布圖法或最小二乘法等方法進行分解。分解確定的固定訂貨成本和固定儲存成本屬於存貨決策中的無關成本，可不予考慮。

(四) 缺貨成本

缺貨成本是指由於存貨數量不能及時滿足生產和銷售的需要而給企業帶來的損失。例如，因停工待料而發生的損失（如無法按期交貨而支付的罰款、停工期間的固定成本等）、因商品存貨不足而失去的創利額、因採取應急措施補足存貨而發生的超額費用等。缺貨成本大多屬於機會成本，由於單位缺貨成本往往大於單位儲存成本，因此儘管其計算比較困難，也應採用一定的方法估算單位缺貨成本（短缺一個單位存貨一次給企業帶來的平均損失），以供決策之用。

在允許缺貨的情況下，缺貨成本是與決策相關的成本，但在不允許缺貨的情況下，缺貨成本是與決策無關的成本。

二、經濟訂購批量

為了便於分析，有必要將存貨分為兩類：第一類，營運存貨，即在正常生產經營過程中需要的存貨量；第二類，安全存貨，即為避免延遲到貨、生產速度加快及其他情況發生，滿足生產、銷售需要的存貨量。由於實際工作中大量遇到的是營運存貨的決策問題（許多存貨不需要安全存量），下面就以營運存貨這種基本存貨為例，說明訂購批量模型。

所謂訂購批量，是指每次訂購貨物（材料、商品等）的數量。在某種存貨全年需求量已定的情況下，降低訂購批量，必然增加訂貨批次。一方面，存貨的儲存成本（變動儲存成本）隨平均儲存量的下降而下降；另一方面，訂貨成本（變動訂貨成本）隨訂貨批次的增加而增加。反之，減少訂購批次必然要增加訂購批量，在減少訂貨成本的同時，儲存成本將會增加。可見，存貨決策的目的就是確定使這兩種成本合計數最低時的訂購批量，即經濟訂購批量。

為了推導計算經濟訂購批量的數學模型，假設如下：

A 為某種存貨全年需要量，Q 為訂購批量，Q^* 為經濟訂購批量，A/Q 為訂購批次，A/Q^* 為經濟訂購批次，P 為每批訂貨成本，C 為單位存貨年儲存成本，T 為年成本合計（年訂購成本和年儲存成本的合計），T^* 為最低年成本合計。

由於年成本合計等於年訂貨成本與年儲存成本之和，因此有：

$$T = \frac{Q}{2} \times C + \frac{A}{Q} \times P$$

年訂貨成本、年儲存成本以及年成本合計的圖形如圖 7-3 所示。

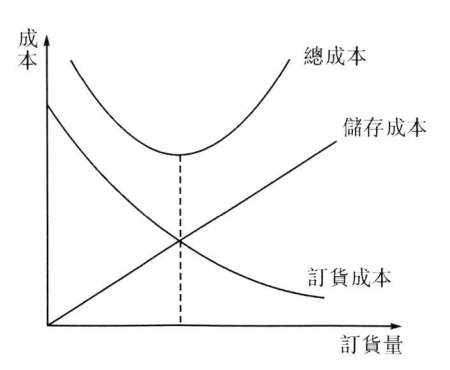

圖 7-3　經濟訂貨批量模型圖

從圖 7-3 可以看出，T（年成本合計）是一條凹形曲線，當其一階導數為零時，其值最低。

以 Q 為自變量，求函數 T 的一階導數：

$$T' = \left(\frac{Q}{2} \times C + \frac{A}{Q} \times P\right)' = \frac{C}{2} - \frac{AP}{Q^2}$$

令其為 0，可求得：經濟訂貨批量 $Q^* = \sqrt{\dfrac{2AP}{C}}$

經濟訂購批次 $\dfrac{A}{Q^*} = \sqrt{\dfrac{AC}{2P}}$

年最低成本合計 $T^* = \sqrt{2APC}$

【例 7-3】華太公司每年某類型材料 A 使用量為 7,200 噸，該類型材料儲存成本中的付現成本為每噸 4 元，單位採購成本為 60 元。華太公司的資本成本為 20%，訂購該類型材料一次的成本 P 為 1,600 元。每噸儲存成本 C 為 16 元（4+60×20%），則：

經濟訂貨批量 $Q^* = \sqrt{\dfrac{2 \times 7,200 \times 1,600}{16}} = 1,200$（噸）

經濟訂購批次 $\dfrac{A}{Q^*} = \sqrt{\dfrac{7,200 \times 16}{2 \times 1,600}} = 6$（次）

年最低成本合計 $T^* = \sqrt{2 \times 7,200 \times 1,600 \times 16} = 19,200$（元）

第四節　生產決策

生產管理決策是企業短期經營決策的重要內容，主要針對企業短期內（或當前經營規模範圍內）是否生產、生產什麼、怎樣組織生產等問題進行的相關決策。典型的生產決策包括虧損產品事發後需要停產的決策、零部件自制還是外購的決策、特殊訂單是否接受的決策、限制資源如何最有效利用的決策、產品是否進一步深加

工的決策等。

一、虧損產品是否停產的決策

對於產品多元化的企業而言，通常企業利潤的絕大部分是由幾種核心產品帶來的，其他非核心產品提供的利潤往往很少，有的甚至虧損。對於虧損的產品，企業是否應該立即停產呢？從短期經營決策的角度，關鍵是看該產品能否給企業帶來正的邊際貢獻。

【例7-4】假定華太公司生產甲、乙兩種產品，兩種產品的相關受益情況如表7-3所示。

表7-3　　　　　　　　　　相關數據資料　　　　　　　　　　單位：元

	甲產品	乙產品	合計
銷售收入	10,000	50,000	60,000
變動成本	6,000	30,000	36,000
邊際貢獻	4,000	20,000	24,000
固定成本	2,000	25,000	27,000
營業利潤	2,000	-5,000	-3,000

由於乙產品的營業利潤為-5,000元，即虧損5,000元，因此企業的管理層需要考慮是否應該停止乙產品的生產。對此，可以分析如下：在短期內，即使停產乙產品，固定成本也不會相應降低。如果停產乙產品，則企業的營業利潤將僅來源於甲產品的邊際貢獻4,000元扣除固定成本總額27,000元（2,000+25,000），營業利潤額將為-23,000元（4,000-27,000），反而擴大了虧損額。為什麼會出現這種現象呢？原因在於乙產品雖然虧損，但是提供的邊際貢獻仍然為正。如果繼續生產乙產品，當期邊際貢獻20,000元能夠抵減固定成本20,000元，但是如果停產，則連20,000元的固定成本也無法抵減，因此會造成營業利潤的下降。由此可見，在短期內，如果企業的虧損產品能夠提供正的邊際貢獻，就不應該立即停產。

二、零部件自制與外購的決策

對於某些行業的企業來說，零部件可以自製也可以選擇向外部供應商購買。例如，汽車製造企業需要的汽車配件，可以自行生產，也可以向外部的零部件供應商採購。零部件是自製還是外購，從短期經營決策的角度，需要比較兩種方案的相關成本，選擇成本較低的方案即可。企業在決策時還需要考慮是否有剩餘生產能力，如果有剩餘生產能力，不需要追加設備投資，則新增加的專屬成本也應該屬於相關成本。同時，企業還需要把剩餘生產能力的機會成本考慮在內。

【例7-5】華太公司是一家越野用山地自行車製造商，每年製造自行車需要外胎10,000個，外購成本每個58元，企業已有的輪胎生產車間有能力製造這種外胎，自製外胎的單位相關成本資料如表7-4所示。

表 7-4　　　　　　　　　　相關成本資料　　　　　　　　　　單位：元

項目	金額
直接資料	32
直接人工	12
變動製造費用	7
固定製造費用	10
變動成本	51
生產成本	61

結合下列各種情況，華太公司分別做出該自行車外胎是自制還是外購的決策。

（1）如果公司現在具有足夠的剩餘生產能力，且剩餘生產能力無法轉移，即該生產車間不製造外胎時，閒置下來的生產能力無法被用於其他方面。

由於有剩餘生產能力可以利用，且無法轉移，因此零件自制外胎的相關成本僅包含自制變動成本。

自制的單位變動成本 = 32+12+7 = 51（元/個）

外購的相關成本 = 58（元/個）

由於自制方案比外購方案每年節約成本 70,000 元［(58-51)×10,000］，這種外胎應採用自制方案。

（2）如果公司現在具備足夠的剩餘生產能力，但剩餘生產能力可以轉移用於加工自行車內胎，每年可以節省內胎的外購成本 20,000 元。

若選擇自制外胎，則會放棄生產內胎帶來的成本節約 20,000 元，這可以看成自制外胎的機會成本。相關差額成本分析如表 7-5 所示。

表 7-5　　　　　　　　　差額成本分析表　　　　　　　　　　單位：元

	自制成本	外購成本	差額成本
變動成本	510,000	580,000	-70,000
機會成本	20,000		20,000
相關成本合計	530,000	580,000	-50,000

從表 7-5 中可知，自制成本低於外購成本 50,000 元，公司應該自制該外胎。

（3）如果公司目前只有生產外胎 5,000 個的生產能力，且無法轉移，若自制 10,000 個，則需租入設備一臺，月租金 4,000 元，這樣使外胎的生產能力達到 13,000 個，相關差額成本分析如表 7-6 所示。

表 7-6　　　　　　　　　差額成本分析表　　　　　　　　　　單位：元

	自制成本	外購成本	差額成本
變動成本	510,000	580,000	-70,000
專屬成本	4,000×12 = 48,000		
相關成本合計	558,000	580,000	-22,000

從表7-6中可知，自制外胎的年成本低於外購成本，差額成本為22,000元，公司應該選擇自制該外胎。

(4) 如果公司可以採用自制和外購外胎兩種方式的結合，即可以自制一部分，又可以外購一部分。

在這種情況下，公司應先按現有生產能力自制外胎5,000個，因為其自制成本低於外購成本，超過5,000個的部分，則應該比較外購成本與自制成本的高低。對於超過5,000個部分的外胎，如果自制，單位成本為60.6元（51+48,000/5,000），超過了外購的單位成本，因此超過部分應該選擇外購。這樣公司應該自制5,000個外胎，同時外購5,000個外胎。

在進行自制還是外購的決策時，決策者除了要考慮相關成本因素以外，還要考慮外購產品的質量、送貨的及時性、長期供貨能力、供貨商的新產品研發能力以及本企業有關職工的抱怨程度等因素，在綜合考慮各方面因素之後才能進行最後的選擇。

三、特殊訂單是否接受的決策

企業往往會面對一些特殊的訂貨合同，這些訂貨合同的價格有時會低於市場價格，甚至低於平均單位成本。在決定是否接受這些特殊訂貨時，決策分析的基本思路是比較該訂單提供的邊際貢獻是否能夠大於該訂單引起的相關成本。企業管理人員應針對各種不同情況，進行具體分析，並做出決策。

第一，如果追加訂貨不影響正常銷售的完成，即利用剩餘生產能力就可以完成追加訂貨，又不需要追加專屬成本，而且剩餘生產能力無法轉移。這時只要特殊訂單的單價大於該產品的單位變動成本，就可以接受該追加訂貨。

第二，如果該訂貨要求追加專屬成本，其他條件同第一種情況，則接受該追加訂貨的前提條件就應該是該方案的邊際貢獻大於追加的專屬成本。

第三，如果相關的剩餘生產能力可以轉移，其他條件同第一種情況，則應該將轉移剩餘生產能力的可能收益作為追加訂貨方案的機會成本予以考慮，當追加訂貨創造的邊際貢獻大於機會成本時則可以接受該訂貨。

第四，如果追加訂貨影響正常銷售，即剩餘生產能力不夠生產全部的追加訂貨，從而減少正常銷售，其他條件同第一種情況，則由此而減少的正常邊際貢獻作為追加訂貨方案的機會成本。當追加訂貨的邊際貢獻足以補償這部分機會成本時，則可以接受訂貨。

【例7-6】華太公司A產品的生產能力為10,000件，目前的正常訂貨量為8,000件，銷售單價為10元，單位產品成本為8元，成本構成如表7-7所示。

表7-7　　　　　　　　　　成本構成資料　　　　　　　　　　單位：元

項目	金額
直接材料	3
直接人工	2
變動製造費用	1
固定製造費用	2
單位產品成本	8

現有客戶向該企業追加訂貨，且客戶只願意出價每件 7 元。有關情況如下：
（1）如果訂貨 2,000 件，剩餘生產能力無法轉移，且追加訂貨不需要追加專屬成本。
（2）如果訂貨 2,000 件，剩餘生產能力無法轉移，但需要追加一臺專用設備，全年需要支付專屬成本 1,000 元。
（3）如果訂貨 2,500 件，剩餘生產能力無法轉移，也不需要追加專屬成本。
（4）如果訂貨 2,500 件，剩餘生產能力可以對外出租，可獲租金 3,000 元，另外追加訂貨需要追加專屬成本 1,000 元。

針對上述不同情況，企業是否應該接受該訂單分析如下：
（1）特殊訂單的定價為每件 7 元，單位變動成本為 6 元（3+2+1），因此接受該訂單可以增加邊際貢獻 2,000 元，應該接受該訂單。
（2）訂貨可增加邊際貢獻 2,000 元，扣除了增加的專屬成本 1,000 元，可以增加利潤 1,000 元，因此應該接受該訂單。
（3）接受訂單會影響到正常的銷售，企業的剩餘生產能力能夠生產 2,000 件。其餘的 500 件要減少正常的訂貨量，因此 500 件正常銷售帶來的邊際貢獻應該作為接受訂單的機會成本。訂單的 2,500 件會帶來邊際貢獻 2,500×(7-6)=2,500 元，扣除 500 件的機會成本 500×(10-6)=2,000 元，增加利潤 2,500-2,000=500 元。因此，企業應該接受該訂單。
（4）剩餘生產能力的年租金應該作為接受訂單的機會成本。接受訂單的差額利潤計算如表 7-8。

表 7-8　　　　　　　　　　差額利潤計算表　　　　　　　　　　單位：元

項目	接受追加訂單
增加的相關收入 增加的變動成本	7×2,500=17,500 6×2,500=15,000
增加的邊際貢獻	2,500
減：專屬成本	1,000
機會成本（減少的正常銷售）	500×(10-6)=2,000
機會成本（租金收入）	3,000
增量收益	-3,500

接受訂單帶來的差額利潤為 -3,500 元，即減少利潤 3,500 元，顯然此時企業不應該接受該訂單。

四、限制資源最佳利用的決策

每個單位可能都有自己的最緊缺資源，有的企業最缺關鍵技術人才，有的企業最缺關鍵設備，有的企業最缺資金，有的企業最缺水，有的企業最缺電。最緊缺資源一般也稱瓶頸資源。瓶頸資源滿足不了企業的需要，資源有限，就存在一個企業如何來安排生產，而優先生產哪種產品，才能最大限度地利用好瓶頸資源，讓企業產生最大的經濟效益。我們把這種決策稱為限制資源最佳利用的決策。這類決策也

是企業在日常生產經營活動中經常會遇到的決策問題。

在這類決策中，通常是短期的日常生產經營安排，因此固定成本對決策沒有影響，或者影響很小。決策原則是主要考慮如何安排生產才能最大化企業的總的邊際貢獻。

【例 7-7】 華太公司生產 A、B 兩種產品，這兩種產品的有關數據資料如表 7-9 所示。華太公司生產這兩種產品時都需要用同一項機器設備進行加工，該機器設備屬於該企業的最緊缺資源。該設備每月能提供的最大加工時間是 12,000 分鐘。根據目前市場情況，該企業每月需要生產銷售 A 產品 4,000 件，每件 A 產品需要該設備加工 2 分鐘；該企業每月需要生產銷售 B 產品 7,000 件，每件 B 產品需要該設備加工 1 分鐘。現在華太公司每月生產需要該設備加工時間是 7,000+4,000×2 = 15,000 分鐘。因此，目前該設備能提供的加工工時是每月 12,000 分鐘，無法完全滿足生產需要。華太公司應如何安排生產才能最有效利用該項機器設備？

表 7-9　　　　　　　　　　A、B 產品相關數據　　　　　　　　　　單位：元

項目	A 產品	B 產品
銷售單價	25	30
單位變動成本	10	18
單位邊際貢獻	15	12
邊際貢獻率（%）	60	40

從表 7-9 看出，生產 A 產品的單位邊際貢獻為 15 元，生產 B 產品的單位邊際貢獻為 12 元。華太公司是否應該先生產 A 產品呢？

從最有效利用限制資源角度，我們可以看出，緊缺機器 1 分鐘可以生產一件 B 產品，創造邊際貢獻是 12 元；同樣一分鐘，用來生產 A 產品，只能生產 0.5 件，創造的邊際貢獻是 15/2＝7.5（如表 7-10 所示）。

表 7-10　　　　　　　單位限制資源邊際貢獻計算表

項目	A 產品	B 產品
單位產品邊際貢獻（元）	15	12
每件產品需要加工時間（分鐘）	2	1
單位限制資源邊際貢獻（元/分鐘）	7.5	12

從最有效利用限制資源角度看，同樣的時間，優先用來生產 B 產品效益高。因此該企業可以優先安排生產 B 產品，剩餘的機器加工資源再來安排生產 A 產品。如此，華太公司應該能產生最大經濟效益，如表 7-11 所示。

表 7-11　　　　　　　最有效利用緊缺機器的生產安排

項目	生產安排
B 產品的產銷量	7,000 件
B 產品對緊缺機器加工時間需求	7,000×1 分鐘＝7,000 分鐘

表7-11(續)

項目	生產安排
每月能提供的緊缺機器加工時間	12,000 分鐘
安排 B 產品生產剩餘加工時間	12,000-7,000=5,000 分鐘
可用於 A 產品的機器加工時間	5,000 分鐘
可用於加工 A 產品的產量	5,000/2=2,500 件

如表 7-11 所示，現在最優的生產安排是優先安排生產 B 產品，生產 B 產品 7,000 件，剩餘生產能力安排生產 A 產品，可生產 A 產品 2,500 件。在這樣的生產安排下，華太公司能產生的最大總邊際貢獻為 7,000×12+2,500×15＝121,500（元）。該類決策最關鍵的指標是「單位限制資源的邊際貢獻」。

五、產品是否應深加工的決策

有些企業生產的產品，既可以直接對外銷售，也可以進一步加工後再出售。例如，紡織廠生產的棉紗可以直接出售，也可以進一步加工成坯布出售。牛肉加工企業生產的牛肉可以直接對外銷售，也可以進一步加工成火腿腸等產品後出售。此時企業需要對產品是直接出售還是進一步深加工兩種方案進行選擇。

在這種決策類型中，進一步深加工前的半成品發生的成本都是無關的沉沒成本。因為無論是否深加工，這些成本都已經發生而不能改變。相關成本只應該包括進一步深加工所需的追加成本，相關收入則是加工後出售和直接出售的收入之差。對這類決策通常採用差量分析的方法。

【例7-8】華太公司生產 A 半成品 10,000 件，銷售單價為 50 元，單位變動成本為 20 元，全年固定成本總額為 200,000 元。若把半成品進一步加工為 B 產品，則每件需追加變動成本 20 元，產品的銷售單價為 80 元。

（1）華太公司已經具備進一步加工 10,000 件 A 半成品的能力，該生產能力無法轉移，且需要追加專屬固定成本 50,000 元（見表 7-12）。

表 7-12　　　　　　差額利潤分析表　　　　　　單位：元

項目	進一步加工	直接出售	差額
相關收入	80×10,000=800,000	50×10,000=500,000	300,000
相關成本	250,000	0	250,000
其中：變動成本 　　　專屬成本	20×10,000=200,000 50,000	0 0	
差額利潤			50,000

可見，進一步加工方案會提高收益 50,000 元，因此企業應該進一步深加工該產品。

（2）華太公司只具備進一步加工 7,000 件 A 半成品的能力，該能力可用於對外承攬加工業務，預計一年可獲得邊際貢獻 75,000 元（見表 7-13）。

表 7-13　　　　　　　　　差額利潤分析表　　　　　　　　單位：元

項目	進一步加工	直接出售	差額
相關收入	80×7,000＝560,000	50×7,000＝350,000	210,000
相關成本	215,000	0	215,000
其中：變動成本	20×7,000＝140,000	0	
專屬成本	75,000	0	
差額利潤			－5,000

從表 7-13 可以看出，進一步加工會減少利潤 5,000 元，因此企業應該直接出售該產品。

第五節　行銷決策

行銷決策是企業以顧客需要為出發點，根據經驗獲得顧客需求量以及購買力的信息、商業界的期望值，有計劃地組織各項經營活動。以下著重介紹產品定價策略和應收帳款策略，企業通過合理的定價和有計劃的賒銷策略，可以擴大銷售，增強競爭力並獲得利潤。

一、產品定價決策

（一）產品銷售定價原理

產品銷售定價決策是企業生產經營活動中一個極為重要的問題，它關係到生產經營活動的全局。銷售價格作為一種重要的競爭工具，在競爭激烈的市場上往往可以作為企業的制勝武器。在企業的銷售定價決策過程中，除了借助數學模型等工具外，還要根據企業的實踐經驗和自身的戰略目標進行必要的定性分析，來選擇合適的定價策略。嚴格來說，銷售定價屬於企業行銷戰略的重要組成部分，管理會計人員主要是從產品成本與銷售價格之間的關係角度為管理者提供產品定價的有用信息。

（二）產品銷售定價的方法

從管理會計的角度來說，產品銷售定價的基本規則是：從長期來看，銷售收入必須足以彌補全部的生產、行政管理和行銷成本，並為投資者提供合理的利潤，以維持企業的生存和發展。因此，產品的價格應該是在成本的基礎上進行一定的加成後得到的。

1. 成本加成定價法

成本加成定價法的基本思路是先計算成本基數，然後在此基礎上加上一定的「成數」，通過「成數」獲得預期的利潤，以此得到產品的目標價格。這裡所說的成本基數，既可以是完全成本計算法下的產品成本，也可以是變動成本計算法下的變動成本。

（1）完全成本加成法。在完全成本加成法下，成本基數為單位產品的製造成本，以這種製造成本進行加成，加成部分必須能彌補銷售以及管理費用等非製造成

本，並為企業提供滿意的利潤。也就是說，「加成」的內容應該包括非製造成本及合理利潤。

【例7-9】 某公司正在研究某新產品的定價問題，該產品預計年產量為10,000件。公司的會計部門收集到有關該產品的預計成本資料如表7-14所示。

表 7-14　　　　　　　　　　相關數據資料　　　　　　　　　　單位：元

成本項目	單位產品成本	總成本
直接材料	6	60,000
直接人工	4	40,000
變動製造費用	3	30,000
固定製造費用	7	70,000
變動銷售及管理費用	2	20,000
固定銷售及管理費用	1	10,000

假定該公司經過研究確定在製造成本的基礎上，加成50%作為這項產品的目標銷售價格，則產品的目標銷售價格計算過程如表7-15所示。

表 7-15　　　　　　　　　　目標銷售價格的計算　　　　　　　　　　單位：元

成本項目	單位產品
直接材料	6
直接人工	4
製造費用	10
單位產品製造成本	20
成本加成：製造成本的50%	10
目標銷售價格	30

根據表7-15的計算，按照製造成本進行加成定價，目標銷售價格為30元。

（2）變動成本加成法。企業採用變動成本加成，成本基數為單位產品的變動成本，加成的部分要求彌補全部固定成本，並為企業提供滿意的利潤。此時，在確定「加成率」時，應考慮是否涵蓋了全部的固定成本和預期利潤。

仍以**【例7-9】**中公司為例，假設該公司經過研究確定採用變動成本加成法，在變動成本的基礎上，加成100%作為該項目產品的目標銷售價格。計算過程如表7-16所示。

表 7-16　　　　　　　　　　目標價格的計算　　　　　　　　　　單位：元

成本項目	單位產品
直接材料	6
直接人工	4
變動性製造費用	3
變動性銷售管理費用	2
單位產品變動成本	15
成本加成：變動成本的100%	15
目標銷售價格	30

根據表 7-16 的計算，目標銷售價格仍然為 30 元。由此可見，變動成本加成法與完全成本加成法雖然計算的成本基數有所不同，但在思路上是相似的，都認為企業的定價必須彌補全部成本，只有成本基數的不同會引起加成比例的差異。

除了使用完全成本加成法和變動成本加成法以外，企業還可以使用標準成本法，即以標準成本作為成本基數，在此基礎上進行加成定價。

2. 市場定價法

市場定價法就是對於有活躍市場的產品，可以根據市場價格來定價，或者根據市場上同類或相似產品的價格來定價。例如，廣州首次發交通卡——羊城通卡的時候，對卡的定價就曾經參考過香港的八達通卡和上海的交通卡的價格。市場定價法有利於時刻保持對市場的敏感性和對同行的敏銳性。

3. 新產品的銷售定價方法

新產品的定價一般具有「不確定性」的特點。因為新產品還沒有被消費者瞭解，因此需求量難以確定。企業對新產品定價時，通常要選擇幾個地區分別採用不同的價格進行試銷。通過試銷，企業可以收集到有關新產品的市場反應信息，以此確定產品的最終銷售價格。新產品定價基本上存在撇脂性定價和滲透性定價兩種策略。

（1）撇脂性定價法。撇脂性定價法是在新產品試銷初期先定出較高的價格，以後隨著市場的逐步擴大，再逐步把價格降低。這種策略可以使產品的銷售初期獲得較高的利潤，但是銷售初期的暴利往往會引來大量的競爭者，引起後期的競爭異常激烈，高價格很難維持。因此，這是一種短期性的策略，往往適用於生命週期較短的產品。例如，蘋果智能手機剛進入市場時的定價。

（2）滲透性定價法。滲透性定價法是在新產品試銷初期以較低的價格進入市場，以期迅速獲得市場份額，等到市場地位已經較為穩固的時候，再逐步提高銷售價格。例如，小米手機的定價。這種策略在試銷初期會減少一部分利潤，但是它能有效排除其他企業的競爭，以便建立長期的市場地位，因此是一種長期的市場定價策略。

4. 有閒置能力條件下的定價方法

有閒置能力條件下的定價方法是指在企業具有閒置生產能力時，面對市場需求的變化採用的定價方法。當企業參加訂貨會或參加某項投標的情況下，往往會遇到較強的競爭對手，雖然每個廠家都希望以高價得標而獲得高額利潤，但是通常只有報價較低的廠商才能中標。這時管理者為了確保中標，往往以該投標產品的增量成本作為定價基礎。當企業存在剩餘生產能力時，增量成本即為該批產品的變動成本。這種定價方法雖然定價會較低，但是短期內可以維持企業的正常營運，並維持員工的穩定，還可以抵補一部分固定成本。

在這種情況下，企業產品的價格應該在變動成本與目標價格之間進行選擇。

變動成本＝直接材料＋直接人工＋變動製造費用＋變動銷售和行政管理費用

成本加固＝固定成本＋預期利潤

目標價格＝變動成本＋成本加成

【例 7-10】某市政府按規劃建造一座新的遊船停泊港，擬向社會公開招標。某

船舶運輸公司主營各港口間的客運和貨運服務，其下屬的港口建設部準備參與該項目的競標。經過會議討論，公司管理層認為該港口工程項目對維持該部門的正常運轉非常重要，因為港口建設部已經連續幾個月處於施工能力以下，工程設備和人員大量閒置，並且該項目不會妨礙該部門承接其他工程項目。

根據公司會計部門提供的資料，港口建設工程成本估算如下：

直接物質成本 1,800 萬元，直接人工成本 3,000 萬元，變動建造費用 750 萬元，變動成本合計 5,550 萬元，固定成本估算 1,200 萬元，工程總成本估算 6,750 萬元。

由於該港口建設還有剩餘施工能力，因此只要價格超過該工程的變動成本 5,550 萬元，就能彌補一些固定製造費用，並提供邊際貢獻。可見，當企業有閒置施工能力時，企業的投標價格通常會更低一些。因此，此時只要價格高於工程變動成本企業就可以接受。

二、應收帳款決策

（一）應收帳款的功能

企業通過提供商業信用，採取賒銷、分期付款等方式可以擴大銷售，增強競爭力，獲得利潤。應收帳款的功能是指應收帳款在生產經營中的作用，主要有以下兩個方面：

1. 增加銷售功能

在激烈的市場競爭中，提供賒銷可有效地促進銷售。因為企業提供賒銷不僅向顧客提供了商品，也在一定時間內向顧客提供了購買該商品的資金，顧客將從賒銷中得到好處，所以賒銷會帶來企業銷售收入和利潤的增加。

2. 減少存貨功能

企業持有一定產成品存貨時，會相應地占用資金，形成倉儲費用、管理費用等成本，而賒銷則可避免這些成本的產生。因此，當企業的產成品存貨較多時，一般會採用優惠的信用條件進行賒銷，將存貨轉化為應收帳款，節約支出。

（二）應收帳款的成本

應收帳款作為企業為擴大銷售和盈利的一項投資，也會發生一定的成本。因此，企業需要在應收帳款增加的盈利和增加的成本之間做出權衡。應收帳款的成本主要有：

1. 應收帳款的機會成本

應收帳款會占用企業一定量的資金，而企業若不把這部分資金投放於應收帳款，便可以用於其他投資並可能獲得收益，如投資債券獲得利息收入。這種因投放於應收帳款而放棄其他投資帶來的收益，即應收帳款的機會成本。

2. 應收帳款的管理成本

應收帳款的管理成本主要是指在進行應收帳款管理時增加的費用，主要包括調查顧客信用狀況的費用、收集各種信息的費用、帳簿的記錄費用、收帳費用等。

3. 應收帳款的壞帳成本

在賒銷交易中，債務人由於種種原因無力償還債務，債權人就有可能無法收回應收帳款而發生損失，這種損失就是壞帳成本。可以說，企業發生壞帳成本是不可

避免的，而此項成本一般與應收帳款發生的數量成正比。

（三）應收帳款決策

企業在做應收帳款決策時，往往需要對客戶進行信用的定性分析和定量分析，在信用分析的基礎之上再考慮給予的信用條件。

1. 信用的定性分析

信用的定性分析是指對申請人「質」方面的分析，一般採用「5C」信用評價系統，即評估申請人信用品質、能力、資本、抵押和條件五個方面。

品質（Character）是指個人申請人或企業申請人管理者的誠實和正直表現。品質反應了個人或企業在過去的還款中體現的還款意圖和願望。

能力（Capacity）反應的是企業或個人在其債務到期時可以用於償債的當前和未來的財務資源。可以使用流動比率和現金流預測等方法評價申請人的還款能力。

資本（Capital）是指如果企業或個人當前的現金流不足以還債，其在短期和長期內可供使用的財務資源。

抵押（Collateral）是指當企業或個人不能滿足還款條款時，可以用作債務擔保的資產或其他擔保物。

條件（Condition）是指影響顧客還款能力和還款意願的經濟環境，對申請人的這些條件進行評價以決定是否給其提供信用。

2. 信用的定量分析

進行商業信用的定量分析可以從考察信用申請人的財務報表開始，通常使用比率分析法評價顧客的財務狀況。常用的指標有流動性和營運資本比率（如流動比率、速動比率以及現金對負債總額比率）、債務管理和支付比率（利息保障倍數、長期債務對資本比率、帶息債務對資產總額比率以及負債總額對資產總額比率）和盈利能力指標（銷售回報率、總資產回報率和淨資產收益率）。將這些指標和信用評級機構及其他協會發布的行業標準進行比較可以洞察申請人的信用狀況。

3. 信用條件

信用條件是銷貨企業要求賒購客戶支付貨款的條件，由信用期和現金折扣兩個要素組成。規定信用條件包括設計銷售合同或協議來明確規定在什麼情形下可以給予信用。企業必須建立信息系統或購買軟件對應收帳款進行監控以保證信用條款的執行，並且查明顧客還款方式在總體和個體方面可能發生的變化。

（1）信用期。信用期是企業允許顧客從購貨到付款之間的時間，或者說是企業給予顧客的付款期間。例如，若某企業允許顧客在購貨後的 50 天內付款，則信用期為 50 天，信用期過短，不足以吸引顧客，在競爭中會使銷售額下降；信用期過長，對銷售額增加固然有利，但只顧及銷售增長而盲目放寬信用期，得到的收益有時會被增長的費用抵銷，甚至造成利潤減少。因此，企業必須慎重研究，確定恰當的信用期。

信用期的確定，主要是分析改變現行信用期對收入和成本的影響。延長信用期會使銷售額增加，產生有利影響。與此同時，應收帳款、收帳費用和壞帳損失增加會產生不利影響。當有利影響大於不利影響時，可以延長信用期，否則不宜延長信用期。如果縮短信用期，情況與此相反。

【例7-11】 華太公司目前採用 30 天按發票金額（即無現金折扣）付款的信用政策，擬將信用期間放寬至 60 天，仍按發票金額付款。假設該風險投資的最低報酬率為 15%，其他有關數據如表 7-17 所示。

表 7-17　　　　　　　　　　信用期決策數據

項　　目	信用期間（30 天）	信用期間（60 天）
「全年」銷售量（件）	100,000	120,000
「全年」銷售額（單價 5 元）（元）	500,000	600,000
「全年」銷售成本：		
變動成本（每件 4 元）（元）	400,000	480,000
固定成本（元）	50,000	50,000
毛利（元）	50,000	70,000
可能發生的收帳費用（元）	3,000	4,000
可能發生的壞帳損失（元）	5,000	9,000

註：「全年」字樣要特別注意，千萬不能理解為「30 天內銷售 100,000 件」「60 天內銷售 120,000 件」，正確的理解為：在 30 天和 60 天信用期兩種銷售政策下，年銷售量分別為 100,000 件和 120,000 件。

在分析時，企業要先計算放寬信用期得到的收益，再計算增加的成本，最後根據兩者比較的結果做出判斷。

一方面，增加了收益：

增加的收益 = 銷售量的增加×單位邊際貢獻

$$= (120,000-100,000)\times(5-4) = 20,000（元）$$

另一方面，增加了相應的成本：

改變信用期間導致的應計利息增加＝60 天信用期應計利息－30 天信用期應計利息

$$= \frac{600,000}{360}\times 60\times\frac{480,000}{600,000}\times 15\% - \frac{500,000}{360}\times 30\times\frac{400,000}{500,000}\times 15\% = 7,000（元）$$

增加的收帳費用＝4,000－3,000＝1,000（元）
增加的壞帳損失＝9,000－5,000＝4,000（元）
由此可以算出信用期改變產生的稅前損益：
改變信用期間的稅前損益＝收益增加－成本費用增加

$$= 20,000-7,000-1,000-4,000 = 8,000（元）$$

由於收益的增加大於成本的增加，因此應採用 60 天信用期。

上述信用期分析的方法比較簡略，可以滿足制定一般信用政策的需要。如有必要，也可以進行更細緻的分析，如進一步考慮銷售增加引起存貨增加而占用的資金。

【例7-12】接【例7-11】，假設上述 30 天信用期變為 60 天後，因銷售量增加，年平均存貨水準從 9,000 件上升到 20,000 件，每件存貨按變動成本 4 元計算，其他情況不變。

由於增加了新的存貨增加因素，需要在原來分析的基礎上，再考慮存貨增加而多占資金帶來的影響，需重新計算放寬信用期的損益。

存貨增加而多占用資金的應計利息=(20,000-9,000)×4×15%=6,600（元）
改變信用期間的稅前損益=收益增加-成本費用增加
=20,000-7,000-1,000-4,000-6,600=1,400（元）

因為仍然可以獲得稅前收益，所以儘管會增加平均存貨，還是應該採用60天的信用期。

（2）折扣條件。如果公司給顧客提供現金折扣，那麼顧客在折扣期付款少付的金額產生的「成本」將影響公司收益。當顧客利用了公司提供的折扣，而折扣又沒有促使銷售額增長時，公司的淨收益則會下降。當然上述收入方面的損失可能會全部或部分地由應收帳款持有成本的下降補償。寬鬆的信用政策可能會提高銷售收入，但是也會使應收帳款的服務成本、收帳成本和壞帳損失增加。

現金折扣是企業對顧客在商品價格上的扣減。向顧客提供這種價格上的優惠，主要目的在於吸引顧客為享受優惠而提前付款，縮短企業的平均收款期。另外，現金折扣也能招攬一些視折扣為減價出售的顧客前來購貨，借此擴大銷售量。折扣通常用「5/10，3/20，N/30」這樣的符號表示。這三個符號的含義分別為：「5/10」表示10天內付款，可享受5%的價格優惠；「3/20」表示20天內付款，可享受3%的價格優惠；「N/30」表示付款的最後限期為30天，此時付款無優惠。

企業採用什麼程度的現金折扣，要與信用期間結合起來考慮。例如，企業要求顧客最遲不超過30天付款，若希望顧客20天、10天付款，能給予多大折扣？或者給予5%、3%的折扣，能吸引顧客在多少天內付款？不論是信用期間還是現金折扣，都可能給企業帶來收益，但也會增加成本。現金折扣帶給企業的好處前面已經講過，現金折扣使企業增加的成本指的是價格折扣損失。當企業給予顧客某種現金折扣時，應當考慮折扣帶來的收益與成本孰高孰低，權衡利弊。

因為現金折扣是與信用期間結合使用的，所以確定折扣程度的方法與程序實際上與前述確定信用期間的方法與程序一致，只不過要把提供的延期付款時間和折扣綜合起來，計算各方案的延期與折扣能取得多大的收益增量，再計算各方案帶來的成本變化，最終確定最佳方案。

【例7-13】沿用上述信用期決策的數據，假設華太公司在放寬信用期的同時，為了吸引顧客盡早付款，提出了「0.8/30，N/60」的現金折扣條件，估計會有一半的顧客（按60天信用期所能實現的銷售量計算）將享受現金折扣優惠。

（1）收益的增加。
增加的收益=增加的銷售量×單位邊際貢獻
=(120,000-100,000)×(5-4)=20,000（元）

（2）增加的應收帳款占用資金的應計利息計算如下：

$$30\text{ 天信用期應計利息} = \frac{500,000}{360} \times 30 \times \frac{400,000}{500,000} \times 15\% = 5,000 \text{（元）}$$

$$\text{提供現金折扣的應計利息} = \left(\frac{600,000 \times 50\%}{360} \times 60 \times \frac{480,000 \times 50\%}{600,000 \times 50\%} \times 15\%\right) +$$

$$\left(\frac{600,000 \times 50\%}{360} \times 30 \times \frac{480,000 \times 50\%}{600,000 \times 50\%} \times 15\%\right)$$

$$= 6,000 + 3,000 = 9,000 \text{（元）}$$

增加的應收帳款占用資金的應計利息＝9,000－5,000＝4,000（元）
（3）收帳費用和壞帳損失增加。
增加的收帳費用＝4,000－3,000＝1,000（元）
增加的壞帳損失＝9,000－5,000＝4,000（元）
（4）估計現金折扣成本的變化。
增加的現金折扣成本＝新的銷售水準×新的現金折扣率×享受現金折扣的顧客比例－
　　　　　　　　　　舊的銷售水準×舊的現金折扣率×享受現金折扣的顧客比例
　　　　　　　　＝600,000×0.8%×50%－500,000×0×0＝2,400（元）
（5）提供現金折扣後的稅前損益＝增加的收益－增加的成本費用
　　　　　　　　　　　　　　＝20,000－（4,000＋1,000＋4,000＋2,400）
　　　　　　　　　　　　　　＝8,600（元）

由於可獲得稅前收益，因此企業應當放寬信用期，提供現金折扣。

（四）應收帳款的監控

實施信用政策時，企業應當監督和控制每一筆應收帳款與應收帳款總額。例如，企業可以運用應收帳款週轉天數衡量企業需要多長時間收回應收帳款，可以通過帳齡分析表追蹤每一筆應收帳款，可以採用 ABC 分析法來確定重點監控的對象等。監督每一筆應收帳款的理由是：第一，在開票或收款過程中可能會發生錯誤或延遲；第二，有些客戶可能故意拖欠到企業採取追款行動時才付款；第三，客戶財務狀況的變化可能會改變其按時付款的能力，並且需要縮減該客戶未來的賒銷額度。

1. 應收帳款週轉天數

應收帳款週轉天數或平均收帳期是衡量應收帳款管理狀況的一種方法。應收帳款週轉天數的計算方法為將期末在外的應收帳款除以該期間的平均日賒銷額。應收帳款週轉天數提供了一個簡單的指標，將企業當前的應收帳款週轉天數與規定的信用期、歷史趨勢以及行業正常水準進行比較可以反應企業整體的收款效率。然而，應收帳款週轉天數可能會被銷售量的變動趨勢和銷售的劇烈波動以及季節性銷售破壞。

【例7-14】華太公司假設 2019 年 3 月底的應收帳款為 285,000 元，信用條件為在 60 天按全額付清貨款，過去 3 個月的賒銷情況為：1 月 90,000 元，2 月 105,000 元，3 月 115,000 元。

應收帳款週轉天數的計算：

平均日銷售額 ＝ $\frac{90,000+105,000+115,000}{90}$ ＝ 3,444.44（元）

應收帳款週轉天數 ＝ $\frac{應收帳款平均餘額}{平均日銷售額}$ ＝ $\frac{285,000}{3,444.44}$ ＝ 82.74（天）

平均逾期天數的計算：

平均逾期天數 ＝ 應收帳款週轉天數 － 平均信用期天數
　　　　　　＝ 82.74－60＝22.74（天）

2. 帳齡分析表

帳齡分析表將應收帳款劃分為未到信用期的應收帳款和以 30 天為間隔的逾期應收帳款，這是衡量應收帳款管理狀況的另外一種方法。企業既可以按照應收帳款總額進行帳齡分析，也可以分顧客進行帳齡分析。帳齡分析法可以確定逾期應收帳款，

隨著逾期時間的增加，應收帳款收回的可能性變小。假定信用期為 30 天，表 7-18 中的帳齡分析表反應出 30% 的應收帳款為逾期應收帳款。

表 7-18　　　　　　　　　　帳齡分析表

帳齡（天）	應收帳款金額（元）	占應收帳款總額的百分比（%）
0~30	1,750,000	70
31~60	375,000	15
61~90	250,000	10
91 以上	125,000	5
合計	2,500,000	100

帳齡分析表比計算應收帳款週轉天數更能揭示應收帳款變化趨勢，因為帳齡分析表給出了應收帳款分佈的模式，而不僅僅是一個平均數。應收帳款週轉天數有可能與信用期相一致，但是有一些帳戶可能拖欠很嚴重。因此，應收帳款週轉天數不能明確地表現出帳款拖欠情況。當各個月之間的銷售額變化很大時，帳齡分析表和應收帳款週轉天數都可能發出類似的錯誤信號。

3. 應收帳款帳戶餘額的模式

帳齡分析表可以用於建立應收帳款餘額的模式，這是重要的現金流預測工具。應收帳款餘額的模式反應一定期間（如一個月）的賒銷額在發生賒銷的當月月末及隨後的各月仍未償還的百分比。企業收款的歷史決定了其正常的應收帳款餘額的模式。企業管理部門通過將當前的模式和過去的模式進行對比來評價應收帳款餘額模式的任何變化。企業還可以運用應收帳款帳戶餘額的模式來進行應收帳款金額水準的計劃，衡量應收帳款的收帳效率以及預測未來的現金流。

【例 7-15】表 7-19 說明 1 月的銷售在 3 月末應收帳款為 50,000 元。

表 7-19　　　　　　　各月銷售及收款情況　　　　　　　　單位：元

項目	計算	金額
1 月銷售：		250,000
1 月收款（銷售額的 5%）	0.05×250,000	12,500
2 月收款（銷售額的 40%）	0.40×250,000	100,000
3 月收款（銷售額的 35%）	0.35×250,000	87,500
收款合計		200,000
1 月的銷售仍未收回的應收帳款：	250,000−200,000	50,000

計算未收應收帳款的另一個方法是將銷售 3 個月後未收回銷售額的百分比（20%）乘以銷售額 250,000 元，即 0.2×250,000 = 50,000 元。

然而，在現實世界中，有一定比例的應收帳款會逾期或發生壞帳。對應收帳款帳戶餘額的模式稍做調整可以反應這些項目。

【例 7-16】為了簡便體現，假設沒有壞帳費用，收款模式如表 7-20 所示。

(1) 銷售的當月收回銷售額的 5%。
(2) 銷售後的第一個月收回銷售額的 40%。

(3) 銷售後的第二個月收回銷售額的 35%。
(4) 銷售後的第三個月收回銷售額的 20%。

表 7-20　　　　　　　各月應收帳款帳戶餘額模式

月份	銷售額（元）	月銷售中於 3 月底未收回的金額（元）	月銷售中於 3 月底仍未收回的百分比（%）
1 月	250,000	50,000	20
2 月	300,000	165,000	55
3 月	400,000	380,000	95
4 月	500,000		

3 月末應收帳款餘額 = 50,000+165,000+380,000 = 595,000（元）
4 月現金流入估計 = 4 月銷售額的 5%+3 月銷售額的 40%
　　　　　　　　　+ 2 月銷售額的 35%+1 月銷售額的 20%
　　　　　　　　 = (0.05×500,000)+(0.40×400,000)+(0.35×300,000)
　　　　　　　　　+(0.20×250,000) = 340,000（元）

4. ABC 分析法

ABC 分析法是現代經濟管理中廣泛應用的一種「抓重點、照顧一般」的管理方法，又稱重點管理法。ABC 分析法是將企業的所有欠款客戶按其金額的多少進行分類排隊，然後分別採用不同的收帳策略的一種方法。ABC 分析法一方面能加快應收帳款收回，另一方面能將收帳費用與預期收益聯繫起來。

例如，華太公司應收帳款逾期金額為 260 萬元，為了及時收回逾期貨款，企業採用 ABC 分析法來加強應收帳款回收的監控。具體數據如表 7-21 所示。

表 7-21　　　　　　欠款客戶 ABC 分類法（共 50 家客戶）

客戶	逾期金額（萬元）	逾期期限	逾期金額所占比重（%）	類別
A	85	4 個月	32.69	A
B	46	6 個月	17.69	A
C	34	3 個月	13.08	A
小計	165		63.46	
D	24	2 個月	9.23	B
E	19	3 個月	7.31	B
F	15.5	2 個月	5.96	B
G	11.5	55 天	4.42	B
H	10	40 天	3.85	B
小計	80		30.77	
I	6	30 天	2.31	C
J	4	28 天	1.54	C
…	…	…	…	
小計	15		5.77	
合計	260		100	

ABC分析法要求先按所有客戶應收帳款逾期金額的多少分類排隊，並計算出逾期金額所占比重。從表7-21中可以看出，應收帳款逾期金額在25萬元以上的有3家，占客戶總數的6%，逾期總額為165萬元，占應收帳款逾期金額總額的63.46%，我們將其劃入A類，這類客戶作為催款的重點對象。應收帳款逾期金額在10萬~25萬元的客戶有5家，占客戶總數的10%，其逾期金額占應收帳款逾期金額總數的30.77%，我們將其劃入B類。欠款在10萬元以下的客戶有42家，占客戶總數的84%，但其逾期金額僅占應收帳款逾期金額總額的5.77%，我們將其劃入C類。

對這三類不同的客戶，我們應採取不同的收款策略。例如，對A類客戶，我們可以發出措辭較為嚴厲的信件催收，或者派專人催收，或者委託收款代理機構處理，甚至可以通過法律途徑解決；對B類客戶，我們可以多發幾封信函催收，或者打電話催收；對C類客戶，我們只需要發出通知其付款的信函即可。

第六節　現金折扣融資決策

一、放棄現金折扣成本

倘若買方企業購買貨物後在賣方規定的折扣期內付款，便可以享受免費信用，這種情況下企業沒有因為享受信用而付出代價。

【例7-17】某企業按「2/10, N/30」的條件購入貨物10萬元。如果該企業在10天內付款，便享受了10天的免費信用期，並獲得折扣0.2萬元（10×2%），免費信用額為9.8萬元（10-0.2）。

倘若買方企業放棄折扣，在10天後（不超過30天）付款，該企業便要承受因放棄折扣而造成的隱含利息成本。一般而言，放棄現金折扣的成本率可由下式求得：

$$放棄現金折扣負擔的成本率 = \frac{折扣百分比}{1-折扣百分比} \times \frac{360}{信用期-折扣期}$$

該企業放棄現金折扣負擔的成本率 $= \frac{2\%}{1-2\%} \times \frac{360}{30-10} = 36.7\%$

公式表明，放棄現金折扣的成本率與折扣百分比的大小、折扣期的長短同方向變化，與信用期的長短反方向變化。可見，如果買方企業放棄折扣而獲得信用，其代價是較高的。然而，企業在放棄折扣的情況下，推遲付款的時間越長，其成本便會越小。例如，如果企業延至50天付款，其成本率計算如下：

$$成本率 = \frac{2\%}{1-2\%} \times \frac{360}{50-10} = 18.4\%$$

二、利用現金折扣的決策

在附有信用條件的情況下，因為獲得不同信用要負擔不同的代價，買方企業便要在利用哪種信用之間做出決策。一般說來：第一，如果能以低於放棄折扣的隱含利息成本（實質上是一種機會成本）的利率借入資金，便應在現金折扣期內用借入的資金支付貨款，享受現金折扣。第二，如果在折扣期內將應付帳款用於短期投資，

所得的投資收益率高於放棄折扣的隱含利息成本，則放棄折扣而去追求更高的收益。當然，假設企業放棄折扣優惠，也應將付款日推遲至信用期內的最後一天。第三，如果企業因缺乏資金而欲展延付款期，則需在降低了的放棄折扣成本與展延付款帶來的損失之間做出選擇。展延付款帶來的損失主要是指因企業信用惡化而喪失供應商乃至其他貸款人的信用或日後招致苛刻的信用條件。第四，如果面對兩家以上提供不同信用條件的賣方，應通過衡量放棄折扣成本的大小，選擇信用成本最小（或所獲利益最大）的一家。

【例 7-18】某公司採購一批材料，供應商報價為 10,000 元，付款條件為「3/10、2.5/30、1.8/50、N/90」。目前該公司用於支付帳款的資金需要在 90 天時才能週轉回來，在 90 天內付款，只能通過銀行借款解決。如果銀行利率為 12%，確定該公司材料採購款的付款時間和價格。計算放棄折扣信用成本率，判斷應否享受折扣；確定材料採購款的付款時間。

(1) 計算放棄折扣信用成本率，判斷應否享受折扣。

$$放棄折扣的信用成本率 = \frac{3\%}{1-3\%} \times \frac{360}{90-10} = 13.92\%$$

$$放棄折扣的信用成本率 = \frac{2.5\%}{1-2.5\%} \times \frac{360}{90-30} = 15.38\%$$

$$放棄折扣的信用成本率 = \frac{1.8\%}{1-1.8\%} \times \frac{360}{90-50} = 16.5\%$$

由於各種方案放棄折扣的信用成本率均高於借款利息率，因此應選享有現金折扣，借入銀行借款。

(2) 付款方案的決策如表 7-22 所示。

表 7-22　　　　　　　　折扣淨收益計算表　　　　　　　　單位：元

方案	10 天付款方案	30 天付款方案	50 天付款方案
享有折扣	300	250	180
借款利息	9,700×(12%/360)×80 =258.67	9,750×(12%/360)×60 =195	9,820×(12%/360)×40 =130.93
折扣淨收益	300−258.67=41.33	250−195=55	180−130.93=49.07

第 30 天付款是最佳方案，其淨收益最大。

第八章
績效管理會計

第一節　績效管理會計概述

一、績效管理會計的概念

　　企業績效管理是企業與所屬單位（部門）、員工之間就績效目標及如何實現績效目標達成共識，並幫助和激勵員工取得優異績效，從而實現企業目標的管理過程。績效管理包括三個層級：第一層級，企業績效考評，是指企業的所有者、債權人及其他利害關係人對企業經營者的業績進行考核、評價；第二層級，企業內部績效考評，是指企業對本企業內部各責任單位的業績進行考核、評價；第三次層級，員工激勵，是指企業運用系統的考核獎勵方法，調動企業員工的積極性、主動性和創造性，以促進企業績效的全面提升。不論是企業績效考評、企業內部績效考評，還是員工激勵政策，都需要企業的會計信息系統提供信息支持。這種專門為績效考核提供信息的會計信息系統就是企業績效管理會計。

　　企業績效管理是現代企業管理體系中不可或缺的環節，具有十分重要的作用，主要體現在以下三個方面：

　　首先，它有助於企業適應外部環境變化。隨著經濟的發展，企業面臨著更為複雜多變的外部環境，如政府政策的調整、技術的突破和客戶需求的重大變化等。企業的發展要求企業必須在環境發生轉變時及時做出內部發展戰略的調整，及時傳達調整後的發展策略，整合企業內部資源以應對外部環境的變化，而這可以通過建立績效管理系統來實現。

　　其次，它有助於提升組織的效能。績效管理通過將組織績效目標層層分解，並結合團隊或個體承擔的職責、能力、意願等情況建立團隊或個體的績效目標，使兩者一致，消除因目的不一致產生的分歧，不斷提升管理效率，提高組織效能。

　　最後，它有助於促進員工能力提升。通過績效管理，員工對自己在組織中的工作目標確定了價值，也明確了績效與薪酬之間的對等關係，從而努力提高自己的期望值，不斷提高勝任工作的能力。

二、績效管理原則

　　績效管理原則是企業保證績效管理工作目標實現的關鍵因素，包括且不限於以

下原則：

第一，戰略導向原則。績效管理應為企業實現戰略目標服務，支持價值創造能力提升。

第二，客觀公正原則。績效管理應實事求是，評價過程應客觀公正，激勵措施應公平合理。

第三，規範統一原則。績效管理的政策和制度應統一明確，並嚴格執行規定的程序和流程。

第四，科學有效原則。績效管理應該做到目標符合實際、方法科學有效、激勵與約束並重。

三、績效管理應用環境

（一）組織架構

企業績效管理涉及面廣，協調難度大，員工關注多、期望高，關係各方面的利益，成為一個廣泛性的問題。因此，對績效管理的重視和堅實的組織管理是績效管理獲得成效的前提。

首先，企業要形成由領導成員組成的績效管理委員會。其主要職責是抓好績效管理的頂層設計，在企業中形成統一的思想、明確原則、形成共識，全面協調各方資源，穩步推進績效管理工作的開展。

其次，在績效管理委員會下設置績效管理辦公室。其職責在於在領導成員的統一領導下開展工作，重點做好績效管理的實施，包括但不限於工資績效管理辦法的擬定、各部門年度經營目標責任書的擬定、各項指標考核標準的擬定等。

最後，由指標負責管理單位各司其職進行管理。負責制定管理的評分細則、實施績效考核和反饋。

（二）管理制度

企業績效管理中的制度體系需要明確績效管理的工作目標、職責及分工、工具方法等內容。

1. 工作目標

績效管理的工作目標不僅僅是企業的戰略目標，還應該包括部門及員工的績效目標改進，必要時可以明確企業績效管理目標及價值觀的關係。

2. 職責及分工

企業績效管理是多個部門的共同職責，每個部門扮演的角色不同。通常情況下，戰略部門的主要職責是制定企業的發展戰略，確立企業長期、中期、短期任務目標；人力資源部門的主要職責是明確企業經營績效目標、部門績效目標和員工個人績效目標，並定期對各層次績效目標的執行進行檢查和督促；財務部門的主要職責是設置經營績效考核指標，收集財務指標數據，並對其進行分析；生產、質量、安全等職能部門的職責主要是對負責管理的業務設置考核指標，並配合績效管理部門對考核指標進行考核。

3. 工具方法

企業可以根據自身戰略目標、業務特點和管理需要，結合不同工具方法的特徵

及適用範圍，選擇適合的績效管理工具，在績效管理體系中明確各項績效管理工具的使用範圍、具體方法、管理流程以及考核週期。

績效管理領域應用的管理會計工具方法一般包括關鍵指標法、經濟增加值法、平衡計分卡、股權激勵等。企業可以根據自身戰略目標、業務特點和管理需要，結合不同工具方法的特徵及適用範圍，選擇一種適合的績效管理工具方法單獨使用，也可以選擇兩種或兩種以上的工具方法綜合運用。

四、績效管理應用程序

（一）績效計劃與激勵計劃的制訂

1. 制訂績效計劃的原則

企業根據戰略目標，綜合考慮績效評價期間宏觀經濟政策、外部市場環境、內部管理需要等因素，結合業務計劃與預算，按照上下結合、分級編製、逐級分解的程序，在溝通反饋的基礎上，編製各層級的績效計劃與激勵計劃。績效計劃是企業開展績效評價工作的行動方案，包括構建指標體系、分配指標權重、確定績效目標值、選擇計分方法和評價週期、擬訂績效責任書等一系列管理活動。制訂績效計劃通常從企業級開始，層層分解到所屬單位（部門），最終落實到具體崗位和員工。

2. 制定績效指標體系

在計劃制訂過程中，企業可以單獨或綜合運用關鍵指標法、經濟增加值法、平衡計分卡等工具方法構建指標體系。但需要注意的是，指標體系應反應企業戰略目標實現的關鍵成功因素，具體指標應含義明確、可度量。指標權重的確定可以選擇運用主觀賦權法和客觀賦權法，也可以綜合運用這兩種方法。主觀賦權法是利用專家或個人的知識與經驗來確定指標權重的方法，如德爾菲法、層次分析法等。客觀賦權法是從指標的統計性質入手，由調查數據確定指標權重的方法，如主成分分析法、均方差法等。績效目標值的確定可以參考內部標準與外部標準。內部標準有預算標準、歷史標準、經驗標準等；外部標準有行業標準、競爭對手標準、標杆標準等。

3. 確定績效計劃

績效評價週期一般可分為月度、季度、半年度、年度、任期。月度、季度績效評價一般適用於企業基層員工和管理人員，半年度績效評價一般適用於企業中高層管理人員，年度績效評價一般適用於企業所有被評價對象，任期績效評價主要適用於企業負責人。在績效週期開始時，企業和各部門及員工對工作目標達成一致。績效目標主要包括以下內容：本次績效週期內所要達到的工作目標是什麼、何時完成、完成目標的結果是什麼、如何判斷。因此，在進行績效評價時可以採用計分法，計分法分為定量法和定性法。定量法主要有功效系數法和綜合指數法等，定性法主要有素質法和行為法等。

績效計劃制訂後，評價主體與被評價對象一般應簽訂績效責任書，明確各自的權利和義務，並作為績效評價與激勵管理的依據。績效責任書的主要內容包括績效指標、目標值及權重、評價計分方法、特別約定事項、有效期限、簽訂日期等。績效責任書一般按年度或任期簽訂。

4. 制訂激勵計劃

激勵計劃的制訂應以績效計劃為基礎，採用多元化的激勵形式，兼顧內在激勵與外在激勵、短期激勵與長期激勵、現金激勵與非現金激勵、個人激勵與團隊激勵、正向激勵與負向激勵，充分發揮各種激勵形式的綜合作用。

激勵計劃按照激勵形式可分為薪酬激勵計劃、能力開發激勵計劃、職業發展激勵計劃和其他激勵計劃。薪酬激勵計劃按期限可分為短期薪酬激勵計劃和中長期薪酬激勵計劃。短期薪酬激勵計劃主要包括績效工資、績效獎金、績效福利等。中長期薪酬激勵計劃主要包括股票期權、股票增值權、限制性股票以及虛擬股票等。能力開發激勵計劃主要包括對員工知識、技能等方面的提升計劃。職業發展激勵計劃主要是對員工職業發展做出的規劃。其他激勵計劃包括良好的工作環境、晉升、表揚等。

5. 績效計劃與激勵計劃的審核與調整

績效計劃與激勵計劃制訂完成後，應經薪酬與考核委員會或類似機構審核，報董事會或類似機構審批。經審批的績效計劃與激勵計劃應保持穩定，一般不予調整，若受國家政策、市場環境、不可抗力等客觀因素影響，確需調整的，應嚴格履行規定的審批程序。

(二) 績效計劃與激勵計劃的執行

1. 計劃下達與實施

審批後的績效計劃與激勵計劃應以正式文件的形式下達執行，確保與計劃相關的被評價對象能夠瞭解計劃的具體內容和要求。

績效計劃與激勵計劃下達後，各計劃執行單位（部門）應認真組織實施，從橫向和縱向兩方面落實到各所屬單位（部門）、各崗位員工，形成全方位的績效計劃與激勵計劃執行責任體系。

2. 績效溝通與輔導

在績效計劃與激勵計劃執行過程中，企業應建立配套的監督控制機制，及時記錄執行情況，進行差異分析與糾偏，持續優化業務流程，確保績效計劃與激勵計劃的有效執行。

首先，監控與記錄。企業可以借助信息系統或其他信息支持手段，監控和記錄指標完成情況、重大事項、員工工作表現、激勵措施執行情況等內容。收集信息的方法主要有觀察法、工作記錄法、他人反饋法等。

其次，分析與糾偏。根據監控與記錄的結果，企業重點分析指標完成值與目標值的偏差、激勵效果與預期目標的偏差，提出相應整改建議並採取必要的改進措施。

最後，編製分析報告。分析報告主要反應績效計劃與激勵計劃的執行情況及分析結果，其頻率可以是月度、季度、年度，也可以根據需要編製。

績效計劃與激勵計劃執行過程中，績效管理工作機構應通過會議、培訓、網路、公告欄等形式，進行多渠道、多樣化、持續不斷地溝通與輔導，使績效計劃與激勵計劃得到充分理解和有效執行。

3. 績效數據的收集

考核數據收集和統計的及時性、真實性與準確性，直接影響和決定績效結果。

數據如何獲得並且由誰提供，在績效計劃中已經明確。部門績效考核數據由績效管理部門提供，個人績效考核數據則由人力資源部門組織績效考核後得出。數據收集過程中要注意數據收集的便利性、數據提供的責任人、數據的統計及標準、數據的時效性。

(三) 績效評價與激勵的實施

1. 績效評價

績效評價是指績效評價主體按照績效計劃收集相關信息，獲取被評價對象的績效指標實際值，對照目標值，應用選定的計分方法，並進一步形成對被評價對象的綜合評價結果的過程。評價結果主要用於反饋、激勵承諾兌現以及運用。

鑒於現代企業中崗位的複雜性，單憑一個人的觀察和評價很難對員工做出全面的績效考核。因此，員工績效考核的參與者也是多方面的。參評人員可能包括上級、同事、自己、下級和顧客，如圖 8-1 所示。

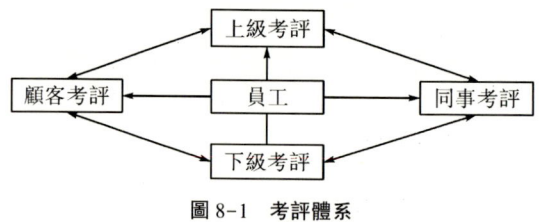

```
           上級考評
          ↗      ↖
   顧客考評 ← 員工 → 同事考評
          ↘      ↙
           下級考評
```

圖 8-1　考評體系

績效評價是對績效目標執行情況的一種檢查。客觀、公正、實事求是、有理有據是績效考核的基本原則。在績效考核過程中，組織評價者要加強對評價標準的學習，確保對績效標準能夠準確把握，避免出現對不同被考核者評價標準不一致的問題。

2. 績效結果運用

績效評價過程及結果應有完整的記錄，結果應得到評價主體和被評價對象的確認，並進行公開發布或非公開告知。公開發布的主要方式有召開績效發布會、企業網站績效公示、面板績效公告等；非公開發布一般採用一對一書面、電子郵件函告或面談告知等方式進行。

評價主體應及時向被評價對象進行績效反饋，反饋內容包括評價結果、差距分析、改進建議及措施等，可以採取反饋報告、反饋面談、反饋報告會等形式進行。績效結果發布後，企業應依據績效評價的結果，組織兌現激勵計劃，綜合運用績效薪酬激勵、能力開發激勵、職業發展激勵等多種方式，逐級兌現激勵承諾。

(四) 績效評價與激勵管理報告編製

績效管理工作機構應定期或根據需要編製績效評價與激勵管理報告，對績效評級和激勵管理的結果進行反應。績效評價與激勵管理報告可以分為定期報告和不定期報告。定期報告主要反應一定期間內被評價對象的績效與激勵管理情況，每個會計期間至少出具一份定期報告。不定期報告主要反應部分特殊事項或特定項目的績效評價與激勵福利情況。其中，績效評價報告根據評價結果編製，反應被評價對象的績效計劃完成情況，通常包括報告正文和附件。報告正文主要包括以下兩部分：一是評價情況說明。這部分內容包括評價對象、評價依據、評價過程、評價結果、

需要說明的重大事項等。二是管理建議。這部分內容包括評價計分表、問卷調查結果分析、專家諮詢意見等報告正文的支持性文檔。

激勵管理報告根據激勵計劃的執行結果編製，反應被評價對象的激勵計劃實施情況。激勵管理報告主要包括兩部分內容：一是激勵情況說明，包括激勵對象、激勵依據、激勵措施、激勵執行結果、需要說明的重大事項等；二是管理建議。其他有關支持性文檔可以根據需要以附件形式提供。

第二節　企業績效考核與評價

一、關鍵指標法

（一）關鍵指標法的概念

關鍵指標法又稱關鍵績效指標法，是指基於企業戰略目標，通過建立關鍵指標（Key Performance Indicator，KPI）體系，將價值創造活動與戰略規劃目標有效聯繫，並據此進行績效管理的方法。

關鍵指標是對企業績效產生關鍵影響力的指標，是通過對企業戰略目標、關鍵成果領域的績效特徵分析，識別和提煉出的最能有效驅動企業價值創造的指標。關鍵指標法可以單獨使用，也可以與經濟增加值法、平衡計分卡等其他方法結合使用。

關鍵指標體系內涵的理解通常需要把握以下幾個方面：

第一，關鍵指標是衡量組織戰略實施效果的關鍵性指標體系設計。關鍵指標體系的目的是建立一種機制，通過將組織戰略轉化為內部流程和活動，促使組織獲取持續的競爭優勢。因此，必須確保關鍵指標是衡量組織戰略實施效果的關鍵性指標體系。這包括如下兩方面的含義：一方面，確保關鍵指標是戰略導向的，即關鍵指標是由組織戰略層層分解得出的，是對組織戰略的進一步分解和細化；另一方面，確保關鍵指標必須是「關鍵性」的，對組織成功具有重要影響。組織戰略對關鍵指標具有決定性的作用。當組織戰略目標調整或改變的時候，關鍵指標體系必須根據組織戰略目標的變化做出相應的調整或改變，特別是當組織進行戰略轉型時，關鍵指標必須及時反應出組織戰略新的關鍵成功領域和關鍵績效要素。

第二，關鍵指標反應的是最能有效影響組織價值創造的關鍵驅動因素。關鍵指標是對驅動組織戰略目標實現的關鍵領域和重要因素的深入發掘，實際上提供了一種管理的思路。管理者應該抓住關鍵指標進行管理，通過關鍵指標將員工的行為引向組織的戰略目標方向。其主要目的是引導管理者將精力集中在能對績效產生最大驅動力的經營行為上，及時瞭解和判斷組織營運過程中出現的問題，並採取提高績效水準的改進措施。

第三，關鍵指標體現的是對組織戰略目標有增值作用的可衡量的指標體系。關鍵指標不是指與組織經營管理相關的所有指標，而是指對組織績效起關鍵作用的指標。基於關鍵指標的績效管理，是連接個人績效與組織戰略目標的橋樑。關鍵指標可以落實組織的戰略目標和業務重點，傳遞組織的價值導向，有效激勵員工，確保

對組織有貢獻的行為受到鼓勵,將員工行為引向組織目標方向,從而促使組織和員工績效的整體改進與全面提升。關鍵指標還通過可量化或可行為化的方式,對管理者和員工的工作效果和工作行為進行最直接的衡量。

(二) KPI 體系的基本思路

企業要建立 KPI 體系,必須首先明確建立的 KPI(戰略目標)體系的導向是什麼、企業的戰略是什麼、成功的關鍵因素是什麼等,明確這些導向之後就要開始分解企業的目標。建立 KPI 體系一般有兩條思路:一條思路是按主要流程分解,另一條思路是目標-責任方法。

基於建立 KPI 體系的兩條主線,我們通常有三種方式來建立企業的績效體系,即根據各個部門承擔的不同責任、根據職業類別上不同性質的職業種類、根據平衡記分卡上的結果來建立不同的 KPI 系統。下面我們將分別介紹前兩種方式:

第一,根據各個部門承擔的不同責任建立 KPI 體系(如圖 8-2 所示)。依據部門承擔的責任建立績效評價體系的方式,主要強調從部門本身承擔任務角度,對企業的目標進行分解,進而形成評價指標。這種方式的優勢在於突出了部門的參與,但是有可能導致戰略稀釋現象的發生,可能過於強調部門的管理目標和任務,而忽略了對於流程方向是否符合組織目標的監督。

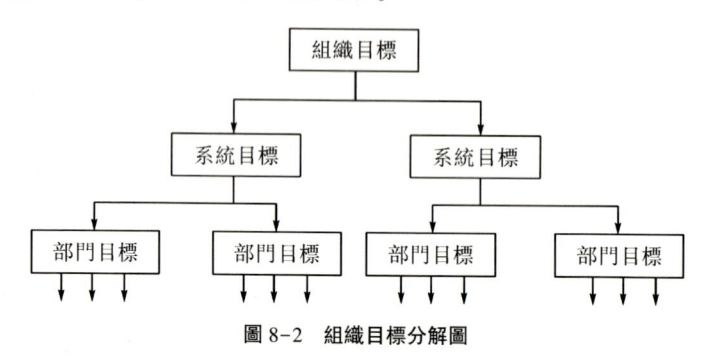

圖 8-2 組織目標分解圖

第二,根據職業類別上不同性質的職業種類建立 KPI 體系。基於職業種類劃分建立的 KPI 體系,主要是突出企業的職位的不同之處,專業的職位要按照職位的工作內容不同,提出專業的措施。但是,這種設置指標的方式增加了部門管理的難度,有可能出現管理的責任不明確。依據職位工作性質確定體系更多的是結果性指標,缺乏驅動性指標對過程的描述。

(三) 確定關鍵指標的方法

1. 標杆基準法

標杆基準法是企業將自身的關鍵績效行為與在行業中領先的、最有聲望的企業作為基準進行評價與比較,分析這些基準企業的績效形成原因,並在此基礎上建立企業可持續發展的程序和方法。在 KPI 指標和指標值的設定上,可以參考很多在行業中領先的企業或最有聲望的企業。但是它們面臨的發展階段、自身的業務和技術水準、競爭環境和管理水準存在差異,設定的 KPI 指標就會不同,如果不考慮實際情況,只是模仿和抄襲,很容易將企業引入迷途。

2. 成功關鍵分析法

成功關鍵分析法就要尋找企業成功的關鍵點，並對企業成功的關鍵點進行重點監控。企業通過尋找成功的關鍵，層層分解選擇評價的依據和基本思想。使用這種方法的基本思想是通過分析企業取得成功或市場領先地位的關鍵因素，找出成功的關鍵績效，再從業績模塊中提煉出關鍵要素，並將這些要素細分成各項指標。

3. 策略目標分解法

策略目標分解法採用的平衡計分卡的思想，即通過建立包括財務指標與非財務指標的綜合指標系統對企業的績效水準進行監控。具體按照以下步驟進行操作：

第一，確定企業戰略。企業各級目標的來源必須是企業的戰略目標，只有經過對企業戰略目標的層層分解，才能保證員工的努力方向與企業的戰略保持一致。企業的戰略目標應該依據企業的發展狀況和環境不斷變化，在企業不同的發展時期要有不同的重點。

第二，業務價值的分析。業務重點是指為了實現企業的戰略目標而必須完成的重點，這些業務重點就是企業的關鍵績效領域。企業在戰略目標確定之後，就要通過業務的價值進行分析，並對戰略方案和計劃進行評價，按照它們對企業的貢獻進行排列，建立企業的價值體系並且找出關鍵部門和崗位。

第三，關鍵驅動因素分析。通常我們要進行兩方面的工作：一是進行關鍵驅動因素的敏感性分析，找出對企業整體價值最有影響的幾個財務指標；二就是將滯後的財務價值驅動因素與先行的非財務價值驅動因素聯繫起來。在假設的情況下，我們借用平衡記分卡的思維，通過策略目標分解來建立這種聯繫。

(四) 選擇有效 KPI 的原則

1. 重要性

重要性，即對企業整體價值的業務重點的影響程度。我們通過對企業整體價值創造業務流程的分析，找出對其影響較大的指標。但是在不同的市場形勢、企業目標和發展階段，同一種指標有不同的重要性。

2. 可操作性

可操作性是指必須有明確的定義和計算方法，且具有公正性。

3. 職位的可控性

職位的可控性指的是指標內容是該職位人員控制範圍之內的，不能超出這個職位控制的範圍，這樣才能公平地、有效地激勵員工達到目標。

4. 關聯性

關聯性指的是指標之間應具有一定的關聯性。

(五) 對關鍵指標法的評價

1. 關鍵指標法的優點

關鍵指標法作為一種戰略性績效管理工具，在績效管理實踐中得到了廣泛應用。善於運用關鍵指標對組織進行績效管理，有助於發揮戰略導向的牽引作用，形成對員工的激勵和約束機制。具體來講，關鍵指標法主要具有以下優點：

第一，關鍵指標法強調戰略性。一方面，關鍵指標體系直接源於組織戰略，有利於組織戰略目標的實現。企業通過分解戰略目標找出關鍵成功領域，然後確定關

鍵成功要素，最後通過對關鍵成功要素的分解得到關鍵指標，這個過程有助於在組織系統內形成一致的行動導向，從而有助於推進組織戰略目標的實現。另一方面，企業通過使關鍵指標體系與組織戰略保持動態一致性，可以確保在組織環境或戰略發生轉變時，關鍵指標會相應地進行調整以適應組織戰略的新重點，確保組織戰略對績效管理系統的動態化牽引，有利於提升績效管理系統的適應性和操作性。

第二，推行基於關鍵指標的績效管理，有利於組織績效與個人績效的協調一致。個人關鍵指標是通過對組織關鍵指標的層層分解而獲得的，員工努力達成個人績效目標有助於推進組織績效實現的過程，有助於推進組織戰略目標實現的過程。因此，關鍵指標有利於確保個人績效與組織績效保持一致，有利於實現組織與員工的共贏。

第三，推行基於關鍵指標的績效管理，有助於抓住關鍵工作。關鍵指標強調目標明確、重點突出、以少帶多。關鍵指標一般可以克服由於指標龐雜、工作重點不明確而導致關鍵工作受忽視或執行不到位的現象發生。

2. 關鍵指標法的不足

雖然關鍵指標法為管理者提供了一個新的思路和途徑，為以後績效管理思想和工具的發展提供了一個新的平臺，受到了理論界和實踐界的肯定與認可。但隨著管理實踐的不斷深入，關鍵指標法也暴露出某些不足和問題，主要體現在以下幾個方面：

第一，關鍵指標法的戰略導向性不明確。關鍵指標法強調戰略導向，但是具體的「戰略」到底指的是公司戰略、競爭戰略還是職能戰略，在關鍵指標裡面並沒有明確指出。雖然絕大多數人將這裡的戰略理解為競爭戰略，但是同樣沒有提供可供選擇的戰略基本模板。另外，關鍵指標法沒有關注組織的使命、核心價值觀和願景，這種戰略導向是不全面的，也缺乏戰略檢驗和調整的根本標準。在面對不確定性環境的時候，或者在戰略調整和修正的過程中，使用關鍵指標的局限性尤為明顯。

第二，關鍵成功領域相對獨立，各個領域之間缺少明確的邏輯關係。關鍵成功領域是根據戰略的需求確定的對戰略有貢獻的相關獨立的領域，這就會忽略領域間橫向的協同和合作，相互之間沒有邏輯關係，直接導致關鍵指標之間缺乏邏輯關係。在管理實踐中，關鍵成功領域沒有數量的限制，不同的設計者可能提出不同的關鍵成功領域，最終就會導出不同的關鍵指標。

第三，關鍵指標對績效管理系統的牽引方向不明確。各關鍵指標之間相對獨立並且缺乏明確的因果關係，可能導致關鍵指標對員工行為的牽引方向不一致。關鍵指標對資源配置的導向作用不明確，甚至出現指標間相互衝突，容易導致不同部門和不同員工在完成各自績效指標的過程中，對有限的資源進行爭奪或重複使用，造成不必要的耗費和損失。

第四，關鍵指標法過多關注結果，而忽視了對過程的監控。科學高效的績效管理系統不僅需要關注最終的結果，還需要對實現路徑予以全面的關注，便於在過程中加強監控和管理，保障組織獲得持續穩定的高績效。

二、經濟增加值法

（一）經濟增加值法的概念

經濟增加值法是指以經濟增加值（Economic Value Added，EVA）為核心，建立績效指標體系，引導企業注重價值創造，並據此進行績效管理的方法。

經濟增加值是指稅後淨營業利潤扣除全部投入資本的成本後的剩餘收益。經濟增加值及其改善值是全面評價經營者有效使用資本和為企業創造價值的重要指標，經濟增加值為正，表明經營者在為企業創造價值；經濟增加值為負，表明經營者在損毀企業價值。

經濟增加值法較少單獨應用，一般與關鍵指標法（KPI）、平衡計分卡（BSC）等其他方法結合使用。

（二）經濟增加值法的特點

傳統業績考評指標存在兩個重大的缺陷：一是傳統業績考評指標的計算沒有扣除公司權益資本的成本，導致成本的計算不完全，因此無法準確判斷企業為股東創造的財富數量。二是傳統業績考評指標對企業資本和利潤的反應存在部分扭曲，傳統業績考評指標都是根據會計報表信息直接計算出來的，而會計報表的編製受到各國會計制度的約束，因此會計報表不能準確反應企業的經營狀況和經營業績。

EVA與傳統財務指標相比最大的不同就是充分考慮了投入資本的機會成本，使EVA具有以下幾個突出特點：

1. EVA度量的是資本利潤，而不是通常的企業利潤

EVA從資本提供者角度出發，度量資本在一段時期內的淨收益。只有淨收益高於資本的社會平均收益（資本維持「保值」需要的最低收益），資本才能增值。傳統的企業利潤衡量的是企業一段時間內產出和消耗的差異，而不關注資本的投入規模、投入時間、投入成本和投資風險等重要因素。

2. EVA度量的是資本的社會利潤，而不是個別利潤

不同的投資在不同的環境下，對資本具有不同的獲利要求，EVA剔除掉資本的「個性」特徵，對同一風險水準的資本的最低收益要求並不因持有人和具體環境不同而不同。因此，EVA度量的是資本的社會利潤，而不是具體資本在具體環境中的個別利潤，這使EVA度量有了統一的標尺，並體現了企業對所有投資的平等性。

3. EVA度量的是資本的超額收益，而不是利潤總額

為了留住逐利的資本，企業的利潤率不應低於相同風險的其他企業一般能夠達到的水準，這個「最低限度的可以接受的利潤」就是資本的正常利潤。EVA度量的正是高出正常利潤的那部分利潤，而不是通常的利潤總額。這反應了資本追逐超額收益的天性。

以EVA作為考核評價體系的目的就是使經營者像所有者一樣思考，使所有者和經營者的利益取向趨於一致。對經營者的獎勵是其為所有者創造的增量價值的一部分，這樣經營者的利益便與所有者的利益掛勾，可以鼓勵經營者採取符合企業最大利益的行動，並在很大程度上緩解因委託-代理關係而產生的道德風險和逆向選擇，最終降低管理成本。

（三）經濟增加值法的應用要求

組織在推行EVA時應注意做到以下幾個方面：

（1）實施EVA應做到理念先行。在應用前，企業從最高層開始，宣傳與培訓EVA相關知識，深入理解EVA的內涵。每個企業的情況不同，EVA的應用基礎也不同，不存在一種通用的方法，但基本理念是一致的，每個企業都應遵循。這是EVA得以順利應用的先決條件。

(2) 實施 EVA 應注意轉變固有觀念。組織管理層應將經營管理的核心從單純追求利潤變為持續提升價值，在觀念上進行根本轉變，領略到 EVA 管理體系的優勢，明確 EVA 的實踐方式和提升路徑，並持續加以運用。

(3) 實施 EVA 應考量激勵機制。企業將價值創造與考核激勵相掛勾，形成價值創造的長效機制，使各層級的利益與組織的利益相一致，通過制定企業內部的 EVA 業績評價方法，並層層分解，形成「考核層層落實，責任層層傳遞，激勵層層連接」的價值保值增值責任體系。

(4) 實施 EVA 應細化核算。無論是開展 EVA 價值診斷、EVA 驅動分析，還是建立 EVA 中心，企業都需要詳細的財務和非財務數據作支持。特別是在對 EVA 中心進行價值管理和績效考核時，企業需要計算各產業 EVA 值、各產品 EVA 值、各內部 EVA 中心 EVA 值，需要分清經營性資產和非經營性資產等，需要細化核算，提供詳細準確的數據信息，為正確決策提供依據和支撐。

(四) 經濟增加值法的計算方法

經濟增加值的計算公式為：

經濟增加值＝稅後淨營業利潤－資本成本

＝稅後淨營業利潤－資本占用×加權平均資本成本率　　（式 8-1）

經濟增加值率＝經濟增加值／資本占用　　（式 8-2）

EVA 的計算結果取決於單個基本變量：稅後淨營業利潤、資本占用和加權平均資本成本率。其中，稅後淨營業利潤衡量的是企業的經營盈利情況，平均資本占用反應的是企業持續投入的各種債務資本和股權資本，加權平均資本成本反應的是企業各種資本的平均成本率。

以下是對各個變量的解釋和計算分析：

(1) 稅後淨營業利潤。稅後淨營業利潤衡量了組織的營運盈利情況。由於企業淨利潤包含了營業外收支等非正常經營的收支，另外有些會計核算方法不能準確反應企業的實際經營業績。因此，企業需要對淨利潤進行調整以準確計算企業的真實經營業績，主要調整的項目有研發費用、利息支出、非經常性損益。其公式為：

稅後淨營業利潤＝淨利潤＋調整項目×（1－所得稅稅率）　　（式 8-3）

(2) 資本占用。資本占用是企業投入營運的所有成本。為了反應了企業的資本占用，也應對部分項目進行調整，主要調整的項目有在建工程、無息流動負債。其公式為：

資本占用＝平均總資產－平均無息流動負債－平均在建工程　　（式 8-4）

(3) 加權平均資本成本率。資本成本率反應的是企業占用資本應負擔的機會成本。企業的資本來源包括在債務資本和權益資本兩類。資本成本率的確定取決於債務資本成本率、權益資本成本率和資本結構。債務資本成本率的確定通常是按組織的實際舉債利息率作為債務資本成本率。權益資本成本率的確定目前主要有三種方法：股利貼現模型、資本資產定價模型和套利定價模型。其公式為：

加權平均資本成本率＝（債務資本成本率×債務占總資本比例）×（1－所得稅稅率）

　　　　　　　　　＋（權益資本成本率×權益總資本比例）　　（式 8-5）

如表 8-1 所示，調整是為了完整反應企業的管理業績，因為營業利潤往往反應諸多因素的影響，如主觀、客觀、內部、外部、可控、不可控、財務、非財務等。

表 8-1　　　　　　　　　　稅後淨經營利潤的調整

利潤表的調整	資產負債表的調整
加：後進先出法轉回的增加	加：後進先出法的轉回
加：壞帳準備的增加	加：壞帳準備的衝回
加：包括的經營性租賃的利息	加：未來經營租賃義務的現值
加：資本化研發費用的增加	加：資本化的研發投資
加：計提的少數股東權益（如果之前的沒有包括在內）	加：少數股東權益
加：遞延所得稅轉回的增加	加：遞延所得稅負債

　　這種調整使經濟增加值比會計利潤更加接近企業的經濟現實。從經濟學的觀點來看，凡是對企業未來利潤有貢獻的現金支出（如研發費用）都應算作投資，而不是費用。從會計學的角度來看，淨利潤是基於穩健性原則的要求計算的，因而將許多能為公司帶來長期利益的投資（如研發費用）作為支出當期的費用來考慮。在經濟增加值的計算中，將這些費用項目調整回來，以反應公司的真實獲利情況和公司進行經營的長期資本投入。思騰思特（Stern Stewart）諮詢公司發現，可以對公認會計原則（GAAT）和企業內部會計做出 160 多項調整，這些調整都有利於改進對經營利潤和資金的度量。常見的調整項目有研發費用、廣告行銷支出、培訓支出、無形資產、戰略投資、商譽、資產處置損益、重組費用、其他收購問題、存貨估值、壞帳準備等準備金、經營租賃、稅收等。制定適合自己企業的經濟增加值計算公式，關鍵的一步就是根據企業具體的情況，確定該公司應對哪些會計科目的處理方法進行調整。但各個公司的情況有所不同，有些調整對於某些行業的企業非常必要，而對其他行業的企業並不重要。考慮到各公司的不同組織結構、業務組合、戰略和會計政策，需要量身定做最適合的會計調整措施。

　　【例 8-1】2018 年 12 月 31 日美的集團、格力電器和海爾集團的有關資料及根據資料計算的經濟增加值（EVA）和經濟增加值率（EVAR）如表 8-2 所示。

表 8-2　　　　　　　經濟增加值和經濟增加值率計算表　　　　　　單位：億元

公司名稱	營業利潤	總資產	基準利率	EVA	EVAR
美的集團	111.58	2,310.16	4.75%	56.71	2.45%
格力電器	92.60	2,045.78	4.75%	45.93	2.25%
海爾集團	50.39	1,397.74	4.75%	17.19	1.23%

　　根據計算結果，無論是經濟增加值，還是經濟增加值率，美的集團的表現都是最好的，格力電器僅次於美的集團，而海爾集團的兩項指標相對較差。

　　（五）經濟增加值法的評價

　　1. 經濟增加值法的主要優點

　　（1）考慮了所有資本的成本，更真實地反應了企業的價值創造能力。

　　（2）實現了企業利益、經營者利益和員工利益的統一，激勵經營者和所有員工為企業創造更多價值。

　　（3）能有效遏制企業盲目擴張規模以追求利潤總量和增長率的傾向，引導企業

注重長期價值創造。

2. 經濟增加值法的主要缺點

（1）僅對企業當期或未來 1~3 年價值創造情況的衡量和預判，無法衡量企業長遠發展戰略的價值創造情況。

（2）計算主要基於財務指標，無法對企業的營運效率與效果進行綜合評價。

（3）不同行業、不同發展階段、不同規模的企業，其會計調整項和加權平均資本成本各不相同，計算比較複雜，影響指標的可比性。

三、平衡計分卡

（一）平衡計分卡的概念

平衡計分卡是在 20 世紀 90 年代初由哈佛商學院的羅伯特·卡普蘭和諾朗諾頓研究所所長、美國復興全球戰略集團創始人兼總裁戴維·諾頓發展出來的一種全新的組織績效管理方法，是通過建立一整套財務與非財務指標系統，將企業的願景和戰略轉化為具體的目標、指標、目標值和行動，對企業的經營業績和競爭狀態進行綜合、全面、系統評價的一種業績考核評價方法。

平衡計分卡並非認為財務指標不重要，而是需要取得平衡，即短期收益與長期收益的平衡、財務指標與非財務指標的平衡、外部計量（股東與客戶）和內部計量（內部流程、創新與人員等）的平衡。平衡計分卡以企業戰略為導向，尋找能夠驅動戰略成功的關鍵成功因素，並建立與之密切聯繫的指標體系來衡量戰略實施過程並進行必要的修改以維持戰略的持續成功。

平衡計分卡的應用必須在取得企業管理層的承諾及組織各部門員工的支持與參與的前提下進行，這包括研發、採購、經營、行銷、分銷、銷售服務、會計和信息系統。管理會計人員應該在應用平衡計分卡時確定使用平衡計分卡的必要性，向組織其他人宣傳使用的必要性。平衡計分卡倡導者需根據組織的關鍵成功因素評估現有的績效考核系統的績效，與管理會計建立以戰略為導向的績效指標體系，使其與企業戰略以及平衡計分卡的總體設計、結構和目標具有一致性和兼容性。信息系統部門工程師需要建立支持平衡計分卡實行的 IT 系統，建立培訓和教育計劃支持實施工作。組織的管理層和各部門員工應積極參與平衡計分卡的設計，結合企業實際情況，貢獻自身獨特的才能。

（二）平衡計分卡的基本框架

卡普蘭和諾頓沒有規定應該使用的績效衡量標準，但建議企業使用與其目標相關的績效衡量標準，這肯定了績效衡量標準和戰略之間存在著明確的聯繫，而平衡計分卡將組織的戰略目標轉化成了一套連貫的績效衡量標準。

平衡計分卡將戰略置於中心地位，並使管理者看到企業績效的廣度和總額。它把企業的願景和戰略轉化為四個不同的維度：財務維度、客戶維度、內部經營維度和學習與成長維度。客戶維度定義了經營單位參與競爭的客戶群和市場；內部經營維度描述了為客戶和業主提供價值需要的內部流程；學習與成長維度定義了一個組織想要發展和改進應該具備的能力，它與雇員能力、信息系統能力和組織能力等都有關；財務維度描述了在其他三個方面採取行為的經濟後果。其基礎框架如圖 8-3 所示。

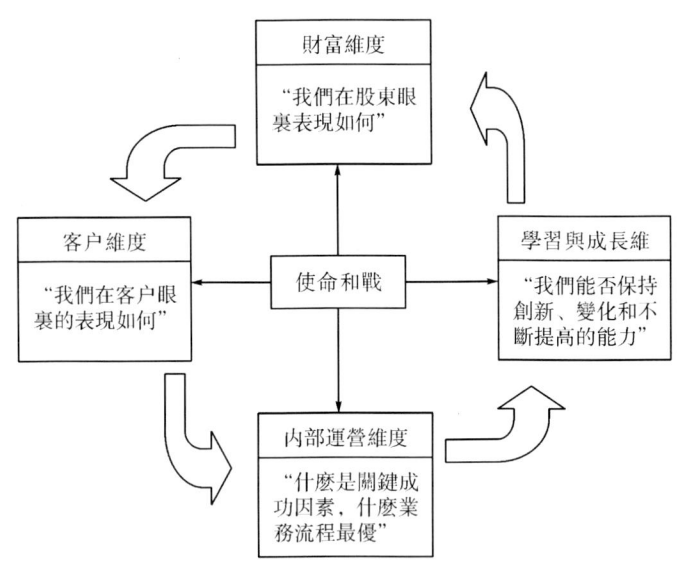

```
        財富維度
      "我們在股東眼
       裏表現如何"

客戶維度                    學習與成長維
"我們在客戶眼    使命和戰     "我們能否保持
 裏的表現如何"              創新、變化和不
                         斷提高的能力"

        内部運營維度
      "什麼是關鍵成
       功因素，什麼業
       務流程最優"
```

圖 8-3　平衡計分卡的四個維度

1. 財務維度

財務維度的目標是解決「股東如何看待我們」這一問題。表明企業的努力是否最終對企業的經濟收益產生了積極作用。眾所周知，現代企業財務管理目標是企業價值最大化，而對企業價值目標的計量是離不開相關財務指標的。儘管財務指標的及時性和可靠性受到質疑，但是財務指標依然具有其他性質的指標不可替代的作用。財務性績效指標可以顯示企業的戰略及其實施和執行是否正在為最終經營結果的改善做出貢獻；非財務性績效指標的改善和提高是實現目的的手段，而不是目的本身。財務維度指標主要涉及收入增長、收入結構、降低成本、提高生產率、資產利用和投資戰略等，財務維度通常包括投資報酬率、權益淨利率、經濟增加值、息稅前利潤、自由現金流量、資產負債率、總資產週轉率等。

2. 客戶維度

客戶維度的目標是解決「客戶如何看待我們」這一問題。客戶是企業之本，是現代企業的利潤來源。顧客感受理應成為企業關注的焦點，應當從時間、質量、服務效率以及成本等方面瞭解市場份額、客戶需求和客戶滿意度。企業以顧客為中心開展生產經營活動，必須把顧客方面核心的衡量指標，包括顧客滿意度、新顧客獲得率、老顧客留住率、顧客利潤率以及目標市場的市場份額等放在首位。雖然價值目標在不同行業、同一行業中的不同市場區域內有所不同，但是在已採用平衡計分卡的企業中存在著重視顧客價值的一些共同特徵。這些特徵可以歸納為三類：一是產品和服務特徵，二是顧客關係，三是形象和信譽。

3. 內部營運維度

內部營運維度著眼於企業的核心競爭力，其目標是解決「我們的優勢是什麼」這一問題。企業要想按時向客戶交貨，滿足現在和未來客戶的需求，必須以優化企業的內部業務流程為前提。因此，企業應遴選出那些對客戶滿意度有最大影響的業

務流程，明確自身的核心競爭力，並把它們轉化成具體的測評指標。建立平衡計分卡的順序，通常是先制定財務和客戶方面的目標與指標後，才制定企業內部流程維度的目標與指標。這個順序使得企業能夠抓住重心，專心衡量那些與股東和客戶目標息息相關的流程。內部經營績效考核應以對客戶滿意度和實現財務目標影響最大的業務流程為核心，一般來說，既包括短期的現有業務的改善，又涉及長遠的產品和服務的革新。內部營運維度常用指標有交貨及時率、生產負荷率、產品合格率、存貨週轉率、單位生產成本等。

4. 學習與成長維度

學習與成長維度的目標是解決「我們是否能繼續提高並創造價值」這一問題。只有持續不斷地開發新產品，為客戶創造更多價值並提高經營效率，企業才能打入新市場，贏得客戶的滿意，從而增加股東價值。企業的學習與成長來自員工、信息系統和企業程序等。根據經營環境和利潤增長點的差異，企業可以確定不同的產品創新、過程創新和生產水準提高指標，如新產品開發週期、員工滿意度、員工保持率、員工生產率、培訓計劃完成率等。

需要強調的是，平衡計分卡的四個方面並不是互相獨立的，而是根據企業的總體戰略，由一系列因果鏈貫穿企業的一個整體，展示了績效和績效動因之間的關係。因果鏈貫穿了平衡計分卡的各個方面，並且借助客戶維度、內部營運維度、學習與成長維度評估指標的完成而達到最終的財務目標。平衡計分卡四個維度之間的關係如圖8-4所示。從平衡計分卡中，管理者能夠看到並分析影響企業整體目標的各種關鍵因素，而不單單是短期的財務結果。平衡計分卡有助於管理者對整個業務活動的發展過程始終保持關注，並確保現在的實際經營業績與公司的長期戰略保持一致。

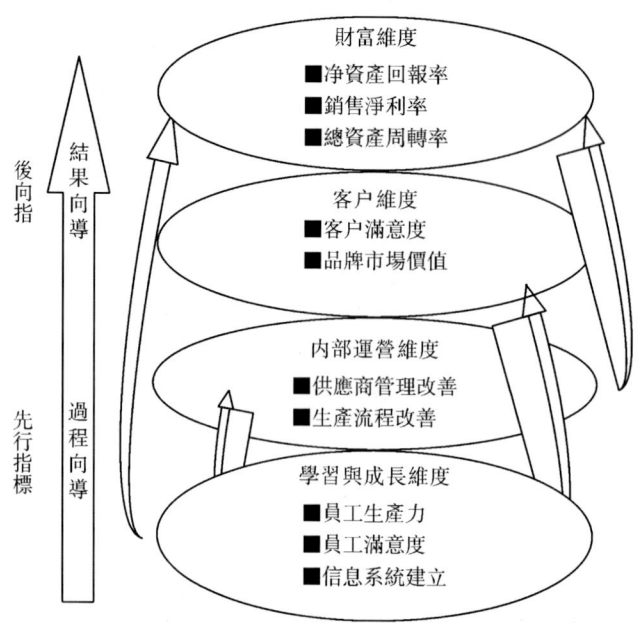

圖8-4 平衡計分卡四個維度之間的關係

根據四個不同的角度，平衡計分卡的「平衡」包括外部評價指標（如股東和客戶對企業的評價）和內部評價指標（如內部經營過程、新技術學習等）的平衡；成果評價指標（如利潤、市場佔有率等）和導致成果出現的驅動因素評價指標（如新產品投資開發等）的平衡；財務評價指標（如利潤等）和非財務指標（如員工忠誠度、客戶滿意程度等）的平衡；短期評價指標（如利潤指標等）和長期評價指標（如員工培訓成本、研發費用等）的平衡。卡普蘭和諾頓的研究中沒有規定一個特定的度量應該以特定的角度去進行分析，有時可以從財務角度去分析市場份額，因為市場份額的核算可以基於收入的核算；有時可以從客戶的角度去分析市場份額，因為這可以反應一個組織擁有的客戶數量。同樣，資本支出的衡量標準通常從財務角度出發，然而如果資本支出具體涉及效率的提高（對新業務或改進業務的投資）或培訓設施（對創新和學習的投資），則資本支出就可能從其他角度進行分析。因此，對於一個組織來說，重要的是能夠符合邏輯地解釋為什麼一個項目被放置在一個特定的角度或分類中。一個組織將根據其戰略、競爭地位、規模等來決定績效衡量標準和最能反應該標準的視角。例如，一項改善員工技能的戰略將導致組織從創新和學習的角度制定衡量標準，改進準時交付的策略將意味著在業務流程中展開度量。這兩種策略都將與總體目標相聯繫以改善財務目標，如銷售增長、降低成本和提高盈利能力等。

各項常用指標的定義與計算方法如表 8-3 所示。

表 8-3　　　　　　　　　　常用指標的定義與計算方法

評價 維度	評價指標	說明和計算
財務	投資資本 回報率	投資資本回報率是指企業在一定會計期間取得的息前稅後利潤占其使用的全部投資資本的比例，反應企業在會計期間有效利用投資資本創造回報的能力。計算公式如下： $$投資資本回報率 = \frac{稅前利潤 \times (1-所得稅稅率) + 利息支出}{投資資本平均餘額} \times 100\%$$ $$投資資本平均餘額 = \frac{期初投資資本 + 期末投資資本}{2}$$ 投資資本 = 有息債務 + 所有者(股東)權益
	淨資產收益率 （也稱權益 淨利率）	淨資產收益率是指企業在一定會計期間取得的淨利潤占其使用的淨資產平均數的比例，反應企業全部資產的獲利能力。計算公式如下： $$淨資產收益率 = \frac{淨利潤}{平均淨資產} \times 100\%$$
	經濟增加值 回報率	經濟增加值回報率是指企業在一定會計期間內經濟增加值與平均資本占用的比值。計算公式如下： $$經濟增加值回報率 = \frac{經濟增加值}{平均資本占用} \times 100\%$$
	息稅前利潤	息稅前利潤是指企業當年實現稅前利潤與利息支出的合計數。計算公式如下： 息稅前利潤 = 稅前利潤 + 利息支出
	自由現金流	自由現金流是指企業一定會計期間經營活動產生的淨現金流超過付現資本性支出的金額，反應企業可動用的現金。計算公式如下： 自由現金流 = 經營活動淨現金流 - 付現資本性支出

表8-3(續)

評價維度	評價指標	說明和計算
財務	資產負債率	資產負債率是指企業負債總額與資產總額的比值，反應企業整體財務風險程度。計算公式如下：$$資產負債率=\frac{負債總額}{資產總額}\times100\%$$
	總資產週轉率	總資產週轉率是指營業收入與總資產平均餘額的比值，反應總資產在一定會計期間內週轉的次數。計算公式如下：$$總資產週轉率=\frac{營業收入}{總資產平均餘額}$$
	資本週轉率	資本週轉率是指企業在一定會計期間內營業收入與平均資本占用的比值。計算公式如下：$$資本週轉率=\frac{營業收入}{平均資本占用}\times100\%$$
客戶	市場份額	市場份額是指一個企業的銷售量（或銷售額）在市場同類產品中所占的比重。
	客戶滿意度	客戶滿意度是指客戶期望值與客戶體驗的匹配程度，即客戶通過對某項產品或服務的實際感知與其期望值相比較後得出的指數。客戶滿意度收集渠道主要包括問卷調查、客戶投訴、與客戶的直接溝通、消費者組織的報告、各種媒體的報告和行業研究的結果等。
	客戶獲得率	客戶獲得率是指企業在爭取新客戶時獲得成功部分的比例。該指標可用客戶數量增長率或客戶交易額增長率來描述。計算公式如下：$$客戶數量增長率=\frac{本期客戶數量-上期客戶數量}{上期客戶數量}\times100\%$$ $$客戶交易額增長率=\frac{本期客戶交易額-上期客戶交易額}{上期客戶交易額}\times100\%$$
	客戶保持率	客戶保持率是指企業繼續保持與老客戶交易關係的比例。該指標可用老客戶交易增長率來描述。計算公式如下：$$老客戶交易增長率=\frac{老客戶本期交易額-老客戶上期交易額}{老客戶上期交易額}\times100\%$$
	客戶獲利率	客戶獲利率是指企業從單一客戶得到的淨利潤與付出的總成本的比率。計算公式如下：$$單一客戶獲利率=\frac{單一客戶淨利潤}{單一客戶總成本}\times100\%$$
	戰略客戶數量	戰略客戶數量是指對企業戰略目標實現有重要作用的客戶的數量。
內部營運	交貨及時率	交貨及時率是指企業在一定會計期間內及時交貨的次數占其總交貨次數的比例。計算公式如下：$$交貨及時率=\frac{及時交貨的訂單數量}{總訂單個數}\times100\%$$
	生產負荷率	生產負荷率是指投產項目在一定會計期間內的產品產量與設計生產能力的比例。計算公式如下：$$生產負荷率=\frac{實際產量}{設計生產能力}\times100\%$$
	存貨週轉率	存貨週轉率是指企業營業收入與存貨平均餘額的比值，反應存貨在一定會計期間內週轉的次數。計算公式如下：$$存貨週轉率=\frac{營業收入}{存貨平均餘額}$$

表8-3(續)

評價維度	評價指標	說明和計算
內部營運	資本性支出	資本性支出是指企業發生的、效益涉及兩個或兩個以上會計年度的各項支出。
	產量	產量是指企業在一定時期內生產出來的產品的數量。
	銷量	銷量是指企業在一定時期內銷售商品的數量。
	單位生產成本	單位生產成本是指生產單位產品而平均耗費的成本。
	產品合格率	產品合格率是指合格產品數量占總產品數量的比例。計算公式為：$$產品合格率 = \frac{合格產品數量}{總產品數量} \times 100\%$$
學習與成長	員工流失率	員工流失率是指企業在一定會計期間內離職員工占員工平均人數的比例。計算公式如下：$$員工流失率 = \frac{本期離職員工人數}{員工平均人數} \times 100\%$$ $$員工保持率 = 1 - 員工流失率$$
	員工生產率	員工生產率是指員工在一定會計期間內創造的勞動成果與其相應員工數量的比值。該指標可用人均產品生產數量或人均營業收入進行衡量。計算公式如下：$$人均產品生產數量 = \frac{本期產品生產總量}{生產人數}$$ $$人均營業收入 = \frac{本期營業收入}{員工人數}$$
	培訓計劃完成率	培訓計劃完成率是指培訓計劃實際執行的總時數占培訓計劃總時數的比例。計算公式如下：$$培訓計劃完成率 = \frac{培訓計劃實際執行的總時數}{培訓計劃總時數} \times 100\%$$
	員工滿意度	員工滿意度是指員工對企業的實際感知與其期望值相比較後得出的指數。該指標主要通過問卷調查、訪談調查等方式，從工作環境、工作關係、工作內容、薪酬福利、職業發展等方面進行衡量。

(三) 平衡計分卡與傳統業績評價系統的區別

從制定目標-執行目標-實際業績與目標值差異的計算與分析-採取糾正措施的目標管理系統來看，傳統的業績考核注重員工執行過程的控制，平衡計分卡則強調目標制定的環節。平衡計分卡方法認為，目標制定的前提應當是員工有能力為達成目標而採取必要的行動方案，因此設定業績評價指標的目的不在於控制員工的行為，而在於使員工能夠理解企業的戰略使命並為之付出努力。

傳統的業績評價與企業的戰略執行脫節，平衡計分卡把企業戰略和業績管理系統聯繫起來，是企業戰略執行的基礎架構。

平衡計分卡在財務、客戶、內部營運以及學習與成長四個方面建立企業的戰略目標，用來表達企業在生產能力競爭和技術革新競爭環境中必須達到的、多樣的、相互聯繫的目標。

平衡計分卡幫助企業及時考評戰略執行的情況，根據需要（每月或每季度）適

時調整戰略、目標和考核指標。

平衡計分卡能夠幫助企業有效地建立跨部門團隊合作，促進內部管理過程的順利進行。

（四）平衡計分卡的評價

平衡計分卡的優點在於：

（1）平衡計分卡的製作加強了組織和組織成員對組織戰略目標的理解，促進了戰略業務單元、職能部門和業務單元或職能部門的溝通。

（2）平衡計分卡設定的目標實現了量化表達，進一步排除了目標的模糊性，支持了對不佳領域的管理。

（3）平衡計分卡平衡了短期績效和可持續發展的需要，更好地使「三基於」「三導向」文化得到落實。

（4）平衡計分卡限制了使用的性能度量的數量。

平衡計分卡的缺點在於：

（1）執行平衡計分卡的條件門檻要求較高。

（2）在信息技術方面和管理方面難度較大。

（3）指標修訂難度大，一旦競爭環境發生劇烈變化，原來的戰略及與之相適應的評價指標可能就會喪失有效性，從而需要花大量精力和時間修訂。

（4）在績效考核認識方面有很多局限性。

四、沃爾評分法

企業財務綜合分析的先驅之一是亞歷山大·沃爾。沃爾在 20 世紀初出版的《信用晴雨表研究》和《財務報表比率分析》中提出了信用能力指數的概念。沃爾把若干個財務比率用線性關係結合起來，以此來評價企業的信用水準，被稱為沃爾評分法。沃爾選擇了七種財務比率，即流動比率、產權比率、固定資產比率、存貨週轉率、應收帳款週轉率、固定資產週轉率和淨資產週轉率，分別給定了其在總評價中所占的比重，總和為 100 分，並構建指標間的線性關係。然後，沃爾確定標準比率，並與實際比率相比較，評出每項指標的得分，求出總評分進而評價企業總體信用水準。經過一系列的發展與應用，該方法現在多用於評價企業的綜合財務狀況，因此又被稱為財務比率綜合評分法。表 8-4 為較為常用的沃爾評分表。

表 8-4　　　　　　　　　　沃爾評分表

財務比率	比重①	標準值②	實際值③	評分④=①×③-②
流動比率	25%			
產權比率	25%			
固定資產比率	15%			
存貨週轉率	10%			
應收帳款週轉率	10%			
固定資產週轉率	10%			
淨資產週轉率	5%			

（一）沃爾評分法的基本步驟

沃爾評分法的基本步驟如下：

第一，選擇評價指標並分配指標權重。現代社會與沃爾的時代相比，已經發生了巨大的變化。一般認為，企業財務評價的內容首先是盈利能力，其次是償債能力，最後是成長能力，它們之間大致可按 5：3：2 的比重來分配。盈利能力的主要指標是總資產報酬率、營業淨利潤和淨資產收益率，三個指標可按 2：2：1 的比重來安排。償債能力有四個常用指標，即自有資本比率、流動比率、應收帳款週轉率和存貨週轉率。成長能力則有三個常用指標（都是本年增量與上年實際量的比值），即銷售增長率、淨利增長率、資產增長率。按照重要程度確定各項比率指標的評分值，評分值總和為 100 分。

第二，確定各項比率指標的標準值。即各項指標在企業限時條件下的最優值。

第三，計算企業在一定時期各項比率指標的實際值。沃爾評分法的公式表現為：當實際值＞標準值為理想值時，此公式正確；當實際值＜標準值為理想值時，實際值越小得分應越高，用該公式計算的結果卻相反。此外，當某一單項指標的實際值畸高時，會導致最後總分大幅度增加，從而掩蓋表現不佳的指標，給管理者帶來了一種假象。

第四，形成評價結果。

（二）沃爾評分法的應用舉例

【例 8-2】某企業是一家中型電力企業，2018 年的財務狀況評分結果如表 8-5 所示。從表 8-5 可知，該企業的綜合指數為 100.37，總體財務狀況是不錯的，綜合評分達到標準要求，但該方法上的缺陷誇大了達到標準的程度。儘管沃爾評分法在理論上還有待證明，技術上也不完善，但是在實踐中仍被廣泛加以應用。

沃爾評分法從理論上講有一個弱點，就是未能證明為什麼要選擇這七個指標，而不是更多些或更少些，或者選擇別的財務比率以及未能證明每個指標所占比重的合理性。沃爾評分法從技術上講有一個問題，就是當某一個指標嚴重異常時，會對綜合指數產生不合邏輯的重大影響。這個缺陷是由相對比率與比重相「乘」而引起的。財務比率提高一倍，其綜合指數會增加 100%；而財務比率縮小 1/2，其綜合指數值減少 50%。

表 8-5　　　　　　　　　財務狀況評分表

財務比率	比重 1	標準比率 2	實際比率 3	相對比率 4＝3÷2	綜合指數 5＝1×4
流動比率	25	2.00	1.66	0.83	20.75
淨資產/負債	25	1.50	2.39	1.59	39.75
資產/固定資產	15	2.5	1.84	0.736	11.04
營業成本/存貨	10	8	9.94	1.243	12.43
營業收入/應收帳款	10	6	8.61	1.435	14.35
營業收入/固定資產	10	4	0.55	0.137,5	1.38
營業收入/淨資產	5	5	0.40	0.133	0.67
合計	100				100.37

(三) 沃爾評分法的優化

1. 沃爾財務評價體系中財務指標的優化

沃爾財務評價體系中財務指標的優化主要在於兩個方面，一是指標的確定，二是指標權重的賦予，採用一定的方法使指標選取與權重賦予具有客觀性與科學性。首先要確定目標行業，目標行業決定相關指標的選取與權重的賦予，因為不同行業存在本行業企業的財務特點，其財務評價的側重點肯定有所不同。在選定行業之後，第一步為確定指標，從企業的償債能力、營運能力、盈利能力、成長能力四個方面篩選財務指標，利用因子分析法確定進入最終財務評價模型中的財務指標；第二步為確定指標權重，在確定相關財務指標之後利用層次分析法確定各指標的權重。表 8-6 為沃爾評分法的變形。

表 8-6　　　　　　　　　　　　沃爾評分法的變形

能力分類	比重	常見指標
盈利能力	30%	總資產報酬率、銷售利潤率、淨資產收益率
償債能力	30%	自有資本率、流動比率、速動比率
週轉能力	20%	應收帳款週轉率、存貨週轉率
成長能力	20%	銷售增長率、淨利增長率、總資產增長率

2. 計分規則的改進

有時同行業間企業的同一指標相差過大，為了減少異常指標對目標企業業績評價造成的不合理影響，對各指標的單項評分採取極值限定的原則，如極大值設定為正常值的 3 倍，極小值不設置或極小值設定為正常值的 0.5 倍。針對具體指標進行差異化設置，正常值需要加以說明的是，模型設置的正常值不是某一指標的行業均值，而是某一指標的眾數均值。當然眾數也是一個區間，即出現數值最多的區間，而非某一個值。另外，在計算得分的過程中加入調整分項，進一步減少異常數據的影響。改進後的計算規則如下：

　　　　每分比率＝(行業最高比率−標準比率)÷(最高評分−最低評分)　　　（式 8-6）
　　　　調整分＝(實際比率−標準比率)÷每分比率　　　　　　　　　　　　（式 8-7）
　　　　最終評分＝評分值＋調整分　　　　　　　　　　　　　　　　　　（式 8-8）

【例 8-3】美的集團 2017 年上半年淨資產收益率為 16.64%，標準比率為 10%，行業最高為 20%。標準評分為 15 分，最高分為 20 分，最低分為 0 分。

每個比率得分＝(20−15)÷(20%−10%)＝0.5（分）
折合＝(16.46%−10%)×0.5＝3.23（分）
指標得分＝15+3.23＝18.23（分）
假設 1：實際總資產收益率為 10%，可得分＝15+0＝15 分。
假設 2：實際總資產收益率為 0，可得分＝15−5＝10 分。
假設 3：實際總資產收益率為−20%，可得分＝15−15＝0 分。
假設 4：實際總資產收益率為−30%，可得分為 0 分。

五、績效棱柱模型

(一) 績效棱柱模型的概念

克蘭菲爾德（Cranfield）管理學院的研究人員和埃森哲（Accenture）諮詢公司的諮詢顧問共同提出了一個全新的績效模型，形象化地稱為績效三棱柱模型或績效棱柱模型，如圖 8-5 所示。

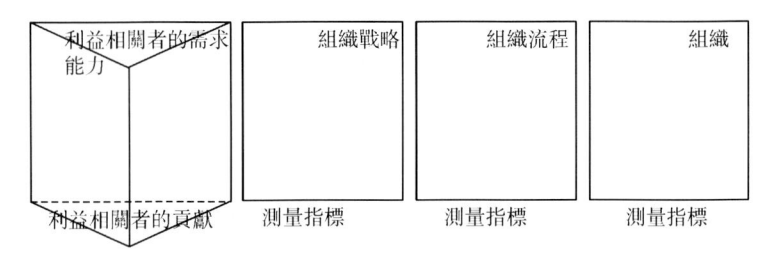

圖 8-5　績效棱柱模型展開圖

績效棱柱模型認為，企業要取得長遠的成功，首先必須清楚地知道企業重要的利益相關者是誰、其想得到什麼，然後由此制定相應的戰略，以期通過戰略的實施來實現企業價值向顧客的傳導。同時，在執行戰略環節，企業要有能夠確保命令有效地發出、有效地執行的過程，並且該過程的運作必須是順暢的、無阻礙的。最後，企業若想持續保有該項能力，還需要獲得利益相關者的認同與貢獻。因此，績效棱柱模型是指從企業利益相關者角度出發，以利益相關者滿意為出發點，以利益相關者貢獻為終點，以企業戰略、業務流程、組織能力為手段，用棱柱的五個構面構建三維業績評價體系，並據此進行績效管理的方法，如圖 8-6 所示。

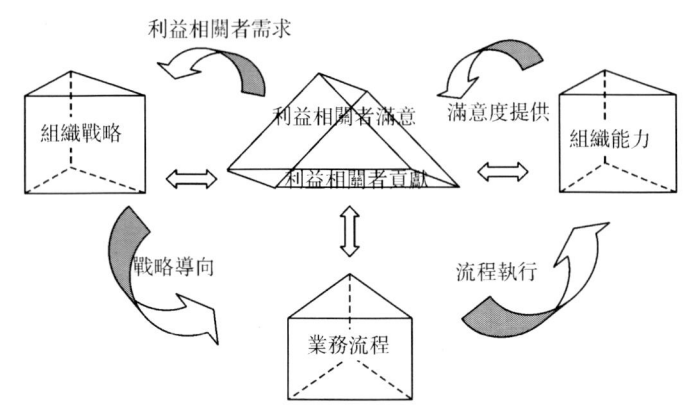

圖 8-6　績效棱柱應用框架體系

利益相關者是指有能力影響企業或被企業影響的人或組織，通常包括股東、債權人、員工、客戶、供應商、監管機構等。

績效棱柱模型適用於管理制度比較完善、業務流程比較規範、管理水準相對較高的大中型企業，其應用對象可為企業和所屬單位（部門）。

（二）績效棱柱模型的應用環境

企業應用績效棱柱模型工具方法應遵循《管理會計應用指引第600號——績效管理》中對應用環境的一般要求；應堅持利益相關者價值取向，建立有效的內外部溝通協調機制，與利益相關者建立良好的互動關係。企業應根據利益相關者的需求制定戰略，優化關鍵流程，提升組織能力，在滿足利益相關者需求的基礎上分享其做出的貢獻。

在應用績效棱柱模型工具方法時，企業一般需要建立由戰略、人力資源、財務、客戶和供應商等有關部門負責人及外部專家等組成的項目團隊，對人力資源管理、客戶關係管理、供應商關係管理、財務管理等系統進行集成，為績效棱柱模型的實施提供信息支持，以形成五個構面間的聯繫。

（1）利益相關者的需求——誰是我們的主要利益相關者？其願望和要求是什麼？

（2）戰略——我們應該採用什麼戰略來滿足利益相關者的需求，也滿足我們自己的要求？

（3）流程——我們需要什麼樣的流程才能執行我們的戰略？

（4）能力——我們需要什麼的能力來運作這些流程？

（5）利益相關者的貢獻——我們要從利益相關者那裡獲得什麼？

（三）績效棱柱模型的應用程序

企業應用績效棱柱模型工具方法，一般按照明確利益相關者、繪製利益相關者地圖、制訂行動方案、制訂以績效棱柱模型為核心的業績計劃、制訂激勵計劃、執行業績計劃與激勵計劃、實施業績評價與激勵、編製業績評價與激勵管理報告等程序進行。

（1）明確利益相關者。企業應結合自身的經營環境、行業特點、發展階段、商業模式、業務特點等因素界定利益相關者範圍，進一步運用態勢分析法、德爾菲法等方法確定績效棱柱模型的主要利益相關者。企業應根據確定的主要利益相關者，繪製基於績效棱柱模型的利益相關者地圖。

（2）繪製利益相關者地圖。利益相關者地圖是以利益相關者滿意為出發點，按照企業戰略、業務流程、組織能力依次展開，並以利益相關者貢獻為終點的平面展開圖。利益相關者地圖可以將績效棱柱模型五個構面以圖示形式直觀、明確、清晰地呈現出來。繪製利益相關者地圖後，企業應及時查找現有的戰略、業務流程和組織能力在滿足利益相關者滿意方面存在的不足和差距，進一步優化戰略和業務流程，提升組織能力，制訂行動方案並有效地實施。

（3）制訂行動方案。繪製利益相關者地圖後，企業還應以績效棱柱模型為核心編製業績計劃。業績計劃是企業開展業績評價工作的行動方案，包括構建指標體系、分配指標權重、確定業績目標值、選擇計分方法和評價週期、簽訂績效責任書等一系列管理活動。企業應圍繞利益相關者地圖，構建績效棱柱模型指標體系。指標體系的構建應堅持系統性、可操作性、成本效益原則。各項指標應簡單明瞭，易於理解和使用。其主要內容如下：

①制定企業級指標體系。企業應根據企業層面的利益相關者地圖，分別設計出各個構面的績效評價指標。

②制定所屬單位（部門）級指標體系。企業應根據企業級利益相關者地圖和指標體系，繪製單位（部門）級利益相關者地圖，制定相應的指標體系。

績效棱柱模型指標體系通常包括以下內容：

①利益相關者滿意評價指標。與投資者（包括股東和債權人，下同）相關的指標有總資產報酬率、淨資產收益率、派息率、資產負債率、流動比率等。例如，淨資產收益率反應了股東權益的收益水準，反應了企業資本營運的綜合效益，指標值越高，說明投資帶來的收益越好，反之則相反。又如，成本費用利潤率指標反應了經濟效益。對於投資者來說，成本費用利潤率越高，說明同樣的成本費用能取得越多的利潤，表明企業的獲利能力越強；反之，說明企業獲利能力越弱。

與員工相關的指標有員工滿意度、工資收入增長率、人均工資等。例如，薪酬水準是企業對員工的報酬的體現，指標值越高，薪酬越高。又如，提供的培訓水準，即企業提供給員工的培訓水準，該指標值越大，表明提供的培訓水準越高。

與客戶相關的指標有客戶滿意度、客戶投訴率等。例如，次品返還水準指標是衡量企業產品質量的變量，值越大，表明企業產品質量越好。

與供應商相關的指標有逾期付款次數等。例如，過期支付供應商報酬的次數能衡量企業的資金流動情況以及企業的信用情況，指標值越大，說明企業的信譽越不好，越容易使得供應商的資金轉動困難。又如，供應商帳單的出錯次數則體現企業對供應商的重視程度和內部謹慎性，指標值越小，說明企業內部流程越好，出錯情況越少。

與監管機構相關的指標有社會貢獻率等。例如，當地基礎設施的投資水準是指企業對當地的基礎設施的投資情況，反應了企業對當地社區的貢獻情況，指標值越大，說明貢獻越大。又如，企業給予當地居民就業崗位的情況及實現情況，指標值越大，說明企業給予當地居民就業機會越多。

②企業戰略評價指標。與投資者相關的指標有可持續增長率、資本結構、研發投入比率等。例如，獲得的銷售收入增長是本期銷售額減去上期銷售額之後與上期銷售額的比率。該指標體現了企業某段時期銷售收入變化的程度。指標值大於零，表明本期比上期的銷售收入高；指標值小於零，表明本期銷售收入與上期相比在下降；指標值為零，表明本期與上期銷售收入相同。又如，產品收益率是指產品銷售收入減去成本後與成本的比值。該指標體現的是企業產品的效益，即每投入 1 元錢的成本能夠得到多少收益。指標值大於零，表明企業產品有所收益；指標值小於零，表明企業產品本大於利；指標值為零，表明企業處於無收益情況。

與員工相關的指標有員工職業規劃、員工福利計劃等。例如，招聘人數與計劃相比，反應的是企業對員工的需求程度，差額越大，說明企業對員工的重視程度越高。又如，管理人員與工人的人數比，衡量的是企業內部員工升職為管理人員的機會程度，比例越小，說明企業的管理人員比較稀缺或員工升職機會比較小。

與客戶相關的指標有品牌意識、客戶增長率等。例如，顧客的數量反應的是企業吸引顧客的戰略措施，顧客數量越多，表明企業戰略的效益性越好；反之則說明企業實施的戰略需要改進。

與供應商相關的指標有供應商關係質量等。例如，與計劃相比總的購買費用反應企業購買計劃成本的差值，也是與對供應商的期望值的差額，指標值越大，表明

供應商的價格可能越高。

與監管機構相關的指標有政策法規認知度、企業的環保意識等。例如，無法遵守規定對成本造成的影響，該指標值越大，說明企業由於不遵守規定而造成對成本的影響越大。

③業務流程評價指標。與投資者相關的指標有標準化流程比率、內部控制有效性等。例如，來自新產品或服務的銷售額，指標值越大，表明開發的新產品或服務的銷售越好，企業新開發產品或服務越有利可圖；指標值越小，企業新開發產品或服務越無利可圖。

與員工相關的指標有員工培訓有效性、培訓費用支出率等。例如，招聘週期指標反應企業對員工需求的程度，週期越長，越需要員工。又如，應聘人員與錄用人員比反應企業考核應聘人員的嚴格性，指標值越大，表明考核應聘人員越嚴格。

與客戶相關的指標有產品合格率、準時交貨率等。例如，準時交貨率是準時交付與承諾交付的比率，該比率一般為0~1，值越大，表明企業的信用承諾越好；反之則越差。又如，平均訂單週期，週期越長，說明企業內部流程做得越不好。

與供應商相關的指標有採購合同履約率、供應商的穩定性等。例如，供應商數量指標，供應商的數量越多，表明企業採購的材料數目或數量越多。

與監管機構相關的指標有環保投入率、罰款與銷售之比等。例如，對規定的瞭解程度體現企業對規定的熟悉程度，該指標反應了企業對有關規定的重視程度，指標值越大，表明對規定越瞭解。又如，對內部政策的瞭解程度，衡量的是企業對內部政策的瞭解程度，指標值越大，說明內部政策在企業內部的宣傳力度越大。

④組織能力評價指標。與投資者相關的指標有總資產週轉率、管理水準評分等。例如，在核心能力上的投資水準體現企業的投資能力，指標值越大，表明企業投資能力越強；反之則越弱。

與員工相關的指標有員工專業技術水準、人力資源管理水準等。例如，每個雇員每年的受訓時間是評價員工接受培訓並得到知識的指標，指標值越高，說明員工一定時期內受訓時間越長。又如，違反公司道德規範的程度反應員工不遵守公司規定的程度，指標值越大，員工違反公司章程的情況越多。

與客戶相關的指標有售後服務水準、市場管理水準等。例如，需求與能力對比水準是需求與供給能力的比值。指標值大於1表明需求更大，指標值小於1說明供給能力更強，指標值為1說明兩者持平。又如，銷售代表的收入越高，說明企業對於顧客的吸引力越強。

與供應商相關的指標有採購折扣率水準、供應鏈管理水準等。例如，協商的打折率反應企業與購貨商討價的能力，打折率越低，說明企業的議價能力越強。又如，供應鏈中的存貨水準是反應企業供需情況的一個指標，只有在庫存中有適當的存貨量，才能保證企業高效地運轉，指標值視企業的具體情況而言，不是越大越好，也不是越小越好。

與監管機構相關的指標有節能減排達標率等。例如，雇員熟悉規定的程度說明企業將相關的規定向員工宣傳並且員工也清楚瞭解，指標值越大，說明員工越熟悉相關規定。又如，多餘人員的比例，由於某些原因使得一部分員工失去了正常的工作，指標值越小，說明企業對這些人員的照顧越周到。

⑤利益相關者貢獻評價指標。與投資者相關的指標有融資成本率等。例如，流動比率一般為 1.5~2.0，指標值越大，說明企業短期償債能力越強；反之越弱。又如，資產負債率反應了企業長期的償債能力，指標值越大，表明企業長期償債能力越強；指標值越小，償債能力越弱。

與員工相關的指標有員工生產率、員工保持率等。例如，每個雇員的銷售額是反應員工銷售能力的指標，指標值越大，雇員銷售能力越強；反之越差。又如，服務的平均時間是衡量員工在職時間的長短的指標，指標值越大，員工在職時間越長；反之越短。再如，向公司提議的主動性是體現員工對企業的關心程度的指標，指標值越大，員工對企業的貢獻越大；反之越小。

與客戶相關的指標有客戶忠誠度、客戶毛利水準等。例如，顧客忠誠反應顧客對企業的忠誠度，指標值越大，忠誠度越高。又如，預測需求的準確性反應顧客對企業的需求預測情況，指標值越大，說明準確性越高；反之越低。

與供應商相關的指標有供應商產品質量水準、按時交貨率等。例如，送貨遲到的次數，指標值越小越好，體現的是供應商服務的及時性。又如，售後服務出現問題的次數，體現了售後服務的質量的可靠性，指標值越大，表明供應商提供的售後服務出現的問題越多，質量越差。再如，提出建議的實現程度，即供應商給企業提出的建議實現的程度，反應的是供應商對企業的忠誠度，指標值越大越好。

與監管機構相關的指標有當地政府支持度、稅收優惠程度等。例如，現有規定的數量對於企業來說是適當為好，而且最好是有利於企業的發展，體現了政府對企業的「優惠」。

企業分配績效棱柱模型指標權重，應以利益相關者價值為導向，反應所屬各單位或部門、崗位對利益相關者價值貢獻或支持的程度以及各指標之間的重要性水準。企業根據重要性水準分別對各利益相關者分配權重，權重之和為 100%；對不同利益相關者五個構面分別設置權重，權重之和為 100%；單項指標權重一般設定為 5%~30%，對特別重要的指標可適當提高權重。

（4）制訂以績效棱柱模型為核心的業績計劃。企業設定績效棱柱模型的業績目標值應根據利益相關者地圖的因果關係，以利益相關者滿意指標目標值為出發點，逐步分解得到企業戰略、業務流程、組織能力的各項指標目標值，最終實現利益相關者貢獻的目標值。各目標值應符合企業實際，具有可實現性和挑戰性，使被評價對象經過努力可以達到。計劃的制訂應建立在溝通和聯繫的基礎上，綜合各方面的意見，對初步指標體系進行修改，直至五方面的評價指標之間達到平衡，使其全面反應企業利益相關者的需求和貢獻。

（5）實施業績評價與激勵。企業應參照《管理會計應用指引第 600 號——績效管理》，明確業績評價計分方法、選擇業績評價週期、簽訂績效責任書、制訂激勵計劃以及執行、實施業績計劃與激勵計劃並編製報告。

績效棱柱模型業績目標值確定後，因內外部環境發生重大變化、自然災害等不可抗力因素對業績完成結果產生重大影響時，企業應明確對目標值進行調整的辦法和程序。一般情況下，企業由被評價對象或評價主體測算確定影響額度，向相應的績效管理工作機構提出調整申請，報薪酬與考核委員會或類似機構審批。

通常情況下，企業根據具體情況選擇合適的信息系統，建立數據庫，在評價指

標與數據庫和信息系統間建立聯繫，同時要把企業目標和戰略的評價指標向基層分解，並貫徹落實，確定每年、每季、每月的業績衡量指標的具體數字，並與企業的計劃和預算相結合。同時，企業要將員工每年的報酬和獎勵與制度、績效棱柱掛勾，使每名員工盡一切努力去實現企業的各項評價指標。

績效棱柱模型的實施是一項長期的管理改善工作，企業在實踐中通常可以採用先試點後推廣的方式，循序漸進分步實施。

（四）績效棱柱模型的評價

與以財務指標為主的傳統業績評價系統和平衡計分卡相比，績效棱柱模型具有以下特點：

（1）從結構上，績效棱柱模型是一個三維框架，提供一個全面的綜合框架。績效棱柱模型有著多個構面，可以清晰地反應那些隱藏的複雜事物，表明了績效測量和管理中真正複雜的東西。傳統的一維或二維空間的框架結構也可以看到一些複雜的事物的組成元素，但只提出了績效的某一方面，績效棱柱模型可以將各個構面相互聯繫著進行觀察。

（2）從起點上，績效測量方式設計的理論來源於戰略。和平衡記分卡一樣，績效棱柱模型也認為戰略應是為利益相關者的滿意及其貢獻服務的，即採取戰略來保證利益相關者的需求得到滿足，同時保證滿足自己的要求。

（3）從理論基礎上，績效棱柱模型的基礎是利益相關者價值理論，而非股東價值。與第一代績效測量與管理框架不同，績效棱柱模型是全方位的。雖然股東價值命題是重要的並且有時還是有用的，但它忽視了21世紀的管理人員不得不面對的許多基本挑戰。企業所有者或其代理人不再單獨決定什麼應該是重要的以及企業應該測量什麼。相反，企業必須要注意到其所有的利益相關者並考慮他們所關心的事情，較寬範圍的利益相關者對組織是至關重要的。

因此，績效棱柱模型的主要優點在於堅持了利益相關者價值取向，使利益相關者與企業緊密聯繫，有利於實現企業與利益相關者的共贏，為企業可持續發展創造良好的內外部環境。

績效棱柱模型也存在缺陷，主要缺陷如下：

第一，涉及多個利益相關者，對每個利益相關者都要從五個構面建立指標體系。

第二，指標選取複雜，部分指標較難量化。

第三，對企業信息系統和管理水準有較高要求，實施難度大、門檻高。

六、企業綜合績效評價

（一）企業綜合績效評價的概念

企業綜合績效評價是一種的常見的評價方法。該方法利用數理統計的方法，通過建立綜合評價指標體系，對照相應的評價標準，定量分析與定性分析相結合，對企業經營期間的經營效益和經營者業績做出客觀、公正和準確的綜合評價。經營業績指的是企業的財務績效，是對企業一定期間內的盈利能力、資產質量、財務風險和經營增長四個方面進行定量對比分析和評判，其在總評價中所占的比重為70%，如表8-7所示。而經營者業績是指管理績效，是採用專家評議的方式，對企業一定期間的管理績效進行定性分析和綜合評判，其在總評價中所占的比重為30%，如表8-8所示。

表 8-7　　　　　　　　　財務績效評價指標（70%）　　　　　　　　單位：%

評價內容	基本指標		修整指標	
盈利能力	淨資產收益率 總資產報酬率	20 14	銷售利潤率 銷售現金比率 成本費用利潤率	12 12 10
資產質量	存貨週轉率 應收帳款週轉率	10 12	不良資產比率 流動資產週轉率 資產變現率	9 7 6
財務風險	自有資本率 利息保障倍數	12 10	流動比率 速動比率 現金比率	8 8 6
經營增長	營業收入增長率 資本保值增值率	12 10	營業利潤增長率 總資產週轉率 市場佔有率	10 7 5

表 8-8　　　　　　　　　管理績效評價指標（30%）

評議指標	權重（%）
戰略目標	18
技術創新	20
風險管理	10
內部控制	20
人力資源	16
行業影響	8
社會責任	8

（二） 企業綜合績效評價的量化方法

企業為了加強資本所有權控制和公司內部控制，進而提出了企業績效評價制度。在企業績效評價體系中，存在著很多評價方法。

1. 主成分分析法

主成分分析法是由霍特林於 1933 年首先提出的。主成分分析是利用降維的思想，把多指標轉化為少數幾個綜合指標的多元統計分析方法。

為了全面、系統地評價企業業績，我們可能會選取眾多指標，這些指標在多元統計分析中也稱為變量。因為每個變量都在不同程度上反應了研究問題的某些信息，並且指標之間彼此有一定的相關性，所以得到的統計數據反應的信息在一定程度上存在重疊。但是在眾多的影響因素中，必然存在著起支配作用的共同因素。根據這一點，主成分分析法通過對原始變量相關矩陣內部結構關係的研究找出影響評價客體的幾個綜合指標，使綜合指標為原來變量的線性組合，這幾個綜合指標就成為主成分。主成分分析法通過指標的選取、樣本的收集、指標標準化的處理、相關矩陣系數的計算來確定特徵值和貢獻率，最後求得評價客體的綜合得分和排名。主成分分析法使得我們在研究業績評價問題時容易抓住主要矛盾。

2. 因子分析法

因子分析法起源於 20 世紀初皮爾森和斯皮爾曼等人關於智力測驗的統計分析。因子分析的基本思想是根據相關性大小把變量分組，使同組內的變量之間相關性較高，不同組的變量之間相關性較低。每組變量代表一個基本結構，這個基本結構稱為公共因子。對於研究的問題，因子分析法可以試圖用最少個數的不可測得公共因子的線性函數與特殊因子之和來描述原來觀測的每一分量。因子分析法通過指標選取、因子分析過程可以對評價客體的經濟效益狀況進行綜合評價，計算出綜合得分和名次。企業通過因子分析法可以知道影響事物變化的主要因素在哪裡，而且可以瞭解到該企業在行業中的地位及薄弱環節，為企業決策提供重要依據。

3. 功效系數法

功效系數法是指根據多目標規劃的原理，把所要評價的各項指標分別對照各自的標準，並根據各項指標的權數，通過功效函數轉化為可以度量的評價分數，再對各項指標的單項評價分數進行加總，求得綜合評價分數。功效系數法是一種常見的定量評價方法。

4. 企業績效評價定量方法比較

功效系數法進行企業績效評價有以下優越性：

（1）功效系數法建立在多目標規劃原理的基礎上，能夠根據評價對象的複雜性，從不同側面對評價對象進行計算評分，正好滿足了企業績效評價體系多指標綜合評價企業績效的要求。

（2）功效系數法為減少單一標準評價而造成的評價結果偏差，設置了在相同條件下評價某指標參照的評價指標範圍，並根據指標實際值在標準範圍內所處位置計算評價得分。這不但與企業績效評價多檔次評價標準相適應，而且能夠在目前中國企業各項指標值相差較大情況下，減少誤差，客觀反應企業績效狀況，實現準確、公正評價企業績效的目的。

（3）功效函數模型既可以進行手工計分，也可以利用計算機處理，有利於評價體系的推廣應用。基於以上優勢，企業績效評價選擇了功效系數法作為評價定量指標的基本計分方法。

（三）功效系數法的應用程序

1. 財務績效評價量化標準

運用功效系數法計算基本指標和修正指標的得分，首先要通過評價體系內的各項評價指標的計算公式求出各項指標的實際值，然後通過實際值和標準值的比較確定各項指標的標準系數，最後通過基本指標和修正指標的計分公式算出綜合得分。因此，瞭解各項計算公式是求出綜合得分的大前提。

功效系數法的計分公式為：

$$指標得分 = 基本分 + \frac{實際值 - 本檔標準值}{上檔標準值 - 本檔標準值} \times (上當基礎分 - 本檔基礎分)$$

（式 8-9）

$$功效系數 = \frac{指標實際值 - 本檔標準值}{上檔標準值 - 本檔標準值}$$

（式 8-10）

（1）基本指標計分方法。基本指標的評價計分主要根據評價指標的實際值對照相應評價標準值，運用功效系數法的計分方法計算各項指標實際得分。

$$\text{基本指標總分} = \sum \text{單項基本指標得分} \qquad (\text{式 8-11})$$

$$\text{單項基本指標得分} = \text{本檔基礎得分} + \text{調整分} \qquad (\text{式 8-12})$$

$$\text{本檔基礎得分} = \text{指標權數} \times \text{本檔標準得分} \qquad (\text{式 8-13})$$

$$\text{調整分} = [(\text{實際值} - \text{本檔標準值}) \div (\text{上檔標準值} - \text{本檔標準值})]$$
$$\times (\text{上檔基礎分} - \text{本檔基礎分}) \qquad (\text{式 8-14})$$

$$\text{上檔基礎分} = \text{指標權數} \times \text{上檔標準系數} \qquad (\text{式 8-15})$$

在每一部分指標評價分數計算出來後，要計算該部分指標的分析系數。分析系數是指企業財務效益、資產營運、償債能力、發展能力四部分評價內容各自的評價分數與該部分權數的比率。基本指標分析系數的計算公式為：

$$\text{某部分基本指標分析系數} = \text{該部分指標得分} \div \text{該部分權數} \qquad (\text{式 8-16})$$

（2）修正指標計分方法。企業績效評價的修正指標主要是指那些對基本評價指標進行補充和發揮修正作用的輔助性指標。其依附於基本指標而存在，並為深入剖析基本指標的經濟內涵、完善基本指標的評價結果而發揮作用。其功能在於：首先，利用指標性質和評價內容的詳細程度不同，對基本指標評價中無法體現的情況和因素進行補充；其次，利用評價指標之間的相互關係，對基本指標的評價結果進行修正。修正指標的調整使得企業財務定量指標的評價結果信息更加全面。

計算公式如下：

$$\text{修正後總得分} = \sum \text{四部分修正後得分} \qquad (\text{式 8-17})$$

$$\text{各部分修正後得分} = \text{該部分基本指標分數} \times \text{該部分綜合修正系數} \qquad (\text{式 8-18})$$

$$\text{綜合修正後得分} = \sum \text{該部分各指標加權修正系數} \qquad (\text{式 8-19})$$

$$\text{某指標加權修正系數} = (\text{修正指標權數} \div \text{該部分權數}) \times \text{該指標單項修正系數}$$
$$(\text{式 8-20})$$

$$\text{某指標單項修正系數} = 1.0 + (\text{本檔標準系數} + \text{功效系數} \times 0.2 - \text{該部分基本指}$$
$$\text{標分類系數}) \qquad (\text{式 8-21})$$

$$\text{功效系數} = (\text{指標實際值} - \text{本檔標準值}) \div (\text{上檔標準值} - \text{本檔標準值})$$
$$(\text{式 8-22})$$

同樣，在每一部分修正後的評價分數計算出來後，要計算該部分修正後的分析系數，用於分析每部分的得分情況。計算公式為：

$$\text{某部分修正後分析系數} = \text{該部分修正後分數} \div \text{該部分權數} \qquad (\text{式 8-23})$$

基本指標與修正指標的量化標準根據國內企業年度財務和經營管理統計數據，運用數理統計方法，分年度、分行業、分規模統一測算，行業標準值參照財政部等四部委公布的企業績效評價標準值，與五檔標準值對應有 5 個標準系數，分別為優秀 A，值為 1；良好 B，值為 0.8；均值 C，值為 0.6；較低 D，值為 0.4；較差 E，值為 0.2。

2. 管理績效評價計分

管理績效定性評價指標的計分一般通過專家評議打分形式完成，需聘請的專家不少於 7 名。評議專家應當在充分瞭解企業管理績效狀況的基礎上，對照評價參考

標準，採取綜合分析判斷法，對企業管理績效指標做出分析評議，判斷各項指標所處的水準檔次，並直接給出評價分數。

3. 綜合績效評價計分

在得出財務績效定量分數和管理績效定性評價分數後，按照規定的權重，耦合形成綜合績效評價總分。

【例8-4】根據所給數據，對美的、格力和海爾進行企業綜合績效評價（見表8-9~表8-16）。

表8-9　　　　　　　　　綜合績效評價標準（基本指標）

評價內容	基本指標	評價指標(70%)				
			優	良	中	低	差
盈利能力	淨資產收益率	20	≥25	15~25	5~15	0~5	≤0
	總資產報酬率	14	≥10	5~10	2~5	0~2	≤0
資產質量	存貨週轉率	10	≥8	6~8	4~6	2~4	≤2
	應收帳款週轉率	12	≥15	10~15	5~10	2~5	≤2
財務風險	自有資本率	12	≥50	40~50	30-40	20~30	≤20
	利息保障倍數	10	≥10	5~10	2~5	1~2	≤1
經營增長	營業收入增長率	12	≥15	5~15	2~5	0~2	≤0
	資本保值增值率	10	≥20	10~20	5~10	0~5	≤0

表8-10　　　　　　　　　　基本指標實際值

評價內容	基本指標	標準分	美的	格力	海爾
盈利能力	淨資產收益率	20	26.88	30.41	20.41
	總資產報酬率	14	11.34	10.16	6.23
資產質量	存貨週轉率	10	8.87	7.88	6.9
	應收帳款週轉率	12	13.35	37.09	13.02
財務風險	自有資本率	12	40.43	30.12	28.63
	利息保障倍數	10	∞	∞	6.97
經營增長	營業收入增長率	12	14.71	9.5	32.59
	資本保值增值率	10	24.23	23.05	15.97

基本指標得分以海爾存貨週轉率為例，該指標年度實際值為6.9，相應檔次標準值為6~8；本檔標準得分為0.8~1；權數為10。

$8+[(6.9-6)\div(8-6)]\times(10-8)=8.9$

本檔基礎分 $=10\times 0.8=8$

功效系數 $=(6.9-6)\div(10-8)=0.45$

調整分 $=0.45\times(10-8)=0.9$

存貨週轉率指標得分 $=8+0.9=8.9$

表 8-11　　　　　　　　　　基本指標得分

	基本指標	標準分	美的	格力	海爾
盈利能力	淨資產收益率	20	20	20	18.16
	總資產報酬率	14	14	14	11.33
資產質量	存貨週轉率	10	10	9.88	8.9
	應收帳款週轉率	12	11.21	12	11.05
財務風險	自有資本率	12	9.7	7.23	6.87
	利息保障倍數	10	10	10	8.79
經營增長	營業收入增長率	12	11.93	10.68	12
	資本保值增值率	10	10	10	9.19

表 8-12　　　　　　　綜合績效評價標準（修正指標）

評價內容	評價指標（70%）						
	修正指標		優	良	中	低	差
盈利能力	銷售利潤率	12	≥10	6~10	3~6	0~3	≤0
	銷售現金比率	12	≥90	80~90	70~80	60~70	≤60
	成本費用利潤率	10	≥15	10~15	5~10	0~5	≤0
資產質量	良性資產比率	9	≥95	90~95	85~90	80~85	≤80
	流動資產週轉率	7	≥2	1.5~2	1~1.5	0.5~1	≤0.5
	資產變現率	6	≥95	90~95	85~90	80~85	≤80
財務風險	流動比率	8	≥1	0.9~1	0.8~0.9	0.7~0.80	≤0.7
	速動比率	8	≥0.9	0.8~0.9	0.7~0.8	0.6~0.7	≤0.6
	現金比率	6	≥0.9	0.7~0.9	0.5~0.7	0.3~0.5	≤0.3
經營增長	淨利潤增長率	10	≥20	10~20	5~10	0~5	≤0
	總資產增長率	7	≥25	15~25	5~15	0~5	≤0
	市場佔有率	5	≥30	20~30	10~20	5~10	≤5

表 8-13　　　　　　　　　　輔助指標實際值

	基本指標	標準分	美的	格力	海爾
盈利能力	銷售利潤率	12	10.96	10.8	5.98
	銷售現金比率	12	96	64	115
	成本費用利潤率	10	13.23	20.27	7.23
資產質量	良性資產比率	9	96	93	91
	流動資產週轉率	7	1.49	0.82	1.91
	資產變現率	6	96	93	90
財務風險	流動比率	8	1.35	1.13	0.95
	速動比率	8	1.18	1.06	0.74
	現金比率	6	0.3	0.75	0.32

表8-13(續)

	基本指標	標準分	美的	格力	海爾
經營增長	淨利潤增長率	10	15.57	23.05	17.03
	總資產增長率	7	52.72	15.37	75.19
	市場佔有率	5	30	36	25

　　修正指標得分以海爾週轉能力為例。存貨週轉率與應收帳款週轉率得分分別為8.9和11.05，則資產質量分類係數＝(8.9+11.05)÷22＝0.91。修正指標得分分別為(計算方法同基本指標)：良性資產比率為7.56，流動資產週轉率為6.75，資產變現率為5.4。

表8-14　　　　　　　　　　修整指標得分

	基本指標	標準分	美的	格力	海爾
盈利能力	銷售利潤率	12	12	12	9.58
	銷售現金比率	12	12	5.76	12
	成本費用利潤率	10	9.29	10	6.89
資產質量	良性資產比率	9	9	8.28	7.56
	流動資產週轉率	7	5.57	3.7	6.75
	資產變現率	6	6	5.52	5.4
財務風險	流動比率	8	8	8	7.2
	速動比率	8	8	8	5.44
	現金比率	6	2.4	5.1	2.52
經營增長	淨利潤增長率	10	9.11	10	9.41
	總資產增長率	7	7	5.65	7
	市場佔有率	5	5	5	4.5

調整係數分別為：
良性資產比率＝1－0.91＋7.56÷9＝0.93
流動資產週轉率＝1－0.91＋6.75÷7＝1.05
資產變現率＝1－0.91＋5.4÷6＝0.99
三項加權調整係數＝(0.93×9＋1.05×7＋0.99×6)÷22＝0.98
資產質量得分＝(8.9＋11.05)×0.98＝18.76

表8-15　　　　　　　　　　財務指標得分

	標準分	美的	格力	海爾
盈利能力	34	32.07	23.87	28.58
資產質量	22	16.8	12.19	18.76
財務風險	22	25.94	17.57	15.35
經營增長	22	21.99	19.85	20.98
合計	100	94.23	89.59	83.67

表 8-16　　　　　　　　管理績效評價指標（30%）

評議指標	權重（%）	美的	格力	海爾
戰略目標	18	17	15	14
技術創新	20	19	18	13
風險管理	10	8	5	8
內部控制	20	19	18	15
人力資源	16	14	13	13
行業影響	8	8	8	7
社會責任	8	7	8	8
合計	100	92	85	78

若企業綜合績效評價結果劃分如下：
優（A）：A++為 95~100；A+為 90~95；A 為 85~90。
良（B）：B+為 80~85；B 為 75~80；B-為 70~75。
中（C）：C 為 60~70；C-為 50~60。
低（D）：D+為 40~50。
差（E）：E 為<40。
企業綜合績效評價計分結果如下：
美的＝94.230.7+92×0.3＝93.56。總評：優（A+）。
格力＝89.59 ×0.7+85×0.3＝88.21。總評：優（A）。
海爾＝83.67 ×0.7+78×0.3＝81.97。總評：良（B+）。

第三節　單位內部績效管理

一、責任會計概述

（一）責任會計的含義

責任會計作為現代管理會計的一個重要分支，是指適應企業內部經濟責任制的要求，對企業內部各責任中心的經濟業務進行規劃與控制，以實現業績考核和評價的一種內部會計控制制度。

責任會計是 19 世紀末 20 世紀初為了適應泰羅制的推廣和運用而產生並發展的。第二次世界大戰之後，企業的規模不斷擴大，出現了越來越多的股份公司、跨行業公司和跨國公司。這些公司的業務涉及行業交叉、管理層次繁多、分支機構遍布，傳統的管理模式已經不適用或管理效率低下。同時，伴隨行為科學、管理科學的發展，責任會計受到了普遍重視。

建立責任會計制度一方面便於貫徹責任制，促使每個責任層次把自己應負責的成本指標嚴格加以控制，努力降低成本和資金占用，擴大企業利潤；另一方面便於把各個責任層次的經營目標統一到整個企業的經營總目標上來，確立「經營目標的一致性」。

（二）責任會計的程序

責任會計是現代分權管理模式的產物，是通過在企業內部建立若干個責任中心，並對其分工負責的經濟業務進行規劃和控制，從而實現對企業內部各責任單位的業績考核和評價。責任會計的要點就在於利用會計信息對各分權單位的業績進行計量、控制和考核。其主要內容如下：

1. 設置責任中心，明確權責範圍

實行責任會計，需要將企業所屬的各部門、單位劃分為若干個責權範圍清晰的責任中心，並依據責任中心的經營活動特點，明確規定這些中心負責人的責權範圍及量化的價值指標，並授予其相應的經營管理決策權。這不僅使中心責任人能在權限範圍內獨立自主履行職責，而且需要對責任的完成情況進行考核和評價。

2. 編製責任預算，確定考核標準

企業的全面預算按照生產經營過程落實企業的總體目標和具體任務。責任預算是按照責任中心來落實企業的總體目標和任務，作為其開展經營活動、評價工作成果的基本標準和依據。

3. 建立跟蹤系統，進行反饋控制

在預算執行過程中，每個責任中心應定期制定業績報告，將實際數據和預算數據進行對比，據以找出差異，分析原因，考核預算的執行情況，並通過信息反饋、控制和調節經營活動，確保企業總體目標的實現。

4. 分析評價績效，建立明確的獎罰制度

企業通過編製業績報告，對各個責任中心的工作成果進行全面分析和評價，並且按照實際的工作成果進行獎懲，做到功過分明、獎懲有據，最大限度地調動各個責任中心的積極性，促進各個責任中心相互協調並取得更大的工作成果。

（三）責任會計的原則

責任中心是用於企業內部控制的會計，各個企業可以根據各自的不同特點確定責任會計的具體形式。但是，無論採用何種責任會計的形式，在設置時均需要遵循以下基本原則：

1. 責、權、利相結合的原則

擁有與責任相當的權力和相應的經濟利益是責任落實及其目標完成的保障，因此企業在設置責任目標時，也應明確相應的權力和利益。

2. 目標一致性的原則

企業在設定責任單位的目標、權力、預算以及考核標準時，都應當注意始終與企業的整體目標保持一致，避免因為片面追求局部利益而影響企業的整體利益，促使企業各責任單位協調一致地為實現企業的總體目標而努力。

3. 可控性的原則

對責任單位賦予相應的責任，應當以其能夠控制為前提。企業在進行業績考核時，應當盡可能把責任單位不能控制的因素排除，以保證責、權、利關係的緊密相結合，只有這樣，才能最大限度地調動責任單位的積極性。

4. 激勵的原則

責任會計的主要目的之一是激勵管理人員提高工作的效率和增加效益，更好地

完成企業的總目標。因此，責任目標和責任預算的制定應是合理的、切實可行的，經過努力是可以達到的目標，這樣才能不斷激勵各責任單位為了實現預算而不斷努力工作。

5. 反饋的原則

為了保證責任中心對其經營業績的有效控制，必須及時、準確、有效地反饋生產經營過程中的各種信息，反饋的內容主要包括兩個方面：一是向各責任單位反饋，使其能夠及時瞭解預算的執行情況，並不斷調整偏離目標的差異，實現規定的目標；二是向上一級責任中心反饋，以便上一級預算中心能夠及時全面瞭解情況。

二、責任中心劃分與考核

（一）責任中心的定義

責任中心是指根據其管理權限承擔一定的經濟責任，並能反應其經濟責任履行情況的企業內部單位。為了有效地進行內部控制，有必要將整個企業逐級劃分為若干責任領域，即責任中心。凡是管理上可區分、責任上可以辨認、成績上可以單獨考核的單位，都可以劃分為責任中心，大到子公司、分公司、工廠或部門，小到車間、班組。

（二）責任中心的特徵

責任中心通常具備以下五個特徵：

（1）責任中心是一個責、權、利相結合的實體。每個責任中心都有完成一定的財務指標的責任。同時，企業賦予了責任中心與其承擔責任的範圍和大小相適應的權力。除此之外，責任中心規定了相應的績效考核標準及利益的分配。

（2）責任中心具有承擔經濟責任的條件。所謂具有承擔經濟責任的條件，具體包括兩層含義：一是責任中心具有履行經濟責任中心各條款的行為能力；二是責任中心一旦不能履行經濟責任，能對其後果承擔責任。

（3）責任中心承擔的責任和行使的權力都應該是可控的。每個責任中心只能對其責權範圍內可控的成本、收入、利潤和投資等相應指標負責，在責任預算和績效考核中也只能包括其能控制的項目。需要注意的是，可控和不可控是相對而言的，通常情況下，責任中心的層次越高，其可控的範圍就越大。

（4）責任中心具有相對獨立的經營業務和財務收支活動，這是確保經濟責任的客觀對象和責任中心得以存在的前提條件。

（5）責任中心便於進行責任核算、業績考核和評價。責任中心不僅需要劃清責任而且能夠進行單獨的責任核算。劃清責任是前提，單獨核算是保證。只有既劃清責任又能進行單獨核算的企業內部單位，才能作為一個責任中心。

（三）責任中心的分類

按照責任對象的特徵和責任範圍的大小，責任中心可分為：

1. 成本（費用）中心

成本（費用）中心是指只發生成本或費用而不取得經常性或穩定性收入的責任單位。任何只發生成本或費用的責任領域都可以確定為成本（費用）中心。成本（費用）中心只考核成本，根據成本（費用）中心控制對象的特徵，可以把成本

（費用）中心分為技術性成本中心和酌量性成本中心兩類。

成本（費用）中心發生的各項成本，對該成本（費用）中心來說，有些是可以控制的，即可控成本；有些是無法控制的，即不可控成本。成本（費用）中心只能對其可控成本負責。一般來講，可控成本應同時符合以下三個條件：

(1) 責任單位通過一定方式瞭解將要發生的成本。

(2) 責任單位能夠對成本進行計量。

(3) 責任單位能夠通過自己的行為對成本加以調節和控制。

凡不能同時符合上述三個條件的成本通常為不可控成本，一般不在成本（費用）中心的責任範圍之內。

需要注意的是，成本的可控與不可控是相對的，這與責任單位所處管理層次的高低、管理權限的大小以及控制範圍的大小有直接關係。因此，對企業來說，幾乎所有成本都可以被視為可控成本，一般不存在不可控成本；而對於企業內部的各個部門、車間、工段、班組來說，則既有各自的可控成本，又有各自的不可控成本。一項對較高層次責任單位來說屬於可控的成本，對其下屬較低層次的責任單位來說可能就是不可控成本；反過來，較低層次責任單位的可控成本，則一定是其所屬的較高層次責任單位的可控成本。

2. 利潤中心

利潤中心是指既要發生成本，又能取得收入，還能根據收入與成本配比計算利潤的責任單位。

利潤中心的成本和收入對利潤中心來說，都必須是可控的。可控收入減可控成本就是利潤中心的可控利潤，也就是責任利潤。一般來說，企業內部的各個單位都有自己的可控成本，因此成為利潤中心的關鍵在於是否存在可控收入。可控收入在製造業通常包含以下三種：

(1) 對外銷售產品而取得的實際收入。如果責任單位有產品銷售權，就會取得實際收入。由於獲取實際收入就可以計算真正實現的利潤，因此這類責任單位可以稱為自然利潤中心。

(2) 按照包含利潤的內部結算價格轉出本中心的完工產品而取得的內部銷售收入。如果責任單位的產品不能直接對外銷售，而只是提供給企業內部的其他單位，那麼取得的收入就不是對外銷售的實際收入，只是企業內部銷售收入。這種內部銷售收入與該期利潤中心完工產品成本的差額，是所謂的內部利潤（或稱生產利潤）。由於這種內部利潤並非現實的利潤，因此創造內部利潤的這類利潤中心可以稱為人為利潤中心。

(3) 按照成本型內部結算價格轉出本中心的完工產品而取得的收入。這類利潤中心的產品也只是提供給企業內部的其他單位，因此也屬於人為利潤中心。但是，這類利潤中心轉出的產品是按照計劃成本計價的。所謂收入，實際上就是按照計劃成本轉出的完工產品的總成本。企業將按照計劃成本轉出的完工產品總成本與完工產品實際成本的差額，視為內部利潤。不難看出，這種內部利潤實際上就是產品成本差異，只是使用了內部利潤的概念。從這個意義上講，大多數成本（費用）中心都可以轉作人為利潤中心。

對利潤中心業績進行考核的重要指標是其可控利潤，即責任利潤。如果利潤中心獲得的利潤中有該利潤中心不可控因素的影響，則必須進行調整。企業將利潤中心的實際責任利潤與責任利潤預算進行比較，可以反應出利潤中心責任利潤預算的完成情況。

3. 投資中心

投資中心是指既要發生成本又能取得收入、獲得利潤，還有權進行投資的責任單位。該責任單位不僅要對責任成本、責任利潤負責，還要對投資的收益負責。顯然，投資中心應擁有較大的生產經營決策權，實際上相當於一個獨立核算的企業，如總公司下屬的獨立核算的子公司、分公司或分廠等。

投資中心和利潤中心的主要區別有以下三點：

（1）權力不同。利潤中心沒有投資決策權，只能在項目投資形成生產能力後進行具體的經營活動；而投資中心則不僅在產品生產和銷售上享有較大的自主權，而且能相對獨立地運用掌握的資產，購建或處理固定資產，擴大或縮減現有的生產能力。

（2）考核方法不同。利潤中心在考核時不涉及投入產出的比較，而投資中心考核時則必須考核投入產出的比較。

（3）組織形式不同。利潤中心可以是也可以不是獨立法人，而投資中心一般是獨立法人。

（四）各種責任中心的考核

1. 成本（費用）中心的考核

由於成本（費用）中心只對成本或費用承擔責任，準確講只是對可控成本負責，因此應從全部成本中區分出可以控制的責任成本，將其實際發生額與預算額進行比較、分析，揭示產生差異的原因，以督促成本（費用）中心降低成本，同時據此對責任單位的工作成果進行評價。

成本（費用）中心的考核指標包括責任成本的變動額和變動率兩類指標。其計算公式如下：

$$成本增減額 = 實際成本 - 預算成本 \qquad (式 8-24)$$

$$成本升降率 = 成本增減額 \div 預算成本 \qquad (式 8-25)$$

考核時企業既要考核責任成本預算差異，以揭示各項成本的支出水準，評價各責任成本（費用）中心降低成本支出的績效，又要考核責任成本產量差異，以揭示各責任成本（費用）中心通過增加產量形成的成本相對節約額，促使責任成本（費用）中心尋求降低成本的途徑。各職能管理部門主要考核期間費用，因此主要採用差異分析法確定當期期間費用支出總額和各項費用支出的節約與超支，並分析原因。供應部門主要考核材料採購成本，因此主要用差異分析法確定當期材料採購成本支出總額和各種材料採購成本支出的節約或超支，並分析其原因。

【例 8-5】華太公司第二車間是一個成本（費用）中心，只生產 B 產品。其預算產量為 5,000 件，單位標準材料成本為 100 元/件（100 元/件 = 10 元/千克×10 千克/件）；實際產量為 6,000 件，實際單位材料成本為 96 元/件（96 元/件 = 12 元/千克×8 千克/件）。假定其他成本暫時忽略不計，根據該成本（費用）中心消耗的直

接材料責任成本的變動情況，分析該成本（費用）中心的成本控制情況。

根據題意可知：

成本增減額=96×6,000-100×6,000=-24,000（元）

成本升降率=-24,000/(100×6,000)×100%=-4%

計算結果表明，該成本（費用）中心的成本降低額為24,000元，降低率為4%。其原因分析如下：

第一，由於材料價格上升對成本的影響=(12-10)×8×6,000=96,000（元）

由於材料採購價格上升致使成本超支了96,000元，這屬於第一車間的不可控成本，應將其超支責任由該車間轉出，由採購部門承擔。

第二，由於材料用量降低對成本的影響=10×(8×6,000-10×6,000)=-120,000（元）

由於材料用量降低使得成本節約了120,000元，屬於該中心取得的成績。

2. 利潤中心的考核

利潤中心是組織中對實現銷售及控制成本負責的一個部門。利潤中心管理人員一般需要負責產品定價、決定產品組合以及監控生產作業。由於利潤中心的管理人員有權制定資源供應決策並有自行定價的權力，在對利潤中心進行業績考核時，需要充分考慮利潤中心經理行使相應的決策權力所涉及的方面。

利潤中心按照收入來源的性質不同，可以分為自然利潤中心和人為利潤中心。自然利潤中心是指可以直接對外銷售產品並取得收入的利潤中心，具有產品銷售權、價格制定權、材料採購權和生產決策權。人為利潤中心是指對內部責任單位提高產品或勞務而取得的「內部銷售收入」的利潤中心，具有決定本利潤中心的產品品種（含勞務）、產品質量、作業方法、人為調配、資金使用等。一般情況下，只要能夠制定出合理的內部轉移價格，就可以將企業大多數生產半成品或提供勞務的成本（費用）中心改造成人為利潤中心。

對利潤中心工作業績進行考核的重要指標是其可控利潤，即責任利潤。如果利潤中心獲得的利潤中有該利潤中心不可控因素的影響，則必須進行調整。企業將利潤中心的實際責任利潤與責任利潤預算進行比較，可以反應出利潤中心責任利潤預算的完成情況。企業將完成情況與對利潤中心的獎懲結合起來，可以進一步調動利潤中心增加利潤的積極性。

通常以「邊際貢獻」作為考核的指標，其計算公式如下：

(1) 當利潤中心不計算共同成本或不可控成本時，則：

邊際貢獻總額=銷售收入總額-變動成本總額（或者利潤中心可控成本）

（式8-26）

值得注意的是，如果可控成本包含可控固定成本，則可控成本就不完全等於變動成本總額。但是一般而言，利潤中心的可控成本大多只是變動成本。

(2) 當利潤中心計算共同成本或不可控成本，則：

邊際貢獻總額=銷售收入總額-變動成本總額　　（式8-27）

(3) 當利潤中心計算共同成本和不可控成本，則：

利潤中心負責人可控利潤=邊際貢獻總額-利潤中心負責人可控固定成本

（式8-28）

利潤中心可控利潤＝利潤中心負責人可控利潤－利潤中心負責人不可控固定成本

（式 8-29）

為了更好地考核利潤中心負責人的經營業績，應針對經理人員的可控成本費用進行考核和評價。這就需要將利潤中心的固定成本進一步劃分為可控的固定成本和不可控的固定成本。

【例8-6】華太公司的第五車間是一個人為利潤中心。本期實現內部銷售收入600,000元，變動成本為400,000元。該中心負責人可控固定成本為50,000元，該中心負責人不可控，但應由該中心負擔的固定成本為70,000元。計算邊際貢獻總額、利潤中心負責人可控利潤、利潤中心可控利潤。

邊際貢獻總額＝600,000－400,000＝200,000（元）

利潤中心負責人可控利潤＝200,000－50,000＝150,000（元）

利潤中心可控利潤＝150,000－70,000＝80,000（元）

3. 投資中心的考核

投資中心是除了能夠控制成本（費用）中心、收入中心和利潤中心之外，還能對投資的資金進行控制的中心。投資中心是最高層次的責任單位，擁有最大的決策權，也承擔最大的責任。一般而言，大型集團所屬的子公司、分公司、事業部往往都是投資中心。

投資中心考核與評價的內容是利潤和投資的效果。因此，投資中心除了考核和評價利潤之外，更需要計算、分析利潤和投資額的關係，即通過投資報酬率和剩餘收益兩個指標進行衡量。

（1）投資報酬率。投資報酬率是投資中心一定時期的營業利潤和該期的投資占用額之比。該指標反應了通過投資而返回的價值，是企業從一項投資性商業活動的投資中得到的經濟回報。企業最終獲得的利潤和投入的經營必備的財產是緊密聯繫的。該指標是全面評價投資中心各項經營活動、考評投資中心業績的綜合性質量指標，既能揭示投資中心的銷售利潤水準，又能反應資產的使用效果。此外，投資中心管理層要負責確定公司的戰略防線，因此其在提高市場佔有率及成功引進新產品等方面也負有責任。其計算公式為：

投資報酬率＝營業利潤／營業資產

＝（營業利潤／銷售收入）×（銷售收入／營業資產）

＝銷售利潤率×資產週轉率　　　　　　　　　（式 8-30）

值得說明的是，由於利潤或息稅前利潤是期間性指標，因此上述投資額或總資產占用額應按平均投資額或平均占用額計算。

投資利潤率是廣泛採用的評價投資中心業績的指標，優點如下：

第一，投資利潤率能反應投資中心的綜合盈利能力。從投資利潤率的分解公式可以看出，投資利潤率的高低與收入、成本、投資額和週轉率有關，提高投資利潤率應通過增收節支、加速週轉和減少投入來實現。

第二，投資利潤率具有橫向可比性。投資利潤率將各投資中心的投入與產出進行比較，剔除了因為投資額不同而導致的利潤差異的不可比因素，有利於進行各投資中心經營業績比較。

第三，以投資利潤率作為評價投資中心經營業績的尺度，可以正確引導投資中心的經營管理行為，使其投資行為從企業的長遠利益出發。由於該指標反應了投資中心運用資產並使資產增值的能力，如果投資中心資產運用不當，就會增加資產或擴大投資占用規模，降低利潤。因此，以投資利潤率作為考核與評價的尺度，將促使各投資中心盤活閒置資產，減少不合理資產占用，及時處理過時、變質、毀損資產等。

投資利潤率指標也存在一定的局限性：

第一，在通貨膨脹情況下，企業資產帳面價值失真、失實，以致相應的折舊少計、利潤多計，使計算的投資利潤率無法揭示投資中心的實際經營能力。

第二，使用投資利潤率往往會使投資中心只顧本身利益而放棄對整個企業有利的投資項目，造成投資中心的近期目標與整個企業的長遠目標相背離。各投資中心為達到較高的投資利潤率，可能會採取減少投資的行為。

第三，投資利潤率的計算與資本支出預算所用的現金流量分析方法不一致，不便於投資項目建成投產後與原定目標的比較。

第四，從控制角度看，由於一些共同費用無法為投資中心所控制，因此投資利潤率的計量不全是投資中心所能控制的。

為了克服投資利潤率的某些缺陷，應採用剩餘收益作為主要評價指標。

(2) 剩餘收益。剩餘收益是一個絕對數指標，是指投資中心獲得的利潤扣減最低投資收益後的餘額。最低投資收益是投資中心的投資額（或資產占用額）按規定或預期的最低收益率計算的收益。其計算公式如下：

$$剩餘收益＝息稅前利潤－總投資額 \times 規定或者預期的最低投資收益率$$

(式 8-31)

這裡所說的規定或預期的最低收益率通常是指企業為保證其生產經營正常、持續進行必須達到的最低收益水準，一般可以按整個企業各投資中心的加權平均投資收益率計算。只要投資項目收益高於要求的最低收益率，就會給企業帶來利潤，也會給投資中心增加剩餘收益，從而保證投資中心的決策行為與企業總體目標一致。

剩餘收益指標具有以下兩個特點：

第一，體現投入產出關係。由於減少投資（或降低資產占用）同樣可以達到增加剩餘收益的目的，因此與投資利潤率一樣，該指標也可以用於全面考核與評價投資中心的業績。

第二，避免本位主義。剩餘收益指標避免了投資中心的狹隘本位傾向，即單純追求投資利潤而放棄一些有利可圖的投資項目。以剩餘收益作為衡量投資中心工作成果的尺度，可以促使投資中心盡量提高剩餘收益，即只要有利於增加剩餘收益絕對額，投資行為就是可取的，而不只是盡量提高投資利潤率。

【例8-7】華太公司下設甲和乙兩個投資中心，該公司加權平均投資收益率為10%。現華太公司擬追加 30 萬元投資，有關資料如表 8-17 所示，評價甲投資中心和乙投資中心的經營業績。

表 8-17　　　　　　　甲投資中心和乙投資中心資料　　　　　　單位：萬元

項目		投資額	利潤	投資利潤率(%)	剩餘收益
追加投資前	甲	40	2	5	2−40×10% = −2
	乙	60	9	15	9−60×10% = 3
	總計	100	11	11	11−100×10% = 1
甲投資中心追加投資30萬元	甲	40+30 = 70	2+2.2 = 4.2	6	4.2−70×10% = −2.8
	乙	60	9	15	9−60×10% = 3
	總計	100+30 = 130	11+2.2 = 13.2	10.10	13.2−130×10% = 0.2
乙投資中心追加投資30萬元	甲	40	2	5	2−40×10% = −2
	乙	60+30 = 90	9+4.2 = 13.2	14.70	13.2−90×10% = 4.2
	總計	100+30 = 130	11+4.2 = 15.2	11.80	15.2−130×10% = 2.2

由表 8-17 可知，如以投資利潤率作為考核指標，追加投資後，甲投資中心的利潤率由 5% 提高到 6%，乙投資中心的利潤率由 15% 下降到 14.7%，則向甲投資中心投資比向乙投資中心投資更好。但是如果以剩餘收益作為考核指標，甲投資中心的剩餘收益由原來的 −2 萬元變成了 −2.8 萬元，乙投資中心的剩餘收益由原來的 3 萬元增加到 4.2 萬元，應當向乙投資中心投資更好。如果從整個公司角度進行分析，投資甲投資中心後公司的總體投資利潤率由 11% 下降到了 10.10%，剩餘收益由 1 萬元下降到了 0.2 萬元；投資乙投資中心後公司總體投資利潤率由 11% 上升到 11.80%，剩餘收益由 1 萬元增加到 2.2 萬元。這和剩餘收益指標評價各投資中心的績效的結果是一致的。因此，以剩餘收益作為評價指標可以保持各投資中心獲利目標與公司總目標一致。

需要說明的是，剩餘收益和投資報酬率可以起到互補作用。剩餘收益彌補了投資報酬率的不足，可以在投資決策方面使投資中心利益與企業整體利益取得一致，並且剩餘收益允許不同的投資中心使用不同的風險調整資本成本。剩餘收益最大的不足之處在於不能用於兩個規模差別比較大的投資中心的橫向比較，而這恰恰是投資報酬率的優點。

需要強調的是，績效考核並非只局限於上述財務指標基礎上的評價。事實上，所有責任單位均會有重要的非財務業績考評指標，如商品或勞務的質量、經營週期、顧客滿意度、員工滿意度和市場佔有量等。這些非財務指標的重要性因責任單位的劃分而各不相同。即使在同一類責任單位，由於各個部門權責範圍的差異，重要性也會有所不同。

三、內部轉移價格

（一）內部轉移價格的含義

內部轉移價格又稱為內部轉讓價格，是指企業內部各責任單位之間轉移中間產品或相互提供勞務而發生內部結算和進行內部責任結轉使用的計價標準。

制定內部轉移價格，有助於明確劃分各責任單位的經濟責任，有助於在客觀、可比、公正的基礎上對責任單位的績效進行考核與評價，以便協調各責任單位的各

種利益關係，調動企業內部各部門的生產積極性，便於企業經營者做出正確的決策。

在其他條件不變的情況下，內部轉移價格的變化會使交易雙方當事人的責任單位成本或收入發生相反方向的變化。但是從整個企業角度分析，一方增加的成本可能正是另一方增加的收入；反之亦然。因此，在理論上看，內部轉移價格無論怎樣變動，都不會改變企業的利潤總額，改變的只是企業內部各責任單位的收入或利潤的分配份額。

(二) 內部轉移價格的用途

在責任單位系統中，內部轉移價格主要應用於內部交易結算和內部責任結轉。

1. 內部交易結算

企業內部的各個責任單位在生產經營活動過程中，經常發生各種既相互聯繫，又相互獨立的業務活動。在管理會計中，我們將一個責任單位向另一個責任單位提供產品或勞務服務而發生的相關業務稱為內部交易。內部交易結算是指在發生內部交易業務的前提下，由接受產品或勞務服務的責任單位向提供產品或勞務服務的責任單位支付報酬而引起的一種結算行為。

採用內部轉移價格進行內部交易結算，可以使企業內部的兩個責任單位處於類似於市場交易的買賣雙方，起到與外部市場相似的作用。責任單位作為賣方（即提供產品或勞務的一方）必須不斷改善經營管理，提高質量，降低成本費用，以其收入抵償支出，取得更多的利潤；而買方（即接受產品或勞務的一方）也必須在競價後形成的一定買入成本的前提下，千方百計降低自身的成本費用，提高產品或勞務的質量，爭取獲得更多的利潤。

按照內部結算採用的手段不同，企業內部結算方式通常包括內部支票結算方式、轉帳通知單結算方式和內部貨幣結算方式。

2. 內部責任結轉

內部責任結轉又稱責任成本結轉，簡稱責任結轉，是指在生產經營過程中，對於因不同原因造成的各種經濟損失，由承擔損失的責任單位對實際發生或發現損失的責任單位進行損失賠償的帳務處理過程。

利用內部轉移價格進行責任結轉有以下兩種情況：

一是各責任中心之間由於責任成本發生的地點與應承擔責任的地點往往不同，因此要進行責任轉帳。例如，生產車間消耗原材料超過定額是由於採購部門供應的原材料質量不合格所致，則應由採購部門負責，將這部分超定額成本消耗的成本轉移至採購部門。

二是責任成本在發生的地點顯示不出來，需要在下道工序或環節才能發生，這也需要轉帳。例如，前後兩道工序都是成本中心，後道工序加工時才發現前道工序轉來的半成品是次品。針對這些次品進行的篩選、整理、修補等工作消耗的材料、人工和其他費用都應由前道工序負擔。至於因為這些次品而使企業發生的產品降價、報廢損失，則應分析原因，分別轉到有關責任單位的帳戶中去。

責任成本結轉的方式包括直接的貨幣結算方式和內部銀行轉帳方式兩種。前者是以內部貨幣直接支付給損失方，後者只是在內部銀行所設立的帳戶之間劃轉。

內部交易結算和內部責任結轉的主要區別在於：前者涉及的內部資金流向（資

金流）與中間產品的轉移流向（物流）方向相反，即內部交易結算前的資金是由下游部門向上游部門流動，而產品是由上游部門向下游部門流動；後者涉及的內部資金轉移流向（資金流）與中間產品的轉移流向（物流）方向相同，即內部責任結轉的資金是由上游（承擔責任的中心）向下游（發生或發現損失的中心）流動。

（三）制定內部轉移價格的原則

1. 全局性原則

制定內部轉移價格必須強調企業的整體利益高於各責任單位的利益。內部轉移價格直接關係到各責任單位的經濟利益的大小，每個責任單位必然會最大限度地為本責任單位爭取最大的價格好處。在局部利益彼此衝突的情況下，企業和各責任單位應本著企業利潤最大化的要求，合理制定內部轉移價，不能以鄰為壑，在價格上互相傾軋。

2. 激勵性原則

內部轉移價格的制定應公平合理，充分體現各責任單位的工作態度和經營績效，各責任單位採用的內部轉移價格應使其努力經營的程度與所得利益相符，防止某些責任單位因價格優勢而獲得額外的利益，某些責任單位因價格劣勢而遭受額外的損失。內部轉移價格的制定應能激勵各責任單位經營管理的積極性，使其工作與得到的收益相適應。

3. 自主性原則

企業在確保整體利益的前提下，只要可能，就應通過各責任單位的自主競爭或討價還價來確定內部轉移價格，真正在企業內部實現市場模擬，使內部轉移價格能為各責任單位所接受。企業最高管理當局不宜過多地採取干預行為。

4. 重要性原則

內部轉移價格的制定應當體現「大宗細緻、零星從簡」的要求，對原材料半成品、產成品等重要物資，其內部轉移價格制定從細；對勞保用品、修理用備件等數量繁多、價值低廉的物資，其內部轉移價格制定從簡。

上述的四項基本原則在實際工作中往往相互矛盾。因為一組適合於評價責任單位經營業績的轉移價格可能使責任單位違反企業整體的利益。相反，一組能提供正確激勵的轉移價格可能導致長期對企業的成功有重大貢獻的責任單位在業績報告中出現虧損。值得注意的是，由於不同的方法適用於不同的情況和條件，而適用於某種情況和條件的方法又可能不適合某種使用目的。因此，沒有一種適合各種情況使用的最佳內部轉移價格。在同一企業組織中，內部轉移價格的政策會因不同種類的產品和勞務而多樣化。

（四）內部轉移價格的類型

內部轉移價格主要包括市場價格、協商價格、雙重價格和成本轉移價格。

1. 市場價格

（1）市場價格的含義。市場價格是根據產品或勞務的市場價格作為基價的內部轉移價格。採用市場價格，一般假定各責任單位處於獨立自主的狀態，可以自由決定從外部或內部進行購銷，同時交易的產品有客觀的市價可以採用。

（2）以市場價格作為內部轉移價格時應注意的問題。

第一，在中間產品有外部市場、可向外部出售或從外部購進時，可以以市場價格作為內部轉移價格，但並不等於一定要直接將市場價格用於內部結算。應該在此基礎上，對外部價格做一些必要的調整。這是因為外部售價一般包括銷售費、廣告費以及運輸費等，而這些內容在內部轉移價格中是不應包括的。當企業各責任單位不是獨立核算分廠，而是車間或部門時，產品的內部轉移價格不必支付資源稅等稅金，而這些稅金一般也是外部銷售價的組成部分。在制定內部轉移價格時，如不將上述內容從市場價格中剔除，則由這兩項內容帶來的好處都會為供應方獲得，不利於調動各責任單位的積極性，不利於利潤分配的公平。

第二，以市場價格為依據制定內部轉移價格，一般假設中間產品有完全競爭的市場或中間產品提供部門沒有任何閒置的生產能力。

第三，在採用市場價格作為內部轉移價格時，應盡可能使企業的中間產品在各責任單位之間進行內部轉移，首先應保證滿足內部責任單位對特定產品的需要，除非有充分理由說明對外交易比內部交易更為有利。

(3) 市場價格制定內部轉移價格的原則。為使內部交易公平、合理、科學地進行，在按照市場價格制定內部轉移價時，企業具體遵循以下三條原則：

第一，若賣方有意願對內銷售，且售價與市價相符時，買方應有購買的義務。

第二，若賣方售價高於市價時，買方有改向外界市場購入的自由。

第三，若賣方寧願對外界銷售，則應有不對內銷售的權利。但是，第二和第三條原則的應用必須以不影響企業的整體利益為前提。

(4) 以市場價格作為內部轉移價格的優缺點。在西方國家，通常認為市價是制定內部轉移價格的依據，市價意味著客觀、公平，意味著在企業內部引進了市場機制，形成了競爭氣氛，使各責任單位各自經營、相互競爭，最終通過利潤指標考核和評價其業績。

以市場價格作為內部轉移價格也有其局限性，它需要以高度發達的外部競爭市場的存在為前提，而這種完全競爭市場在現實經濟生活中是很難找到的，而且市場價格也受到一定的限制，有些是中間產品缺乏相應的市價作為其定價的依據。應該注意的是，凡屬內部轉讓的製品或勞務往往是專門生產的或具有特定的規格。在這樣的情況下，就缺乏市場交易價格。

(5) 市場價格的適用範圍。以市場價格為基礎制定的內部轉移價格適於利潤中心或投資中心採用產品有外部市場，購銷雙方都有權自由對外銷售產品和採購產品時，以市場價格作為轉移價格仍不失為一種有效的方法。

2. 協商價格

(1) 協商價格的含義。協商價格也稱為議價，是指在正常市場價格的基礎上，由企業內部責任單位共同協商確定的、供求雙方能夠共同接受的價格。採用協商的前提是責任單位轉移的產品應在非競爭性市場上具有買賣這種產品的可能性，在這種市場內買賣雙方有權自行決定是否買賣這種中間產品。

(2) 對協商價格的干預。第一，價格不能由買賣雙方自行決定。第二，當協商的雙方發生矛盾而又不能自行解決時。第三，雙方協商確定的價格不符合企業利潤最大化要求。這種干預應以有限、得體為原則，不能使整個協商談判由上級領導包

辦全權決定一切。

（3）協商價格水準的上下限範圍。協商價格通常要比市場價格低，其最高上限是市價，下限是單位變動成本。在一般情況下，轉移價格比市價低一些，這主要是由於：第一，內部轉移價格中包含的推銷費用和管理費用通常要低於市價包含的推銷費用和管理費用。第二，內部轉移的數量一般較大。第三，轉出單位擁有多餘的生產能力。

因此，市價只能作為制定內部轉移價格的上限，至於具體價格需由買賣方參考市價協商議定。

（4）以協商價格作為內部轉移價格的優缺點。以協商價格作為內部轉移價格的優點在於：在協商價格確定的過程中，供求雙方當事人都可以在模擬的市場環境下討價還價，充分發表意見，從而可以調動各方的積極性、主動性。

但協商價格也存在一定的缺陷：在協商定價的過程中不僅要花費人力、物力和時間，而且協商定價的各方往往會因各持己見而相持不下，需要企業高層領導干預作出裁定，這些行為弱化了分權管理的作用。

（5）協商價格的適用範圍。在中間產品有非競爭性市場、生產單位有閒置的生產能力以及變動生產成本低於市場價格且部門經理有討價還價權利的情況下，企業可以採用協商價格作為內部轉移價格。另外，當產品或勞務在沒有市價的情況下，也只有採用議價的方式來決定。

3. 雙重價格

（1）雙重價格的概念及應用的前提條件。雙重價格就是針對供需雙方分別採用不同的內部轉移價格而制定的價格。例如，對產品（半成品）的供應方，可以按協商的市場價格計價；對使用方則按供應方的產品（半成品）的單位變動成本計價。兩種價格產生的差額由會計部門調整計入管理費用。

採用雙重價格的前提條件是內部轉移的產品或勞務有外部市場，供應方有剩餘生產能力，而且其單位變動成本要低於市價。特別是當採用單一的內部轉移價格不能達到激勵各責任單位的有效經營和保證責任單位與整個企業的經營目標達成一致時，應採用雙重價格。

（2）雙重價格的形式。雙重價格主要有以下兩種形式：

第一種，雙重市場價格，就是當某種產品或勞務在市場上出現幾種不同價格時，供應方採用最高市價，使用方採用最低市價。

第二種，雙重轉移價格，就是供應方以市場價格或協議價格作為計價的基礎，而使用方以供應方的單位變動成本作為計價的基礎。

（3）雙重價格制度的特點。雙重價格制度使企業內部各責任單位在選擇內部轉移價格時具有一定的靈活性，各相關責任單位採用的價格並不需要完全一致，可分別選用對責任單位最為有利的價格為計價依據，從而對企業內部各責任單位的業績進行評價考核更加公平、合理。

（4）以雙重價格作為內部轉移價格的優缺點。優點在於可以較好地滿足供應方和使用方的不同需要，有利於產品（或半產品）接受單位正確地進行經營決策，避免因內部定價高於外界市場價格，接受單位向外界而不從內部「購買」，使內部的

產品（或半產品）供應單位的部分生產能力因此而閒置的情況發生。採用雙重價格也有利於提高供應單位在生產經營上的主動性和積極性。因此，雙重價格是一種既不直接干預各責任單位的管理決策，又能消除職能失調行為的定價方法。

缺點在於價格標準過多，在應用過程中，會在處理由此而形成的差異過程中遇到一些麻煩。

4. 成本轉移價格

（1）成本轉移價格的概念。成本轉移價格就是以產品或勞務的成本為基礎而制定的內部轉移價格。

（2）成本轉移價格的種類與特點。由於人們對成本概念的理解不同，成本轉移價格也包括多種類型，其中用途較為廣泛的成本轉移價格有以下兩種：

第一，標準成本，即以產品（半成品）或勞務標準成本作為內部轉移價格。它適用於成本中心之間的產品（半成品）轉移的結算。其優點是簡便易行，且不會把經營單位的浪費和無效勞動轉嫁給其他單位負擔。但按標準成本計價，必須使經營單位無利可得。這樣一來，經營單位就不會在成本控制和節約開支方面多下功夫，大大削弱了降低產品成本的積極性。

第二，標準成本加成，即按產品（成品）或勞務的標準成本加計一定利潤作為計價的基礎。當內部交易涉及利潤中心或投資中心時，可以將標準成本加上一定利潤作為轉移價格。其優點是能分清相關責任中心的責任，有利於成本控制。但確定加成利潤率時，應由管理當局妥善制定，避免主觀隨意性。

成本轉移價格還包括變動成本法、實際成本法、實際成本加成法等。

內部轉移價格的制定過程，實際上是企業內部各責任單位的利益分配的過程，為充分調動各責任單位的積極性，保證企業整體價值的最大化，各企業應具體問題具體分析，根據不同情況選擇適當的內部轉移價格。責任單位的相互轉帳，不可避免地會產生一些有關價格方面的爭議事項。因此，全行業內可以考慮設置一個經濟仲裁委員會，專門對這些爭議進行調查研究，秉公處理，實施仲裁。

第四節　員工激勵與業績考評

一、員工激勵形式

激勵計劃是企業為激勵被評價對象而採取的行動方案，包括激勵對象、激勵形式、激勵條件、激勵週期等內容。激勵計劃按激勵形式可分為薪酬激勵計劃、能力開發激勵計劃、職業發展激勵計劃和其他激勵計劃。

（一）物質激勵

物質激勵包括薪酬激勵計劃和職業發展激勵計劃。薪酬激勵計劃按期限可分為中長期薪酬激勵計劃和短期薪酬激勵計劃。短期薪酬激勵計劃主要包括績效工資、績效獎金、績效福利等。中長期薪酬激勵計劃主要包括股票期權、股票增值權、限制性股票以及虛擬股票。職業發展激勵計劃主要是對員工職業發展做出的規劃。

當優秀人才的物質待遇還沒有高於普通人，甚至低於普通人時，光給予優秀人才以精神激勵而不給予必要的薪酬激勵，不僅是十分不公平的而且也是對優秀人才所做貢獻的莫大蔑視和諷刺。

薪酬激勵包括給予獎金、獎品、工資、股票獎勵以及享有優厚的物質待遇等，以上這些屬於「正刺激」。對於少數表現極壞的「害群之馬」，通過減少薪酬分配量，如扣發獎金、獎品，降低工資待遇和其他物質待遇，也能起到「灌注」動力的效果，這些則屬於「負刺激」。這兩種刺激形式當以前者為主。

（二）精神激勵

其他激勵幾乎主要以精神激勵為主，是一種以調整精神傳遞的量和質作為激勵手段的計劃，包括良好的工作環境、晉升與降職、表揚與批評等。這是一種「不花錢」的有效激勵手段。在人際交往中，並非都在進行「物質傳遞」，更多的還是在進行「精神傳遞」（包括感情傳遞、思想傳遞、信息傳遞等）。在特定的情況下，精神激勵不僅可以彌補物質激勵的不足，而且可以成為長期起作用的決定性力量。因此，我們主張在激勵人才的工作中，正確運用精神激勵和物質激勵，將兩者巧妙地結合起來。

精神激勵的形式多種多樣，甚至在關鍵時刻向員工「傳遞」一句打動人心的話、一個含義深刻的手勢、一次表示讚許的微笑，都能起到激勵員工的奇效。同樣情況，精神激勵也包括「正刺激」和「負刺激」兩種刺激形式。各級管理者在表彰先進的同時，對於少數表現較差的落伍者，也應該敢於打破情面，給予必要的批評教育。唯有這樣才能分清是非，有效改善一個單位的客觀環境，使大批優秀人才脫穎而出。

榮譽激勵是一種高層次的精神激勵，通常是一定層次的組織對員工個人或單位授予一種榮譽稱號，有的是對一段時間工作的全面肯定，有的是對某一方面的突出貢獻予以表彰。榮譽激勵在社會現實中使用十分普遍，而且種類甚多。被組織授予榮譽稱號，即社會承認為全體成員的學習榜樣，標誌了某方面追求的成功和自我價值的增值，是對一種高級精神需要的滿足。

（三）行政激勵

行政激勵的一種主要方式是國家行政機構和各級組織按照一定的法規程序給予的具有行政權威性的獎勵和處罰。行政激勵有鮮明的法規性、權威性、永久性和嚴肅性的特點。所謂法規性，就是要嚴格執行法律和條令條例以及文件規定，不能有隨意性。所謂權威性，就是以國家行政組織名義出現，對激勵對象有著十分重大的影響。所謂永久性，就是一般要「記錄在案」，在激勵對象身上留下長遠的「印記」，甚至是影響終身。所謂嚴肅性，就是要按照嚴格的程序和規定進行，並以一定的形式公之於眾。行政激勵的重要手段是職務升遷或委以重任。升降激勵是通過職務和級別的升降來激勵人們的進取精神。升降激勵必須堅持任人唯賢、升降得當，堅持正確的任用方針，唯能是用。選對一人，就會鼓舞一片，罰對一個，就會教育一片，這才能起到激勵作用；反之，不僅起不到激勵作用，還會起到相反效果。

調遷激勵是行政激勵的一種重要形式，具體包括崗位調動、部門調動、地區調動、任務調動和入學深造等。企業通過調動員工去重要崗位、重要部門擔任重要工

作或去完成重要任務，使員工有一種信任感、尊重感和親密感，從而調動積極性，產生一種正向的強化激勵作用。同時，企業還可以將不勝任工作的員工從重要部門、重要崗位調出，免去其擔負的重要任務，使其看到自己的差距和不足，從而產生一種負向的強化激勵作用。

挫折激勵也是行政激勵的一種手段，通常是利用人們的挫折心理，變消極防衛為積極進取，變被動應付為主動奮鬥的一種激勵方式。受挫的特有作用可以促使員工在各方面成熟起來，全面提高素質和能力，接受教訓，以待再戰。人在受挫後容易冷靜下來，客觀地分析自身的條件和環境，反思自身的所思所想、所作所為，以便在今後的工作中盡量減少受挫因素，不斷增強對挫折的容忍力、應變力。挫折激勵幫助受挫員工調整轉變行為目標，把對成績、獎勵、晉升等的期望調整到一個恰當的水準上，把希望、動機轉變到新的可能會被滿足的需要上。總之變壞事為好事，變被動為主動，變消極為積極，使受挫者的受挫心理得到緩解，並轉變為新的更加實際、更加有力的激勵。

（四）成長激勵

成長激勵是指給職工提供較多的學習成長機會或提拔升遷機會。成長激勵主要以能力開發激勵為主。能力開發激勵計劃主要包括對員工知識、技能等方面以及時提供必要的知識和信息作為激勵手段的提升計劃。在實際生活中，我們經常可以看到這樣一種人才現象，就是有些被使用對象，因為知識老化、信息閉塞而陷入極度苦悶中，逐漸失去了繼續開拓前進的勇氣和信心。因此，在激勵人才中，能力的提升計劃也是重要的激勵手段。

在當今知識劇增的時代，個人能力對於從事各種複雜專業技術工作的人才來說，就顯得格外重要。如果一個人才不能進行必要的知識更新，得不到可靠的新信息、新情報，其創造能力就會明顯衰退，甚至蛻化成一個普通人。如果他已經看到了這種衰退的跡象，而自己的知識更新要求仍然無法得到滿足，那麼前進的動力就必定難以長期保持。因此，及時向各類人才「灌輸」能力是用人實踐的重要原則。

（五）輿論激勵

輿論激勵也稱為榮辱激勵，是運用社會公德、職業道德的一般規範，造成某種輿論氛圍，使激勵對象產生一種榮辱感。其主要方式是通過文件通報、報刊、會議以及廣播、互聯網及其他新媒體等宣傳媒介，對先進事跡進行表揚，對不良行為進行批評，使而達到弘揚正氣、抵制歪風的目的，形成奮發向上的良好氣氛。

心理學研究發現，如果主管者能充分發揮民主，給予廣大員工參與決策和管理的機會，那麼這個單位的生產、工作、員工情緒、內部團結都能得到提升。民主管理可以開啟下級思想的閘門，使下級開動腦筋，充分說出自己的見解。一方面，下級的意見可以彌補管理者智慧的不足。另一方面，共同商量的問題裡包含了下級的正確意見，下級執行起來會更加自覺；同時管理者用商量的方式與下級研究問題，還可以增強下級對領導者的親切感，從而進一步加深彼此之間的親切感。因此，廣大員工參與民主管理的程度越高，越有利於調動員工的工作積極性。

二、激勵原則

（一）公私分明

激勵者存心接受回饋，當施恩望報。這種私相授受的激勵不可能真誠持久。管理者必須心中沒有施恩的想法，更不希望個人獲得任何報答，才有實效。假公濟私將導致公司混亂，甚至以私害公。

（二）明暗分開

激勵可公開進行或暗中進行，兩者都以正當而合理為適宜。凡是大家看法一致、不易引起眾人反感的，可公開激勵，目的在獲得大家的良好的回應，以擴大影響。若是見仁見智而又非獎賞不可時，可以暗中進行，以減少誤解或不滿。普遍性的，可公開實施；特殊性的，除非眾所公認，否則以暗中進行為宜。牽涉個人榮譽的，私下激勵；單位或團體榮譽，公開表揚。「無所謂」式的公開就將失去激勵的作用。

（三）大小並重

罰要向上追究，不論地位，有過失就不能掩飾或開脫；賞應普及基層，地位再低微，有功就不能忽視或遺漏。大小並重，賞罰分明，才具有激勵效果。大功勞可以隆重，以示禮遇；小功勞也要重視，因為忽視小功勞，大家就會希望奪取大功勞，以致小問題無人問津，勢必釀成大禍害。

（四）動靜並用

動靜不是兩種相反的狀態，而是相互過渡的關係。例如，活動過程多半比較引人注意，而活動前後的企劃、準備及溝通、協調則容易被忽略。激勵者不可因自己看得見的動態便加以重視，卻對自己看不見的靜態予以忽視，以免厚此薄彼，招致不滿。對動態的激勵，必須把握時機和重點，以配合活動的進行。對靜態的激勵，可以定期或不定期在結束後或過程中，指定專人或由某些人交互實施。無論動態、靜態，都要給予合理的激勵，使大家明白動態、靜態各有其貢獻，並沒有輕重之分，因而朝目標分別努力。

（五）剛柔並濟

用剛硬的方式來激勵，多半建立在利害的基礎上；以柔和的方式來激勵，則多偏重於情誼。剛是一種果敢的作為，具有短時間的爆發力，常作為非常手段。剛硬之後如果再柔和安撫，更能得人心。企業不可存心殺一儆百，因為人心惶恐，並沒有好處。剛柔並濟，所重不在懲罰，而在教化。但柔不表示膽怯，也不是推托、敷衍了事。柔是用真誠的愛心來感應，使對方發自內心地產生一股強烈的意願，自己奮發有為。

三、激勵方法

（一）對管理者的激勵

管理者的任務是計劃、協調、決策、指揮、檢查、負責。管理者擔任的角色和員工不同，因此考核管理者的標準也不能和一般員工一樣。PM因素分析法是比較通用的一種方法。P因素指的是對領導的工作績效的考核。其目的在於測量管理者為完成生產、工作任務而現實的勞動效能。這一標準的確立主要在於考查管理者的

理論知識和專業技術水準、工作的計劃性以及依據工作計劃、規章制度對下級實施管理的水準。M因素考核的是管理者對工作集體的關懷程度。其目的是測量領導者為完成生產、工作任務而體現的對工作的關心與愛護的程度。這一標準的確立在於考查領導者的工作方法的水準以及與下級的關係融洽的程度。企業通過考核以促進工作集體的團結，體現領導對人們的關心。企業員工的精神狀態、道德風尚、福利事業等情況都屬於考核的內容。

對管理者事項考核時，要根據不同的工作部門（如生產部門、財務部門等）和不同的管理層級（如某一部門的基礎管理、中層管理和高層管理）制定不同標準。只有這樣才能對不同部門、不同層次的管理者進行科學的考核。

在對領導在實行獎勵時，還有一種傾向要注意，即只獎卷面，不獎實績。隨著現代化生產的發展，人們普遍開始注意領導者的知識水準，因此經常可以看到舉辦廠長、經理等高級管理人員各種類型知識的考試。

獎勵管理者時，要做到嚴格標準，大膽獎勵。不論是任命還是選舉產生的管理者都是作為團體的代表而出現的。對其實行獎勵一定要嚴格按照標準進行考核，凡達到標準的都要給予獎勵；沒有達到標準的不能照顧情面，不能降低標準，也不能只憑地位設獎。

（二）對集體的激勵

隨著社會化大生產的不斷發展，現代管理思想也發生了變化，即從注重金錢到注重人的社會需要，從主張激勵個人到主張激勵集體。可以說，激勵集體也是現代科學發展的需要。

1. 用集體榮譽激勵

部門與部門之間、單位與單位之間可以廣泛開展評比競賽活動，並運用各種形式，大力表彰先進，鞭策後進，激發大家的集體榮譽感，自覺為集體增光，為單位爭榮。

2. 用集體精神激勵

集體精神是集體在長期實踐中形成和創立的思想成果與精神力量。集體精神包括集體成員獨有的勞動信念、價值觀念、行為準則、道德規範、工作作風等。集體精神是一種凝聚力，能使大家團結一致，共同奮鬥。

（三）對先進者的激勵

先進者由於對企業貢獻大，在物質上和精神上理應得到較高程度的激勵。但是，先進者只是競爭中的暫時優勝者，因此對先進者不僅要獎勵，更要幫助先進者找出差距，不斷前進，而這一點常常被人們忘記。

為了使先進者能不斷前進，必須注意下面幾個問題：

（1）正確對待先進者的長和短。人各有所長，先進者只不過是長處比別人更為突出。對先進者的長處，要積極肯定，並幫助其找出長處形成的原因，使其長處在理論和系統的基礎上發揚光大；同時，要指出先進者的不足，並提出不斷改進的具體措施。對先進者的缺點錯誤一定要批評，甚至比一般人要求更高。為了保住先進典型，有了錯誤也不講，或者遮遮掩掩，或者嫁禍於人，都是不對的。

（2）要給先進者的不斷前進創造一個較好的環境。先進者是暫時的領先，要保

證這個好勢頭，在條件許可的情況下，提供學習、進修的機會是非常重要的。

（3）要正確對待「三多」（職務多、會議多、社會活動多）。由於先進者的貢獻大，得到的物質和精神獎勵也較一般人多，其中就包括多參加一些會議、社會活動和擔任一定的職務。這些既是社會對先進者貢獻的獎勵，同時也是社會利用先進教育、鼓勵人們共同向上的一種方式，是十分必要的。但是，辯證法又告訴我們，必須要注意掌握事物的度。超過了度的界限，會議成山、職務纏身，使先進者脫離了工作、脫離了員工，那就不僅不能成為先進和榜樣，反而會帶來某些不好的後果。需要注意的是，先進者不一定都要委以重任。

（四）對後進者的激勵

後進是與先進相比較而存在的，後進不過是多了一些消極的東西，並非從裡到外的不值一提，更不是沒有一點閃光點。只要我們細心觀察、熱情挖掘，就會從後進者身上發現其優點，如上進心——總希望改變落後的位置，存在要求上進、爭取領先的心願；好勝心——蘊藏著一種不服輸的好勝情緒，甚至愛出風頭，來滿足自己並不比別人差的求勝心理；自尊心——不允許別人歧視自己，要求得到人格的尊重；自主性——思想解放、敢想敢幹，沒有顧忌，有時甚至膽大妄為。當然，後進者的缺點很多。激勵者要發現和挖掘後進者身上的閃光點，淡化後進者的缺點，化消極因素為積極因素。

（1）關心體貼，動之以情。激勵要以正強化為主，以負強化為輔，不要老是抓住問題不放。對後進者不能嫌棄，要真心實意地幫助他們，一視同仁地對待他們，將他們的積極性調動起來。

（2）正確疏導，曉之以理。後進者一般都有一定的個性，採取「硬撐」的辦法，容易使其產生逆反心理，應注重疏導，什麼事都要講明道理、講清利害，以理服人，不以勢壓人，用正確的道理啟迪他們。

（3）注重經常，導之以規。後進者一般自控能力弱，需要人經常點撥幫助。因此，對後進者要注重經常激勵，及時糾正出現的偏差。同時，激勵者要注意超前引導，在不良行為未出現之前就基於提醒、鼓勵，以避免問題的發生。激勵者要用規章制度來規範後進者的言行，使其逐步養成好習慣。

（4）循序漸進，持之以恒。後進者的轉化是一個艱難的過程，不能操之過急。對後進者每一點進步都要充分肯定，對前進中出現的反覆要有耐心，一如既往，做好工作。激勵者要運用激勵手段，經常加油，時時激勵，使後進者不斷成長進步。

（五）對中間層的激勵

中間層是一個大概念，其中不是只有一個層次。處於中間層前列的人員，與先進者距離較近，表現較好；相對較差的那一部分人員與後進者距離較近，與後進者相差無幾，只是程度輕一些。一般來說，中間層具有以下幾個特點：講求實惠，對物質利益比較關注；思想麻木，不求進取，甘居中游；不求有功，但求無過，遇事無爭，不管他人；鑽研技術，精通業務，一般都有一技之長。

要做好中間層的激勵工作，必須針對這些特點，採取與之相適應的辦法：一是重獎重罰，增強獎勵的吸引力和處罰的威懾力，真正使他們受到觸動，改變麻木不仁的狀態；二是發揮長處，特別是技術上的一技之長，大膽讓他們挑重擔、當骨幹，

擔負重要任務,有表現自己特長的機會;三是擴大先進面,特別是處在前列的人,要嚴格要求,熱情鼓勵,使其迅速擺脫中游,加入先進;四是要高度重視對中層的激勵工作,設置一些階段獎勵和單項獎勵,使他們中間有較多的人有較多的機會獲獎。對中間層人員的缺點要及時幫助教育,不能忽視對這部分人的教育管理。激勵工作不可忽視中間層,一定要捨得在中間層上下功夫。

(六) 對青年人的激勵

青年人具有一些不同於其他年齡段的人的特點,在獎勵時應引起企業的特別注意。青年人是時代的弄潮兒,積極正當的興趣對青年人的健康成長起著重要作用,首先企業可以陶冶青年人的高尚情操和堅強意志,其次企業可以促進青年獲得海量的知識。

根據青年人的特點,對他們的激勵應從以下幾方面入手:

(1) 滿足青年的創新要求。青年人有一種不滿足現狀、要求變革的強烈意識,他們不墨守成規,具有很強的創造性。實施激勵,就要把這種積極因素挖掘出來,發揚光大。企業不能輕視青年人,不能對他們敢想敢做的行為持懷疑和不支持的態度。企業應該放手讓青年人去闖,有意識地讓青年人擔負一些革新任務。

(2) 滿足青年的求知要求。立志成才是廣大青年的迫切願望。企業要努力滿足這種成才需求,組織好讀書活動,使青年人從健康的書籍中汲取營養;組織技術學習活動,使青年人成為本職崗位的行家裡手。有條件的企業還可以幫助青年人進行深造。這些既可以滿足青年人的成才要求,又可以調動青年人的積極性。

(3) 滿足青年的求新需求。青年人求新求變的意識強烈,對他們的激勵在形式、環境、內容上要不斷變化,豐富多彩,力求新意,增強吸引力。同時,企業要根據青年人不夠成熟、自控力差的特點,採取及時激勵的方式。

(4) 滿足青年的好勝要求。爭強好勝是青年人的一大特點,這是一種勇於進取、不甘落後的積極因素,管理者應予以尊重和保護,經常開展一些競賽活動等,給青年人提供更多的表現機會,激發青年人奮發向上的工作熱情。

(5) 滿足青年的興趣要求。青年人天性好動,興趣廣泛,因此在工作之餘要廣泛開展各種豐富多彩的文體活動和社交活動,在健康向上的活動中陶冶情操,增進友誼。

(七) 自我激勵

搞好自我激勵,要注意以下幾點:

(1) 貴在經常。自我激勵要持之以恒,不能一曝十寒。

(2) 貴在嚴格。自我激勵,激勵源於自己,但不能放鬆對自己的要求,必須自己與自己「過不去」,高標準,嚴要求,不斷給自己加壓加碼,促使自己不斷前進。特別是對自己的缺點和錯誤,要不怕丟面子,嚴於律己。

(3) 貴在自覺。自我激勵,即「我」既是激勵者又是被激勵者,沒有外部激勵的壓力。這就要求作為激勵者和被激勵者的「我」,具有高度的自覺性。這種自覺性來自對事業的高度責任心和個人成長的強烈要求,有了這種事業心和成才願望,就能自覺給自己加壓。

(4) 貴在自知。要做好自我激勵,首先要正確認識自己。正確認識一個人不容

易，而正確認識自己更難。這就要敢於剖析自己，對自己的優點不誇大、不縮小，給予肯定；對自己的缺點不掩蓋、不迴避，認真對待。自我激勵是一種高層次的激勵，需要有一種認識自己、徵服自己的崇高境界。

四、員工考核

（一）績效考核的原則和作用

1. 考核的原則

在建立考核制度及考核時，必須遵循一些基本原則，這些原則既是績效考核制度建立的重要依據，同時又是行之有效的人力資源考核的基本條件。

（1）公開與開放。企業要建立公開性要求下的開放式考核制度。開放式的考核首先是公開性和絕對性的，借此而取得上下認同，推行考核。期初時考核標準必須是十分正確的，上下級之間可以通過直接對話，面對面溝通考核工作。在貫徹開放性的同時，企業應注意做到以下幾點：

第一，通過工作分析確定組織對其成員的期望和要求，制定出可觀的人事考核標準，通過制定智能資格標準及考核標準，將組織對其員工的期望和要求公開地表示和確定下來。

第二，將考核活動公開化，破除神祕觀念，進行上下級間的直接對話，並把現代考核的本來目的，即能力開發與發展要求的內容引入考核體系中。

第三，引入自我評價機制，對公開的考核做出補充，通過自我評價，增進組織目標實現的可能性。

第四，根據企業不同，分階段引入人事考核標準、規則，使員工有一個逐步認識、理解的過程。

（2）反饋與修改。企業要把考核後的結果及時反饋，好的東西要堅持下去，不足之處要加以修正和彌補。在現代人力資源管理系統中，缺乏反饋的人事考核是沒有多少意義的，既不能發揮能力開發功能，也沒有必要作為績效管理系統的一部分獨立出來。順應人力資源管理系統變革的需要，企業必須構築起反饋系統。

（3）定期化與制度化。員工考核是一種連續的管理過程，因此必須定期化、制度化。人事考核既是對員工能力、工作績效、工作態度的評價，也是對員工未來行為表現的一種預測，因此只有程序化、制度化地進行人事考核，才能真正瞭解員工的潛能，才能發現組織中的問題，從而有利於組織的有效管理。

（4）可靠性與正確性。可靠性又稱信度，是指某項測量的一致性和穩定性。人事考核的信度是指人事考核的方法保證收集到的人員能力、工作績效、工作態度等信息的穩定性和一致性，強調不同評價者之間對同一個人或同一組人評價的一致性。如果考核因素和考核尺度是明確的，那麼測評者在同樣的基礎上評價員工，從而有助於改善信度。效度是指某測量有效地反應其測量內容的程度。人事考核的效度是指人事考核方法測量人的能力與績效內容的準確性程度，強調的是測評反應特定工作的內容（行為、結果和責任）的程度。

可靠性與正確性是保證人事考核有效的必要條件，績效考核體系想要獲得成功，就必須具備良好的信度和效度。

(5) 可行性和實用性。可行性是指任何一次考核方案所需時間、物力、財力要為使用者的客觀環境條件所允許。因此，企業制訂考核方案時，應根據考核目標，合理設計方案，並對其進行可行性分析。企業在對考核方案進行可行性分析時應考慮以下幾個因素：限制因素分析，目標、效益分析，潛在問題分析。實用性包含兩方面的含義：一是指考核工具和方法應適合不同測評目的的要求，要根據考核目的來設計考核工具。二是指涉及的考核方案應適應不同行業、不同部門、不同崗位的人員素質的特點和要求。

2. 考核的作用

按照一種標準，對企業員工的工作或工作中的員工進行考核，並把考核結果用於工資、獎金、晉升、調動、教育培訓工作，這是對人力資源考核的作用最一般的描述。然而，由於人事考核的制度化、系統化，尤其是人力資源考核注重並強調對員工的日常工作的考核，使考核的標準有了特定的內涵，即工作標準和工作要求或職務職能標準。考核後的各種人事管理工作有了新的規定性。

職務職能標準的確立及人事管理工作內涵的變化，反過來促進了組織人力資源考核作用的進一步明確。人事考核不僅僅是根據考核標準對員工日常工作能力、工作行為進行約束、引導、培訓和監督等，還要使每一個員工為做好工作而努力，處在致力於做好長久工作的努力之中。

考核過程是管理者與被管理者、考核者與被考核者、上司與下屬之間共同參與的過程。現代化的考核不僅可以在很大程度上消除以往由領導單方面決定工資、獎金、晉升、培訓和調動帶來的弊端，彌補單純按「標準」進行考核固有的缺陷，使考核工作自始至終按照「做好工作」和「更好地做好工作」展開；使考核方式、方法得以擴展，即在上下級之間進行協商、溝通、面談、反饋的基礎上，建立自我申報、適應性評價機制，建立相應的、記載上下級之間溝通過程的「能力開發卡」和「適應性卡」。

(二) 績效考核的內容

1. 成績考核和業績考核

成績考核、業績考核常被統稱為考核，成績與業績是行為的結果，考核是對行為的結果進行考核評價。

結果有可能是有效的，也有可能是無效的，結果有效性是對目的而言的，因此成績和業績往往被認為是有效的結果，稱為成果、績效等。同樣，成績和業績是對目的而言的，又被認為是一種貢獻和價值，成績和業績的大小，被認為是貢獻或價值的大小，也就是貢獻度或價值量。

考核成績與業績，就是考核組織成員對組織的貢獻，或者對組織成員的價值進行評價。考核是個被廣泛運用的概念，這是因為人們普遍認為成績和業績具有客觀可比性，唯有依靠成績和業績對人進行評價才是公平的，才有可能是公正的。

對一個企業的經營者來說，希望每個員工的行為能夠有助於企業經營目標的實現，為企業做貢獻，就需要對每個員工的成績、業績進行考核，並通過考核掌握員工對企業貢獻的大小、價值的大小。

對每個員工來說，企業至少是其謀生的場所和手段，員工希望自己的成績和業

績被考核、被評價,以便自己的貢獻得到企業的承認。人們渴望在貢獻面前得到公平的待遇,而產品經濟的瓦解,其中很重要的原因就是人們的價值和貢獻得不到公平的評價,進而得不到公平的待遇。

考核是對一個人擔負的工作而言的,是對員工擔負工作的結果或履行職務工作的結果進行考核評價。這就存在一個問題,一個人對企業貢獻的大小,不單純取決於工作完成如何。也許其擔負的工作本身就是「無足輕重」的,即使幹得十分出色,完成的工作量大,未必對企業貢獻大。這樣我們有充分的理由說,考核不能單純地「考核」,還必須對工作成績、業績以外的更為深刻的內容進行考核,否則我們無法對組織成員的貢獻做出正確評價。

2. 能力考核

有些人在企業中工作得非常好,可能是因為他們從事的工作簡單;相反,有些人在企業中幹得相對吃力,工作完成得不那麼出色,也許是因為他們擔負的工作任務難度高、過程複雜。我們不能因此認為前者對企業的貢獻大,後者對企業的貢獻小,這樣簡單的評價同樣是不公平的。

假如企業中的職務,或者對企業貢獻和作用不同的工作,由員工自由而充分地進行選擇,那麼一些困難而複雜的職務或工作往往表現為對企業相對價值較大、相對貢獻和作用較大,表現為職務或工作由能力較強者擔負或承擔。因此,在成績考核的同時,還必須進行能力考核。換而言之,能力不同,承擔的工作的重要性、複雜性和困難程度就不同,貢獻也就相應不同。

對一個組織來說,其不僅要追求現實效率,還要追求未來可能的效率,希望把一些有能力的人提升到更重要的崗位,使現有崗位上的人能發揮其能力。因此,能力考核不僅僅是一種公平評價的手段,而且也是充分利用企業人力資源的一種手段。

但是,能力和實際成績可能存在著限制性差異的可能。實際成績是外在的,是可把握的,而能力是內在的,是難以衡量和比較的。這是事實,也是能力考核過程中的難點。但是,能力是客觀存在的現象,我們可以去感知、察覺,可以通過一系列仲介去把握能力的存在以及能力在不同人之間的差異。

能力由四部分構成:一是常識、專業知識和相關專業知識,二是技能、技術和技巧,三是工作經驗,四是體力。但與能力測評不同,考核能力是考核員工在職務工作中發揮出來的能力,考核員工在職務工作過程中顯示出來的能力。例如,某員工在工作中判斷是否正確、迅速,協調關係如何等,依據他在工作中表現出來的能力,參照標準或要求來確定他發揮的效果,對應承擔的工作、職務能力等做出評定。

3. 態度考核

一般來說,能力越強,成績越好。可是存在一種現象使兩者無法等同,這就是在企業中常見的現象:一個人能力很強,但工作不出力;一個人能力不強,卻兢兢業業。兩種不同的工作態度就產生了截然不同的工作結果,這與能力無關,而是與工作態度有關。因此,企業需要對工作態度進行考核。企業不能容忍缺乏幹勁、缺乏工作熱情的員工甚至是「懶漢」的存在。

工作態度是工作能力向工作成績轉化的一個總結,但是即使工作態度不錯,工作能力也未必一定能全部發揮出來,轉換為工作成績。這是因為能力向成績轉換的

過程中，還需要考慮個人努力因素之外的一些仲介條件，有些是企業內部條件，如適當的分工、正確的指令、良好的工作環境等；還有些外部條件，如市場惡化、商品滯銷、原料短缺等。

工作態度考核要剔除本人以外的因素和條件。工作的條件好，使員工獲得好成績，這不僅是員工的能力強，也不全是員工的工作態度好，必須剔除這些「運氣」上的因素，否則考核結果就不公平，也有害於組織的行為。相反，由於工作條件惡劣而影響了成績，並非個人不努力，考核時必須予以考慮。這是態度考核與成績考核的關係。

此外，不管職務的高低，不管能力的大小，態度考核只是考核員工是否做出了努力，是否有幹勁、有熱情，是否忠於職守，是否服從命令。這是態度考核與能力考核的關係。

4. 潛力測評

潛力是相對於「在職務工作中發揮出來的能力」而言的，是「在工作中沒有發揮出來的能力」。潛力至少有以下四個方面的原因，使一個人的能力不能在自己擔任的職務工作中發揮出來：一是機會不均等，即沒有經過公平競爭，獲得發揮能力的機會；二是與此相近的人員配置不合理，擔任的職務與能力不匹配、不相稱，俗稱大材小用或小材大用；三是領導命令或指示有誤；四是能力開發計劃不周。具體來說，一個人的能力要得以發揮，必須自身能力結構合理，否則就會因為缺少某一方面的知識，而阻礙其他已經擁有的能力的發揮。與此相聯繫，合作共事者之間的能力結構也要匹配，使彼此之間的能力互補。

絕對地說，一個員工在自己的職位上是不可能完全發揮其擁有的能力的，總是存在潛力，因此需要瞭解、測評和把握。在掌握員工的基礎上開發員工的潛力才是具有實際意義的。

首先是如何瞭解每個員工的潛力。能力考核解決的是對員工通過職務發揮出來的能力的評價問題；而潛力測評針對的是員工現任職務工作中沒機會發揮出來的能力如何評價。需要回答的是：員工還能做些什麼。難點在於：在員工還沒行動的時候要如何把握他們還能做些什麼。

這就需要尋找「媒介」。這裡可以利用一些諮詢公司對企業的人員功能進行測評，這是一種有效的手段。企業獨立對自身人力資源進行評價時，有三方面的綜合評價方法：一是根據工作中表現出來的能力進行推斷，至少可以參照「能力考核」的結果。二是工作年限，具體來說就是在職業職務中連續工作的時間長短。這是綜合反應一個人「經驗」多少的指標。應該指出，這一指標依據是越來越過時的，因為在新技術革命的時代，經驗性能力往往不是掌握在「老年人」身上。換而言之，在新時代，經驗的取得並不一定依賴親身經歷，這是因為現代技術條件下的職業工種要求變了，教學和培訓的手段變了，個人可以超越時間和空間，即職業生涯，獲得與職業工種相稱的經驗性能力。工作年限中包含著的綜合性「經驗」，超出我們現在具有的認知水準，一位具有很長職業生涯的行家老手的直覺，超出我們現在擁有的分析預測手段和方法，這種現象在任何職業中都能見到。因此，我們必須根據具體行業和職業、職務情況，充分考慮工作年限的因素。三是考試、測驗、面談、

培訓研修的結業證明、官方的資格認定許可證明以及文憑等。這些都是判斷一個人知識和技能水準的依據。同樣，文憑、證書之類的東西，其可靠性越來越受到懷疑，高分低能現象並不罕見，因此使用文憑、學歷和考試結果，只能作為一種參考。

總之，我們至今還沒有更為可靠的依據去100%地把握一位員工可能具有的、尚未充分發揮出來的能力。同樣，我們又不能放棄對員工潛力的測評和把握。對員工的潛力放任自由，不僅是對企業人力資源的浪費，也是對員工不負責任的一種表現。

5. 適應性評價

潛力評價或能力開發要解決的問題是如何在目前職位上更好地發揮能力。進一步說，如何在目前從事的職業公眾領域裡更好地發揮能力。這裡暗含一個前提：員工適合現在的職務，適應現在的職業工種有關的領域。只要創造條件，員工就能比過去更好地發揮能力。

可是，企業中員工的能力得不到發揮，還有更深刻的原因，就是這個職位、職務不適合該員工。儘管已經有許多方法，如人員素質、行為、心理、性格、天資和功能方面的測評方法，讓我們去把握員工的適應性問題。但是，企業實踐表明，真正的難點在於一個人在沒有開始具體工作之前，連他本人都不清楚自己是否適應某項工作以及在哪些方面不適應。一旦開始工作，企業日常活動是緊湊的、刻不容緩的，沒有時間和餘地去思考並做出調整。

從適應性評級的內容上看，主要涉及兩個層次的內容。一是人與工作，即人的能力與工作的要求不對稱；二是人與人之間，由於本人的性格與合作者的性格的差異，影響到人際關係與合作關係。把適應與不適應的問題反應到「紙」上，在若干個評價過程結束之後，從整體上把握所有員工適應新狀態的傾向，一旦企業內部有調整機會，就可以不失時機、比較可靠地做出調整。

（三）考核標準設計

1. 設計基礎

績效考核標準通常有兩類，一類是相對標準，另一類是絕對標準。這兩種考核標準的現實依據是不同的人力資源分類制度。與相對考核標準相聯繫的是個人的資歷、學歷、業績、品行和地位以及信仰、政治傾向等；與絕對考核標準相聯繫的是職務分類或職位分類，也就是以工作性質、責任輕重、難易程度以及所需資格條件等為分類依據。

2. 設計思路

企業的績效管理工作機構有責任根據計劃的執行情況定期實施績效評價與激勵，按照績效計劃與激勵計劃的約定，對被評價對象的績效表現進行系統、全面、公正、客觀地評價，並根據評價結果實施相應的激勵。

首先，評價主體應按照績效計劃收集相關信息，獲取被評價對象的績效指標實際值，對照目標值，應用選定的計分方法，計算評價分值，並進一步形成對被評價對象的綜合評價結果。績效評價過程及結果應有完整的記錄，結果應得到評價主體和被評價對象的確認，並進行公開發布或非公開告知。

其次，當評價得出結果後需要公開發布，主要方式有召開績效發布會、企業網

站績效公示、面板績效公告等；非公開發布一般採用一對一書面、電子郵件函告或面談告知等方式進行。對於評價的結果，評價主體有義務及時向被評價對象進行績效反饋，反饋內容包括評價結果、差距分析、改進建議及措施等，可採取反饋報告、反饋面談、反饋報告會等形式進行。

最後，績效結果發布後，企業應依據績效評價的結果，組織兌現激勵計劃，綜合運用績效薪酬激勵、能力開發激勵、職業發展激勵等多種方式，逐級兌現激勵承諾。

(四) 績效考核的實施

1. 考核方法選擇的依據

績效考核的方法決定了績效考核花費的時間和費用，決定了考核的側重點。理想的績效考核方法應該便於操作，而且能使考核結果客觀準確。因此，選擇績效考核方法應考慮以下幾個因素：

(1) 績效考核花費的時間和其他費用。不同的績效考核方法的難度是不同的，其花費的時間和費用也是不一樣的。績效考核方法的選擇必須考慮投入的時間和費用。企業中的任何工作都有一個投入與產出的問題，企業要實現利潤最大化，就必須使每一項工作的投入盡量少、產出盡量多。績效考核工作也不例外，若績效考核工作的投入大於產出，那還不如不進行績效考核。績效考核方法不同，投入的時間和費用也不同，當然效果也不同。投入的時間和費用是選擇績效考核方法的重要因素。

(2) 考核的信度和效度。考核的信度是指考核結果的前後一致性程度，即考核得分的可信程度有多大。考核效度是指考核得到的結果反應客觀實際的程度和有效性，是考核本身得到的結果反應客觀實際的程度和有效性，也就是考核本身所能達到期望目標的程度有多大。一般來說，考核的效度高，信度也高，但信度高，效度不一定高。信度和效度是反應考核效果的重要指標，而不同的績效考核方法產生的考核結果的信度和效度也是不同的。因此，考核結果的信度和效度是選擇績效考核方法的一個因素。

(3) 績效考核的精度。績效考核的精度是績效考核結果反應被考核者績效的詳細程度。不同的考核目的，對精度的要求也不一樣。不同的考核方法的精度也是不一樣的。可以根據考核目的的精度要求，選擇符合精度要求的績效考核方法。當然，績效考核也不是精度越高越好。

(4) 易於操作。是否易於操作是績效考核方法選擇的又一因素。績效考核方法應能使績效考核易於操作。

(5) 適應性。績效考核方法的適應性是指某一種績效考核方法能適用於哪些人員。一般情況下，不同的績效考核方法的適應性也不一樣，某一種績效考核方法可能僅適用於某一類或幾類人員。通常為了較好的績效考核結果和效果，對不同人員採用統一的考核程序、考核方法、考核標準。因此，績效考核方法的適應性是選擇績效考核方法的重要因素之一。

2. 績效考核要素體系與標準

考核對象不同，考核的目的不同，績效考核的內容也不同。

（1）群體績效考核要素體系的內容。按考核對象的人數多少，績效考核可以分為群體或部門的績效考核和個體的績效考核。其中，群體績效考核根據其工作性質的不同，又可以分為管理性群體績效考核、服務性群體績效考核、科學性群體績效考核和生產性群體績效考核。對於管理性群體和服務性群體，其性質比較相近，一般不會有客觀的成果產出，因此考核中應主要考核其工作效率、出勤率、工作方式、群體氣氛等指標。對於生產性群體，一般有客觀的物質產出，因此對其考核一般應以最後工作成果，如生產數量、生產質量等為主要考核指標；同時也要考核其工作方式、群體氣氛等指標。而科技性群體則可能會產生客觀成果，也可能不產生客觀成果，介於前面三種群體之間，因此應兼顧工作過程與工作成果兩個方面。實際上，企業更多的、更常用的是對個人的考核。

（2）考核要素體系。對個人的績效考核，對象不同，其績效考核要素體系也不同。一般情況下，企業可以根據崗位分類分解的結果，分別對各類各級人員制定出相應的績效考核要素體系。當然，其粗細程度，即是否對企業內每一小類的每一級崗位均制定出績效考核體系，要視企業規模、被考核者人數以及考核目的等因素來確定。對於一般企業，主要根據被考核者工作的性質，即根據崗位的分類結果來確定。

企業的崗位分類尚未有統一標準或規定，以下幾種方式可供參考：

按照崗位實際承擔者的性質和特點，對崗位進行橫向區分，如將企業全部崗位分為管理崗位和生產崗位兩大類。

按照工作職能、勞動分工等性質，將崗位劃分為若干個中類和小類，劃分層次最多不超過兩個。例如，某企業將管理崗位分為五小類：生產管理類、經營管理類、財務管理類、人力資源管理類、綜合管理類等。生產崗位大致分為基本生產崗位、輔助生產崗位等若干小類。

3. 考核改進計劃

績效改進計劃就是採取一系列具體行為改進員工的績效，其內容包括做什麼、誰來做、何時做。一個可行、有效的績效改進計劃應包括以下要點：

（1）切合實際。為了使績效改進計劃切實能夠執行，在制訂績效改進計劃的時候要本著三條原則：同意改進的優先列入計劃，不易改進的列入長期改進計劃，不易改進的暫時不列入計劃。也就是說，容易改進的先改，不容易改進的後改，循序漸進，由易到難，以免導致員工產生抵觸心理。

（2）計劃要有時間性。計劃的制訂與實施必須要有時間的約束，避免流於形式。

（3）計劃內容要具體。應該做的事必須描述清楚、具體、看得見、摸得著、抓得住才行。

（4）計劃要獲得認同。績效改進計劃必須得到制訂方和實施者雙方的一致認同才能有效，才能確保計劃的實現。績效改進者要感覺到這是他自己的事，而不是上級強加給自己的任務。

（5）績效改進指導。現代考核技術中，應把在工作中培養員工視為改進績效的重點來抓。

第九章
風險管理會計

第一節　風險管理會計概述

一、風險的概念及分類

風險是指未來事件存在一定程度的不確定性導致的企業蒙受經濟損失的可能性。組織需要識別、評估和管理面臨的風險，並針對這些風險制定相關對策，目的是實現公司使命、保護公司資產，同時避免非預期損失。儘管風險很難確定和量化，但管理層必須盡最大努力來識別潛在的風險，並確認這些風險發生的概率。

企業面對的主要風險分為兩大類：外部風險和內部風險。外部風險主要包括政治風險、法律風險、合規風險、文化風險、技術風險、自然環境風險、市場風險、產業風險等；內部風險主要包括經營風險和財務風險。

（一）外部風險

1. 政治風險

政治風險是指完全或部分由政府官員行使權力及政府組織的行為而產生的不確定性。雖然政治風險更多地與海外市場（尤其是發展中國家）風險有關，但這一定義適用於國內外所有市場。

政治風險常常分為以下類型：

（1）外匯管制的規定。通常欠發達國家制定的外匯管制規定更為嚴格。例如，外幣供應實行定量配給，從而限制東道國的企業從外國購買商品和禁止其向外國股東支付股利，這些企業繼而可能會陷入資金被凍結的局面。

（2）進口配額和關稅。規定進口配額可以限制在東道國內的子公司從其控股公司購買投放到國內市場上銷售的商品數量。有些時候東道國會要求徵收額外稅收，即對外國企業按高於本地企業的稅率徵稅，目的是為本地企業提供優勢條件。一些國家甚至有可能故意徵收超高稅收，使得外國企業難以盈利。

（3）組織結構及要求最低持股比例。憑借要求所有投資必須採取與東道國的公司聯營的方式，東道國政府可以決定組織結構。最低持股比例是指外資公司的部分股權必須由當地投資人持有。

（4）限制向東道國的銀行借款。這是指限制甚至包括禁止外資企業向東道國的銀行和發展基金按最低利率借款。某些國家僅向本國的企業提供獲取外幣的渠道，

以迫使外資企業將外幣帶入本國。

（5）沒收資產。出於國家利益的考慮，東道國可能會沒收外國財產。國際法認為，這是主權國家的權力，但主權國家要按照公平的市場價格迅速地以可自由兌換的貨幣進行賠償。問題常常出現在「迅速」和「公平」這兩個詞代表的準確含義、貨幣的選擇以及如果對主權國提出的賠償不滿，企業可以採取哪些措施等方面。

2. 法律風險與合規風險

法律風險與合規風險都是現代企業風險體系中重要的部分，兩者雖有重合，但又各有側重。

合規風險是指因違反法律或監管要求而受到制裁、遭受金融損失以及因未能遵守所有適用法律、法規、行為準則或相關標準而給企業信譽帶來的損失的可能性。

法律風險是指企業在經營過程中因自身經營行為的不規範或外部法律環境發生重大變化而造成的不利法律後果的可能性。法律風險通常包括以下三個方面：一是法律環境因素，包括立法不完備、執法不公正等；二是市場主體自身法律意識淡薄，在經營活動中不考慮法律因素等；三是交易對方的失信、違約或詐欺等。

合規風險側重於行政責任和道德責任的承擔，而法律風險側重於民事責任的承擔。例如，銀行與客戶約定的利率超出了人民銀行規定的基準利率幅度，那麼銀行合規風險突出表現在監管機關的行政處罰、重大財產損失和聲譽損失，而法律風險則側重於銀行對客戶民事賠償責任的承擔。

合規風險和法律風險有時會同時發生，比如上例中，銀行將會同時面臨監管機關的處罰和客戶的起訴。兩者有時也會發生分離，比如銀行的違規經營被媒體曝光，銀行的聲譽將面臨重大損失，這顯然屬於合規風險，但其與法律風險無關。

3. 文化風險

文化風險是指文化這一不確定性因素給企業經營活動帶來的影響。從文化風險的成因來看，文化風險存在並作用於企業經營的更深領域，主要有以下方面：

（1）跨國經營活動引發的文化風險。跨國經營使企業面臨東道國文化與母國文化的差異，這種文化的差異直接影響著管理的實踐，構成經營中的文化風險。在一種特定文化環境中行之有效的管理方法應用到另一種文化環境中也許會產生截然相反的結果。

（2）企業併購活動引發的文化風險。併購活動導致企業雙方文化的直接碰撞與交流，尤其對於跨國併購而言，面臨組織文化與民族文化的雙重風險。如果一個組織中存在兩種或兩種以上的組織文化，對於任何一個成員來說，識別組織的目標都將是困難的；同樣，在為達成組織目標而努力時，判斷應當針對不同情景做出何種行為也會是困難的。

（3）組織內部因素引發的文化風險。組織文化的變革、組織員工隊伍的多元文化背景會導致個人層面的文化風險。廣泛開展的跨國、跨地區的經濟合作與往來會導致組織內部的價值觀念、經營思想、決策方式不斷面臨衝擊、更新與交替，進而在組織內部引發多種文化的碰撞與交流。即使沒有併購和跨國經營，企業也會面臨組織文化與地區文化、外來文化的交流問題以及組織文化的更新問題。

4. 技術風險

從技術風險範圍考察，技術風險的定義有廣義和狹義之分。廣義的技術風險是指某一種新技術給某一行業或某一些企業帶來增長機會的同時，可能對另一行業或另一些企業形成巨大的威脅。例如，晶體管的發明和生產嚴重危害了直頭管行業，高性能塑料和陶瓷材料的研製與開發嚴重削弱了鋼鐵行業的獲利能力。狹義的技術風險是指技術在創新過程中，由於技術本身複雜性和其他相關因素變化的不確定性而導致技術創新遭遇失敗的可能性。例如，技術手段的局限性、技術系統內部的複雜性、技術難度過高、產品壽命的不可預測性、替代性技術的缺乏等原因都可能導致新技術夭折；又如，如果技術創新目標出現較大起伏，企業現有科研水準一旦不能滿足新技術目標的需求，那麼技術創新就有面臨失敗的風險。

從技術活動過程所處的不同階段考察，技術風險可以劃分為技術設計風險、技術研發風險和技術應用風險。

技術設計風險是指技術在設計階段，由於技術構思或設想的不全面致使技術及技術系統存在先天「缺陷」或創新不足而引發的各種風險。例如，氟利昂技術在設計之初就存在著「缺陷」，其產生的氯原子會不斷分解大氣中的臭氧分子而破壞臭氧層。

技術研發風險是指在技術研究或開發階段，由於外界環境變化的不確定性、技術研發項目本身的難度和複雜性、技術研發人員自身知識和能力的有限性都可能導致技術的研發面臨著失敗的危險。例如，外部環境不具備一個協調規範的產權制度、市場結構、投資管理、政策組成的社會技術創新體系，沒有形成一個由社會流動資本、專業技術人員、風險投資者或風險投資公司、籌資或退資渠道組成的高效便利的風險投資體系，或者從微觀組織結構看，缺乏靈活的技術開發組織形式，缺乏創新觀念和創業理念的企業家精神等，都會由於低水準管理、低效率運行等可能使企業的技術研發活動陷入困境而難以實現預期目標。

技術應用風險是指由於技術成果在產品化、產業化的過程中帶來的一系列不確定性的負面影響或效應。例如，外部環境沒有良好的社會化服務和技術的聚集效應，缺乏成熟的市場經濟體制、規範的市場環境、透明的行業政策等；或者由於市場對新技術的接受程度不高，或者由於他人的技術模仿行為，或者由於市場准入的技術門檻較低，大量企業湧入致使競爭激烈；或者由於人為的道德誠信問題等都可能使企業面臨技術應用風險。

5. 自然環境風險

自然環境風險是指企業由於其自身或影響其業務的其他方面造成的自然環境破壞而承擔損失的風險。自然環境風險在近年來逐漸受到廣泛關注，這主要源於「綠色行動」的環保者提高了公眾的環保意識，並使公眾更加關心人類行為有意或無意造成的自然環境破壞。

企業需要關注的不僅是企業自身對自然環境造成的直接影響，還應包括企業與客戶和供應商之間的聯繫以及企業產品對自然環境造成的間接影響。例如，石油泄漏或排放到河流造成的污染、菸囪產生的空氣污染、垃圾處理場的廢物傾倒等產生的環境破壞屬於企業對自然環境造成的直接影響；又如，企業的產品到了其使用壽命，則產品的處理就會產生自然環境問題，這屬於企業對自然環境造成的間接影響。

6. 市場風險

市場風險指企業面對的外部市場的複雜性和變動性帶來的與經營相關的風險。市場風險至少要考慮以下幾個方面：

（1）產品或服務的價格及供需變化帶來的風險。

（2）能源、原材料、配件等物資供應的充足性、穩定性和價格的變化帶來的風險。

（3）主要客戶、主要供應商的信用風險。

（4）稅收政策和利率、匯率、股票價格指數的變化帶來的風險。

（5）潛在進入者、競爭者、替代品的競爭帶來的風險。

7. 產業風險

產業風險是指在特定產業中與經營相關的風險。在考慮企業可能面對的產業風險時，以下幾個因素是非常關鍵的：

（1）產業（產品）生命週期階段。處於產業（產品）生命週期不同階段的產業具有不同的產業風險。波特認為，在導入期，產業風險非常高；在成長期，因為增長可以彌補風險，所以在此階段可以冒險；在成熟期，企業面臨週期性品牌出現的風險；在衰退期，企業經營主要的懸念是什麼時間產品將完全退出市場。

（2）產業波動性。波動性產業是指迅速變化、不斷上下起伏的產業。波動性產業會涉及較大的不確定性，使計劃和決策變得更難。

（3）產業集中程度。在產業集中程度高的產業，在位企業具有競爭優勢，特別是在受政府保護的壟斷產業中，某些國家公用事業公司或政府管理的公司面臨很小的競爭壓力和風險，而在這樣的產業中，新進入者就面臨著很高的進入障礙和風險。在產業集中程度低的產業中，產業內競爭激烈，企業面臨著共同的產業風險。

（二）內部風險

1. 經營風險

經營風險是指企業在營運過程中，由於內外部環境的複雜性和變動性以及主體對環境的認知能力和適應能力的有限性導致的營運失敗或使營運活動達不到預期的目標的可能性及其損失。

經營風險至少要包括以下幾個方面：一是企業產品結構、新產品研發方面可能引發的風險；二是企業新市場開發、市場行銷策略（包括產品或服務定價與銷售渠道、市場行銷環境狀況等）方面可能引發的風險；三是企業組織效能、管理現狀、企業文化以及中高層管理人員和重要業務流程中專業人員的知識結構、專業經驗等方面可能引發的風險；四是期貨等衍生產品業務中發生失誤帶來的風險；五是質量、安全、環保、信息安全等管理中發生失誤導致的風險；六是因企業內外部人員的道德風險或業務控制系統失靈導致的風險；七是給企業造成損失的自然災害等風險；八是企業現有業務流程和信息系統操作運行情況的監管、運行評價以及持續改進能力方面引發的風險。

2. 財務風險

財務風險是指企業在生產經營過程中，由於內外部環境的各種難以預料或無法控制的不確定性因素的作用，使企業在一定時期內獲取的財務收益與預期收益發生

偏差的可能性。財務風險是客觀存在的，企業管理者對財務風險只有採取有效措施來降低風險，而不可能完全消除風險。財務風險的內容包括以下幾個方面：

（1）籌資風險。企業籌資渠道可分為兩類：一是借入資金，二是所有者投資。借入資金的籌資風險主要表現為企業是否能按時還本付息；所有者投資的籌資風險則存在於其使用效益的不確定性上。如果企業投入的資金不能滿足投資者的收益目標，就會給企業今後的籌資帶來不利影響。

（2）投資風險。投資風險是指投資項目不能達到預期收益，從而影響企業盈利水準和償債能力的風險。

（3）資金回收風險。企業產品售出後，就從成品資金轉化為結算資金，再從結算資金轉化為貨幣資金。這兩個轉化過程在時間和金額上的不確定性，就是資金回收風險。

（4）收益分配風險。收益分配是指企業實現的財務成果，即利潤對投資者的分配。收益分配風險是指由於收益分配可能給企業今後的生產經營活動帶來的不利影響。收益分配風險來源於以下兩個方面：

第一，收益確認的風險，即由於客觀環境因素的影響和會計方法的不當，有可能少計成本費用，多確認當期收益，從而虛增當期利潤，使企業提前納稅，導致大量資金提前流出而引起企業財務風險；或者有可能多計成本費用，少確認當期收益，從而虛減了當期利潤，影響了企業聲譽。

第二，對投資者分配收益的形式、時間和金額的把握不當而產生的風險。如果企業處於資金緊缺時期，卻以貨幣資金的形式對外分配收益，且金額過大，就會降低企業的償債能力，影響企業再生產規模；而如果企業投資者得不到一定的投資回報，或者單純以股票股利的形式進行收益分配，就會挫傷投資者的積極性，降低企業信譽，也會對企業今後發展帶來不利的影響。

二、風險管理與風險管理會計

（一）企業風險管理的概念

企業風險管理是一個過程，由一個主體的董事會、管理當局和其他人員實施，應用於戰略制定並貫穿於企業之中，旨在識別可能會影響主體的潛在事項、管理風險，使其在主體的風險容量之內，並為主體目標的實現提供合理保證。

這個定義反應了幾個基本概念及企業風險管理的基本特徵。

1. 一個過程，持續地流動於主體之內

企業的風險管理並不是一個事項或環境，而是滲透於企業各項活動中的一系列行動。這些行動普遍存在於管理者對企業的日常管理中，是企業日常管理所固有的。企業風險管理機制與企業的經營活動是並存的，是由於最基本的商業原因而存在的。當企業風險管理機制成為企業的基礎設施並真正成為企業的一部分時，企業的風險管理會最有效。通過建立風險管理，企業可以直接提高自身的戰略執行能力，並提高企業預期和任務的實現能力。

2. 由組織中各個層級人員實施

企業的風險管理會受董事會、管理層和其他人員的影響。風險管理是通過組織

內的人來完成的，是通過人的所做和所說實現的。企業內的人制定企業的任務（預期）、戰略和目標，並實施企業的風險管理機制。同樣，企業風險管理也影響人的行動。企業風險管理要認識到人對事物的理解、溝通或執行並不總是一致的。企業中的每個人都有不同的背景和技術能力，都有不同的需求和優勢。

　　3. 應用於戰略制定

　　一個企業要確定其預期或任務，並制定其戰略目標。企業的戰略目標是企業最高層次的目標，它與企業的預期和任務相聯繫並支持預期和任務的實現。一個企業為實現其戰略目標而制訂戰略方案，並將戰略方案分解成相應的目標，再將目標層層分解到企業的各業務部門、行政部門和生產線。在制訂企業的戰略方案時，管理者應考慮與不同的戰略方案相關的風險。

　　4. 貫穿於企業各個層級和單位

　　為使企業的風險管理獲得成功，一個企業必須從全局、從企業總體層面上考慮企業的活動。企業的風險管理應考慮組織內所有層面的活動，從企業總體的活動（如戰略計劃和資源分配）到各業務部門的活動（如市場部、人力資源部），再到各業務流程（如生產過程）等。企業風險管理要求企業以風險組合的觀點看待風險。管理者應以總體的組合觀來考慮相關風險，以決定企業總的風險組合是否與企業的風險偏好相對應。企業對相關的風險應予確認並採取措施使承擔的風險落在企業風險偏好的範圍內。對企業內部每個單位的風險而言，可能都落在該部門的風險容忍度的範圍內，但從總體來看，合併後的風險可能超過了企業總體的風險偏好。企業總體的風險偏好應通過對特定目標確立相應的風險容忍度的方式在企業內部向下貫徹。

　　5. 把風險控制在風險容量之內

　　風險容量是組織或機構為追求目標而準備或能夠接受的風險水準。風險容量代表了創新的潛在利益與改變帶來的不可避免的威脅之間的平衡。在確定某一特定的風險容量時，管理者應考慮相關目標的相對重要性並將風險容量與企業的風險偏好聯繫在一起。在風險容量的範圍之內經營更能夠保證企業承受的風險在其風險偏好的範圍內。反過來，在風險容量的範圍之內經營能夠對企業目標的實現提供更高程度的保證。

　　6. 能夠向一個主體的管理當局和董事會提供合理保證

　　設計合理、運行有效的風險管理能夠向企業的管理者和董事會在企業目標的實現上提供合理的保證。如果企業的風險管理有效，董事會和管理者在以下幾個方面可以得到合理的保證：瞭解企業戰略目標實現的程度、瞭解企業經營目標實現的程度、企業報告的可靠性、相關的法律和法規遵守的情況。

　　7. 力求實現一個或多個不同類型但相互交叉的目標

　　有效的風險管理應該能夠為企業目標的實現提供合理的保證，包括報告的可靠性、合法合規性目標等。本章將主體的目標分成以下四類：

　　（1）戰略——與高層次的目的相關，協調並支撐主體的目標。

　　（2）經營——與利用主體資源的有效性和效率相關。

　　（3）報告——與主體報告的可靠性相關。

　　（4）合規——與主體符合適用的法律和法規相關。

對主體目標的這種分類使我們可以關注企業風險管理的不同側面。這些各不相同卻又相互交叉的類別——一個特定的目標可以歸入多個類別，反應了不同的主體需要，並且可能成為不同管理者的直接責任。這個分類還有助於區分從每一類目標中能夠期望的是什麼。

一些主體採用另一類目標：「保護資源」（Safeguarding of Resources），有時也稱為「保護資產」（Safeguarding of Assets）。廣義來看，它們是在防止主體的資產或資源的損失，這些損失可能是由於盜竊、浪費、低效率造成的，也可能就是由於糟糕的經營決策造成的。例如，以過低的價格銷售產品、未能留住關鍵的員工、未能防止侵犯專利權、發生未曾預見到的債務。這些主要是經營目標，儘管保護的某些方面可以歸入其他的類別。如果適用於法律或監管要求，這些就會變成合規問題。當與公開的報告聯繫起來考慮時，通常用的是保護資產的一個狹義的定義，防止或及時偵查未經授權的購買、使用或處置一個主體的資產，該資產可能對財務報表有重大影響。

企業風險管理可為實現與報告的可靠性、符合法律和法規相關的目標提供合理保證。這些類型的目標的實現處於主體的控制範圍之內，並且取決於主體的相關活動完成的好壞。

但是，戰略目標（如取得預定的市場份額）與經營目標（如成功引入一條新的產品線）的實現並不總是處在主體的控制範圍之內。企業風險管理不能防止糟糕的判斷或決策以及可能導致一項經營業務不能達成經營目標的外部事項。但是，企業風險管理的確能夠增大管理當局做出更好的決策的可能性。針對這些目標，企業風險管理能夠合理地保證管理當局和起監督作用的董事會及時瞭解主體朝著實現目標前進的程度。

（二）風險管理的目標

傳統的風險管理與企業戰略聯繫不緊密，目標是轉移或避免風險，重點放在對公司行為的監督和檢查上，因此傳統的風險管理的目標一般與實現公司戰略目標沒有關係。全面風險管理緊密聯繫企業戰略，為實現公司總體戰略目標尋求風險優化措施，因此風險管理目標的設計要充分體現這一思想。

中國《中央企業全面風險管理指引》設定了風險管理的總體目標，充分體現了這一思想。

（1）確保將風險控制在與公司總體目標相適應並可承受的範圍內。

（2）確保內外部，尤其是企業與股東之間實現真實、可靠的信息溝通，包括編製和提供真實、可靠的財務報告。

（3）確保遵守有關法律法規。

（4）確保企業有關規章制度和為實現經營目標而採取重大措施的貫徹執行，保障經營管理的有效性，提高經營活動的效率和效果，降低實現經營目標的不確定性。

（5）確保企業建立針對各項重大風險發生後的危機處理計劃，保護企業不因災害性風險或人為失誤而遭受重大損失。

（三）風險管理的原則

企業進行風險管理，一般應遵循以下原則：

（1）融合性原則。企業風險管理應與企業的戰略設定、經營管理、業務流程相結合。

（2）全面性原則。企業風險管理應覆蓋企業所有的風險類型、業務流程、操作環節和管理層級與環節。

（3）重要性原則。企業應對風險進行評價，確定需要進行重點管理的風險，並有針對性地實施重點風險監測，及時識別、應對。

（4）平衡性原則。企業應權衡風險與回報、成本與收益之間的關係。

美國反虛假財務報告委員會下屬的發起人委員會（Committee of Sponsoring Organizations of the Treadway Commission，COSO）於2004年發布了《企業風險管理——整合框架》，與其1992年發布的指導內部控制實踐的綱領性文件《內部控制——整合框架》相比較，風險管理框架中的目標設計中增加了統馭經營、財務報告和遵循法律法規的最高層次——戰略目標。

（四）風險管理會計的概念

企業風險管理包括風險管理目標的設置、風險的識別、風險的評估、風險應對、風險的控制以及風險的監控等活動，這些都是建立在信息溝通的基礎之上的。因此，企業必須為之建立一個全面、順暢的會計信息支持系統，風險管理會計就是為實現這一功能而建立的會計信息系統。

第二節　企業風險管理框架

一、內部環境

內部環境是企業風險管理所有其他組成部分的基石，提供規則和結構。內部環境影響到戰略和目標是如何建立的、經營活動是如何組織的以及風險是如何被識別、評估和應對的。內部環境影響控制活動、信息和交流系統以及監管活動的設計和運作。反之，內部環境又受到主體的歷史和文化的影響。內部環境由許多要素組成，包括員工的道德價值、能力和發展，管理部門的經營風格及如何分配權力和責任等。

一個主體內部環境的重要性及其對企業風險管理的其他構成要素所能產生的正面或負面影響是主體能夠運行企業風險管理系統的核心因素。一個無效的內部環境的影響會很廣泛，可能會導致財務損失、損害公眾形象、經營失敗。假如一家公司有著普遍認為有效的企業風險管理系統，包括強有力且受人尊敬的高層管理者、聲望卓著的董事會、富有創新意識的戰略、設計良好的信息系統和控制活動、描述風險和控制職能的政策手冊以及全面的調整和監督途徑，但是它的內部環境卻有重大缺陷，如管理當局參與了十分可疑的經營業務，而董事會卻視而不見。這家公司被發現曾經誤報財務成果，損害了股東信心，遭遇了償債危機，毀滅了主體的價值，最終這家公司將有非常大的可能面臨破產。

一個主體的董事會是內部環境的關鍵部分，對其要素有著重大影響。董事會對於管理當局的獨立性、成員的經驗和才幹、對活動參與和審察的程度以及行為的適

當性都起著重要的作用。其他因素包括提出有關戰略、計劃和業績方面的疑難問題，與管理當局進行商討的程度以及董事會或審計委員會與內部和外部審計師的交流。有效的董事會能確保管理當局保持有效運行的風險管理。儘管一家企業在過去可能沒有遭受損失、沒有暴露出明顯的重大風險，董事會也不能天真地認定帶有嚴重負面後果的事項「在這裡不會發生」。應該認識到，儘管一家公司可能有合理的戰略、勝任的員工、合理的經營流程和可靠的技術，但是它和所有的主體一樣，對於風險而言都很脆弱，因此需要有效運行的風險管理。

　　主體的戰略和目標以及它們得以推行的方式建立在偏好、價值判斷和管理風格的基礎之上。管理當局的誠信和對道德價值觀的要求影響這些轉化為行為準則的偏好和判斷。因為一個主體的良好聲譽是如此有價值，所以行為準則應不僅僅只是遵循法律。經營良好的企業的管理者越來越接受這樣的觀點，那就是道德是值得的，道德行為就是良好的經營。道德行為和管理當局的誠信是公司文化的副產品，公司文化包含道德和行為準則以及它們的溝通和強化方式。道德價值觀不僅必須溝通，而且必須輔以關於是非對錯的明確指南。正式的公司行為守則對有效的道德項目十分重要，是它的基礎。守則致力於解決一系列的行為問題，如誠信與道德、利益衝突、不合法或不恰當的支付以及反競爭的（Anti-competitive）協議等。向上溝通的渠道也很重要，它帶來相關信息並使員工感到舒服。

　　勝任能力反應實現規定的任務需要的知識和技能。管理當局通過在主體的戰略和目標與它們的執行和實現計劃之間進行權衡，來決定這些任務應該完成到什麼程度。企業通常會在能力與成本之間權衡，比如說，沒有必要去雇用一個電氣工程師來更換燈泡。

　　管理當局明確特定崗位的勝任能力水準，並把這些水準轉換成所需的知識和技能。而這些必要的知識和技能可能又取決於個人的智力、培訓和經驗。在開發知識和技能水準的過程中考慮的因素包括一個具體崗位運用判斷的性質和程度。企業通常會在監督的範圍和所需的勝任能力水準之間做出權衡。一個主體的組織結構提供了計劃、執行、控制和監督其活動的框架。相關的組織結構包括確定權力與責任的關鍵界限以及確立恰當的報告途徑。舉例來說，內部審計職能機構的結構設計應該致力於實現組織的目標，並且允許不受限制地與高層管理當局和董事會的審計委員會接觸，而且首席審計官應當向組織中能保證內部審計活動實現其職責的層級報告工作。

　　主體要建立適合其需要的組織結構，有的是集權型的，有的是分權型的；有的有著直接報告關係，而其他的則更接近於矩陣型組織。一些主體按照行業或產品線、按照地理位置、按照特定的配送或行銷網路來進行組織。而其他的主體，包括政府單位及非營利性機構，則按照職能進行組織。一個主體的組織結構的適當性部分取決於其規模和從事活動的性質。有著正式的報告途徑和職責的高度結構化的組織，可能適合於擁有很多經營分部、包括外國業務的大型主體。然而，在一家小公司中，這種結構可能會阻礙必要的信息流動。不管採取什麼樣的結構，主體的組織方式都應該確保有效的企業風險管理，並採取行動以便實現其目標。

　　權力和職責的分配涉及個人和團隊被授權並鼓勵發揮主動性去指出問題與解決問題的程度以及對權力的限制。它包括確立報告關係和授權規程以及描述恰當經營

活動的政策、關鍵人員的知識和經驗、為履行職責而賦予的資源。一些主體將權力下放，以便使決策更接近於一線的人員。公司可以採取這種方式而更具市場驅動的特點，或者更關注質量、消除缺陷、縮短週轉時間、提高客戶滿意度。企業通常通過將權力與受託責任（Accountability）相結合來鼓勵個人在限定的範圍內發揮主動性。權力的委派意味著將特定經營決策的核心控制權交給較低的層級——給那些更靠近日常經營業務的人員。這可能包括授權以折扣價格銷售產品，商談長期供貨合同，許可或專利，或者參加聯盟或合營企業。包括雇用、定位、培訓、評價、諮詢、晉升、付酬和採取補償措施在內的人力資源業務向員工傳達著有關誠信、道德行為和勝任能力的期望水準方面的信息。例如，強調教育背景、前期工作經驗、過去的成就和有關誠信和道德行為的證據，以便雇用資質最好的個人的準則，表明了一個主體對勝任和可信任人員的承諾。當招錄活動中包括正式的、深入的招聘面試和有關該主體的歷史、文化和經營風格方面的培訓時，也是如此。

培訓政策能夠通過對未來職能與責任的溝通以及包括諸如培訓學校和研習班、模擬案例研究和扮演角色練習等活動，來加強業績和行為的期望水準。根據定期業績評價進行的調換與晉升反應了主體對於提升合格員工的承諾。包括分紅激勵在內的競爭性的報酬計劃能夠起到鼓勵和強化突出業績的作用——儘管獎金制度應該嚴密並且有效地控制，以避免對報告結果的不實呈報產生不當的誘惑。懲戒行動傳遞的信息是對期望行為的偏離將不會得到寬宥。

隨著貫穿於主體之中的問題和風險的變化更加複雜——部分原因在於急遽變革的技術和日益激烈的競爭，很有必要把員工武裝起來以應對新的挑戰。教育和培訓，不管是課堂講授、自學還是在職培訓，都必須有助於個人跟上環境變革的步伐並能有效地應對。雇用勝任的人員和提供一次性培訓是不夠的，教育過程是持續的。

二、目標設立

（一）戰略目標

目標設定是事項識別、風險評估和風險應對的前提。在管理當局識別和評估實現目標的風險並採取行動來管理風險之前，首先必須有目標。

一個主體的使命指從廣義上確定了該主體希望實現什麼。不管採用什麼術語，如「使命」（Mission）、「願景」（Vision）、「目的」（Purpose），重要的是管理當局在董事會的監督下，在廣泛意義上，明確確定了主體存在的原因。由此，管理當局設定戰略目標，進行戰略規劃，並為組織確定相關的經營、合規和報告目標。一般情況下，一個主體的使命和戰略目標是穩定的，但是它的戰略和許多相關的目標卻更多是動態的，並且會隨著內部和外部條件的變化而進行調整。隨著內外部環境和條件的變化，主體戰略規劃和相關的目標會重新調整，以便與戰略目標相協調。

戰略目標是對企業戰略經營活動預期取得的主要成果的期望值。戰略目標的設定，同時也是企業宗旨的展開和具體化，是企業宗旨中確認的企業經營目的、社會使命的進一步闡明和界定，也是企業在既定的戰略經營領域展開戰略經營活動要達到的水準的具體規定。因此，戰略目標是高層次的目標，與主體的使命或願景相協調。戰略目標反應了管理當局就主體如何努力為其利益相關者創造價值做出的選擇。

在考慮實現戰略目標的備選方式時，管理當局要識別與一系列戰略選擇相關聯的風險，並考慮這些風險對實現戰略目標的影響。通過這種方式，企業風險管理技術被應用到制定戰略和目標之中。

(二) 相關目標

相對於主體的所有活動而言，制定戰略及與之相協調的正確的目標是成功的關鍵。通過首先關注戰略目標和戰略，主體可能建立主體層次上的相關目標，它們的實現將會創造和保持價值。主體層次的目標與更多的具體目標相關聯和整合，這些具體目標貫穿於整個組織，細化為針對銷售、生產和工程設計等各項活動和基礎職能機構確立的次級目標。

通過設定主體和活動層次的目標，主體能夠識別關鍵成功因素（Critical Success Factors）。要想達到目的，就必須正確處理好這些關鍵的事情。關鍵成功因素存在於主體、業務單元、職能機構、部門或分部之中。通過設定目標，管理當局能夠根據對關鍵成功因素的關注來確定業績的計量標準。

如果目標與以前的活動和業績相一致，各項活動之間的聯繫就是已知的。但是，如果目標與主體過去的活動相背離，管理當局就必須指明這種聯繫或者應對更大的風險。在這種情況下，管理當局就更需要與新的方向相一致的業務單元目標或次級目標了。

目標需要得到充分瞭解和可計量。企業風險管理要求各個層級的人員根據各自影響範圍的不同對主體的目標有必要的瞭解。所有員工都必須對要實現什麼有共同的認識，並且有辦法去計量實現的情況。

儘管不同主體的目標各不相同，但是大致上可以分成以下幾類：

1. 經營目標

經營目標與主體經營的有效性和效率有關，包括業績和贏利目標、保護資源不受損失的子目標。它們因管理當局對結構和業績的選擇而產生差異。經營目標需要反應主體營運所處的特定的經營、行業和經濟環境。例如，經營目標需要與有關質量的競爭壓力、縮短將產品投入市場的週轉時間、技術的變革相關。管理當局必須確保這些目標反應了現實和市場需求，並且採取有意義的業績計量評估方法進行評估。一個與其子目標相關聯的明確的經營目標集，是企業成功的基礎。經營目標為直接配置資源提供了一個焦點。如果一個企業的經營目標並不明確，那麼其資源也不可能得到很好的配置。

2. 報告目標

報告目標與報告的可靠性有關，包括內部報告和外部報告，可能涉及財務信息和非財務信息。可靠的報告為管理當局提供適合其既定目的的準確而完整的信息，這些信息對達成其目的是恰當的。報告目標支持管理當局的決策和對主體活動與業績的監控。這類報告包括市場行銷計劃、每日銷售報告、產品質量以及員工和客戶的滿意度報告。這些報告包括財務報表及其附註、管理當局討論分析報告以及其他提交給監管機構的報告。

3. 合規目標

合規目標與符合相關法律法規有關。合規目標取決於外部因素，在一些情況下

對所有主體而言都很類似，而在另一些情況下則在一個行業內有共性。這些法律法規要求可能涉及市場、定價、稅收、環境、員工福利和國際貿易。一個主體的合規記錄可能會對其在社會和市場上的聲譽產生極大的影響。

一種目標可能會重疊或支持其他目標。一個目標屬於哪個目錄項有時取決於環境。例如，提供可靠的信息給業務單位管理當局以管理和控制生產活動，可能屬於經營目標和報告目標。信息被用來報告環境數據給政府時，也滿足了合規目標。

(三) 目標的達成

設定目標是企業風險管理的要素之一。雖然目標對企業從事活動的指向提供了量化的「靶子」，但它們也可能有不同程度的重要性和優先級。儘管一個企業對某些目標的達成可能會有合理的保證，但並非所有的目標都是這樣。

有效的企業風險管理能夠合理保證主體報告性目標與合規性目標的實現。報告和合規目標的實現往往是在主體的控制範圍之內。也就是說，一旦確定了目標，主體對其從事滿足目標需要的活動的能力具有控制力。

但是如果說到戰略目標和經營目標，就有所不同了，因為它們的實現並不完全在主體的控制範圍之內。主體可能像預期的那樣運作，也可能會被競爭者超越。這是由於外部事項（如政府的變動、惡劣的天氣以及類似的情況）的發生超出了控制範圍。在目標設定過程中甚可能已經考慮了某些此類事項，將它們當作具有較低可能性的事項，一旦它們發生就採用一項權變計劃來處理。但是，這種計劃只能緩解外部事項的影響，不能確保目標的實現。

企業對經營目標的風險管理主要集中於：保證組織的目標的一貫性；識別關鍵的成功因素和風險；評估這些關鍵風險並做出反應；實施適當的風險反應措施；建立需要的控制；及時報告業績和期望。對於這些目標，企業風險管理能提供合理保證，使管理當局（在監督方面是董事會）被告知企業朝這些目標接近的程度。

(四) 風險偏好與風險容忍度

1. 風險偏好

風險偏好是由管理當局制定並經董事會復核的，是企業在戰略設定中的路標。有些公司可能將風險偏好表達為增長、風險和回報之間可接受的平衡，也可能是風險調整後的股東價值。非營利性組織也許將風險偏好表達為它們在為利益相關者提供價值時願意接受的風險。

在企業風險偏好及其戰略之間有一個關係。通常，諸多戰略中的任何一個都可能被設計來達成預期的增長和回報目標，而增長和回報有不同的風險。企業風險管理應用於戰略設定時，能幫助管理當局選擇一個與其風險偏好相一致的戰略。如果和某個戰略相關的風險與企業的風險偏好不一致，那麼戰略就應該修正。當管理當局起初設定的戰略超出了企業風險偏好，或者當戰略未能包含足夠的風險允許企業達成願景，都有可能出現這種戰略被修正的情況。

企業的風險偏好在企業戰略中也引導了資源的配置。管理當局在企業範圍內配置資源，是考慮了企業的風險偏好與個體商業單位戰略計劃對投資的資源產生預期的回報的。管理當局試圖把組織、人員、過程和組織的基礎部分結合在一起，以有效地實現戰略並使企業處於風險偏好水準之內。

2. 風險容忍度

風險容忍是相對於目標的達成而言的可接受的變動水準。風險容忍能被量化，並經常用相同企業的相關目標來計量。將業績計量同風險容忍結合在一起，能幫助實際結果處在可接受的風險容忍水準之內。在設定風險可容忍水準時，管理當局應考慮相關目標的相對重要性並將風險偏好和風險容忍水準結合起來。在風險容忍水準之內進行經營活動，管理當局有更大的把握確保企業維持在風險偏好之內，反過來也能確保企業達成其目標。

三、事件識別

（一）事件

事件是指源於內部或外部的可能影響企業戰略貫徹或目標達成的事項。事件可能會有正面的影響，也可能會有負面的影響，甚至會有正負兩方面的影響。

作為事件識別的一部分，管理層認識到不確定性的存在，但不知道該事件何時發生或有什麼後果。管理層初始階段考慮一系列的潛在事件——受到內部和外部因素的影響——而不必要關注該事件的潛在影響是正面的還是負面的。

潛在事件可能是明顯的，也可能是模糊的，其影響可能是正面的，也可能是負面的。為避免忽略相關的事件，最好將事件的識別與事件發生的可能性評估分開進行，後者是風險評估的主體。然而，實務中存在一定的限制，通常很難知道兩者之間的界限。但是，如果對達到一個重要目標而言其潛在影響很大，則即使潛在事件發生的可能性很小，管理層在事件識別階段也不應該忽略。

事件並不是孤立地出現的。一個事件可以引起另一個事件，不同的事件也可以同時發生。在事件識別中，管理層應該瞭解事件之間是如何相互關聯的。通過對事件之間的內在關係的評價，我們可以確定指引風險管理努力發揮最好的作用。例如，中央銀行利率的變動會影響外匯率，進而會影響公司的貨幣業務的盈虧。一項減少資本投資的決策會延遲管理層分發系統的提升，引起額外的停工期和經營成本的上升。一項擴大行銷培訓的決策可能使顧客訂單的重複頻率和數量增加。

（二）影響戰略和目標的因素

事件識別旨在確認盡可能多的威脅，但並不對這些威脅作出評價。這自然地使得事件識別過程會將組織中盡可能多的個人納入進來，特別是那些對正在考慮的特定風險領域有確切瞭解的相關人員。例如，對戰略風險的評估將涉及高級管理層、高級財務人員以及戰略規劃領域的相關人員。對營運風險的評估將涉及營運部門的相關人員，因為這些人員對業務流程的實際運作富有洞見，並確切瞭解哪些威脅會阻礙營運目標的實現。

風險框架可能有助於事件識別過程的順利實施。該框架給參與風險評估的相關人員提供了指南，能幫助他們恰當地組織被識別出來的各種威脅。該框架能按類別、按結構性元素（如戰略、人員、流程、技術、數據）或按業務流程（如收入週期、支付週期、現金管理與財資管理、財務報告、營運）等方式來組織各種風險。

該風險框架中應同時考慮內部因素與外部因素，應要求並鼓勵參與風險評估的相關人員從內部因素與外部因素兩個方面來識別各種威脅。內部風險因素與外部風險因素如表9-1所示。

表 9-1　　　　　　　　　　　影響風險的因素

外部風險因素	內部風險因素
經濟 　資本的可利用性 　信貸發行、違約 　集中 　流動性 金融市場 　失業 　競爭 　兼併或收購 　行業競爭 自然環境 　散發（Emissions）和廢棄 　能源 　自然災害 　可持續發展 政治 　政府更迭 　立法 　監管規則的改變 　公共政策 　管制	基礎結構 　資產的可利用性 　資產的能力 　資本的取得 　複雜性 人員 　員工能力 　詐欺行為 　健康與安全 流程 　能力 　設計 　執行 　供應商或依賴性 技術 　數據的可信度 　數據和系統的有效性 　系統選擇 　開發 　調配 　維護
社會 　人口統計 　消費者行為 　公司國籍 　隱私 　恐怖主義 　技術 　中斷 　電子商務 　外部數據 　新興技術	

（三）識別風險的方法

以下工具、診斷方法和流程可用於支持表 9-1 列出的影響風險的因素。

（1）核對清單（Checklist），即某一特定行業或不同行業共通的潛在風險清單。

（2）流程圖（Flowcharts）。流程圖又叫生產流程分析法。生產流程又叫工藝流程或加工流程，是指在生產工藝中，從原料投入到成品產出，通過一定的設備按順序連續地進行加工的過程。流程圖法強調根據不同的流程，對每一階段和環節逐個進行調查分析，找出風險存在的原因。

（3）情景分析（Scenario Analysis）。情景分析是指通過分析未來可能發生的各種情景，及各種情景可能產生的影響來分析風險的一類方法。用情景分析法評估風險，不僅能得出具體的預測結果，而且還能分析達到未來不同發展情景的可能性及

需要採取的技術、經濟和政策措施，為管理者決策提供依據。

(4) 價值鏈分析（Value-chain Analysis）。企業風險管理者通過分析企業內外環境條件對企業經營活動的作用和影響，以發現風險因素及可能發生的損失。企業的外部環境主要包括原材料供應者、資金來源、競爭者、顧客、政府管理者等方面的情況。企業的內部環境主要包括其生產條件、技術水準、人員素質、管理水準等。企業的各種業務流程、經營的好壞最終體現在企業資金流上，風險發生的損失及企業實行風險管理的各種費用都會作為負面結果在財務報表上表現出來。因此，企業的資產負債表、損益表、財務狀況變動表和各種詳細附錄都可以成為識別和分析各種風險的工具。

(5) 過程描述（Process Mapping）。過程描述是分析一個過程的輸入、任務、責任和輸出的組合。通過分析評估影響一個過程的投入或其中的活動的內部和外部因素，主體能識別那些可能影響過程目標實現的風險。

此外，企業可以考慮對風險評估活動進行事後評價，即檢查在先前的風險評估活動中未被識別出來的、已發生的風險。對這些風險項應進行檢查，以明確它們是否得到識別。如果尚未得到識別，原因是什麼，或者雖已得到識別，但其嚴重程度未得到合理評估或被視作危害較低的風險項。在任何一種情況下，企業都應採取行動以修正風險評估過程，以便在將來能恰當地識別這些風險。

（四）風險和機遇

影響主體實現目標的事項具有負面影響、正面影響，或者兩者兼有。具有負面影響的事項代表是風險，需要管理當局的評估和應對。具有正面影響或抵銷風險的負面影響的事項代表是機會。機會是一個事項將會發生並對實現目標和創造價值產生正面影響的可能性。代表機會的事項被反饋到管理當局的戰略或目標制定過程中，以便規劃行動去抓住機會。抵銷風險的負面影響的事項在管理當局的風險評估和應對中要予以考慮。

四、風險評估

（一）風險評估概述

風險評估使主體能夠考慮潛在事項影響目標實現的程度。管理當局從兩個角度，即可能性和影響對事項進行評估，並且通常採用定性和定量相結合的方法。正如前面章節討論的那樣，外部因素和內部因素影響著可能出現的事件及該事件對企業實現目標的影響程度。儘管一些因素對一個行業的公司而言是通用的，但對一個具體的企業而言則可能有很多獨特的影響因素，因為這些企業設立的目標及過去的選擇有所不同。在風險評估中，管理層將與企業相關的潛在未來事件和業務活動結合起來考慮。這限定了形成企業風險特徵的檢查因素，包括企業規模、經營的複雜性以及企業活動的監管程度，並影響用來評價風險的方法。

（二）固有風險和剩餘風險

管理層既要考慮固有風險又要考慮剩餘風險。固有風險是指一個企業缺乏任何用來改變風險的可能性或影響的措施時面臨的風險。剩餘風險是指在管理層對風險採取了應對措施之後剩餘的風險。在對風險進行評價時，管理層需要考慮預期和未

預期潛在事件的影響。很多事件是常規的並重複出現，並且已經列示在管理層的計劃和經營預算當中。而其他一些事件則是不可預期的，通常發生的可能性很低但其潛在的影響卻很大。管理層通常對這種未預期的事件單獨採取應對措施。然而，不管是預期的還是沒有預期的事件，都會存在不確定性，並且都會對戰略的實施和目標的實現產生潛在的影響。相應地，管理層評估那些可能對企業產生重要影響的所有潛在事件的風險。風險評估首先對固有風險進行，一旦建立了風險應對措施，管理層開始使用風險評估技術對剩餘風險進行評估。

（三）對可能性和影響進行估計

潛在事件的不確定性通過兩方面進行評價——可能性和影響。可能性代表了一個特定事件發生的可能性，而影響則代表了該事件產生的後果。可能性和影響是通常採用的術語，儘管一些企業使用概率、嚴重性或後果等術語。有時這些術語具有更特別的內涵，比如「可能性」用高、中、低等定性術語或其他一些判斷標準來表明一個特定事件發生的可能性，而「概率」則可以用來表明數量計量的結果，如百分比、發生頻率或其他的數字度量。

管理層可以選擇採用諸如預期的估計壞情況評價、一個範圍或分佈區域等術語，來表達潛在的可能性和影響。管理層也可以用數據或圖表的形式來描述。風險映射是一個例子，它通過事件的分類、組織的目標以及其他的分組來描述風險。這有利於在包括組織的、部門的、職能的或程序的多個層次上報告風險。決定對一個企業面對的大批風險進行評估需要投入多少是一件有難度的並有挑戰性的工作。管理層意識到，一個發生的可能性很低且影響很小的風險通常不必要作進一步的考慮，而一個發生的可能性很高並且潛在影響很大的風險則需要投入很大的精力加以關注。在這兩個極端之間的情形則通常需要判斷，進行理性且謹慎的分析是很重要的。

由於風險是放在一個企業的戰略和目標環境中進行評估的，管理層自然的傾向是關注短期和中期的風險。然而，戰略方向和目標的一些組成部分延伸至較長的期限。因此，管理層需要認知更長的時間框架，避免忽略那些遠期之外的風險。

管理層經常採用業績計量指標來決定達成目標的程度，並且在考慮一項風險對特定目標的實現的潛在影響時，通常使用相同的計量指標。例如，一家目標是將客戶服務維持在一個特定水準上的公司，會為這個目標設計一個評級或其他的計量指標，比如客戶滿意指數、投訴的次數、回頭率等。在評價一項可能影響客戶服務的風險時，比如一段時間內公司網站不能使用的可能性，最好用相同的計量指標來計量影響。

風險評估看起來是一個科學的量化分析過程，但如果風險評估不當或給予了不恰當的風險權重，就可能發生非預期損失。在風險評估中需要考慮眾多定性因素，比如根據重要性對風險排序、利用「風險圖」（Risk Map）可視化風險。此外，企業在評估風險時，應計算「最大可能損失」並在風險評估中應用這一指標。

理論上，風險評估活動應由組織內的全體員工不間斷地履行。然而，風險評估過程必須由負責組織治理的相關人員來推動，比如董事會和審計委員會的承諾和參與及其對風險的態度，應自上而下地向各個組織傳達。一旦風險被識別，企業應將識別出來的風險提交給合適的管理層級考慮。最終形成的風險評估文件將成為組織控制環境中一個必不可少的組成部分。在大多數情況下，特別是在評估戰略風險時，

企業應定期進行風險評估，通常每年評估一次。

風險評估中一般會用到概率。例如，假設某公司損失 100 萬元的概率為 40%，損失 30 萬元的概率為 60%，則該公司的預期損失估計為 58 萬元[（0.4×1,000,000）+(0.6×300,000)]。如何確定估計的損失額度以及各種情況發生的概率，這取決於評估人員的經驗、掌握的信息以及對此的主觀判斷。

五、風險應對

在評估了相關的風險之後，管理當局就要確定如何應對風險，也叫風險反應。在考慮風險應對的過程中，管理當局評估風險的可能性和影響的效果以及成本效益，選擇能夠使剩餘風險處於期望的風險容忍度以內。

（一）風險應對的目標

風險應對的目標是就組織面臨的風險提供客觀且獨立的評價。對各項識別出來的風險，一般根據兩個標度因素（Factor Scale），即風險圖（Risk Map）進行評價，這兩個標度因素就是影響（Impact）和可能性（Likelihood）。影響，即如果風險真的發生，會對組織的目標造成什麼影響。可能性，即風險實際發生的概率或可能性。

採用上述兩個標度因素，可以在圖形上繪製對風險的評價結果（即風險圖）。風險圖的橫坐標表示風險發生的頻率，縱坐標表示風險影響的強度（損失強度）。風險圖可以分成四個象限，其中右上方的預期損失是「高頻率、高強度」，風險狀況非常嚴重，應引起管理層的高度重視，並力爭避免。換句話說，優先級較高的風險因素（影響較大、發生的概率較高的風險因素）位於圖形的右上區間。

對於「低頻率、高強度」的風險事件，企業應保持警惕，注意進行風險轉移；對於「高頻率、低強度」的風險事件，企業應進行積極管理，以降低風險的發生；對於「低頻率、低強度」的風險事件，作為日常管理的部分，常被列入成本控制的範圍（見圖9-1）。

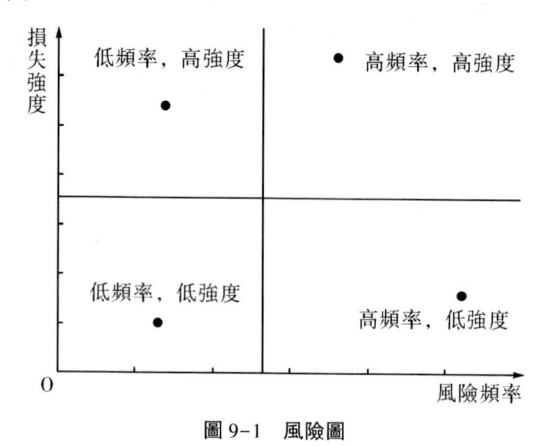

圖 9-1　風險圖

（二）風險應對的類型

風險應對可以分為以下四種類型：

迴避（Avoidance），即退出會產生風險的活動。迴避可能包括退出一條產品線、

拒絕向一個新的地區市場拓展，或者賣掉一個分部。

降低（Reduction），即採取措施降低風險的可能性或影響，或者同時降低兩者。降低策略幾乎涉及各種日常的經營決策。

分散（Sharing），即通過轉移風險給第三方來降低風險的可能性或影響，或者分散一部分風險。常見的技術包括購買保險產品、從事避險交易（Hedging Transactions）或外包一項業務活動。

承受（Acceptance），即不採取任何措施去干預風險的可能性或影響。

風險規避措施是在其他應對措施的成本超過期望的收益，或者可供選擇的措施不能將影響和可能性降低到一個可接受的水準的情況下採取的。風險減輕和風險分擔應對措施將剩餘風險減少到與企業風險承受度相一致的水準，而風險接受應對措施則表明固有風險已經在企業的風險承受度以內。對許多風險而言，恰當的風險應對選擇是顯而易見的，企業能很好地接受。例如，對計算失效的損失，恰當的風險應對措施是建立企業持續計劃。而對其他風險，可供選擇的方法可能沒有那麼明顯，要求進行更深入的識別活動。例如，與減輕競爭者行為對品牌價值影響相關的應對措施可能要求市場研究測試和分析。作為企業風險管理的一部分，企業對重大風險從一系列應對措施中考慮潛在的應對措施，這體現了風險應對選擇的深度，同時也對現狀提出了挑戰。

固有風險在最初都應作為影響較大、發生概率較高的風險來對待，因為尚未考慮對這類風險的控制措施，所以應優先處理這類風險。對剩餘（控制）風險的評價實際上是評價可能有效或無效的控制活動。例如，某項風險可能被忽略，因為評估人員在評估時依據的內部控制實際上並未發揮作用。因此，剩餘風險評估試圖確認必要的關鍵控制，以使風險因素的影響較小、發生概率較低隨後還會繼續驗證這些控制，以確保控制已到位並能如期發揮效用。

將組織的成本從固定成本轉變為變動成本可以降低營運風險。例如，公司可以外購某些零部件或將某些活動外包，而不是自行生產這些零部件或由公司內部履行這些活動。

調整組織的資本結構以最小化資本成本可以降低財務風險。資本成本取決於組織的資本結構中債務、優先股、留存收益和普通股的組合狀況。合適的資本組合能將破產風險和代理成本降至可接受水準。

在決定採取可能的應對措施時，管理層應該考慮以下事務：

（1）評價可能的風險應對措施對風險可能性和影響的效果以及哪一個風險應對措施與企業的風險承受度保持一致。

（2）評估可能的風險應對措施的成本與效益。

（3）在處理特定風險之外，對達到企業目標可能存在的機會。

（三）應對措施的評價

1. 評價

企業要根據達到與風險承受度相一致的剩餘風險水準的意圖，來分析固有風險和評價應對措施。任何一種風險應對措施的剩餘風險應該與企業的風險承受度相一致。有時將幾種應對措施結合起來可以達到最佳效果。類似地，特定的應對措施可

能解決多種潛在事件的風險,因為風險應對措施可以解決多種風險,管理層不必保證採取額外的措施,現有的程序可能是足夠的或需要得到更好的執行。相應地,管理層考慮個別應對措施或聯合應對措施如何相互作用來影響潛在的事件。在評價應對措施的選擇時,管理層考慮其對風險可能性和影響的後果,並瞭解一項應對措施可以對風險的可能性和影響產生不同的後果。在評估風險的可能性和影響的潛在應對措施時,管理層可以考慮過去的事件及其趨勢、潛在的未來情況。在評價可供選擇的應對措施時,管理層代表性地會使用與目標及在風險評估中建立的相關風險相同的計量單位。

2. 風險應對措施中的機會

事件識別描述了企業風險管理如何來識別影響企業目標實現的事件——正面影響或負面影響。具有潛在的正面影響的事件代表著機會,並返回到企業的戰略和目標設定過程。相似地,在考慮風險應對措施時,管理層應確認具有潛在重要的有利結果的機會,管理層可以辨別創新的措施。這樣的機會可能是表面的,當現存的風險應對措施達到有效性的極限,進一步地改進可能對風險的影響或可能性沒有多少作用。例如,汽車保險公司對特定的十字路口大量的事故創建的應對機制就是一個例子——公司決定投入資金來完善交通信號燈,從而減少事故投訴並提高利潤。

3. 組合觀

企業風險管理要求從整個主體範圍或組合的角度去考慮風險。管理當局通常採取的方法是先從各個業務單元、部門或職能機構的角度去考慮風險,讓負有責任的管理人員對本單元的風險進行複合評估,以反應該單元與其目標和風險容忍度相關的剩餘風險。

通過對各個單元風險的瞭解,一個企業的高層管理當局能夠很好地採取組合觀來確定主體的剩餘風險和預期目標相關的總體風險容量是否相稱。不同單元的風險可能處於各該單元的風險容量之內,但是放到一起以後,風險可能會超過該主體作為一個整體的風險容量。在這種情況下,企業需要附加的或另外的風險應對,以便使風險處於主體的風險容量之內。相反,主體範圍內的風險可能會自然地相互抵銷。例如,一些單個單元的風險較高,而其他單元對風險比較厭惡,這樣整體風險就在主體的風險容量之內,從而不需要另外的風險應對。

風險組合觀可以用多種方式來描述。組合觀可以通過關注各個業務單元的主要風險或事項類別,或者作為一個整體的風險,運用類似風險調整資本(Risk-Adjusted Capital)或風險資本(Capital at Risk)等標準來獲取。在計量通過盈利、增長以及有時與已配置的和可利用的資本相關的其他業績指標表述的目標上的風險時,這種複合性指標尤其有用。這種組合觀的指標能夠為在業務單元之間重新配置資本和修改戰略方向提供有用的信息。

例如,一家製造業公司對於它的經營性盈利目標採取風險組合觀。管理當局採用通用的事項類別來獲取各個業務單元的風險。管理當局按照類別和業務單元編製了圖表,用圖表說明以一個時間範圍內的頻率來表示的風險可能性以及風險對盈利產生的影響。其結果是對公司面臨風險的一個複合性的或組合的觀點,管理當局和董事會據此考慮風險的性質、可能性和相對大小以及它們可能對公司的盈利產生怎

樣的影響。

一家金融機構號召各個業務單元都從風險調整資本報酬的角度去制定目標、風險容量和業績指標。這個一貫應用的尺度幫助管理當局把各個單元的組合風險評估結合起來，形成把該機構作為一個整體的風險組合觀，從而使管理當局能夠按照目標去考慮各個單元的風險，並確定主體是否處於其風險容量之內。

如果從組合的角度看待風險，管理當局就可以考慮風險是否處於既定的風險容量之內。此外，管理當局能夠重新評價其願意承擔的風險的性質和類型。在組合觀顯示風險顯著低於主體的風險容量的情況下，管理當局可以決定鼓勵各個業務單元的管理人員去承受目標領域的更大的風險，以便努力增進主體的整體增長和報酬。

通常，任何一個應對方案都將帶來與風險容量相一致的剩餘風險，風險應對方案的組合會產生最優的效果。相反，有時一個應對能夠影響多重風險，在這種情況下管理當局可以決定不再採取其他的措施來處理某個特定的風險。

評價應對方案時，管理當局需要同時考慮對風險的可能性和影響的效果，認識到一個應對可能會對可能性和影響產生不同的效果。舉例來說，一家公司有一個位於強暴風雨地區的計算機中心，它制訂了一個經營持續性計劃，這個計劃儘管對暴風雨發生的可能性起不到任何影響效果，但是能夠減輕建築物損壞或人員不能上班的影響。如果選擇把計算機中心遷移到另外一個少雨地區，這個決策不能降低同等暴風雨對中心造成的影響，但是能夠降低中心所處地區暴風雨發生的可能性。

在分析應對的過程中，管理當局可以考慮過去的事項和趨勢以及潛在的未來情景。在評價備選的應對決策時，管理當局通常要利用與衡量相關目標相同的或適合的計量單位來進行評價。

控制活動是幫助確保管理當局的風險應對得以實施的政策和程序。控制活動可以根據與其相關的主體目標的性質（戰略、經營、報告和合規）進行分類。

六、控制活動

選定了風險應對之後，管理當局就要確定用來幫助確保這些風險應對得以恰當地和及時地實施所需的控制活動。從這種意義上講，控制活動直接建立在管理過程之中。

在選擇控制活動的過程中，管理當局要考慮控制活動是如何彼此關聯的。在一些情況下，一項單獨的控制活動可以實現多項風險應對。在另外一些情況下，一項風險應對則需要多項控制活動。更有一些情況，管理當局可能會發現現有的控制活動足以確保新的風險應對得以有效執行。

儘管控制活動一般是用來確保風險應對得以恰當實施的，但是對於特定的目標而言，控制活動本身就是風險應對。例如，對於一項確保特定的交易被恰當授權的目標而言，應對可能就是類似職責分離和由監督人員審批等控制活動。

（一）高層復核（Top-level Reviews）

高層復核是指高層管理當局對照預算、預測、以前期間和競爭者來復核實際的業績。管理當局通過任務實現程度的計量指標來反應主要的活動，例如行銷衝刺、改進生產流程以及成本抑制或降低計劃等。管理當局對新產品開發、合營企業或籌資計劃的執行進行監控。

（二）直接的職能或活動管理（Direct Functional or Activity Management）

直接的職能或活動管理是指負責職能機構或活動的管理人員審核業績報告。

（三）信息處理（Information Processes）

信息處理是指管理當局實施一系列的控制來檢查交易的準確性、完整性和授權。輸入的數據要經過聯機編輯核對（On-line Edit Checks）或與經批准的控制文件相匹配。例如，一個客戶的指令只有在對照了經批准的客戶文件和信用限額之後才能被接受。管理當局對交易的數量化結果進行核算，對例外情況追查到底並報告給監督人員。管理當局對新系統的開發和現有系統的改變以及對數據、文件和程序的進入都要加以控制。

（四）實物控制（Physical Controls）

管理當局對設備、存貨、證券、現金和其他資產進行實物性的保護，定期盤點，並與控制記錄上反應的數額相比較。

（五）業績指標（Performance Indicators）

管理當局把不同系列的經營或財務數據彼此聯繫起來並加以分析，結合調查和矯正措施形成一項控制活動。通過調查非預期的結果或異常的趨勢，管理當局可以識別由於能力不足而導致的無法達成目標的風險。管理當局可以將信息用於經營決策或追查該非預期結果。

（六）職責分離（Segregation of Duties）

管理當局把不同人員的職責予以分開或隔離，以便降低錯誤或舞弊的風險。舉例來說，交易授權、記錄和處理相關資產的職責要分開。一位授權賒銷的管理人員不能負責記錄應收帳款或處理現金回款。同樣，銷售人員無權修改產品價格文件或佣金比率。

控制活動一般包括兩個要素：確定應該做什麼的政策和實現政策的程序。例如，政策可能要求證券經紀商的零售分部管理人員對客戶交易活動進行復核。程序就是復核本身，及時執行並注意政策中列舉的要素，如所交易的證券的性質和數量以及它們與客戶淨財富和期限之間的關係。

在很多時候，政策是口頭溝通的。如果政策是一項長期持續且充分理解的慣例以及在溝通渠道包括少數幾個管理階層且對員工有密切互動和監督的較小的組織中，不成文的政策能很有效。但是不管是否成文，政策都必須仔細地、有意識地和一貫地執行。如果機械地執行，缺乏對政策針對的情況的敏銳且持續關注的話，程序就不會有用。此外，根據觀察的程序和採取的適當的矯正措施來辨別情況也是至關重要的。後續措施可能會因企業的規模和組織結構而異。

七、信息與溝通

（一）信息

隨著對複雜信息系統和數據驅動的自動化決策系統與程序的依賴性與日俱增，數據的可靠性至關重要。不準確的數據可能會導致未曾識別的風險、拙劣的評估、糟糕的管理決策。

信息的質量包括正確性、及時性、新鮮度、準確性、收集難易程度。

信息基礎結構以與主體的需要相一致的時機和深度來追溯與獲取信息，以便識別、評估、應對風險，並保持在它的風險容量之內。信息流動的及時性需要與主體的內部和外部環境的變動程度保持一致。

信息基礎結構把原始數據轉換成相應的信息，以幫助員工履行企業風險管理和其他職責。信息以易於使用的方式和時機予以提供，並與界定的責任相關聯。

數據搜集、處理和儲存的進步導致數據量呈指數級增長。有更多的數據（通常是即時的）可以供組織中更多的人利用，挑戰在於通過確保正確的信息、以正確的形式、按正確的詳細程度、在正確的時間流向正確的人，避免「信息超載」(Information Overload)。在開發知識和信息基礎結構的過程中，管理當局應該考慮各個使用者和部門不同的信息需求以及不同的管理層級需要的不同概略程度的信息。

（二）溝通

來自企業內部和外部的相關信息必須以一定的格式和時間間隔進行確認、捕捉與傳遞，以保證企業的員工能夠執行各自的職責。有效的溝通也是廣義上的溝通，包括企業內自上而下、自下而上以及橫向的溝通。有效的溝通還包括將相關的信息與企業外部相關方的有效溝通和交換，如客戶、供應商、行政管理部門和股東等。

1. 內部

管理當局提供著眼於行為期望與員工職責的具體的和指導性的溝通。這包括對主體的風險管理理念和方法的清楚表述以及明確的授權。有關流程和程序的溝通應該與期望的文化相協調，並支撐後者。

溝通應該有效地傳達以下內容：

（1）有效的企業風險管理的重要性和相關性。
（2）主體的目標。
（3）主體的風險容量。
（4）一套通用的風險語言。
（5）員工在實現和支撐企業風險管理的構成要素中的職能與責任。

一套相關的和詳盡的行為守則，輔以員工培訓項目以及持續的公司溝通和反饋機制，與高層管理當局樹立的正確的範例一起，能夠強化這些重要的信息。

其中最為關鍵的溝通渠道位於高層管理當局和董事會之間。管理當局必須讓董事會瞭解最新的業績、風險和企業風險管理的運行情況以及其他的相關事項或問題。溝通越好，董事會就越能有效地履行其監督職責——在關鍵問題上為管理當局充當一個能發表意見的董事會，監控活動，並提供建議、勸告和指導。同樣，董事會也應該溝通它對管理當局的信息需求，並提供反饋和指導。

2. 外部

不僅在主體的內部需要恰當的溝通，與外部之間也是如此。通過暢通的外部溝通渠道，客戶和供應商能夠提供有關產品或服務的設計和質量的十分重要的信息，從而使一個公司能夠關注變化中的客戶需求或偏好。

與利益相關者、監管者、財務分析師和其他外部方面的溝通提供了與其需求相關的信息，這樣它們就能夠快捷地瞭解主體面臨的情形和風險。這些信息應該是有意義的、中肯的和及時的，並且符合法律和監管的要求。

3. 溝通的方式

溝通可以採取類似政策手冊、備忘錄、電子郵件、公告板通知、網路發布和錄像帶信息等方式。當信息在大型會議、小型會議或一對一會談中以口頭的形式傳達時，發音的腔調和肢體語言強調了所說的內容。

管理當局與員工打交道的方式能傳達強有力的信息。管理人員應該記住用行動說話勝過語言。管理人員的行動又受到主體的歷史和文化的影響，得益於過去對如何處理類似情況的觀察。

一個有著誠信經營的歷史、文化被整個組織中的人員充分理解的主體，可能會發現溝通信息並不困難。沒有這種傳統的主體就需要在溝通信息的方式上傾注更多的努力。

八、監控

對企業風險管理的監控是指評估風險管理要素的內容和運行以及一段時期的執行質量的一個過程。

一個主體的企業風險管理隨著時間而變化。曾經有效的風險應對可能會變得不相關，控制活動可能會變得不太有效或不再被執行，主體的目標也可能發生變化。這些可能是由於新員工的到來、主體結構或方向的變化、引入新流程造成的。面對這些變化，管理當局需要確定企業風險管理的運行是否持續有效。

監控可以以兩種方式進行——持續監控活動或個別評價。通常，持續監控活動和個別評價的某種組合會確保企業風險管理在一定時期內保持有效性。

持續監控包含於一個主體正常的、反覆的經營活動之中。持續監控被即時地執行，動態地應對變化的情況，並且植根於主體之中。因此，持續監控比個別評價更加有效。由於個別評價發生在事後，因此通過持續監控程序通常能夠更迅速地識別問題。許多主體儘管有著良好的持續監控活動，也會定期對企業風險管理進行個別評價。感到需要經常性的個別評價的主體，應該集中精力去改進持續監控活動。

（一）持續監控活動

在正常的經營過程中，許多活動可以起到監控企業風險管理的有效性的作用。它們來自定期的管理活動，可能包括差異分析、對來自不同渠道的信息的比較以及應對非預期的突發事件。這些活動包括定期的管理和監督活動、變量分析、壓力測試以及比較、調節和其他的常規活動。

持續監控活動一般由直線式的經營管理人員或職能式的輔助管理人員來執行，以便對其接收的信息的含義予以深入考慮。通過關注關係、矛盾或其他的相應含義，他們提出問題並追查必要的其他員工，以確定是否需要矯正或採取其他措施。持續監控活動應與經營過程中的政策要求執行的活動區分開來。例如，作為信息系統或會計程序要求的步驟來執行的交易審批、帳戶餘額調節以及驗證主要文件的準確性，最好界定為控制活動。

例如，與企業經營活動密切相關的企業的分部、附屬公司和公司層面的銷售、採購和生產經理，可以對它們發現的與其經營經驗嚴重不符的報告提出質詢。及時完整的報告以及對這些例外情況的處理能夠提高程序的有效性。

（二）個別評價

企業風險管理評價的範圍和頻率各不相同，取決於風險的重大性以及風險應對和管理風險過程中的相關控制的重要性。優先程度較高的風險領域和應對往往更經常被評價。對企業風險管理整體的評價可能是由許多原因促成的，如主要的戰略或管理當局更迭、收購或處置、經濟或政治情況變化、經營或處理信息的方法變更。當管理當局作出決定要對一個主體的企業風險管理採取全面評價時，應該將注意力引導到著眼於它在戰略制定中以及相關的重大活動中的應用。評價的範圍還取決於要致力於戰略、經營、報告和合規中的何種目標類別。

評價通常採取自我評估的形式，負責一個特定單元或職能機構的人員決定針對其活動的企業風險管理的有效性。

（三）報告缺陷

一個主體的企業風險管理的缺陷可能會從多個來源表現出來，包括主體的持續監控程序、個別評價和外部方面。缺陷是企業風險管理之中值得注意的一種情況，可能表示一個察覺到的、潛在的或實際的缺點，或者一個強化企業風險管理以便提高主體目標實現的可能性的機會。

報告的內容包括所有已經識別的影響企業制定和執行戰略、設定和實現企業目標的企業風險管理缺陷、提高企業實現目標可能性的機會等。

報告的渠道既包括向直接向上級報告，也包括越級報告。

第三節　風險矩陣模型

一、風險矩陣模型概述

風險矩陣是指按照風險發生的可能性和風險發生後果的嚴重程度，將風險繪製在矩陣圖中，展示風險及其重要性等級的風險管理工具方法。風險矩陣是識別項目風險重要性的一種結構性方法，能夠對項目風險的潛在影響進行評估，是一種操作簡便，且把定性分析與定量分析相結合的方法。

風險矩陣的基本原理是根據企業風險偏好，判斷並度量風險發生的可能性及後果的嚴重程度，計算風險值，以此作為主要依據，在矩陣中描繪出風險重要性等級。風險矩陣適用於表示企業各類風險重要性等級，也適用於各類風險的分析評價和溝通報告。

企業應用風險矩陣，應明確應用主體（企業整體、下屬企業或部門），確定所要識別的風險，定義風險發生可能性和後果嚴重程度的標準以及定義風險重要性等級及其表示形式。企業應綜合考慮所處的外部環境、企業內部的財務和業務情況以及企業風險管理目標、風險偏好、風險容忍度、風險管理能力等。

風險矩陣為企業確定各項風險重要性等級提供了可視化的工具。但是風險矩陣是需要對風險重要性等級標準、風險發生可能性、後果嚴重程度等做出主觀判斷，可能影響使用的準確性；同時，應用風險矩陣確定的風險重要性等級是通過相互比較確定

的，無法將列示的個別風險重要性等級通過數學運算得到總體風險的重要性等級。

二、風險矩陣圖的繪製

風險矩陣坐標是以風險後果嚴重程度（風險的影響程度）為橫坐標，以風險發生的可能性為縱坐標的矩陣坐標圖。企業可以根據風險管理精度的需要，確定定性、半定量或定量指標來描述風險後果嚴重程度和風險發生可能性。風險後果嚴重程度的橫坐標等級可定性描述為微小、較小、較大、重大等（也可採用 1、2、3、4 等 M 個半定量分值），風險發生可能性的縱坐標等級可定性描述為不太可能、偶爾可能、可能、很可能等（也可採用 1、2、3、4 等 N 個半定量分值），從而形成 $M \times N$ 個方格區域的風險矩陣圖（見圖9-2），也可以根據需要通過定量指標更精確地描述風險後果嚴重程度和風險發生可能性。

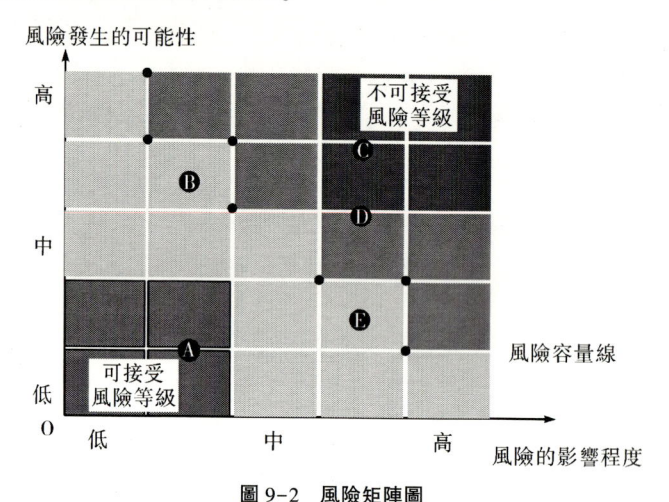

圖 9-2 風險矩陣圖

企業在確定風險重要性等級時，應綜合考慮風險後果嚴重程度和發生可能性以及企業的風險偏好，將風險重要性等級劃分為可忽視的風險、可接受的風險、要關注的風險和重大的風險等級別。對於使用半定量和定量指標描繪的矩陣，企業可以將風險後果嚴重程度和發生可能性等級的乘積（即風險值）劃分為與風險重要性等級相匹配的區間。為了突出風險矩陣的可視化效果，企業可以將不同重要性等級的風險用不同的標示進行區分。

風險矩陣圖給出以下四種分類：

如潛在問題在重大風險區域，企業應該不惜成本阻止其發生（如果成本大於可接受範圍，則放棄該項目）。

如潛在問題在較大風險區域，企業應安排合理的費用來阻止其發生。

如潛在問題在中等風險區域，企業應採取一些合理的步驟來阻止其發生或盡可能降低其發生後造成的影響。

如潛在問題在較小風險區域，企業應準備應急計劃，該部分的問題屬於反應型，即發生後再採取措施，而前三類則屬於預防型。

企業在逐項分析和評價需要在風險矩陣中展示的風險時，應注意考慮各風險的性質和企業對該風險的應對能力，對單個風險發生的可能性和風險後果嚴重程度的量化應注重參考相關歷史數據。企業在綜合職能部門和業務部門等相關方意見後，得到每一風險發生可能性和後果嚴重程度的評分結果。

最終企業將每一風險發生的可能性和後果嚴重程度的評分結果組成的唯一坐標點標註在建立好的風險矩陣圖中，標明各點的含義並給風險矩陣命名，完成風險矩陣的繪製。

三、風險矩陣圖應用舉例

X企業開展一個項目，經過調查發現該項目可能面臨10個潛在風險，包括競爭風險、戰略管理風險、銷售管理風險、市場供求風險、人力資源風險、信息管理風險、品牌管理風險、知識產權風險、政策風險、制度體系建設風險等，管理層為了確保項目順利進行，運用風險矩陣模型對上述風險進行評估。

X企業採用5分制分別給風險發生的可能性與風險的影響程度進行評分，評分結果如表9-2所示。

表9-2　　　　　　X企業潛在風險的可能性與影響程度

風險類型	風險發生的可能性	風險影響程度	綜合得分
競爭風險	4.70	4.20	19.74
戰略管理風險	4.20	3.81	16.00
銷售管理風險	3.45	4.25	14.66
市場供求風險	3.50	3.90	13.65
人力資源風險	3.00	3.22	9.66
信息管理風險	2.47	2.17	5.36
品牌管理風險	2.10	2.83	5.94
知識產權風險	2.40	3.41	8.18
政策風險	1.18	1.53	1.81
制度體系建設風險	1.31	2.13	2.79

根據以上資料，縱坐標為風險發生的可能性，橫坐標為風險的影響程度，按照得分水準繪製風險矩陣圖如圖9-3所示。根據風險矩陣模型分區，其中競爭風險、戰略管理風險、銷售管理風險和市場供求風險影響大，可能性高，是重大風險，企業應該全力阻止其發生。政策風險與制度建設風險發生概率低，且影響較小，是較小風險，企業可以提前準備應對方案，在事件發生後採取措施。人力資源風險是較大風險，企業應合理安排方案阻止其發生。信息管理風險、知識產權風險和品牌管理風險是中等風險，企業可以盡量降低其發生後產生的影響。

图 9-3　X 公司风险矩阵图

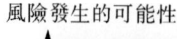

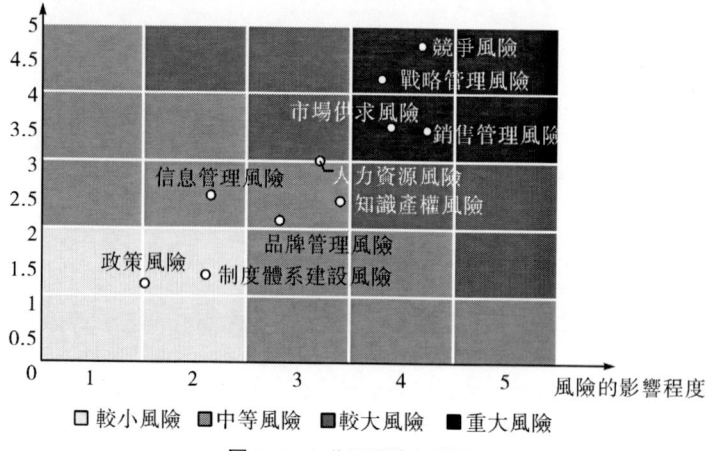

四、风险矩阵图模型的优缺点

　　风险矩阵法的优点在于：一是为企业确定各项风险重要性等级提供了流程化、规范化、可视化的工具，增强风险沟通和报告效果，有利于企业采取有效的监管预警措施和及时应对；二是简便明了、直观易懂，能够把复杂的问题简单化，用图表的方式直观地把风险等级表示出来；三是风险矩阵的评价程序规范，自成一套体系，不仅适用於企业全面风险管理，还可以用於企业某一部门的管理或某一项目的管理，适用范围广泛；四是风险矩阵不仅能够快速识别关键风险，还能对企业存在的风险进行全面评估，在项目中广泛推广，具有比较强的灵活性；五是风险矩阵法能够加强各级的沟通，大到高层管理者，小到部门的职员，都可以参与进来，发挥员工的主观能动性，使各个层级的人发声，有利於风险管理工作自上至下的实施和开展。

　　但是，风险矩阵法的缺点显而易见：一是由於打分法带来风险评价的结果具有强烈的主观性，可能影响使用的准确性；二是应用风险矩阵确定的风险重要性等级是通过相互比较确定的，因此无法将列示的个别风险重要性等级通过数学运算得到总体风险的重要性等级。

第十章
戰略管理會計

第一節　戰略管理會計概述

一、戰略管理與戰略管理會計

　　戰略是指企業從全局考慮做出的長遠性的謀劃。戰略管理是指對企業全局的、長遠的發展方向、目標、任務和政策以及資源配置做出決策和管理的過程。企業戰略一般分為三個層次，包括選擇可競爭的經營領域的總體戰略、某經營領域具體競爭策略的業務單位戰略（也稱競爭戰略）和涉及各職能部門的職能戰略。管理會計是為內部管理服務的，而企業內部管理，包括決策、預算、控制和評價，必須依據企業的發展戰略而展開。因此，戰略管理會計就是為企業選擇戰略方向、制定戰略規劃、配置戰略資源、落實實施方案，而提供相關信息的會計信息系統。

二、戰略管理的原則

　　企業進行戰略管理，一般應遵循以下原則：
　　第一，目標可行原則。戰略目標的設定，應具有一定的前瞻性和適當的挑戰性，使戰略目標通過一定的努力可以實現，並能夠使長期目標與短期目標有效銜接。
　　第二，資源匹配原則。企業應根據各業務部門與戰略目標的匹配程度進行資源配置。
　　第三，責任落實原則。企業應將戰略目標落實到具體的責任中心和責任人，構成不同層級彼此相連的戰略目標責任圈。
　　第四，協同管理原則。企業應以實現戰略目標為核心，考慮不同責任中心業務目標之間的有效協同，加強各部門之間的協同管理，有效提高資源使用的效率和效果。

三、戰略管理的環境

　　企業應關注宏觀環境（包括政治、經濟、社會、文化、法律以及技術等環境）、產業環境、競爭環境等對其影響長遠的外部環境，尤其是可能發生重大變化的外部環境，確認企業面臨的機遇和挑戰。同時，企業應關注本身的歷史及現行戰略、資源、能力、核心競爭力等內部環境因素，確認企業具有的優勢和劣勢。

企業一般應設置專門的機構或部門，牽頭負責戰略管理工作，並與其他業務部門、職能部門協同制定戰略目標，做好部門間的協調，保障戰略目標得以實現。企業應建立健全戰略管理有關制度及配套的績效激勵制度等，形成科學有效的制度體系，切實調動員工的積極性，提升員工的執行力，推動企業戰略的實施。

四、戰略管理的程序

企業應用戰略管理工具方法，一般按照戰略分析、戰略制定、戰略實施、戰略評價和控制、戰略調整等程序進行。

戰略分析包括外部環境分析和內部環境分析。企業進行環境分析時，可應用態勢分析法（Strength、Weakness、Opportunity、Threat，簡稱 SWOT 分析）、波特五力分析和波士頓矩陣分析等方法，分析企業的發展機會和競爭力以及各業務流程在價值創造中的優勢和劣勢，並對每一業務流程按照其優勢強弱劃分等級，為制定戰略目標奠定基礎。

戰略制定是指企業根據確定的願景、使命和環境分析情況，選擇和設定戰略目標的過程。企業可以根據對整體目標的保障、對員工積極性的發揮以及企業各部門戰略方案的協調等實際需要，選擇自上而下、自下而上或上下結合的方法，制定戰略目標。企業設定戰略目標後，各部門需要結合企業戰略目標設定本部門戰略目標，並將其具體化為一套關鍵財務及非財務指標的預測值。為各關鍵指標設定的目標（預測）值應與本企業的可利用資源相匹配，並有利於執行人積極有效地實現既定目標。

戰略實施是指將企業的戰略目標變成現實的管理過程。企業應加強戰略管控，結合使用戰略地圖、價值鏈管理等多種管理會計工具方法，將戰略實施的關鍵業務流程化，並落實到企業現有的業務流程中，確保企業高效率和高效益地實現戰略目標。

戰略評價和控制是指企業在戰略實施過程中，通過檢測戰略實施進展情況，評價戰略執行效果，審視戰略的科學性和有效性，不斷調整戰略舉措，以達到預期目標。企業主要應從以下幾個方面進行戰略評價：戰略是否適應企業的內外部環境、戰略是否達到有效的資源配置、戰略涉及的風險程度是否可以接受、戰略實施的時間和進度是否恰當。

戰略調整是指根據企業情況的發展變化和戰略評價結果，對制定的戰略及時進行調整，以保證戰略有效指導企業經營管理活動。戰略調整一般包括調整企業的願景、長期發展方向、戰略目標及其戰略舉措等。

企業戰略管理領域的應用工具一般包括戰略地圖、價值鏈管理等。戰略管理工具可以單獨應用，也可以綜合應用，以加強戰略管理的協同性。

第二節　戰略地圖

一、戰略地圖的概念

戰略地圖由羅伯特‧卡普蘭（Robert S. Kaplan）和戴維‧諾頓（David P. Norton）提出。他們是平衡記分卡的創始人，在對實行平衡計分卡的企業進行長期的指導和研究的過程中發現，企業由於無法全面地描述戰略，管理者之間及管理者與員工之間無法溝通，對戰略無法達成共識。平衡計分卡只建立了一個戰略框架，缺乏對戰略進行具體且系統、全面的描述。2004年1月，卡普蘭和諾頓的著作《戰略地圖——化無形資產為有形成果》出版。戰略地圖是在平衡計分卡的基礎上發展而來的，與平衡計分卡相比，它增加了兩個層次的東西：一是增加了顆粒層，每一個層面下都可以分解為很多要素；二是增加了動態的層面，也就是說戰略地圖是動態的，可以結合戰略規劃過程來繪製。

戰略地圖是指為描述企業各維度戰略目標之間因果關係而繪製的可視化的戰略因果關係圖。戰略地圖通常以財務、客戶、內部業務流程、學習與成長四個維度為主要內容，通過分析各維度的相互關係，繪製戰略因果關係圖（見圖10-1）。企業可以根據自身情況對各維度的名稱、內容等進行修改和調整。企業應用戰略地圖工具方法，應注重通過戰略地圖的有關路徑設計，有效使用有形資源和無形資源，高效實現價值創造。企業應通過戰略地圖實施將戰略目標與執行有效綁定，引導各責任中心按照戰略目標持續提升業績，服務企業戰略實施。

1. 財務維度

戰略主題一般可以劃分為兩個層次：第一層次一般包括生產率提升和營業收入增長等；第二層次一般包括創造成本優勢、提高資產利用率、增加客戶機會和提高客戶價值等。

2. 客戶維度

企業應對現有客戶進行分析，從產品（服務）質量、技術領先、售後服務和穩定標準等方面確定、調整客戶價值定位。企業一般可以設置客戶體驗、雙贏行銷關係、品牌形象提升等戰略主題。

3. 內部業務流程維度

企業應根據業務提升路徑和服務定位，梳理業務流程及其關鍵增值（提升服務形象）活動，分析行業關鍵成功要素和內部營運矩陣，從內部業務流程的管理流程、創新流程、客戶管理流程、遵循法規流程等角度確定戰略主題，並將業務戰略主題進行分類歸納，制訂戰略方案。

4. 學習與成長維度

企業應根據業務提升路徑和服務定位，分析創新和人力資本等無形資源在價值創造中的作用，識別學習與成長維度的關鍵要素，並相應確立激勵制度創新、信息系統創新和智力資本利用創新等戰略主題，為財務、客戶、內部業務流程維度的戰

略主題和關鍵業績指標（Key Performance Indicator，KPI）提供有力支撐。

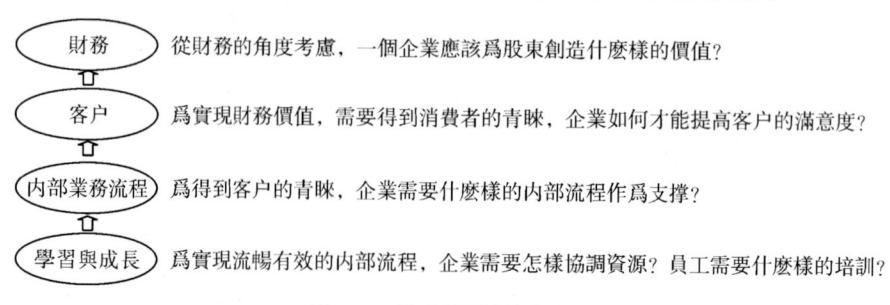

```
┌──────┐
│ 財務 │ 從財務的角度考慮，一個企業應該為股東創造什麼樣的價值？
└──────┘
┌──────┐
│ 客戶 │ 為實現財務價值，需要得到消費者的青睞，企業如何才能提高客戶的滿意度？
└──────┘
┌──────────┐
│內部業務流程│ 為得到客戶的青睞，企業需要什麼樣的內部流程作為支撐？
└──────────┘
┌──────────┐
│學習與成長 │ 為實現流暢有效的內部流程，企業需要怎樣協調資源？員工需要什麼樣的培訓？
└──────────┘
```

圖 10-1　戰略地圖的基本原理

二、戰略地圖應用舉例

（一）S 企業戰略地圖的繪製

S 企業是一家總部在 H 地的農藥化工企業，有兩個生產基地，一個生產基地主要生產農藥的原藥，另一個生產基地主要生產農藥制劑。S 企業的銷售網路遍布全國，主要優勢市場是河南、江蘇和山東等地市場。2019 年，S 企業年銷售收入超過 2 億元，人員數量 300 人左右。

為了快速拓展市場，提高市場份額和品牌知名度，S 企業投資 5,000 萬元建設一個現代化的生產基地，主要設備設施都是國內一流的，也得到政府部門的高度認可和重視。

為了與過硬的硬件設施相匹配，S 企業決定對企業進行管理變革，提高軟實力水準。2019 年，S 企業對未來 3 年的發展戰略進行了系統梳理。通過梳理，S 企業得出了如下結論。

1. 宏觀環境層面的機會

（1）政策方面。國家出抬了一系列管理辦法，規範行業競爭秩序。在強大的政策壓力下，行業競爭將進一步規範，未來低價競爭、無序競爭的壓力將趨緩。

（2）經濟方面。經濟將保持持續快速健康發展，農民收入不斷增加，國家繼續加大對「三農」的補貼，這將帶動農藥行業持續穩定發展。

（3）社會方面。社會環保意識、健康意識日趨強化，為高效、低毒、無殘留、精細化、智能化、綠色產品發展提供了社會文化基礎。

（4）技術方面。相比而言，國內各廠家的技術累積沒有形成較大的技術優勢，絕大多數廠家仍處於仿製階段，有利於企業形成研發優勢。

2. 宏觀環境層面的威脅

（1）政策方面。政府加大了監管力度，規範了競爭規則，提高了環保要求，導致企業生產成本增加。相對而言，企業的產品競爭力降低。

（2）經濟方面。緊縮的貨幣政策使企業的融資難度加大、融資成本提高，對於企業的快速發展形成障礙。

（3）社會方面。對環保的重視和投入會增加企業營運成本，短期內降低企業競爭力。

（4）技術方面。新化合物研發被跨國公司壟斷，研發成本高、風險大。企業在基礎研發方面投入產出比較低，很長一段時間，技術壁壘無法突破。

戰略地圖的核心是客戶價值主張，也就是未來企業區別於其他企業的差異化的核心競爭力。客戶價值主張往上支撐公司戰略，往下指導內部流程改善，最後落實到人員的管理上。因此，第二個層面的分析是行業標杆企業分析，找出差異化的價值主張。

3. 行業標杆企業學習借鑑

（1）戰略規劃方面。企業要明確戰略方向、戰略目標；理清達成戰略的舉措，並落實到各級員工的具體工作中；定期對戰略進行檢討和修正。

（2）行銷管理方面。企業要建立客戶導向的理念；渠道管理上要借鑑標杆企業，拓寬行銷渠道，抓本地市場，作為根據地的渠道下沉，一個縣做深做透再向另一個縣推廣，不冒進；學習標杆企業銷售隊伍管理，但要控制費用；提升銷售人員人均貢獻率，降低銷售成本。

（3）研發管理方面。企業要將產品登記證工作上升到戰略高度；加大研發投入力度；將研發提升至戰略高度，建立研發體系，打造研發隊伍，建立研發團隊；申報國家級水基化研發實驗室項目；與高校建立博士後工作站、院士工作站，解決高端研發能力不足問題，在行業內處於一流或領先水準，做到產學研相結合，在高端層面形成一系列優勢。

（4）生產管理方面。企業要提高精細化生產、清潔化生產水準；集團化採購、批量採購，控制採購成本；提高生產管理水準。

（5）IT信息化管理方面。企業要提高IT信息化水準，提高流程規範性和效率。

4. 內部能力方面需要提升的方向

（1）市場研究及品牌運作能力。企業要繼續做好市場基礎工作；加強對行業及競爭對手分析；加強市場規劃職能，明確市場方向與策略；逐步優化品牌，完善品牌管理工作。

（2）研發能力。企業要在明確公司戰略的基礎上，明確研發的方向、重點，並進行詳細的規劃；加強資源的投入，尤其是資金和適合的專業人才的引進與培養；加強高端產品研發，打造強有力的研發體系。

（3）採購能力。企業要擴大供應商的選擇範圍，降低企業風險；加強採購的計劃管理；逐步建立供應商管理機制。

（4）生產能力。企業要加強人員培訓，使之與產能設備配套；加強生產計劃和調度管理。

（5）銷售與售後服務能力。企業要拓寬行銷渠道，加強銷售的基礎管理能力，強化客戶管理能力；打造行銷模式，並推廣和複製；進一步提高售後服務能力。

（6）戰略整合能力。企業要提升公司整體的資源整理利用能力；提高戰略執行能力，將戰略目標與員工的日常工作結合，並不斷回顧提升。

（7）人力資源管理能力。企業要加強人力資源規劃，加強人力資源工作對戰略的支撐；拓展人才引進渠道；改善人才儲備和現有人才的潛力挖掘與培養；進一步完善現有人力資源管理制度，提升激勵作用。

5. 關鍵成功要素分析

在以上分析的基礎上，企業還要分析一下農藥化工企業的關鍵成功要素。農藥化工企業關鍵成功要素的重點在於兩個方面：一是行銷渠道建設和拓展能力，渠道越多，網路佈局越廣，越能夠接近農戶，越容易獲得成功；二是研發，研發能力越強，自主研發產品越多，競爭優勢越大。

6. 高管的關注點分析

在中高層戰略研討會上，大家最關心的關鍵詞是「上市」「提高戰略管理水準」「強化資源整合能力」「清潔化生產」「建立研發體系」「打造研發隊伍」「提高植保服務水準」「與大學合作建立博士後工作站」「強化環保治理」「拓寬融資渠道」「申報水基化綠色基地」「優化產品」「強化組織能力建設」「申報高新技術企業」「申報國家級實驗室」「開發高端產品」「擴大證件資源」等。

綜合考慮宏觀環境帶來的機會和威脅，借鑑行業標杆企業的經驗，審視內部能力提升方面以及行業關鍵成功要素，S 企業最終形成了以成功轉型成為植保服務商、上市為大目標，以行銷渠道拓展和研發能力提升為主線，以組織能力建設和戰略人力資源體系搭建為基礎，形成了戰略地圖，具體如圖 10-2 所示。

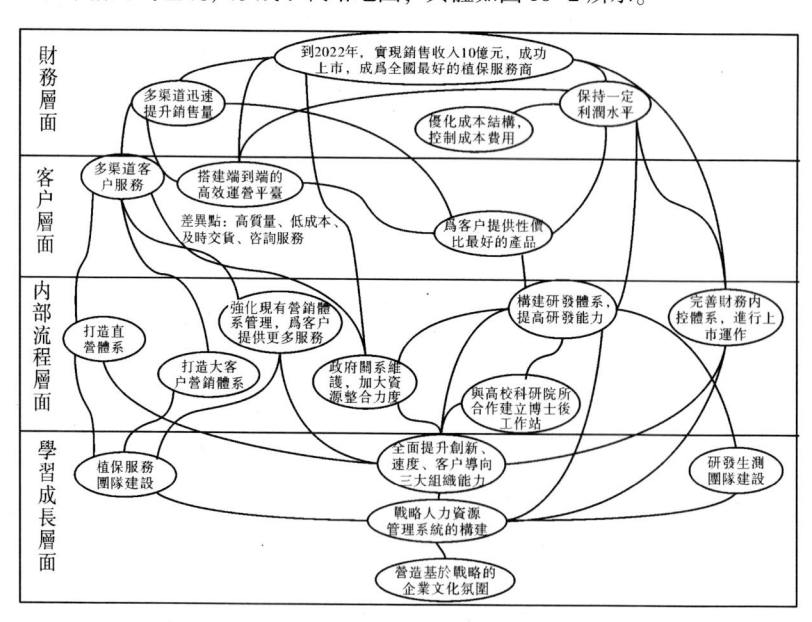

圖 10-2　S 企業戰略地圖

（二）S 企業戰略地圖的解讀

整體上我們可以從三個方面來系統解讀這個戰略地圖。

1. 最高層面的大目標

大目標包括三個方面的描述，「到 2022 年，實現銷售收入 10 億元，成功上市，成為全國最好的植保服務商」。

大目標提的比較宏大，也具備相當強的號召力。當然，對於企業幹部員工來說，

這意味著在提高工作追求的同時，也會帶來相當的壓力。這也說明了戰略的價值，就是通過細化分解，把抽象的戰略具體化為幹部員工可以理解的語言，達到上下溝通的目的，給幹部員工指明工作努力的方向。

2. 兩條支持大目標實現的主線

（1）行銷渠道拓展主線。在這條主線下，首先看財務層面的目標，當前的銷售收入為 2 億元多一點，那麼為了達到 3 年後實現 10 億元的銷售收入目標，在財務層面需要有一個戰略目標──「多渠道迅速提升銷售量」，要通過多種渠道實現銷售收入快速上漲。因此，S 企業在客戶層面有兩個重要的戰略目標：「多渠道客戶服務」和「搭建端到端的高效營運平臺」。其中「多渠道客戶服務」的目標是支持「多渠道迅速提升銷售量」目標的，而「搭建端到端的高效營運平臺」是實現快速整合產供銷系統，做深渠道的核心。為此，S 企業提出了差異化的戰略，包括「高質量、低成本、及時交貨、諮詢服務」，這些差異化的行銷戰略都支持了渠道下沉和從製造商向植保服務商轉型的戰略目標。

而在內部流程方面的戰略目標就更清晰了，為了支持多渠道服務，在內部流程層面要構建多種銷售渠道，S 企業提出了「強化現有行銷體系管理，為客戶提供更多服務」「打造直營體系」「打造大客戶行銷體系」等渠道建設目標。

首先是保障現有渠道繼續深化，在此基礎上，S 企業要建立廠商和農戶間的直營體系，直接為終端客戶提供產品和服務。同時，為了快速增加銷售量，S 企業要打造大客戶銷售體系。

在學習與成長層面，支持行銷渠道建設的一個重要目標是打造創新、速度、客戶導向的組織能力，體現能力建設的差異化。同時，S 企業提出打造高效的植保服務團隊，培養團隊的植保服務能力。

（2）研發能力提升主線。在研發能力提升方面，S 企業首先在客戶層面提出了一個戰略目標──「為客戶提供性價比最好的產品」，這個目標是支持「搭建端到端高效營運平臺」戰略目標，通過研發，實現高質量、低價格的目標，推動平臺高效運行。

內部流程層面有兩個目標，分別是「構建研發體系」和「提高研發能力」，這兩個目標是支持客戶層面的研發目標的。同時，在學習與成長層面，S 企業同樣要用「創新、速度、客戶導向」的組織能力的目標和「研發生測團隊建設」目標支持內部流程層面的目標。

3. 學習與成長層面的目標

無論何種戰略目標，最終要落實到人的能力和業績上，因此學習與成長層面的目標和財務層面的目標同樣重要。在這個層面，S 企業主要有「全面提升創新、速度、客戶導向三大組織能力」「戰略人力資源管理系統的構建」「營造基於戰略的企業文化氛圍」三大目標，目標層層遞進，層層分解，都是非常重要的組織能力建設目標。

最後，為了支持上市，S 企業還提出了兩個目標，一個是「政府關係維護，加大資源整合力度」，另一個是「完善財務內控體系，進行上市運作」。

這樣一個戰略地圖並不是從部門也不是從職能分工出發的，它打破了管理系統

之間的壁壘，從企業戰略願景的層面提出戰略目標，每一個戰略目標都是跨職能、跨領域的。戰略地區有鮮明的主線和靈魂，對企業中高層幹部的工作起到了引領作用。

第三節　價值鏈管理

　　價值鏈管理是一種戰略工具，是提高企業競爭優勢的基本途徑。價值鏈管理不僅與企業所處的產業有關，而且與企業自身的經營生產密切相連。因此，價值鏈管理包括企業的價值鏈管理和產業的價值鏈管理。

一、企業的價值鏈管理

　　企業的價值鏈管理是指對產品的整個價值鏈（包括從產品需要材料的供應者、設計與生產直至產品的銷售與售後服務）進行的分析。這種分析的對象比較寬泛，包括供應商、企業本身以及顧客。分析內容主要包括產品生產合理配合分析、作業鏈分析以及成本動因分析。

　　（一）產品生產合理配合分析

　　產品生產合理配合分析研究企業如何改善與供應商以及與顧客之間的相互協作關係，這種分析將視野擴大到企業與供應鏈之間以及企業與顧客之間的戰略策略定位上。其目的在於改善彼此的作業鏈，從價值上收到雙方互利的效果。

　　對於企業與供應商之間的協作關係，應首先站在各自利益的角度來分析是否有必要建立這種協作關係。從供應商的角度看，其理所當然是為了獲得利潤，而從企業的角度看，企業首先考察接受供應商提供的產品是否符合以下前提條件，即供應商的產品必須具有吸引力，如供應商提供的產品價格低廉、產品質量過關等。其次，企業要關注供求雙方能否實現合理配合，降低不必要的費用，如力求減少不增加價值的存貨儲備而要求供應商適時供貨。最後，企業要考慮能否簡化供應商的產品生產過程，消除不必要的作業而使雙方受益，實現雙贏。

　　【例10-1】華太公司長期以來從諸多供應商購入所需的某型號A部件，其中從乙供應商採購的數量最多且相對穩定。華太公司為了保證生產的連續性，日常總要保留一定數量的A部件儲備庫存。華太公司通過開展產品生產合理配合分析，認為這種採購方式不合理，因為A部件在採購到廠後，不能馬上投入生產線，增加了儲備成本，決定改變現狀。經過與乙供應商協商後，華太公司決定在不改變價格的前提下，採取以下措施：第一，將雙方的供貨關係以長期合同的形式確定下來，擴大從乙供應商的採購量，減少從其他供應商的採購量。第二，改變A部件的運輸方式。華太公司要求乙供應商在規定的時點按規定數量將需要的A部件適時地直接運達華太公司。這樣既減少了華太公司對A部件的儲存費用，又擴大了乙供應商對A部件的銷售量，實現了雙贏。

　　對於企業與顧客之間的協作分析，類似於企業與供應商之間的分析。因為企業既是生產者，又是消費者。此外，企業還應從產品壽命週期成本角度進行分析。當

今世界的發展趨勢是顧客對於從產品開始使用直至產品最終廢棄這一整個過程所追加的成本（即購後成本）更為關注，哪個企業的產品購後成本低，顧客就接受該種產品。因此，降低購後成本是提高企業產品在市場上競爭地位的有效途徑之一，企業對此不能忽視。

【例10-2】仍使用【例10-1】資料，假定華太公司尚未提出任何協調雙方關係的建議。乙供應商為了擴大 A 部件的銷售量、提高市場佔有率，可以考慮在不改變價格的前提下，主動向華太公司提出以下建議：第一，將雙方的供貨關係以長期合同的形式確定下來，擴大乙供應商向華太公司的供應量。第二，改變 A 部件的發貨方式。乙供應商承諾在華太公司規定的時點按規定數量將 A 部件適時地直接運達華太公司。這樣不僅可以擴大乙供應商 A 部件的銷售量，而且可以使華太公司實現原材料達到「零存貨」。

通過比較【例10-1】和【例10-2】兩個案例可以發現，無論是從企業與顧客相互協作的關係分析，還是從企業與供應商相互協作的關係分析，只要雙方能主動換位思考，兩者研究的內容是完全相同的。不同的是，調整彼此協作關係的建議首先是由誰提出來的。

（二）作業鏈分析

企業的生產經營由一個一個的作業構成，每個作業的進行都要占用並消耗一定的資源，每個作業的產出都包含該作業創造的一定價值，這些價值凝聚在產成品上，構成產品價值，最終銷售出去，體現為顧客價值，從而形成企業的收入。可見，作業鏈最終通過價值鏈予以反應。進行作業鏈分析的目的在於一方面盡可能地消除不增加顧客價值的作業，另一方面盡可能地提高可增加價值作業的運行效率，以便提高顧客價值，優化價值鏈。

（三）成本動因分析

成本動因是導致成本發生的因素。傳統管理會計理論認為，企業成本的高低只與業務量有關，但如果站在戰略的角度分析，企業成本的高低受多方面因素的影響和作用，單一的業務量已無法解釋全部成本形成的原因。目前理論界公認，從戰略的角度出發，成本動因可以分為結構性成本動因和操作性成本動因兩類。

1. 結構性成本動因

結構性成本動因是指與企業基礎經濟結構有關的成本驅動因素。一般形成結構性成本動因的因素主要有規模、範圍、經驗、技術、廠址和複雜性等內容。

規模，即企業規模，它可以通過企業在生產和研究開發等方面投入資金量的多少來反應。如果企業規模適度，則有利於成本降低，形成經濟規模；如果企業規模過大，擴張過度，則會導致成本上升，雖然具有相當的規模，但不經濟。

範圍，即業務範圍，它是企業進行縱向合併的程度，也就是說，企業跨越產業價值鏈的長度。企業縱向整合程度的強弱會對成本產生正負雙面影響，如果業務範圍擴張適度，可以降低成本，帶來整合效益；相反，如果業務範圍擴張過度，則會使成本提高，效益下滑。因此，從戰略的高度分析成本動因並進行評價，就顯得尤為重要。企業的橫向合併則更多地與企業的規模及複雜性相關。

經驗，即經驗累積，是指單位產品所需時間隨著工人熟練程度的不斷加強而逐

漸減少的現象。通常工人經驗累積程度越高，操作也就越熟練，單位產品成本就會呈下降趨勢。這就是所說的學習曲線或稱經驗曲線效應。一般學習效應在企業初建時尤為明顯，成熟企業的學習效應相對來說不夠明顯。價格敏感性強的企業學習效應顯著，學習效應可帶動需求，加大產量，進而降低成本。

技術是指企業價值鏈的每一環節中運用的處理技術。技術反應企業生產工藝技術的水準和能力。通常先進的技術和技術水準會使成本降低，但開發與應用技術以付出較高的成本為代價且存在被淘汰的風險。因此，實際應用中，企業應在技術革新成本與所獲利益之間進行權衡並作做出正確的決策。

廠址是指廠址的選擇與確定。企業所處地理位置的好壞對企業的影響是多方面的，既有直接影響也有間接影響。如果企業所處的地理位置優越，則需要為此付出較高的成本代價，但這可能有利於企業擴大銷售量，這種影響有可能導致企業成本的降低；否則，就會得出相反的結論。因此，企業在選擇廠址時應在成本和利益之間做出權衡。

複雜性，即生產的複雜性，指企業向顧客能夠提供多大範圍的系列產品或服務。這涉及企業的橫向整合程度。

綜上所述，結構性成本動因具有以下基本特徵：第一，結構性成本動因一旦確定常常難以變動，對企業的影響持久而深遠；第二，結構性成本動因常常發生在生產開始之前，其支出屬於資本性支出，構成了以後生產產品的長期變動成本；第三，結構性成本動因並不是程度越高越好，這類成本動因存在一個適度的問題，把握不好，就會使成本上升。

2. 操作性成本動因

操作性成本動因又稱為執行性成本動因，是指企業在具體操作過程中引發的成本。這類成本與企業的生產經營過程密切相連，通常包括員工的參與感、全面質量管理、生產能力的利用、工廠的佈局、產品設計、關係等。

員工的參與感，即員工的責任感，指員工參與企業持續改善的程度。企業生產經營過程中，員工的責任感與企業成本的高低密切相關。企業要降低成本必須調動全體員工的積極性，否則員工的消極反應將是成本上升的重要因素。

全面質量管理是指與產品相關的質量。實際中，質量與成本密不可分，兩者既對立又統一，企業應在質量與成本之間權衡，從而實現質量成本最優、企業效益最大的目的。

生產能力的利用是指在企業建設規模既定的前提下，生產能力的利用程度，包括員工能力、機器能力和管理能力的利用以及各種能力的組合是否最優。企業生產經營過程中，各種能力的利用程度越高越好，這樣有助於成本的降低。

工廠的佈局是指工廠佈局的效率，即按照目前的標準，企業目前佈局的效率如何，從成本的角度考慮，是否存在不合理之處。

產品設計是指設計的產品工藝的複雜性和可接受性。複雜性是指產品工藝的設計是否合理；可接受性是指設計的產品是否容易操作並掌握。這些都與成本直接相連。

關係是指企業與供應商和客戶之間的關係。企業作業分析應拓展到供應商和客

戶，可以將供應商和客戶視為企業作業的一個組成部分，盡量優化作業鏈，從而提高價值鏈。

綜上所述，操作性成本動因具有以下基本特徵：第一，操作性成本動因是在結構性成本動因決定之後才成立的成本動因。第二，操作性成本動因的程度越高越好，對各種情況掌握得越準，分析得越透，越有助於加強企業的成本管理。顯然，結構性成本動因與企業的戰略定位密切相關，通過結構性成本動因分析，有助於企業做出橫向規模和縱向規模的戰略決策；而分析操作性成本動因則有助於企業加強內部成本管理，確保戰略目標的實現。

二、產業的價值鏈管理

產業的價值鏈管理是指整個產業的縱向整體分析，即從產業的最初原料開發開始，經過若干個不同產品的生產環節，直至最終產品被用戶消費結束的完整過程。例如，造紙業的產業價值鏈包括木材種植→砍伐→紙漿生產→造紙→紙張製品生產→紙張製品銷售→最終用戶七個環節，每個環節有著自身的價值鏈特點，而每個環節又都是產業價值鏈中的一部分。可見，任何企業的價值鏈都是產業價值鏈中的一部分，甚至全部。產業價值鏈管理是從更廣闊的視野，對整個產業所屬企業的競爭地位和相應的分化、組合等問題進行的戰略分析，主要內容包括投資收益率分析、成本動因分析等。

（一）投資收益率分析

投資收益率分析是企業進行生產戰略定位分析的基礎。這種分析首先應確定產業中實際存在的各生產環節，如造紙業有七個環節，即將產業的價值形成過程分為若干個階段，然後分析各個階段產生的價值以及引發的成本和占用的資產，在此基礎上確定各階段的價值與成本占最終產品的價值鏈和成本的比例關係，最終確定各階段的投資收益率。投資收益率的高低是決定企業採取相應競爭戰略及戰略定位的重要因素之一。

（二）成本動因分析

進行成本動因分析也是產業價值鏈管理中不可缺少的一項內容。如前所述，成本動因包括結構性成本動因和操作性成本動因兩類，產業價值鏈管理則側重於結構性成本動因的分析。分析中如果發現橫向規模造成的成本過高，則應採取措施進行橫向發展，可以通過橫向合併或資產重組方式，以期達到經濟規模；如果發現縱向規模造成的成本過高，則應進行縱向發展，與供應商或顧客合併，或者資產重組，或者進行合理協調等。如果發現除橫向規模和縱向規模以外的其他成本動因造成企業的成本控制不如競爭對手，企業應採取相應的措施進行成本控制，以獲得成本領先的戰略地位。當然企業在向橫向或縱向發展時，也不排除通過企業自身的累積進行，但這種發展不如併購的速度快、規模大，當今社會的發展趨勢，企業常常採用併購對外擴張。

【例10-3】成衣產業的產業價值鏈如圖10-3所示。假設成衣產業存在 A、B、C、D、E、F 六個競爭者，對該產業的價值鏈進行分析。

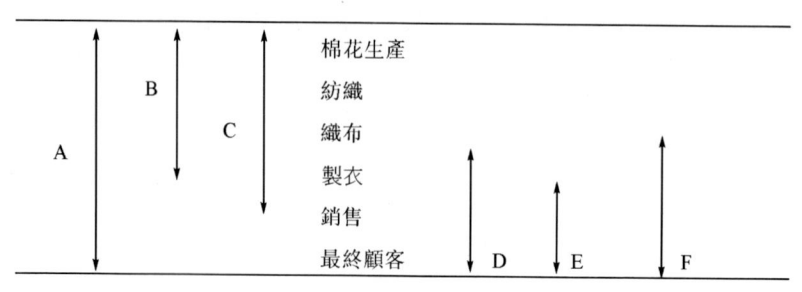

```
        ┌─────────────────────────────────┐
  ↑   ↑    ↑       棉花生產
  │   │ B  │       紡織
  │   │    │ C     織布
  │ A │    │       製衣
  │   │    │       銷售
  ↓   ↓    ↓       最終顧客    ↕   ↕      ↕
                              D   E      F
```

圖 10-3　成衣產業的價值鏈示意圖

　　從圖 10-3 可看出，競爭者 A 是一個高度綜合的企業，其經營範圍覆蓋成衣的整個產業價值鏈，B、C、D、E、F 則處於成衣產業價值鏈的不同環節，其中 B、C 可視為產業中的上游企業，其提供的各環節產品並沒有被最終用戶消費；D、E、F 可視為產業中的下游企業，其產品為最終的用戶所消費。上游的所有企業應以產品為中心，通過技術、組織、管理等方面的不斷創新以及自身作業鏈的不斷優化，力求在新產品、新工藝的開拓和原有產品的改進上不斷取得新的突破，使企業的產品不斷優化、新產品不斷湧現，從而取得差異化或低成本的競爭優勢。下游的所有企業應以用戶為中心，瞭解不同用戶的不同文化素質、興趣和愛好，進而瞭解用戶的不同特點和需求，以便及時調整生產，提供用戶所需的產品，從而不斷拓展企業的銷售渠道和細分市場，不斷提高企業的市場佔有率。

　　除進行上述分析外，每個企業的戰略定位更不能忽視。對於競爭者 A，它可以根據按市場價格調整的內部轉移價格計算出各個環節的投資收益率。通過分析，A 就會發現企業生產的哪個環節收益高、哪個環節的收益低、哪個環節具有競爭的優勢，這樣 A 就可做出自制或外購，或者退出某一環節或拓展某一環節的決策。競爭者 B、C、D、E 和 F 也可以通過產業價值鏈管理找到企業自身的發展方向。假設 D 通過分析發現自己的投資收益率偏低，與競爭對手相比，自己的價值鏈中成本偏高。原因如下：其一，產量低、規模小，而競爭者卻達到了經濟規模。在這種情況下，D 就有必要考慮橫向併購的戰略決策問題。其二，進行成本動因分析後發現在最終消費者支付的成衣成本價值中，材料成本價值過高，而企業的供應商和銷售商的邊際利潤率都高於 D，說明該企業的縱向規模未達到合適的水準，這時 D 就有必要考慮進行縱向拓展決策，從而將自己的經營領域擴展到供應商和顧客。其三，產品銷售不暢，產品積壓，原因是銷售渠道不合理。在這種情況下，D 應重新考慮自己的顧客群，從而改變銷售渠道，開闢新的目標市場。

第十一章
管理會計信息化

第一節　管理會計信息化概述

當今社會是大數據和網路的時代，數據與數據之間的關聯越發緊密，加強對數據和信息的處理，是企業發展的基石。同時，在這個信息化的時代，管理會計的發展需要借助信息化這一武器促使企業提升自身實力和適應力，從而使管理會計的作用得到最大化的發揮，促進企業現代管理水準。管理會計與信息化的結合也是會計發展的必然結果。

相對於財務會計核算系統，管理會計系統需要的數據量更大，數據分析處理過程更加複雜。面對如此眾多的數據，沒有計算機處理而靠管理會計人員手工處理工作量巨大，幾乎無法完成。因此，管理會計工作的開展更需要依靠管理會計信息系統的建設和應用，管理會計信息化必然要和管理會計攜手並進。

一、管理會計信息化的有關概念

管理會計作為區別於財務會計的會計體系的另一分支具有極其重要的控制作用，為企業內部控制者提供其所需要的管理信息。管理會計不僅豐富了傳統會計的內容同時也加強了對企業的控制。會計信息化指企業管理者通過電腦、網路等技術對各類會計信息進行採集、加工、整合、傳遞、應用，為企業管理者經營決策提供豐富即時的信息。

管理會計在企業中的落實需要信息化作為支持，管理會計信息化在企業不斷發展的管理會計進程中也是必然的結果。

管理會計的職能最重要的就是為企業管理者提供信息，而會計信息化能利用最先進的科技以最快的速度為管理者提供其需要的重要信息。管理會計能最大限度地發揮自身價值也依賴信息化技術的實現。

管理會計信息系統是指以財務和業務信息為基礎，借助計算機、網路通信等現代信息技術手段，對管理會計信息進行收集、整理、加工、分析和報告等操作處理，為企業有效開展管理會計活動提供全面、及時、準確的信息支持的各功能模塊的有機集合。

管理會計信息化是信息技術在管理會計領域中的運用，準確來說，是面向管理會計的信息系統在企業中的運用，是企業信息化的重要組成部分。現階段中國企業對管理會計信息化的認識和應用十分有限。

二、管理會計信息化的發展

（一）中國管理會計信息化的發展歷程

依據中國會計學會會計信息化專業委員會（2009）對會計信息化發展階段的劃分，中國管理會計信息化的發展歷程主要經歷了以下幾個階段：

1. 核算型軟件開發與應用階段（1979—1996年）

20世紀八九十年代，計算機和局域網技術在中國得以應用，改革開放和市場經濟體制轉型的快速發展對會計核算的效率提出了更高要求。在第一次信息化浪潮的影響下，中國的企事業單位開始利用計算機模擬手工會計作業，即財務會計的電算化。會計信息系統經歷了從單項會計處理到部門會計處理的過渡，實現了部門內會計信息的共享，但是在企業層面部門間的會計信息還沒有實現共享，管理會計信息化還在醞釀中。會計信息化的研究主要是電算化概念、會計信息系統開發等。在這個階段的後期，已經有學者開始提出會計電算化從核算型向管理型的過渡。

2. 管理型系統開發與應用階段（1996—2000年）

中國改革開放步入深化發展階段，企業面臨國內外的競爭壓力，要求會計工作不能停留在核算領域，還需要延伸到管理領域。在實踐方面，企業內部的業務信息和財務信息需要整合，業務部門和財務部門之間數據不互通的「信息孤島」問題亟待解決。20世紀90年代中後期互聯網和IT技術在中國的興起，帶來了會計信息化的第二次浪潮。在這次浪潮中，中國的財務軟件廠商獲得了發展機會，並為會計軟件從核算型過渡到管理型提供了軟件支持。企業開始關注如何利用會計信息提高管理和決策的水準。企業開始用計算機手段實現管理會計，管理會計信息化開始萌芽。

3. 一體化系統開發與應用階段（2000—2006年）

伴隨著中國經濟持續高速發展，企業管理水準的提升。這個時期企業資源計劃（ERP）從概念變成了更多企業的實踐。先進企業的ERP系統開始更加注重支持業務發展，通過企業內部信息資產、人力資源等與財務系統的整合，為改善經營管理、提升產品服務和客戶關係服務。ERP系統開啟了管理會計信息化業財融合的嘗試。這個時期管理會計信息化的研究主要集中在對系統功能和ERP的探討。張宏等（2005）提出了預算管理模塊、成本管理與控制模塊、獲利能力分析模塊、績效衡量模塊的劃分及實施。當時的很多企業大都實行單一的財務會計信息系統，而在財務會計信息系統的信息搜集、加工和處理過程中管理會計基礎性會計信息被匯總或被忽略，出現了信息含量不充分的問題。在會計信息化第二次浪潮的後期，互聯網技術在中國加速普及，會計軟件和信息系統出現了網路化的趨勢。相關的研究集中在網路財務報告，網路與管理會計信息化的研究並不多，主要是適用性的研究。

4. 嵌入型平臺開發與應用階段（2006年至今）

隨著經濟全球化的不斷發展，中國從區域經濟大國向全球經濟大國轉變，經濟結構深化調整，經濟發展逐步進入新常態。新技術的興起，掀起了以規範化、標準化、知識化、智能化、互聯化、「雲化」、社會化、產業化為主要標誌的會計信息化第三次浪潮。如何在知識經濟時代、信息時代，實現企業管理效率和效益的提升是管理會計信息化面臨的問題。信息技術在管理會計的應用出現了管理會計軟件功能細分化、專業化和集成化的特點。基於不同生產經營和管理的需要。部分在管理會

計領域比較領先的軟件廠商開始探索管理會計專業化軟件服務——專業化的管理會計套件。2014年，財政部發布《關於全面推進管理會計體系建設的指導意見》，管理會計信息化也進入了快速發展時期。經過數年的發展，中國管理會計軟件已經覆蓋了預算管理、成本管理、戰略管理、營運管理、績效管理等管理會計工具運用的主要領域。近年來，管理會計信息化逐步開始從獨立的管理會計工具應用系統的構建向集成式的管理會計信息系統的構建過渡。

（二）國外管理會計信息化的發展歷程

1. 理論研究及基礎理論方面

國外學者引入了不同的理論來探索會計信息系統的基礎理論：基於權變理論（Contingency Theory）研究信息系統與企業需要的相互關係；基於社會資本理論（Social Capital Theory）和行動者網路理論（Actor-Network Theory）研究系統實施中具有對應關係的參與者的關係，特別是關注更廣闊的範圍的相關者和業務；基於社會交換理論（Social Exchange Theory）對類似功能的系統進行比較。基於技術來研究會計問題，集中在基於信息系統的帳務處理、財務報告等方面，對於管理會計與信息系統的研究不多，特別是具體管理會計行為與信息系統關係的研究更少。主流會計研究對信息化研究的關注較少，表現在主流研究中對信息化文獻的引用較少。

2. 實踐應用方面

在21世紀初期，發達國家企業ERP信息系統的一些內嵌功能也未能完全與其他軟件實現集成，使得系統的潛能還沒有完全被利用。從企業界的整體情況來看，高度集成的系統還未能完全普及，主要是部分小公司還未採用這類系統。ERP系統與大數據技術的結合可以為管理會計工作提供更多的內外部數據，管理會計大部分提供的還是描述性分析和一些預測性分析，幾乎沒有指導性分析。基於平衡計分卡理論的運用商業智能的管理會計數據分析的框架，使得企業可以在公司業績管理的四個方面（財務、客戶、內部流程、學習和成長）應用上述三種分析。

在20世紀90年代到21世紀初，發達國家的先進企業已經通過引入數據倉庫、在線分析處理、數據挖掘、網路（XML、XBRL）等技術，打破了信息處理時間空間的限制，將更多的會計信息更高效率地進行集成和整合，從而提高會計信息處理的能力。在大數據的背景下，更多的數據可能納入企業信息系統。這些信息從載體分類，包括移動端數據、網頁數據、掃描端數據等。數據挖掘的應用主要包括成本管理、資產管理、預算管理、收入管理等。採用的主要措施包括分類、選擇、預測和優化存貨管理、定義成本動因、估計和預測項目和產品成本等。實施的主要方法是通過神經網路進行估計和優化。

三、管理會計信息化的作用

管理會計信息化的發展可以緊密控制和分析企業的生產經營活動，企業管理採用信息化和網路化之後，大量的信息來自網路大數據，這就極大地縮短了企業採集信息、分析信息的時間，為管理者決策爭取了時間上的優勢，同時在企業內部的信息傳遞也更加方便快捷，彌補了傳統的會計核算管理的缺陷，有利於企業開展預測和決策工作。管理會計主要是對財務會計核算出的數據進行分析、預測、控制，管理會計信息化系統中的一些模型或計算機工具能更有效地幫助企業管理者進行預測

和決策,同時也減少了人力和時間的消耗,為企業節省了大量資金。信息技術的迅猛發展促使企業由傳統會計向新型戰略管理會計發展,傳統會計也會逐步被戰略管理會計取代。

管理會計信息化的發展使企業間的交流更加便捷,同時也加強企業與客戶之間的交流,使客戶對企業的滿意度與忠誠度有了較大提升,從本質上發揮了管理會計的作用。大數據和網路的不斷發展更要求企業將數據與數據之間的聯繫掌握在手中,並且從數據中解讀更深層次的含義,建立企業的管理控制系統,使得管理會計在企業中能獲得長足發展。

第二節　管理會計信息化建設

管理會計信息系統建設的第一步是對企業業務過程和管理會計過程的分析,通過對業務過程和管理會計過程中包含的業務活動、管理會計活動進行梳理和分析,明確管理會計本身的活動構成、管理會計過程。

一、企業業務活動

(一) 企業業務的含義

企業是社會的基本經濟單元,需要在社會的分工體系中,通過努力為客戶創造價值,獲取維持自身生存與發展所需要的利潤。因此,有計劃、有組織的獲利活動是企業最基礎的工作。在現實中,所有企業都是依靠各自的業務活動贏得生存和發展的基礎,企業的一切活動都可以歸結到將業務做好這一根本目標。

那麼企業的業務又是什麼呢?日常生活中,我們對業務的理解一般是指「個人或機構從事的本行本職工作」,業務是將個人或組織從事的獲取利益活動按照行業類別加以區分後的概括性稱謂。對企業而言,業務通常是指通過向其他人提供貨物或服務的謀利活動。企業業務活動的範圍有大有小,大至從研發、生產直到銷售和售後服務,小至一個生產中的一個環節。隨著產業內分工不斷向縱深發展,傳統的企業業務活動逐步分離為多個企業的活動,如單獨從事產品研發的企業、單獨從事零部件生產的企業等。不同的業務既表明從事活動的領域不同,也預示活動須遵守的規則不一樣,活動作用的對象以及活動產生的結果都會有很大不同。那麼,企業的業務該如何識別呢?

(二) 企業業務的種類

企業的業務種類很多,按照生產與再生產的一般順序,對於生產加工類企業而言,可分為購進與付款循環業務、生產與費用循環業務、銷售與收款循環業務、投資與籌資循環業務等幾大類,這幾類業務無論從實體還是關係來看,都是不同的。

1. 購進與付款循環業務

購進與付款循環業務是指企業購買各種原材料和勞務、驗收入庫並支付貨款、準備投入生產經營過程的一系列業務總和,一般要經過請購、訂貨、驗收、付款四個基本程序。以原材料的購進為例,典型的購進與付款循環主要涉及企業兩個重要部門:倉儲部門和財務部門。倉儲部門的主要職責是請購單的編製與審批、編製訂

購單、驗收原材料、儲存已驗收原材料以及原材料驗收入庫後，倉庫保管編製入庫單，將原材料分類妥善保管；存放原材料的倉儲區應相對獨立，限制無關人員接近。財務部門的主要職責包括編製付款憑單、確認與記錄負債；必須做到記錄現金支出的人員不得經手現金、有價證券和其他資產。

2. 生產與費用循環業務

生產與費用循環業務是由原材料轉化為產成品的有關活動組成的。該循環涉及的主要業務活動包括制訂生產計劃和安排生產，發出原材料，生產產品並核算產品成本；儲存產成品，發出產成品，記錄存貨等。上述業務活動通常涉及生產計劃部門、倉庫部門、生產部門、人事部門、會計部門以及外部監管部門等。生產計劃部門的職責是根據顧客訂單或對銷售預測和存貨需求的分析來決定生產投權，如決定投權生產，即簽發預先編號的生產通知單。該部門通常應將發出的所有生產通知單編號並加以記錄控制。此外，企業還需要制定一份材料需求報告，列示需要的材料、零件及其庫存。倉庫部門的責任是根據生產部門已批准和簽字的領料單發出原材料，並根據生產部門開具的入庫單接收產成品，領料單可以一單一料，也可以一單多料。領料單通常需要一式三聯，分別由領料部門、倉庫部門和會計部門保管使用。生產部門在收到生產通知單並領取原材料後，便將生產任務分解到每一個生產工人，並將領取的原材料交給生產工人，據以執行生產任務。人事部門的責任是為生產配備好人員，並通過科學的薪酬制度調動工人的積極性。生產過程中的各種記錄、生產通知單、領料單、計工單、入庫單等資料都要匯集到會計部門。會計部門的職責是對其進行檢查和核對，瞭解和控制生產過程中存貨的實物流轉；會同有關部門對生產過程中的成本進行核算和控制。外部監管部門的職責是對生產活動進行監管，如環保部門的監管工作。

3. 銷售與收款循環業務

銷售與收款循環業務主要是由企業與顧客交換商品或勞務、收回現金等活動組成。以商品的銷售為例，該循環涉及的主要業務活動有接受顧客訂單、批准信用、按銷售單供貨、按銷售單發運貨物、收款與應收帳款管理等，上述業務活動通常涉及訂單管理部門、信用管理部門、倉庫部門、發運部門、財務部門和外部監管部門。訂單管理部門的職責是區分現銷和賒銷，根據企業管理層的授權標準選擇接受賒銷訂單。訂單管理部門在批准了客戶訂單之後，通常應編製一式多聯的銷售單。信用管理部門的職責是批准銷售單信用，在收到銷售單後，應將銷售單與該顧客已被授權的賒銷信用額度以及至今尚欠的帳款餘額加以比較，以決定是否繼續給予賒銷。倉庫部門的職責是按批准的銷售單供貨，防止未經授權的擅自發貨行為。發運部門的職責是按銷售單發運貨物，確保發運商品與銷售單相符。財務部門的職責是向顧客開具帳單，按銷售發票編製記帳憑證，再據以登記銷售明細帳和應收帳款明細帳或庫存現金、銀行存款日記帳，辦理和記錄現金、銀行存款收入，記錄銷售折扣與折讓，註銷壞帳，提取壞帳準備等。外部監管部門的職責是對銷售活動進行監管。

4. 投資與籌資循環業務

投資與籌資循環業務由籌資活動和投資活動的交易事項構成。籌資活動是企業為了滿足生存和發展的需要，通過改變企業資本及債務規模和構成而籌集資金的活動，主要由借款交易和股東權益交易組成。投資活動是企業為通過分配來增加財富

或為謀求其他利益，將資產讓渡給其他單位而獲得另一項資產的活動，主要由股權性投資交易和債權性投資交易組成。上述業務活動涉及籌資方、投資方、第三方。籌資方就企業重要的籌資活動進行決策、授權、審批和實施，具體而言，由籌資方的董事會授權其高級管理層進行籌備資金決策及審批工作，籌資方的財務部門負責實施工作。投資方也是如此，要對企業重要的投資活動進行決策、授權、審批和實施。第三方是指為企業籌資、投資活動業務服務的組織，如投資銀行、擔保公司和監管部門等。投資銀行接受企業的委託完成投資業務，擔保公司為企業等投資業務提供資金擔保，監管部門對企業發行股票等事項履行監督功能。

二、管理會計活動

管理會計是以強化企業內部經營管理、實現最佳經濟效益為最終目的，以現代企業經營活動及其價值表現為對象，通過對財務等信息的深加工和再利用，實現對經濟過程的預算控制、責任考核評價、預測與決策支持等職能的一個會計分支。

管理會計通過一系列專門方法，利用財務會計提供的資料及其他資料進行加工、整理和報告，使企業各級管理人員能據以對日常發生的各項經濟活動進行規劃與控制，並幫助決策者做出各種專業決策。

第一，在購進與付款業務中，管理會計需要對採購價格、採購數量、採購訂單的執行情況、在途物資、應付帳款、採購綜合情況進行統計和分析，以維持最佳庫存和降低採購成本，並幫助決策者對採購人員和供應商進行科學管理。

第二，在生產與費用業務中，管理會計要對產品成本進行核算和分析，查找成本動因，為標準成本的制定、生產成本的控制和生產部門的績效評價提供支持。

第三，在銷售與收款業務中，管理會計要對銷售合同執行情況、銷售利潤實現情況、銷售增長情況、應收帳款帳齡情況、資金回籠情況等進行統計和分析，以對客戶進行信用和忠誠度管理，從不同產品的盈利能力，預測不同地區和人員的銷售潛力，評價不同銷售部門和業務員的銷售業績，預測未來銷售趨勢，為制定行銷策略、生產計劃提供支持。

第四，在投資與籌資業務中，管理會計要對資本進行預算，還要對資本成本、投資回報率、回收期、淨現值、內含報酬率、獲利指數等指標進行規劃和監測，為籌資和投資決策提供支持。

三、管理會計信息化建設的環境

企業進行管理會計信息化建設，一般應具備以下條件：

第一，對企業戰略、組織結構、業務流程、責任中心等有清晰的定義。

第二，設有具備管理會計職能的相關部門或崗位，具有一定的管理會計工具方法的應用基礎以及相對清晰的管理會計應用流程。

第三，具備一定的財務和業務信息系統應用基礎，包括已經實現了相對成熟的財務會計系統的應用，並在一定程度上實現了經營計劃管理、採購管理、銷售管理、庫存管理等基礎業務管理職能的信息化。

四、管理會計信息化建設的原則

企業進行管理會計信息化，必須建設和應用管理會計信息系統，一般應遵循以下原則：

（一）系統集成原則

管理會計信息系統各功能模塊應集成在企業整體信息系統中，與財務和業務信息系統緊密結合，實現信息的集中統一管理及財務和業務信息到管理會計信息的自動生成。

（二）數據共享原則

企業建設管理會計信息系統應實現系統間的無縫對接，通過統一的規則和標準，實現數據的一次採集，全程共享，避免產生「信息孤島」。

（三）規則可配原則

管理會計信息系統各功能模塊應提供規則配置功能，實現其他信息系統與管理會計信息系統相關內容的映射和自定義配置。

（四）靈活擴展原則

管理會計信息系統應具備靈活擴展性，通過及時補充有關參數或功能模塊，對環境、業務、產品、組織和流程等的變化及時做出回應，滿足企業內部管理需要。

（五）安全可靠原則

企業應充分保障管理會計信息系統的設備、網路、應用及數據安全，嚴格權限授權，做好數據儲備建設，具備良好的抵禦外部攻擊能力，保證系統的正常運行並確保信息的安全、保密、完整。

五、管理會計信息化建設的程序

管理會計信息化建設既包括管理會計信息系統的規劃和建設過程，也包括系統的應用過程。

（一）管理會計信息系統規劃和建設

管理會計信息系統規劃和建設過程一般包括系統規劃、系統實施和系統維護等環節。

在管理會計信息系統的規劃環節，企業應將管理會計信息系統規劃納入企業信息系統建設的整體規劃中，遵循整體規劃、分步實施的原則，根據企業的戰略目標和管理會計應用目標，形成清晰的管理會計應用需求，因地制宜逐步推進。

在管理會計信息系統的實施環節，企業應制訂詳盡的實施計劃，清晰劃分實施的主要階段、有關活動和詳細任務的時間進度。實施階段一般包括項目準備、系統設計、系統實現、測試和上線、運行維護及支持等過程。

在項目準備階段，企業主要應完成系統建設前的基礎工作，一般包括確定實施目標、實施組織範圍和業務範圍，調研信息系統需求，進行可行性分析，制定項目計劃、資源安排和項目管理標準，開展項目動員及初始培訓等。在系統設計階段，企業主要應對組織現有的信息系統應用情況、管理會計工作現狀和信息系統需求進行調查，梳理管理會計應用模塊和應用流程，據此設計管理會計信息系統的實施方案。在系統實現階段，企業主要應完成管理會計信息系統的數據標準化建設、系統配置、功能和接口開發及單元測試等工作。在測試和上線階段，企業主要應實現管理會計信息系統的整體測試、權限設置、系統部署、數據導入、最終用戶培訓和上線切換過程。必要時，企業還應根據實際情況進行預上線演練。

企業在做好管理會計信息系統的規劃和實施後，還應做好系統的運維和支持，

實現日常運行維護支持及上線後持續培訓和系統優化。

（二）管理會計信息系統的應用

管理會計信息系統的應用程序一般包括輸入、處理和輸出三個環節。

輸入環節是指管理會計信息系統採集或輸入數據的過程。管理會計信息系統需提供已定義清楚數據規則的數據接口，以自動採集財務和業務數據。同時，系統還應支持本系統其他數據的手工錄入，以利於相關業務調整和補充信息的需要。處理環節是指借助管理會計工具模型進行數據加工處理的過程。管理會計信息系統可以充分利用數據挖掘、在線分析處理等商業智能技術，借助相關工具對數據進行綜合查詢、分析統計，挖掘出有助於企業管理活動的信息。輸出環節是指提供豐富的人機交互工具、集成通用的辦公軟件等成熟工具，自動生成或導出數據報告的過程。數據報告的展示形式應注重易讀性和可視化。最終的系統輸出結果不僅可以採用獨立報表或報告的形式展示給用戶，還可以輸出或嵌入到其他信息系統中，為各級管理部門提供管理所需的相關信息與及時的信息。

第三節　管理會計信息化的主要模塊

管理會計信息化建設的主要模塊包括成本管理、預算管理、績效管理、投資管理、管理會計報告以及其他功能模塊。

一、成本管理模塊

成本管理模塊應實現成本管理的各項主要功能，一般包括對成本要素、成本中心、成本對象等參數的設置以及成本核算方法的配置，從財務會計核算模塊、業務處理模塊以及人力資源模塊等抽取所需數據，進行精細化成本核算，生成分產品、分批次（訂單）、分環節、分區域等多維度的成本信息以及基於成本信息進行成本分析，實現成本的有效控制，為企業成本管理的事前計劃、事中控制、事後分析提供有效的支持。

成本核算主要完成對企業生產經營過程各個交易活動或事項的實際成本信息的收集、歸納、整理，並計算出實際發生的成本數據，支持多種成本計算和分攤方法，準確地度量、分攤和分配實際成本。成本核算的輸入信息一般包括業務事項的記錄和貨幣計量數據等。企業應使用具體成本工具方法（如完全成本法、變動成本法、作業成本法、目標成本法、標準成本法等），建立相應的計算模型，以各級成本中心為核算主體，完成成本核算的處理過程。成本核算處理過程結束後，應能夠輸出實際成本數據、管理層以及各個業務部門需要的成本核算報告等。

成本分析主要實現對實際成本數據分類比較、因素分析比較等，發現成本和利潤的驅動因素，形成評價結論，編製成各種形式的分析、評價指標報告等。成本分析的輸入信息一般包括成本標準或計劃數據、成本核算子模塊生成的成本實際數據等。企業應根據輸入數據和規則，選擇具體分析評價方法（如差異分析法、趨勢分析法、結構分析法），對各個成本中心的成本績效進行分析比較，匯總形成各個責任中心及企業總體成本績效報告，並輸出成本分析報告、成本績效評價報告等。

成本預測主要實現不同成本對象的成本估算預測。成本預測的輸入信息一般包括業務計劃數據、成本評價結果、成本預測假設條件以及歷史數據、行業對標數據等。企業應運用成本預測模型（如算術平均法、加權平均法、平滑指數法等）對下一個工作週期的成本需求進行預測，根據經驗或行業可比數據對模型預測結果進行調整，並輸出成本預測報告。

成本控制主要按照既定的成本費用目標，對構成成本費用的諸要素進行規劃、限制和調節，及時糾正偏差，控制成本費用超支，把實際耗費控制在成本費用計劃範圍內。成本控制的輸入信息一般包括成本費用目標和政策、成本分析報告、預算控制等。企業應建立工作流審批授權機制，以實現費用控制過程，通過成本預警機制實現成本控制的處理過程，輸出費用支付清單、成本控制報告等。

成本管理模塊應提供基於指標分攤、作業分攤等多種成本分攤方法，利用預定義的規則，按要素、期間、作業等進行分攤。

二、預算管理模塊

預算管理模塊應實現的主要功能包括對企業預算參數設置、預算管理模型搭建、預算目標制定、預算編製、預算執行控制、預算調整、預算分析和評價等全過程的信息化管理。

預算目標設定和計劃制訂主要完成企業目標設定和業務計劃的制訂，實現預算的啟動和準備過程。預算目標和計劃設定的輸入信息一般包括企業遠景與戰略規劃、內外部環境信息、投資者和管理者期望、往年績效數據、經營狀況預測以及公司戰略舉措、各業務板塊主要業績指標等。企業應對內外部環境和問題進行分析，評估預算備選方案，制訂詳細的業務計劃，輸出企業與各業務板塊主要績效指標和部門業務計劃等。

預算編製主要完成預算目標設定、預算分解和目標下達、預算編製和匯總以及預算審批過程，實現自上而下、自下而上等多種預算編製流程，並提供固定預算、彈性預算、零基預算、滾動預算、作業預算等一種或多種預算編製方法的處理機制。預算編製的輸入信息一般包括歷史績效數據、關鍵績效指標、預算驅動因素、管理費用標準等。企業應借助適用的預測方法（如趨勢預測、平滑預測、迴歸預測等）建立預測模型，輔助企業設定預算目標，依據預算管理體系，自動分解預算目標，輔助預算的審批流程，自動匯總預算。最終輸出結果應是各個責任中心的預算方案等。預算管理模塊應能提供給企業根據業務需要編製多期間、多情景、多版本、多維度預算計劃的功能，以滿足預算編製的要求。

預算執行控制主要實現預算信息模塊與各財務和業務系統的及時數據交換，實現對財務和業務預算執行情況的即時控制等。預算執行控制的輸入信息一般包括企業各業務板塊及部門的主要績效指標、業務計劃、預算執行控制標準以及預算執行情況。企業應通過對數據的校驗、比較和查詢匯總，比對預算目標和執行情況的差異；建立預算監控模型，預警和凍結超預算情形，形成預算執行情況報告；執行預算控制審核機制以及例外預算管理等。最終輸出結果為預算執行差異分析報告、經營調整措施等。

預算調整主要實現對部分責任中心的預算數據進行調整，完成調整的處理過程

等。預算調整的輸入信息一般包括企業各業務板塊及部門的主要績效指標、預算執行差異分析報告等。企業對預算數據進行調整，並依據預算管理體系，自動分解調整後的預算目標，輔助調整預算的審批流程，自動匯總預算。最終輸出結果為各個責任中心的預算調整報告、調整後的績效指標等。

預算分析和評價主要提供多種預算分析模型，實現在預算執行的數據基礎上，對預算數和實際發生數進行多期間、多層次、多角度的預算分析，最終完成預算的業績評價，為績效考核提供數據基礎。預算分析和評價的輸入信息一般包括預算指標及預算執行情況以及業績評價的標準與考核辦法等數據。企業應建立差異計算模型實現預算差異的計算，輔助實現差異成因分析過程，最終輸出部門、期間、層級等多維度的預算差異分析報告等。

三、績效管理模塊

績效管理模塊主要實現業績評價和激勵管理過程中各要素的管理功能，一般包括業績計劃和激勵計劃的制訂、業績計劃和激勵計劃的執行控制、業績評價與激勵實施管理等，為企業的績效管理提供支持。

績效管理模塊應提供企業各項關鍵績效指標的定義和配置功能，並可以從其他模塊中自動獲取各業務單元或責任中心相應的實際績效數據，進行計算處理，形成績效執行情況報告及差異分析報告。

業績計劃和激勵計劃制訂主要完成績效管理目標和標準的設定、績效管理目標的分解和下達、業績計劃和激勵計劃的編製過程以及計劃的審批流程。業績計劃和激勵計劃制訂的輸入信息一般包括企業及各級責任中心的戰略關鍵績效指標和年度經營關鍵績效指標以及企業績效評價考核標準、績效激勵形式、條件等基礎數據。處理過程一般包括構建指標體系、分配指標權重、確定業績目標值、選擇業績評價計分方法以及制訂薪酬激勵、能力開發激勵、職業發展激勵等多種激勵計劃，輸出各級考核對象的業績計劃、績效激勵計劃等。

業績計劃和激勵計劃的執行控制主要實現預算系統與各業務系統的及時數據交換，實現對業績計劃與激勵計劃執行情況的即時控制等。業績計劃和激勵計劃的執行控制的輸入信息一般包括績效實際數據以及業績計劃和激勵計劃等。企業應建立指標監控模型，根據指標計算方法計算指標實際值，比對實際值與目標值的偏差，輸出業績計劃和激勵計劃執行差異報告等。

業績評價和激勵實施管理主要實現對計劃的執行情況進行評價，形成綜合評價結果，向被評價對象反饋改進建議及措施等。業績評價和激勵實施管理的輸入信息一般包括被評價對象的業績指標實際值和目標值、指標計分方法和權重等。企業應選定評分計算方法計算評價分值，形成被評價對象的綜合評價結果，輸出業績評價結果報告和改進建議等。

四、投資管理模塊

投資管理模塊主要實現對企業投資項目進行計劃和控制的系統支持過程，一般包括投資計劃的制訂和對每個投資項目進行的及時管控等。

投資管理模塊應與成本管理模塊、預算管理模塊、績效管理模塊和管理會計報

告模塊等進行有效集成和數據交換。

投資管理模塊應輔助企業實現投資計劃的編製和審批過程。企業可以借助投資管理模塊定義投資項目、投資程序、投資任務、投資預算、投資控制對象等基本信息。在此基礎上，企業制訂各級組織的投資計劃和實施計劃，實現投資計劃的分解和下達。

投資管理模塊應實現對企業具體投資項目的管控過程。企業可以根據實際情況，將項目管理功能集成到投資管理模塊中，也可以實施單獨的項目管理模塊來實現項目的管控過程。

項目管理模塊主要實現對投資項目的系統化管理過程，一般包括項目設置、項目計劃與預算、項目執行、項目結算與關閉、項目報告以及項目後審計等功能。

項目設置主要完成項目定義（如項目名稱、項目期間、成本控制範圍、利潤中心等參數）以及工作分解定義、作業和項目文檔等的定義和設置，為項目管理提供基礎信息。項目計劃與預算主要完成項目里程碑計劃、項目實施計劃、項目概算、項目利潤及投資測算、項目詳細預算等過程，並輔助實現投資預算的審核和下達過程。項目里程碑計劃一般包括對項目的關鍵節點進行定義，在關鍵節點對項目進行檢查和控制以及確定項目各階段的開始和結束時間等。項目執行主要實現項目的撥款申請，投資計量以及項目實際發生值的確定、計算和匯總以及與目標預算進行比對，對投資進行檢查和成本管控。項目結算通過定義的結算規則，運用項目結算程序，對項目實現期末結帳處理；結算完成後，對項目執行關閉操作，保證項目的可控性。項目報告模塊應向用戶提供關於項目數據的各類匯總報表及明細報表，主要包括項目計劃、項目投資差異分析報告等。企業可根據實際需要，在項目管理模塊中提供項目後輔助審計功能，依據項目計劃和過程建立工作底稿，對項目的實施過程、成本、績效等進行審計和項目後評價。

五、管理會計報告模塊

管理會計報告模塊應實現基於信息系統中財務數據、業務數據自動生成管理會計報告，支持企業有效實現各項管理會計活動。

管理會計報告模塊應為用戶生成報告提供足夠豐富、高效、及時的數據源，必要時應建立數據倉庫和數據集市，形成統一規範的數據集，並在此基礎上，借助數據挖掘等商務智能工具方法，自動生成多維度報表。

管理會計報告模塊為企業戰略層、經營層和業務層提供豐富的通用報告模板。

管理會計報告模塊應為企業提供靈活的自定義報告功能。企業可以借助報表工具自定義管理會計報表的報告主體、期間（定期或不定期）、結構、數據源、計算公式以及報表展現形式等。系統可以根據企業自定義報表的模板自動獲取數據進行計算加工，並以預先定義的展現形式輸出。

管理會計報告模塊應提供用戶追溯數據源的功能。用戶可以在系統中對報告的最終結果數據進行追溯，可以層層追溯其數據來源和計算方法，直至業務活動。

管理會計報告模塊能以獨立的模塊形式存在於信息系統中，從其他管理會計模塊中獲取數據生成報告；也能內嵌到其他管理會計模塊中，作為其他管理會計模塊重要的輸出環節。

管理會計報告模塊應與財務報告系統相關聯，既能有效生成企業整體報告，又能生成分部報告，並實現整體報告和分部報告的聯查。

第四節　企業管理會計報告

一、企業管理會計報告的概念

　　企業管理會計報告是指企業運用管理會計方法，根據財務和業務的基礎信息加工整理形成的，滿足企業價值管理和決策支持需要的內部報告。其目標是為企業各層級進行規劃、決策、控制和評價等管理活動提供有用信息。

　　企業管理會計報告的形式要件包括報告的名稱、報告期間或時間、報告對象、報告內容以及報告人等。企業管理會計報告的對象是對管理會計信息有需求的各個層級、各個環節的管理者。企業管理會計報告的內容應根據管理需要和報告目標而定，易於理解並具有一定靈活性。企業管理會計報告的編製、審批、報送、使用等應與企業組織架構相適應。

　　企業可以根據管理的需要和管理會計活動的性質設定報告期間。企業一般應以日曆期間（月度、季度、年度）作為管理會計報告期間，也可以根據特定需要設定企業管理會計報告期間。

　　企業應建立管理會計報告組織體系，根據需要設置管理會計報告相關崗位，明確崗位職責，企業各部門都應履行提供管理會計報告所需信息的責任。企業管理會計報告體系應根據管理活動全過程進行設計，在管理活動各環節形成基於因果關係鏈的結果報告和原因報告。企業管理會計報告體系可以按照多種標準進行分類，包括但不限於以下內容：

　　第一，按照企業管理會計報告使用者所處的管理層級可分為戰略層管理會計報告、經營層管理會計報告和業務層管理會計報告。

　　第二，按照企業管理會計報告內容可分為綜合企業管理會計報告和專項企業管理會計報告。

　　第三，按照管理會計功能可分為管理規劃報告、管理決策報告、管理控制報告和管理評價報告。

　　第四，按照責任中心可分為投資中心報告、利潤中心報告和成本中心報告。

　　第五，按照報告主體整體性程度可分為整體報告和分部報告。

二、企業管理會計報告分類

（一）戰略層管理會計報告

　　戰略層管理會計報告是為戰略層開展戰略規劃、決策、控制和評價以及其他方面的管理活動提供相關信息的對內報告。戰略層管理會計報告的報告對象是企業的戰略層，包括股東大會、董事會和監事會等。戰略層管理會計報告包括但不僅限於戰略管理報告、綜合業績報告、價值創造報告、經營分析報告、風險分析報告、重大事項報告、例外事項報告等。這些報告可以獨立提交，也可以根據不同需要整合

後提交。戰略管理報告的內容一般包括內外部環境分析、戰略選擇與目標設定、戰略執行及其結果以及戰略評價等。戰略層管理會計報告應精煉、簡潔、易於理解，報告主要結果、主要原因，並提出具體的建議。

綜合業績報告的內容一般包括關鍵績效指標預算及其執行結果、差異分析以及其他重大績效事項等。價值創造報告的內容一般包括價值創造目標、價值驅動的財務因素與非財務因素、內部各業務單元的資源占用與價值貢獻以及提升公司價值的措施等。經營分析報告的內容一般包括過去經營決策執行情況回顧、本期經營目標執行的差異及其原因、影響未來經營狀況的內外部環境與主要風險分析、下一期的經營目標及管理措施等。風險分析報告的內容一般包括企業全面風險管理工作回顧、內外部風險因素分析、主要風險識別與評估、風險管理工作計劃等。

重大事項報告是針對企業的重大投資項目、重大資本運作、重大融資、重大擔保事項、關聯交易等事項進行的報告。例外事項報告是針對企業發生的管理層變更、股權變更、安全事故、自然災害等偶發性事項進行的報告。

（二）經營層管理會計報告

經營層管理會計報告是為經營管理層開展與經營管理目標相關的管理活動提供相關信息的對內報告。經營層管理會計報告的報告對象是經營管理層。內容主要包括全面預算管理報告、投資分析報告、項目可行性報告、融資分析報告、盈利分析報告、資金管理報告、成本管理報告、績效評價報告等。經營層管理會計報告應做到內容完整、分析深入。

全面預算管理報告的內容一般包括預算目標制定與分解、預算執行差異分析以及預算考評等。

投資分析報告的內容一般包括投資對象、投資額度、投資結構、投資進度、投資效益、投資風險和投資管理建議等。

項目可行性報告的內容一般包括項目概況、市場預測、產品方案與生產規模、廠址選擇、工藝與組織方案設計、財務評價、項目風險分析以及項目可行性研究結論與建議等。

融資分析報告的內容一般包括融資需求測算、融資渠道與融資方式分析及選擇、資本成本、融資程序、融資風險及其應對措施和融資管理建議等。

盈利分析報告的內容一般包括盈利目標及其實現程度、利潤的構成及其變動趨勢、影響利潤的主要因素及其變化情況以及提高盈利能力的具體措施等。企業還應對收入和成本進行深入分析。盈利分析報告可基於企業集團、單個企業，也可基於責任中心、產品、區域、客戶等編製。

資金管理報告的內容一般包括資金管理目標、主要流動資金項目（如現金、應收票據、應收帳款、存貨）的管理狀況、資金管理存在的問題以及解決措施等。企業集團資金管理報告的內容一般還包括資金管理模式（集中管理還是分散管理）、資金集中方式、資金集中程度、內部資金往來等。

成本管理報告的內容一般包括成本預算、實際成本及其差異分析、成本差異形成的原因以及改進措施等。

績效評價報告的內容一般包括績效目標、關鍵績效指標、實際執行結果、差異分析、考評結果以及相關建議等。

（三）業務層管理會計報告

業務層管理會計報告是為企業開展日常業務或作業活動提供相關信息的對內報告。其報告的報告對象是企業的業務部門、職能部門以及車間、班組等。企業應根據企業內部各部門、車間或班組的核心職能或經營目標進行設計，主要包括研究開發報告、採購業務報告、生產業務報告、配送業務報告、銷售業務報告、售後服務業務報告、人力資源報告等。業務層管理會計報告應做到內容具體，數據充分。

研究開發報告的內容一般包括研發背景、主要研發內容、技術方案、研發進度、項目預算等。

採購業務報告的內容一般包括採購業務預算、採購業務執行結果、差異分析及改善建議等。採購業務報告要重點反應採購質量、數量以及時間、價格等方面的內容。

生產業務報告的內容一般包括生產業務預算、生產業務執行結果、差異分析及改善建議等。生產業務報告要重點反應生產成本、生產數量以及產品質量、生產時間等方面的內容。

配送業務報告的內容一般包括配送業務預算、配送業務執行結果、差異分析及改善建議等。配送業務報告要重點反應配送的及時性、準確性以及配送損耗等方面的內容。

銷售業務報告的內容一般包括銷售業務預算、銷售業務執行結果、差異分析及改善建議等。銷售業務報告要重點反應銷售的數量結構和質量結構等方面的內容。

售後服務業務報告的內容一般包括售後服務業務預算、售後服務業務執行結果、差異分析及改善建議等。售後服務業務報告重點反應售後服務的客戶滿意度等方面的內容。

人力資源報告的內容一般包括人力資源預算、人力資源執行結果、差異分析及改善建議等。人力資源報告重點反應人力資源使用及考核等方面的內容。

三、企業管理會計報告的流程

企業管理會計報告流程包括報告的編製、審批、報送、使用、評價等環節，由管理會計信息歸集、處理並報送的責任部門編製。

企業應根據報告的內容、重要性和報告對象等，確定不同的審批流程，經審批後的報告才可報出。企業應合理設計報告報送路徑，確保企業管理會計報告及時、有效地送達報告對象。企業管理會計報告可以根據報告性質、管理需要進行逐級報送或直接報送。

企業應建立管理會計報告使用的授權制度，報告使用人應在權限範圍內使用企業管理會計報告；對管理會計報告的質量、傳遞的及時性、保密情況等進行評價，並將評價結果與績效考核掛勾；充分利用信息技術，強化管理會計報告及相關信息集成和共享，將管理會計報告的編製、審批、報送和使用等納入企業統一信息平臺。企業應定期根據管理會計報告使用效果及內外部環境變化對管理會計報告體系、內容以及編製、審批、報送、使用等進行優化。

企業管理會計報告屬內部報告，應在允許的範圍內傳遞和使用。相關人員應遵守保密規定。

國家圖書館出版品預行編目（CIP）資料

管理會計 / 陳美華 著. -- 第一版.
-- 臺北市：財經錢線文化，2020.05
　　面；　公分
POD版

ISBN 978-957-680-423-6(平裝)

1.管理會計

494.74　　　　　　　　　　109005684

書　　　名：管理會計
作　　　者：陳美華 著
發 行 人：黃振庭
出 版 者：財經錢線文化事業有限公司
發 行 者：財經錢線文化事業有限公司
E - m a i l：sonbookservice@gmail.com
粉絲頁：　　　　　網址：
地　　　址：台北市中正區重慶南路一段六十一號八樓 815 室
8F.-815, No.61, Sec. 1, Chongqing S. Rd., Zhongzheng
Dist., Taipei City 100, Taiwan (R.O.C.)
電　　　話：(02)2370-3310　傳　真：(02) 2388-1990
總 經 銷：紅螞蟻圖書有限公司
地　　　址：台北市內湖區舊宗路二段 121 巷 19 號
電　　　話：02-2795-3656 傳真：02-2795-4100　　網址：
印　　　刷：京峯彩色印刷有限公司（京峰數位）

　　本書版權為西南財經大學出版社所有授權崧博出版事業股份有限公司獨家發行電子書及繁體書繁體字版。若有其他相關權利及授權需求請與本公司聯繫。

定　　　價：550 元
發行日期：2020 年 05 月第一版
◎ 本書以 POD 印製發行